松翰 SN8P2700 系列
单片机原理及应用技术

张玉杰　编著

北京航空航天大学出版社

内容简介

本书以台湾松翰(SONIX)科技有限公司的SN8P2700系列单片机为主线，详细介绍其基本组成、工作原理、各功能模块的特点及其应用技术。全书共分9章，内容包括：SONIX系列单片机的基本结构及特点、指令系统、基本程序设计、基本应用模块、集成开发环境、A/D转换、D/A转换、串行通信及简单的应用系统设计。本书突出的特点是注重实践性和实用性。书中结合所配套的实验板和仿真器，针对SONIX单片机的功能特点设计了多种基本模块电路，并编写了一些基本的应用程序，可以帮助初学者快速掌握SONIX单片机。

本书内容丰富，实用性强，通俗易懂，可作为从事单片机应用的工程技术人员的参考用书，也可作为高等工科院校相关专业的教材。

图书在版编目(CIP)数据

松翰SN8P2700系列单片机原理及应用技术/张玉杰编著. —北京：北京航空航天大学出版社，2008.1

ISBN 978-7-81124-198-3

Ⅰ.松… Ⅱ.张… Ⅲ.单片微型计算机，松翰SN8P2007 Ⅳ.TP368.1

中国版本图书馆CIP数据核字(2007)第192436号

松翰SN8P2700系列单片机原理及应用技术

张玉杰　编著

责任编辑　孔祥燮　范仲祥

*

北京航空航天大学出版社出版发行

北京市海淀区学院路37号(100083)　发行部电话：010-82317024　传真：010-82328026

http://www.buaapress.com.cn　E-mail:bhpress@263.net

涿州市新华印刷有限公司印装　各地书店经销

*

开本：787 mm×1092 mm　1/16　印张：26.75　字数：685千字

2008年1月第1版　2008年1月第1次印刷　印数：5 000册

ISBN 978-7-81124-198-3　定价：42.00元

序

众所周知，Intel公司的MCS-51/96系列单片机早于20世纪80年代就已进入了中国大陆市场，并在全国得到推广普及。紧随其后，Motorola、Zilog、Microchip等欧美大公司也相继推出了各自的单片机。作为IC设计人才集结的地区之一——中国台湾，在单片机领域也有了骄人的业绩，所设计的芯片具有独特架构和丰富资源，在实际电子消费类产品设计时更具有可选择性，并且由此带来的产品竞争优势，使得其在电子消费类领域中占据了重要的地位，为科研院所和电子行业的工程人员在选择单片机设计产品时提供了一种新的品牌选择。

松翰科技有限公司是台湾消费类IC设计的上市公司，产品线涵盖语音控制器、USB控制器IC、影像控制IC等多个系列。其中8位单片机产品由于其独特的高精度ADC资源和优秀的抗干扰能力在家电控制、医疗保健、高精度测量、USB应用等领域得到了市场的充分肯定，并且已与美的、三洋等一线国际生产厂家保持紧密、稳定的合作关系。

松翰科技有限公司在中国大陆取得市场业绩的同时，也积极努力与高校合作，通过建立联合实验室，鼓励高校师生学习、使用、研究松翰科技有限公司的8位单片机，并且积极鼓励学生自己动手设计相关产品，提供了一个与实践相结合的良好教学方式，受到大陆高校的普遍欢迎。今后，建立单片机研究实验室，编写书籍，举办单片机设计竞赛等活动还会不断增多，提供高校师生学习、使用、研究的松翰产品还要延伸至语音、图像处理的DSP。

作为消费类IC设计优秀厂商，松翰科技在中国大陆拓展是稳定、快速的。目前已在深圳高新技术产业园成立了技术服务中心，成都软件园成立了研发中心，上海、厦门等地区成立了办事处。这样一来，大陆地区强大客户群的长久技术支持与服务在某种程度上需要有更多的高校师生融入进来，为单片机的发展积聚人才和力量。此次陕西科技大学和其他高校与松翰科技在单片机实验室建设的成功合作是一个良好的开端。相信类似于本教材的优秀书籍今后会与广大读者不断见面。松翰科技也期待着与众多院校相互合作，为中国电子业的繁荣和振兴贡献一份自己的力量。

松翰科技有限公司　总经理

熊健怡

前　言

台湾松翰(SONIX)科技有限公司自从 2000 年推出第一款 8 位单片机以来，就以其优秀的品质和颇有竞争力的价格，赢得了广大客户的青睐。经过几年的快速发展，SONIX 公司的产品已形成了 7 个系列、50 多个品种，已大量应用于各种电子产品中，特别是电子消费品中更显示出其独特的优势。SONIX 单片机的出现为工程技术人员提供了更多、更可靠的选择方案。近年来，在 SONIX 公司的推动下，其产品已逐渐在国内的各类电子消费品中得到应用和推广，并与国内一线生产厂家建立了稳定、长期的合作关系；在深圳和成都先后建立了自己的研发基地，在全国高校建立了多个联合实验室，形成了教学、科研与生产一体化同步推进的局面。随着SONIX公司在大陆影响力的不断增加，学习和使用 SONIX 单片机的工程技术人员和在校大学生的人数不断增加。为了使更多的读者能快速地学习和掌握 SONIX 单片机，我们编写了《松翰 SN8P2700 系列单片机原理及应用技术》一书。

本书以 SONIX 公司的 SN8P2700 系列单片机为主线，详细地介绍了单片机的硬件结构和特点、工作原理以及应用技术。通过大量的例程和实验，使读者能够在实践训练中不断提高，掌握单片机的应用和开发技术。全书共分 9 章。

第 1 章：SONIX 单片机概述。阐述了 SONIX 单片机内部结构，全面介绍了 SONIX 单片机的系列产品及其特点。

第 2 章：SONIX 单片机指令系统。对指令的结构、寻址方式和指令集进行了分析和说明。

第 3 章：汇编语言程序设计。介绍了汇编语言的构成，系统伪指令、宏指令以及各种子程序的设计方法和技巧。

第 4 章：SN8P2708A 基本模块与功能。对 SPN8P2708A 的复位电路、振荡与时钟电路、中断系统、定时器/计数器以及通用 I/O 口等模块进行了全面介绍。

第 5 章：SONIX 开发工具及使用。全面介绍了 SONIX 的开发系统，包括开发系统的结构和功能、开发工具的安装和使用、集成开发环境下程序的调试与烧写方法。

第 6 章：基本模块设计与实践。以作者设计的实验电路为对象，全面介绍了基本模块电路的软硬设计方法，包括基本 I/O 口的应用、数码管显示模块、键盘电路、定时器/计数器应用、WDT 应用和系统模式切换。通过这些基本模块的学习，使读者掌握 SN8P2708 片内资源和接口电路的使用方法，为系统设计打下坚实的基础。

第 7 章：A/D 和 D/A 模块。介绍了 SONIX 单片机的内部 A/D 和 D/A 转换及 PWM 电路的结构，并用实例说明其使用方法。

第 8 章：串行通信。介绍了串行接口的结构，以及同步串行通信、异步串行通信接口的软硬件设计方法，并设计了串行通信的软件包。

第 9 章：应用系统开发。通过一个系统设计的实例，介绍系统设计的过程和设计方法。

本书内容丰富，实用特强，书中使用的案例都是作者经过实际开发验证的。特别是第 6～8 章中例程的硬件，大部分使用了松翰单片机开发板上的电路。第 9 章中的实例给出了作者所开发产品的全部资料。

在本书的编写过程中，得到了 SONIX 公司经理陈尔铮先生、SONIX 公司黄林先生的大力支持和无私帮助，也得到了北京航空航天大学出版社的大力支持，在此表示由衷的感谢。同时感谢陈尔铮先生在百忙中审阅了本书的初稿，为本书的编写提出了许多宝贵的建议和修订意见。

李斌、杨萍、杨帆等老师参加了本书部分章节的编写工作，其中第 2 章由杨帆编写，第 3 章由杨萍编写，第 5 章由李斌编写。在本书编写过程中，研究生尚江龙、王欢、邹华侨、段亚萍、邵怡等进行了大量源代码的编写、验证和编辑工作，在本书完成之际，向他们表示诚挚的感谢。

尽管作者编写本书的初衷是良好的，写作的过程也非常认真和努力，但是由于认识和水平有限，难免有不足和错误的地方，恳请读者不吝赐教。联系电话：029 - 38190505。

作者

2007 年 9 月

目　录

第1章

SONIX 单片机概述

台湾松翰(SONIX)科技公司生产的8位单片机系列产品,以其精简的指令集、灵活的存储器配置、众多的片内外设,以及高的产品性价比,在各种电子产品中得到了广泛应用,特别是在电子消费产品中更显示出其独特的优势。本章首先对SONIX单片机的系列产品进行全面介绍,然后就SONIX单片机内部结构、开发工具作一简单介绍,以便为后续章节的学习打下基础。

1.1 SONIX 系列单片机的发展及特点

随着1946年第一台计算机的诞生,一场数字化的技术革命悄然兴起。如果说当初计算机的出现纯粹是为了解决日益复杂的计算问题,那么现在计算机已无处不在。自动控制与计算机几乎是同步发展的,自动控制系统的核心问题是如何寻求和实现最佳的控制,在A/D、D/A以及I/O技术出现并成熟后,最佳控制的实现问题就变成了最佳控制的运算问题,这样一来,计算机作为自动控制系统的核心部分就是很自然的事情。

计算机真正在控制系统中发挥重要作用源于20世纪70年代微处理器的出现,它使得计算机在体积、价格上得以突破,为计算机在各种技术领域的应用提供了可能。微处理器和控制单元的集成,并配上一定的存储器、I/O接口和其他外设,就可构成自动控制系统的通用控制器。20世纪70年代Intel公司的8080、Motorola公司的M6800和Zilog公司的Z80是当时3个著名的8位微处理器。

随着大规模集成电路技术不断改进,一方面微处理器由8位向16位、32位甚至64位发展,再配上外围设备后便形成单板机或微型机(即个人计算机PC),使得计算机不但在计算、控制中应用,而且逐步走向家庭;另一方面将微处理器与外围设备集成到一块芯片上形成单片机,以适应控制器体积越来越小的工程要求,同时,不断扩展满足应用系统要求的各种外围电路与接口电路,突显其对象的智能化控制能力。因此,单片机也常称为微控制器(MCU)。

正是由于单片机的出现和发展,计算机在控制领域的应用又得到了一次突破。单片机不但体积小、成本低廉,而且由于众多设备集成到一块芯片上,因此具有功耗低和抗干扰能力强的优点。自诞生以来,单片机在工业测控、航空航天、尖端武器、机器人等各种实时控制系统,以及各种智能化设备和仪器、机电一体化设备中得到了广泛的应用,单片机的实时数据处理能力和控制功能,可使系统保持在最佳工作状态,以提高系统的工作效率和产品质量。在人类日常生活中,单片机同样得到了广泛的应用,如洗衣机、电冰箱、电子玩具、收录机等家用电器配上单片机后,不仅智能化程度不断提高,功能不断增强,体积不断减小,而且价格也不断下降。

随着单片机的应用范围不断扩大,使得参与单片机生产的厂家不断增加,生产数量也在不断扩大。据统计，目前单片机的品种有上千种之多。

台湾松翰科技公司自从2000年推出第一款8位单片机以来，就以其优秀的品质和颇有竞争力的价格，赢得了广大客户的青睐。经过几年的快速发展，松翰科技公司的单片机产品已形成了7个系列、50多个品种，已大量用于空调控制板、电磁炉、微波炉等家电产品；而正在验证中的工业控制器芯片，以其优良的抗干扰能力未来将进入车用电子的广泛应用市场。另外，由于SONIX单片机内建的12～16位高分辨率的模/数转换器，能有效地截取各类感应器的微弱信号，再结合高密度片上系统整合技术，可广泛应用于血压计、电子体温计、电子秤、充电器、胎压计等医疗保健和各类测量仪器中。图1.1是近年来SONIX公司推出的产品情况示意图。

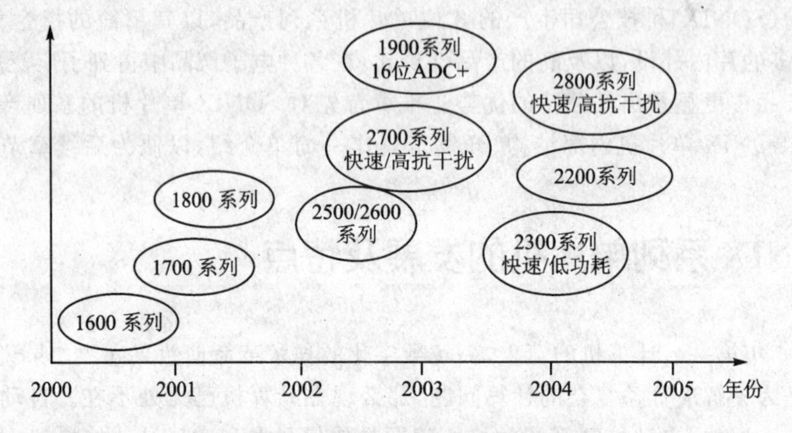

图1.1 SONIX公司近年推出的产品情况

SONIX系列单片机采用SONIX公司自主研发的8位CPU内核，并以这一内核为中心集成了不同规模的ROM、RAM存储器和各种功能丰富的外设部件，其结构如图1.2所示。根据集成片内存储器的大小及外设的不同，SONIX单片机派生出不同系列和型号的产品，以适应不同的应用场合。这样无疑会使每一种产品具有更低的成本、更多的功能和更强的市场竞争力。

SONIX单片机具有以下特点。

- RISC指令集：采用精简指令集，全部指令共有56～59条，指令长度在1字内。
- 指令周期短：大部分指令在1个指令周期内可以完成，跳转指令要2个周期。
- 高度工作可靠性：高抗交流干扰能力；高可靠上电/掉电复位能力；高抗静电和栓锁效应能力。
- 高速、低功耗特性：工作速度可达16 MIPS(16 MHz晶体)；睡眠模式下的电流消耗小于1 μA(5 V)。
- 对测量应用提供多种单芯片解决方案：例如，在SN8P1900系列中，内置可编程运算放大器(PGIA)、12/16位ADC

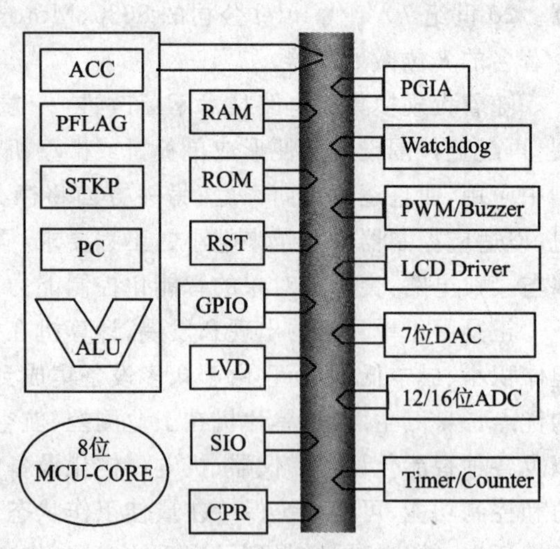

图1.2 SONIX单片机内部结构示意图

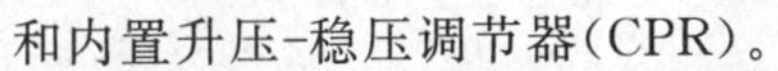

和内置升压-稳压调节器(CPR)。

● 丰富的片上资源：内置最多8路12位/8位可选择的ADC、7位DAC、PWM/Buzzer输出、SIO通信口(兼容Motorola SPI)、32×4总共可以驱动128点的LCD驱动器、看门狗定时器和LVD电路。

1.2 SONIX系列单片机的性能及引脚

1.2.1 简 介

目前，SONIX单片机已形成了7个系列，50多个品种。这些单片机各具特色，又有各自的应用对象，能满足不同应用领域的需求。下面对SONIX公司的8位单片机系列进行简单介绍。

1. SN8P1600系列单片机

SN8P1600系列单片机是SONIX公司推出的高速低功耗8位单片机。它采用低功耗CMOS设计工艺及高性能的RISC架构，具有良好的抗干扰性能。SN8P1600系列属SONIX公司推出的通用I/O口应用经济型单片机，其突出的特点是低价格、低功耗、高速度。SN8P1600系列单片机的产品型号、片内资源及封装情况如表1.1所列。

表1.1 SN8P1600系列单片机产品

芯 片	ROM /位	RAM /字节	堆 栈	定时器			I/O	PWM/ Buzzer	中 断		Wakeup	封 装
				T0	TC0	TC1			Int	Ext	引脚号	
SN8P1602B	1K×16	48	4	—	V	—	14	—	1	1	6	DIP18/SOP18/SSOP20
SN8P1604A	4K×16	128	4	—	—	V	22	1	1	1	10	SKDIP28/SOP28

1) 技术特性

● 工作电压：2.2～5.5 V。

● 工作电流：正常模式下，典型值为3 mA(5 V/4 MHz)；睡眠模式下，典型值为1 μA(5 V)。

● 温度范围：工作温度为－20～＋70 ℃；储存温度为－30～＋125 ℃。

2) 应用特性

● 最大可达4K×16位的ROM；

● 48～128字节的RAM；

● 多种振荡源选择：最大可达16 MHz的外部晶振、10 MHz的外部RC振荡、内部16 kHz的低速时钟；

● CPU指令周期为4*T*，即每个指令周期为4个时钟周期；

● 满足低功耗的要求，可编程设定4种工作模式：正常模式、低速模式、睡眠模式和绿色模式；

● 可编程设置上拉电阻的I/O口；

● 内置上电复位、低电压检测电路；

● 内置看门狗定时器；

● 59 条简单有效的指令。

3）适用领域

适用于玩具、遥控器、键盘等消费类产品。

2. SN8P1700 系列单片机

SN8P1700 系列单片机是 SONIX 公司推出的片内带 12 位 ADC/7 位 DAC 的高速低功耗 8 位单片机。它采用低功耗 CMOS 工艺设计及高性能的 RISC 架构，具有良好的抗干扰性能。SN8P1700 系列属 SONIX 升级型单片机，其突出的特点是低价格、低功耗，内置 ADC、DAC、PWM 输出，高速度。SN8P1700 系列单片机的产品型号、片内资源及封装情况如表 1.2 所列。

表 1.2 SN8P1700 系列单片机产品

芯片	ROM /位	RAM /字节	堆栈	定时器			I/O	ADC	DAC	PWM/ Buzzer	SIO	中断		Wakeup 引脚号	封装
				T0	TC0	TC1						Int	Ext		
SN8P1702	1K×16	64	8	—	V	—	12	4ch	—	1	—	1	1	3	DIP18/SOP18
SN8P1702A	1K×16	128	8	—	V	V	12	4ch	—	2	—	2	1	3	DIP18/SOP18/SSOP20
SN8P1703A	1K×16	128	8	—	V	V	13	4ch	—	2	—	2	1	3	DIP20/SOP20/SSOP20
SN8P1704	2K×16	128	8	—	V	V	18	5ch	1ch	2	1	3	3	8	SKDIP28/SOP28
SN8P1706	4K×16	256	8	V	V	V	30	8ch	1ch	2	1	4	3	9	DIP40
SN8P1707	4K×16	256	8	V	V	V	33	8ch	1ch	2	1	4	3	9	QFP44

1）技术特性

● 工作电压：2.2～5.5 V。

● 工作电流：正常模式下，典型值为 5 mA(5 V/4 MHz)；睡眠模式下，典型值为 9 μA (5 V)。

● 温度范围：工作温度为 0～+70 ℃；储存温度为−30～+125℃。

2）应用特性

● 最大可达 4K×16 位的 ROM；

● 64～256 字节的 RAM；

● 多种振荡源选择：最大可达 16 MHz 的外部晶振、10 MHz 的外部 RC 振荡、内部16 kHz 的低速时钟；

● CPU 指令周期为 $4T$，即每个指令周期为 4 个时钟周期；

● 满足低功耗的要求，可编程设定 4 种工作模式：正常模式、低速模式、睡眠模式和绿色模式；

● 内置高速 PWM/Buzzer 输出接口；

● 内置 12 位逐次比较式 ADC；

● 内置 7 位 DAC；

● 内置高速 SIO 口；

● 可编程设置上拉电阻的 I/O 口；

● 内置上电复位、低电压检测电路；

● 内置看门狗定时器；

● 59条简单有效的指令。

3）适用领域

适用于充电器、游戏机手柄等各种消费类电子产品和各种需要ADC的产品。

3. SN8P1800系列单片机

SN8P1800系列单片机是SONIX公司推出的片内带12位ADC、LCD驱动器的高速低功耗8位单片机。它采用低功耗CMOS设计工艺及高性能的RISC架构，具有良好的抗干扰性能。片内集成了12位ADC和LCD驱动器，使得单片机与液晶屏接口更方便。新推出的SN8P1820系列，增加了可编程运算放大器（PGIA）和升压-稳压调节器，为电子测量产品设计提供了一种单芯片解决方案。SN8P1800系列单片机的产品型号、片内资源及封装情况如表1.3所列。

表1.3 SN8P1800系列单片机产品

芯片	ROM/位	RAM/字节	堆栈	定时器			I/O	ADC	PWM/Buzzer	SIO	LCD	中断		Wakeup引脚号	封装
				T0	TC0	TC1						Int	Ext		
SN8P1808	4K×16	256	8	V	V	V	47	8ch	2	1	24×3	4	3	10	LQFP64
SN8P1829	8K×16	512	8	V	V	V	19	12×3	2	1	4×32	4	2	—	LQFP80

1）技术特性

● 工作电压：2.4～5.5 V。

● 工作电流：正常模式下，典型值为7 mA(5 V/4 MHz)；睡眠模式下，典型值为10 μA(5 V)。

● 温度范围：工作温度为0～+70 ℃；储存温度为-30～+125 ℃。

2）应用特性

● 最达可达8K×16位的ROM；

● 256～512字节的RAM；

● 多种振荡源选择：最大可达16 MHz的外部晶振、10 MHz的外部RC振荡、内部16 kHz的低速时钟；

● CPU指令周期为4*T*，即每个指令周期为4个时钟周期；

● 满足低功耗的要求，可编程设定4种工作模式：正常模式、低速模式、睡眠模式和绿色模式；

● 内置高速PWM/Buzzer接口；

● 内置实时时钟；

● 内置12位逐次比较式ADC；

● 内置3×24 LCD驱动；

● 内置高速SIO口；

● 可编程设置上拉电阻的I/O口；

● 内置上电复位、低电压检测电路；

● 内置看门狗定时器；

● 内置可编程运算放大电路(1820系列)；

● 升压-稳压调节器(1820系列)。

3) 适用领域

适用于电子秤、血压计等电子测量产品。

4. SN8P1900系列单片机

SN8P1900系列单片机是SONIX公司最新推出的片内带16位ADC、LCD驱动器的高速低功耗8位单片机。它采用低功耗CMOS设计工艺及高性能的RISC架构,具有良好的抗干扰性能。片内集成了16位ADC、PGIA电路和LCD驱动器。SN8P1900系列单片机的产品型号、片内资源及封装情况如表1.4所列。

表1.4 SN8P1900系列单片机产品

芯片	ROM/位	RAM/字节	堆栈	定时器			I/O	ADC	PWM/Buzzer	SIO	LCD	中断		Wakeup引脚号	封装
				T0	TC0	TC1						Int	Ext		
SN8P1907	2K×16	128	8	V	—	—	11	3ch	—	—	12×4	1	1	5	SSOP48/SOP48/DIP48
SN8P1908	8K×16	512	8	V	V	V	17	4ch	2	—	24×4	4	2	6	LQFP64
SN8P1909	8K×16	512	8	V	V	V	20	5ch	2	1	32×4	4	2	7	LQFP80

1) 技术特性

● 工作电压:2.4~5.5 V。

● 工作电流:正常模式下,典型值为3 mA(5 V/4 MHz);睡眠模式下,典型值为1 μA(5 V)。

● 温度范围:工作温度为-20~+70 ℃;储存温度为-30~+125 ℃。

2) 应用特性

● 最大可达8K×16位的ROM;

● 128~512字节的RAM;

● 多种振荡源选择:最大可达16 MHz的外部晶振、10 MHz的外部RC振荡、外部32 kHz的低速时钟;

● CPU指令周期为4*T*,即每个指令周期为4个时钟周期;

● 满足低功耗的要求,可编程设定4种工作模式:正常模式、低速模式、睡眠模式和绿色模式;

● 内置高速PWM/Buzzer输出接口;

● 内置实时时钟;

● 内置1.2 V电池电压监控;

● 内置Δ-Σ型16位ADC;

● 内置充电泵,提供3.8 V稳定参考电压;

● 内置信号放大器PGIA,低漂移(2 μV),可编程增益为1/16/32/64/128;

● 内置4×32 LCD驱动;

● 内置高速SIO口;

● 可编程设置上拉电阻的I/O口;

● 内置上电复位、低电压检测电路;

- 内置看门狗定时器；
- 59 条简单有效的指令。

3) 适用领域

适用于耳温枪、电子秤、血压计、胎压计等电子测量产品。

5. SN8P2500 系列单片机

SN8P2500 系列单片机是 SONIX 公司最新推出的高速低功耗 8 位单片机。它采用低功耗 CMOS 设计工艺及高性能的 RISC 架构，具有优异的抗干扰性能。其突出的特点是，低成本、高抗干扰性、内置 16 MHz RC 振荡电路、高速 8 位。SN8P2500 系列单片机的产品型号、片内资源及封装情况如表 1.5 所列。

表 1.5 SN8P2500 系列单片机产品

芯片	ROM/位	RAM/字节	堆栈	定时器			I/O	PWM/Buzzer	中断		Wakeup引脚号	封装
				T0	TC0	TC1			Int	Ext		
SN8P2501A	1K×16	48	4	V	V	—	12	1	2	1	5	DIP14/SOP14

1) 技术特性

- 工作电压：2.4～5.5 V。
- 工作电流：正常模式下，典型值为 2.5 mA(5 V/4 MHz)；睡眠模式下，典型值为 0.7 μA (5 V)。
- 温度范围：工作温度为－20～＋70 ℃；储存温度为－30～＋125 ℃。

2) 应用特性

- 1K×16 位的 ROM；
- 48 字节的 RAM；
- 多种振荡源选择：最大可达 16 MHz 的外部晶振、10 MHz 的外部 RC 振荡、内部 16 MHz的高速时钟及 16 kHz 的低速时钟；
- 高速的 CPU 指令周期，可达 1*T*，即每个指令周期为 1 个时钟周期；
- 满足低功耗的要求，可编程设定 4 种工作模式：正常模式、低速模式、睡眠模式和绿色模式；
- 内置高速 PWM/Buzzer 输出接口，在 12 MHz 时，PWM 输出最高可达 375 kHz；
- 可编程设置上拉电阻的 I/O 口；
- 内置 RTC 实时时钟；
- 内置上电复位、低电压检测电路；
- 内置看门狗定时器；
- 59 条精简指令集。

3) 适用领域

适用于玩具、遥控器、豆浆机、面包机等消费类产品。

6. SN8P2600 系列单片机

SN8P2600 系列单片机是 SONIX 公司最新推出的高速低功耗 8 位单片机。它采用低功耗CMOS设计工艺及高性能的RISC架构，具有优异的抗干扰性能。其突出的特点是，低成本、高抗干扰性、低功耗、8位高速。SN8P2600系列单片机的产品型号、片内资源及包装情况如表1.6所列。

表1.6 SN8P2600系列单片机产品

芯 片	ROM /位	RAM /字节	堆 栈	定时器			I/O	PWM/ Buzzer	中 断		Wakeup 引脚号	封 装
				T0	TC0	TC1			Int	Ext		
SN8P2602A	1K×16	48	4	V	V	—	15	1	2	1	7	DIP18/SOP18/SSOP20
SN8P2604	4K×16	128	8	V	V	V	23	2	3	2	10	SKDIP28/SOP28

1）技术特性

- 工作电压：2.4～5.5 V。
- 工作电流：正常模式下，典型值为2.5 mA(5 V/4 MHz)；睡眠模式下，典型值为0.7 μA(5 V)。
- 温度范围：工作温度为－20～＋70 ℃；储存温度为－30～＋125 ℃。

2）应用特性

- 最大可达4K×16位的ROM；
- 48～128字节的RAM
- 多种振荡源选择：最大可达16 MHz的外部晶振、10 MHz的外部RC振荡、内部16 kHz的低速时钟；
- 高速的CPU指令周期，可达1*T*，即每个指令周期为1个时钟周期；
- 满足低功耗的要求，可编程设定4种工作模式：正常模式、低速模式、睡眠模式和绿色模式；
- 内置高速PWM/Buzzer输出接口，在12 MHz时，PWM输出最高可达375 kHz；
- 可编程设置上拉电阻的I/O口；
- 内置上电复位、低电压检测电路；
- 内置看门狗定时器；
- 59条精简指令集。

3）适用领域

适用于咖啡机、面包机、豆浆机、遥控器等家电产品。

7. SN8P2700系列单片机

SN8P2700系列单片机是SONIX公司最新推出的片内带12位ADC的高速低功耗8位单片机。它采用低功耗CMOS设计工艺及高性能的RISC架构，具有优异的抗干扰性能。其突出的特点是，内置12位ADC、DAC，高抗干扰性，低功耗，8位高速。SN8P2700系列单片机的产品型号、片内资源及封装情况如表1.7所列。

表 1.7 SN8P2700 系列单片机产品

芯 片	ROM /位	RAM /字节	堆 栈	定时器			I/O	ADC	PWM/ Buzzer	SIO	LCD	中 断		Wakeup	封 装
				T0	TC0	TC1						Int	Ext	引脚号	
SN8P2704A	4K×16	256	8	V	V	V	18	5ch	1ch	2	1	4	3	8	SKDIP28/ SOP28
SN8P2706A	4K×16	256	8	V	V	V	30	8ch	1ch	2	1	5	3	9	DIP40
SN8P2707A	4K×16	256	8	V	V	V	33	8ch	1ch	2	1	5	3	9	QFP44
SN8P2708A	4K×16	256	8	V	V	V	36	8ch	1ch	2	1	5	3	11	DIP48/ SSOP48

1) 技术特性:

- 工作电压：2.4～5.5 V。
- 工作电流：正常模式下，典型值为 3 mA(5 V/4 MHz)；睡眠模式下，典型值为 1 μA (5 V)。
- 温度范围：工作温度为－20～＋70 ℃；储存温度为－30～＋125 ℃。

2) 应用特性

- 最大可达 4K×16 位的 ROM；
- 多达 256 字节的 RAM；
- 多种振荡源选择：最大可达 16 MHz 的外部晶振、10 MHz 的外部 RC 振荡、内部 16 kHz的低速时钟；
- 高速的 CPU 指令周期，可达 1*T*，即每个指令周期为 1 个时钟周期；
- 满足低功耗的要求，可编程设定 4 种工作模式：正常模式、低速模式、睡眠模式和绿色模式；
- 内置高速 PWM/BUzzer 输出接口，在 12 MHz 时，PWM 输出最高可达 375 kHz；
- 内置 12 位逐次比较式 ADC；
- 内置 7 位 DAC；
- 内置高速 SIO 口；
- 可编程设置上拉电阻的 I/O 口；
- 内置上电复位、低电压检测电路；
- 内置看门狗定时器；
- 59 条精简指令集。

3) 适用领域

适用于电磁炉、空调、充电器等大小家电以及各种需要 ADC 和高抗干扰性的产品。

1.2.2 引脚排列和说明

不同的 SONIX 系列单片机的功能及引脚各不相同，封装形式也不尽相同。图 1.3 是 SN8P2700 系列单片机的引脚排列图。SN8P2700 系列单片机的引脚数因不同型号各异，从 28 脚到 48 脚不等。表 1.8 是 SN8P2708A 各引脚功能表。

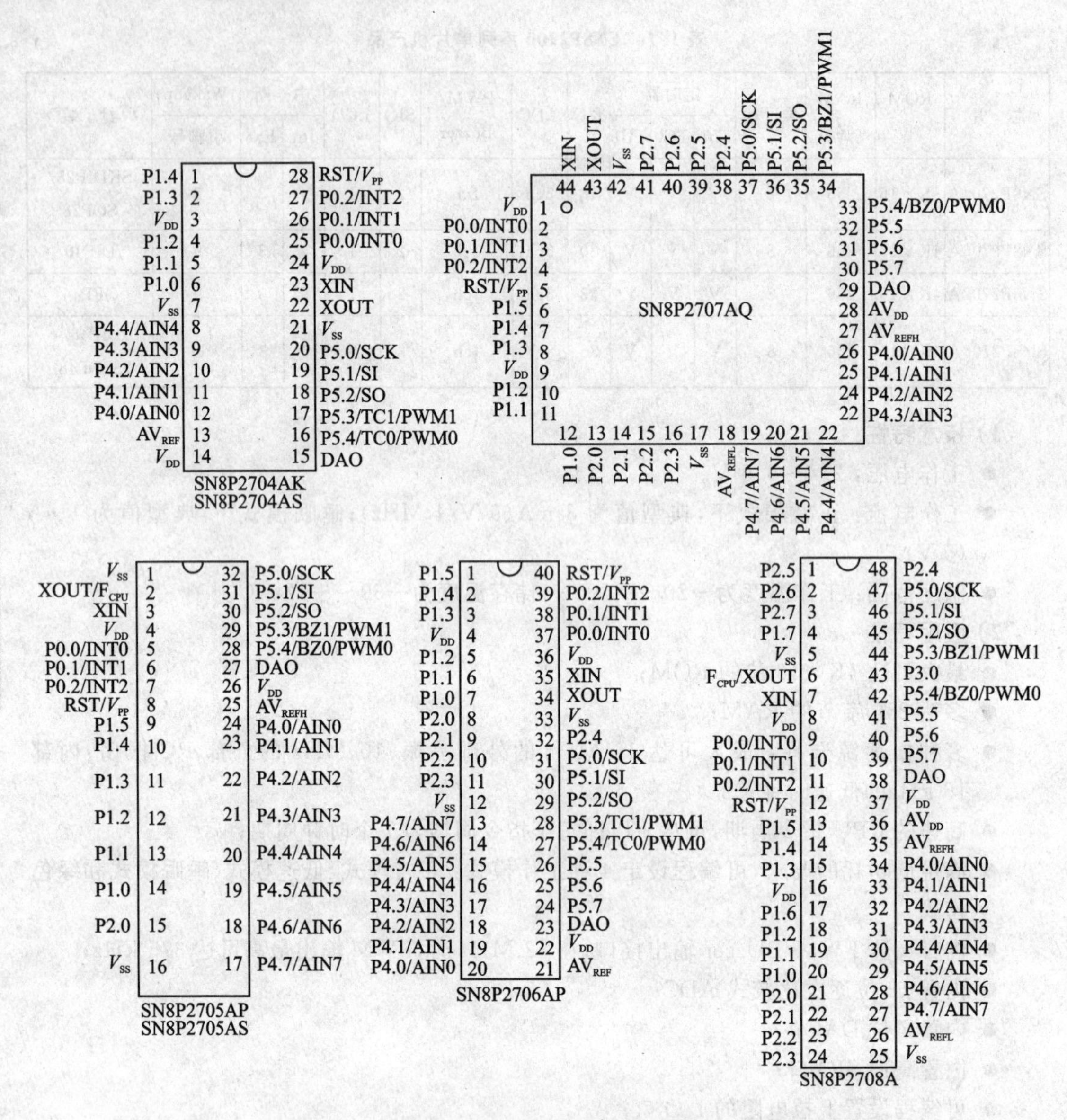

图 1.3 SN8P2700 系列单片机的引脚排列和封装形式

表 1.8 SN8P2708A 引脚功能

引脚名称	类 型	功能说明
P0 [2:0]/INT [2:0]	I/O	双向输入、输出引脚/唤醒功能/内置上拉电阻/外部中断/施密特触发
P1 [7:0]	I/O	双向输入输出引脚/唤醒功能/内置上拉电阻/施密特触发，其中 P1 [1:0] 可设置为漏极开路
P2 [7:0]	I/O	双向输入、输出引脚/内置上拉电阻/施密特触发
P3.0	I/O	双向输入、输出引脚/内置上拉电阻/施密特触发
P4 [7:0]/AIN [7:0]	I/O	双向输入、输出引脚/内置上拉电阻/ADC 输入端/施密特触发

续表 1.8

引脚名称	类 型	功能说明
P5 [7:0]	I/O	双向输入、输出引脚/内置上拉电阻/施密特触发，其中 P5.0/SCK、P5.1/SI、P5.2/SO、P5.2 在 SIO 从动模式中可设为漏极开路；P5.4 为 PWM0/BZ0；P5.3 为 PWM1/BZ1
AV_{REFH}	I	ADC 参考电压高电平输入端
AV_{REFL}	I	ADC 参考电压低电平输入端
DAO	O	DAC 信号输出端
RST/V_{PP}	I/P	RST：外部复位输入端，通常保持低电平 V_{PP}：OTP 编程引脚
XIN	I	外部振荡器输入端/外部 RC 振荡器输入端
XOUT/F_{CPU}	O	外部振荡器输出端/RC 模式时为 F_{CPU}时钟输出端
V_{DD}、V_{SS}	P	电源输入端

1.2.3 命名规则

SONIX 系列单片机的型号命名规则如下：

SN8 X XXXX X X XXX

1 2 3 4 5

1：存储器类型。P 表示存储器为 OTP 型；A 表示存储器为 MASK 型，即掩膜型。

2：型号。SONIX 系列命名，用 4 位表示。

3：增强型号。一般加字母 A 表示增强型。

4：封装形式。Q 表示 QFP；P 表示 PDIP；K 表示 SKDIP；S 表示 SOP；X 表示 SSOP。

5：引脚数。单片机封装后的引出脚数。

例如：芯片上标有 SN8P1602AP018 表示程序存储器为 OTP 型，型号为 1602 增强型，封装形式为双列直插；引脚数为 18。

1.3 SONIX 单片机的内部结构

SONIX 系列单片机内部包含了作为微型计算机所必需的基本功能部件和部分外部设备，这些相互独立的器件都集成在同一块芯片上。本节以 SN8P2708A 为例，介绍 SONIX 系列单片机的内部结构和工作原理，并且按照 CPU、存储器、I/O 口、定时器/计数器、中断系统和其他片内外设 6 部分加以介绍。

1.3.1 CPU 结构

图 1.4 是 SONIX 单片机的总体架构，包括 CPU、RAM、ROM 和各种片内外设。CPU 即为中央处理单元，是整个单片机的中枢。它由算术逻辑单元(ALU)、控制单元和专用寄存器组 3 部分组成。

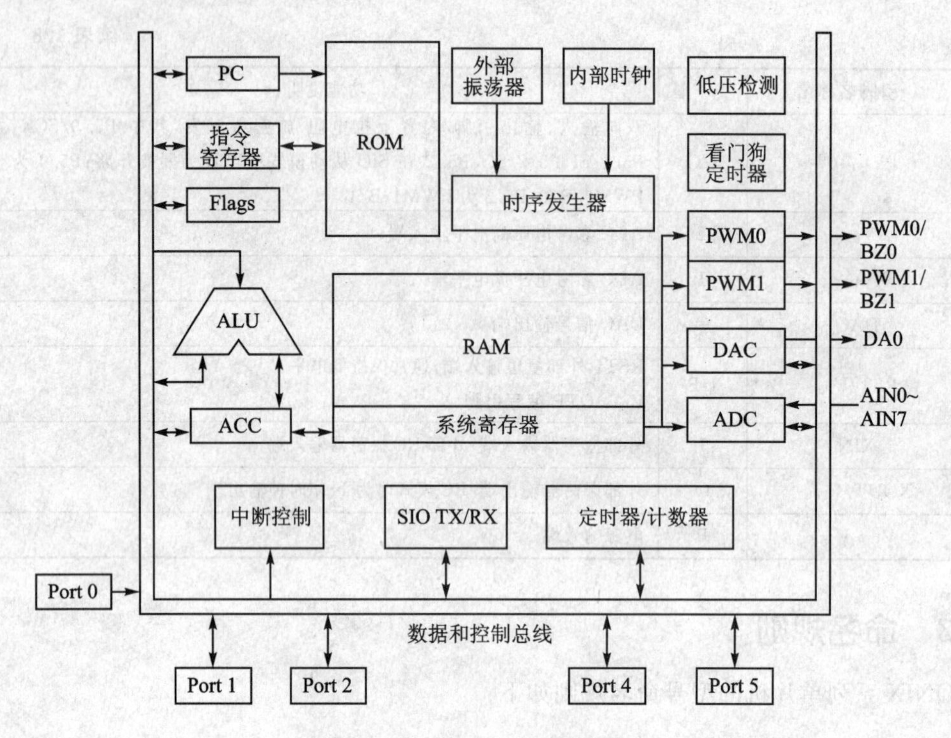

图1.4　SONIX单片机的总体架构

算术逻辑单元ALU是一个极强的运算器，不但可以进行基本的算术运算和逻辑运算，还具有数据传送、移位、判断和程序转移等功能。它为用户提供了精简的指令系统和极快的指令执行速度，大部分指令执行只需要1个时钟周期。

控制单元起着控制器的作用，由时序发生器、指令寄存器和振荡器等电路组成。指令寄存器用于存放从程序存储器中取出的指令码，经过定时控制逻辑进行译码，并在时钟脉冲的配合下产生执行指令的时序脉冲，以完成相应指令的执行。

时钟发生器是控制器的心脏，能为控制器提供时钟脉冲。在SN8P2708A芯片中，时钟可以有两种产生方式：一种是由片内RC电路产生；另一种是外接晶振或RC振荡器与内部振荡电路形成自激振荡。振荡脉冲经过分频后，产生时钟脉冲。其频率是单片机的重要指标之一，时钟频率越高，单片机的速度也就越快。

专用寄存器组是与CPU密切相关的一组寄存器，主要用来指示要执行指令的内存地址、存放操作数和指示指令执行后的状态等。它是任何一台计算机的CPU不可缺少的组成部件，其寄存器的多少因机器型号的不同而异。专用寄存器组主要包括程序计数器PC、累加器A_{CC}、程序状态寄存器PFLAG、堆栈指针寄存器STKP等。

1）程序计数器PC

程序计数器PC是一个12位二进制程序地址寄存器，专门用来存放下一条需要执行指令的内存地址，能自动加1。CPU在执行指令时，首先根据程序计数器中的地址从存储器中取出当前需要执行的指令码，并把它送给控制器分析执行，随后程序计数器PC中地址码自动加1，以便为CPU取下一条指令做准备。因此，PC总是指向下一条将要执行指令的地址。程序执行调用（CALL）和跳转（JMP）指令时，下一条将要执行指令的地址会被装入PC中。

程序计数器PC是12位寄存器，分为高4位和低8位，各占用1个寄存器。高4位地址为0cfh，占用PCH寄存器；低8位地址为0ceh，占用PCL寄存器。注意，PCH只使用了低4位，高4位没有定义。PC的结构如图1.5所示。

Bit	15	14	13	12	11	10	9	8	7	6	5	4	3	2	1	0
初始值	—	—	—	—	0	0	0	0	0	0	0	0	0	0	0	0
PC	PCH								PCL							

PC地址：0cfh、0ceh

图1.5 程序计数器PC的结构

PC各位的定义如下：

Bit	7	6	5	4	3	2	1	0
PCH	—	—	—	—	PC11	PC10	PC9	PC8
读/写	—	—	—	—	R/W	R/W	R/W	R/W

Bit	7	6	5	4	3	2	1	0
PCL	PC7	PC6	PC5	PC4	PC3	PC2	PC1	PC0
读/写	R/W	R/W	R/W	R/W	R/W	R/W	R/W	R/W

需要提醒的是，程序计数器PC=(PCH∶PCL)也属于系统寄存器，这一点与MCS-51单片机的存储器结构完全不同。在SN8P2700系列单片机中，程序计数器PC可以进行读取和写入。

2）累加器ACC

累加器ACC是一个8位专用数据寄存器，用来进行算术逻辑运算或数据存储器之间数据的传送和处理。如果对ACC的操作结果为零(Z)或者有进位产生(C或DC)，那么这些标志将会影响PFLAG寄存器。例如，对ACC读/写可以使用数据传送指令：

```
mov     buf, a          ;把ACC中的数据送到buf中
mov     a, #0fh         ;给ACC送立即数
mov     a, buf          ;把buf中的数据送到ACC中
```

应该强调的是，由于ACC不在数据存储器(RAM)中，所以在立即寻址模式下，执行b0mov指令不能够访问ACC。例如，给ACC送立即数不能使用以下指令：

```
b0mov   a, #0fh
```

3）程序状态寄存器PFLAG

程序状态寄存器是一个8位标志寄存器，用来存放指令执行后的有关状态。PFLAG各位状态通常是在指令执行过程中自动形成的，也可以由用户根据需要采用传送指令加以改变。PFLAG的各位定义如下：

Bit	7	6	5	4	3	2	1	0
PFLAG	NT0	NPD	—	—	—	C	DC	Z
读/写	R/W	R/W	—	—	—	R/W	R/W	R/W
初始值	—	—	—	—	—	0	0	0

PFLAG地址：86h

Bit0　　C：进位标志位。用于表示加减运算过程中最高位有无进位或借位。在加法运算后，若有进位发生，则 C = 1；否则 C = 0。在减法运算后，若有借位发生，则 C=0；否则 C = 1。另外，在执行移位指令时，移出逻辑位被放入 C 中。

Bit1　　DC：辅助进位标志。用于表示加减运算时低 4 位有无向高 4 位进位或借位。若 DC = 1，表示执行加法操作产生由低 4 位向高 4 位的进位或执行减法操作没有从高 4 位借位；若 DC=0，表示执行加法操作没有产生由低 4 位向高 4 位的进位或执行减法操作从高 4 位借位。

Bit2　　Z：零标志位。用于表示指令执行后累加器 ACC 的结果是否为 0。若 Z= 1，表示指令执行后 ACC 的结果为 0；若 Z = 0，表示指令执行后 ACC 的结果为非 0。

Bit[7:6]　　NT0、NPD：复位标志位。用于指示系统复位产生的原因。在 SN8P2700 系列单片机中，产生系统复位来源于 3 方面的原因，即外部引脚复位、低电压检测(LVD)复位和看门狗复位。当系统复位后，可通过检查 NT0、NPD 两位的状态就可知道引起复位的原因。复位后，NT0、NPD 的状态如表 1.9 所列。

表 1.9　3 种复位状态

NT0	NPD	复位状态	NT0	NPD	复位状态
0	0	看门狗计数器溢出	1	0	LVD 复位
0	1	保留	1	1	外部复位引脚复位

有关复位的更进一步描述，请参见 4.1 节相关的内容。

4) 堆栈指针寄存器

堆栈指针 STKP 是一个 4 位寄存器，能自动加 1 或减 1，用来存放堆栈栈顶地址。其各位的定义如下：

Bit	7	6	5	4	3	2	1	0
STKP	GIE	—	—	—	STKPB3	STKPB2	STKPB1	STKPB0
读/写	R/W	—	—	—	R/W	R/W	R/W	R/W
初始值	0	x	x	x	1	1	1	1

Bit[3:0]　　STKPBn (n = 0 ～ 3)：堆栈指针。

Bit7　　GIE：总中断控制位。0=禁止；1=使能。详见第 4 章相关内容。

人们在堆放货物时总是把先入栈的货物堆放在下面，后入栈的货物堆放在上面，一层一层向上堆。取货时的顺序和堆货正好相反，最后入栈的货物最先被取走，最先入栈的货物最后被取走。因此货物堆货和取货符合"先进后出"或"后进先出"的规律。

计算机中的堆栈类似于商业中的货栈，是一种能按"先进后出"或"后进先出"的规律存取数据的 RAM 区域，这个区域成为堆栈区。在 SN8P 系列单片机中，数据存储器中从 0f0h 地址开始，每相邻两个 8 位存储单元合并成一个 16 位的存储器，命名为 STKn。共 8 个堆栈数据存储器，因此有 8 级堆栈深度。STKn 分为高 8 位 STKnH 和低 8 位 STKnL。由于 STKnH 只使用了它的低 4 位，因此把 STKn 也称为 12 位堆栈存储器。其各位定义如下：

Bit	7	6	5	4	3	2	1	0
STKnH	—	—	—	—	SnPC11	SnPC10	SnPC9	SnPC8
读/写	—	—	—	—	R/W	R/W	R/W	R/W
初始值	x	x	x	x	x	x	x	x

Bit	7	6	5	4	3	2	1	0
STKnL	SnpC7	SnpC6	SnpC5	SnpC4	SnpC3	SnpC2	SnpC1	SnpC0
读/写	R/W	R/W	R/W	R/W	R/W	R/W	R/W	R/W
初始值	x	x	x	x	x	x	x	x

堆栈区有栈顶和栈底之分，栈底的地址是固定不变的，为 0feh(STKnL)和 0ffh(STKnH)，栈顶地址存放于在 STKP 中。

堆栈有入栈和出栈两种操作，其示意图如图 1.6 所示。

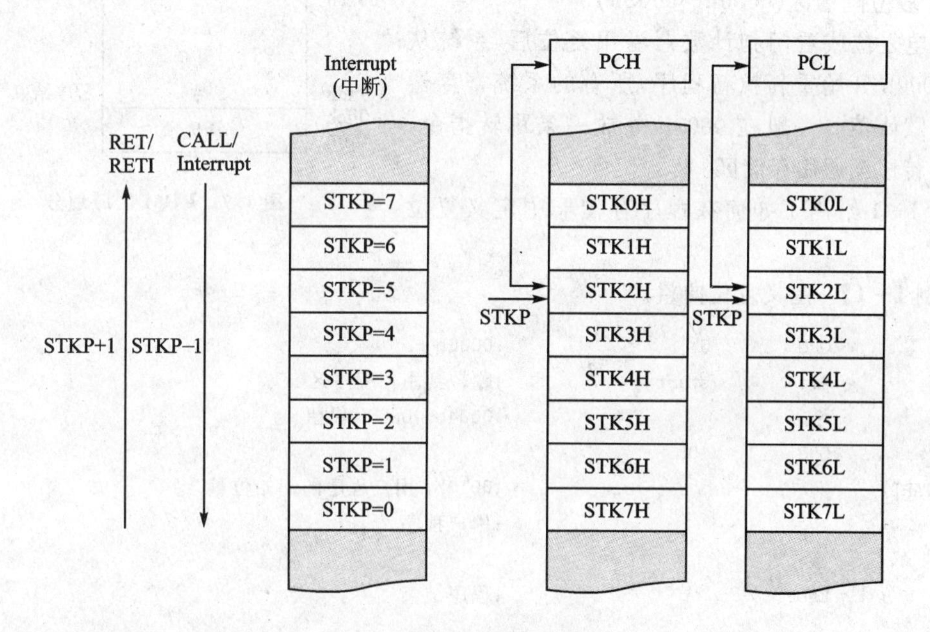

图 1.6 堆栈操作示意图

入栈操作：在子程序调用和响应中断时，程序计数器(PC)的当前值会被自动保存在堆栈中。STKnH 存储 PCH 的数据；STKnL 存储 PCL 的数据。STKP 减 1，指向栈顶位置。

出栈操作：在执行完子程序或中断服务程序并退出时，执行出栈操作，STKn 中数据被弹回 PC，STKP 加 1。STKP 依然是指向栈顶位置。STKnH 中数据弹回 PCH；STKnL 中数据弹回 PCL。

值得强调的是，SONIX 单片机的堆栈区只用来存储程序计数器(PC)的值，而不能存放其他数据。这与 MCS－51 单片机的堆栈区是有区别的。

1.3.2 存储器结构

SN8P2700系列单片机片内存储器集成在芯片内部，是单片机的一个组成部分。片内存储器可分为程序(只读)存储器ROM和随机存储器RAM。

1. 程序存储器

SN8P2708A的程序存储器为OTP ROM，存储器容量为4K×16位，可由12位程序计数器PC对程序存储器进行寻址，或由系统寄存器(R、X、Y和Z)对ROM内的数据进行查表访问。所有4096×16位程序存储器通常分为4个区域，包括复位向量区、保留区、中断向量区和4K字通用存储区，如图1.7所示。

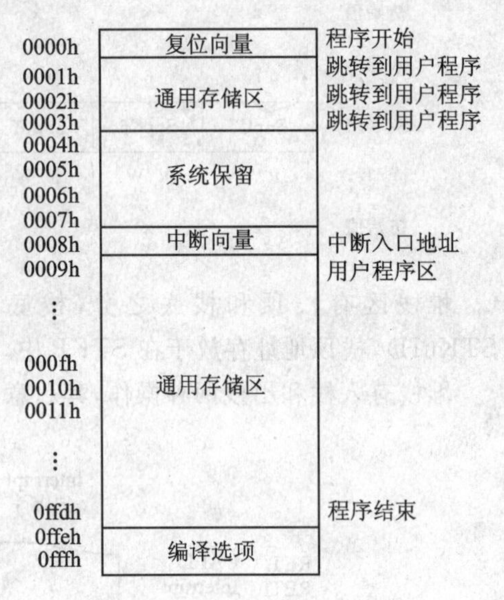

图1.7 ROM区域划分

1) 复位向量区(0000h～0003h)

上电复位或看门狗计数器溢出复位后，系统从地址0000h开始重新执行程序，所有的系统寄存器恢复为默认值。一般在0000h处放一条跳转指令，使程序转移至通用存储区。

例1-1给出了如何在程序存储器中定义复位向量。

【例1-1】 定义复位向量。

```
        ORG     0               ;0000h
        jmp     start           ;跳转到用户程序区
         ⋮                      ;0004h～0007h保留
        ORG     10h
START:                          ;0010h，用户程序的起始位置
         ⋮                      ;用户程序
         ⋮
        ENDP                    ;程序结束
```

本例中，地址0000h处的jmp指令使程序从头开始执行，0004h～0007h区域由系统保留，用户必须跳过0004h～0007h。

2) 系统保留区

0004h～0007h为系统保留区，这一区域禁止放入任何指令代码。如果在0003h前程序没有执行跳转指令而进入系统保留区，则系统将无法运行。

例1-1中，地址0000h处的jmp指令使程序从头开始执行，0004h～0007h区域由系统保留，用户必须跳过0004h～0007h。

3) 中断向量区(0008h)

中断向量地址为0008h。一旦有中断响应，程序计数器(PC)的值就会存入堆栈缓冲区并跳转至0008h处执行中断服务程序。用户使用时必须自行定义中断向量，在ROM的地址8(ORG 08)处的指令必须为jmp或nop。下面通过例1-2说明如何在程序中定义中断向量。

【例1-2】 定义中断向量,中断服务程序位于主程序后面。

```
        ORG     0           ;0000h
        jmp     start       ;跳转到用户程序
        ⋮                   ;0004h～0007h保留
        ORG     08
        jmp     MY_IRQ      ;0008h,跳转到中断服务程序
        ORG     10h
start:                      ;0010h,用户程序起始地址
        ⋮                   ;用户程序
        jmp     start       ;用户程序结束
MY_IRQ:                     ;中断服务程序的起始地址
        b0xch   a, accbuf   ;b0xch指令不会影响标志位C、Z
        push                ;保存工作寄存器
        ⋮
        pop                 ;恢复工作寄存器
        b0xch   a, accbuf
        reti                ;中断返回
        ENDP                ;程序结束
```

本例中,在0008h放置一条跳转指令,整个中断子程序位于通用ROM区,这样有利于形成模块化程序结构。

4) 通用程序存储区

通用程序存储区位于ROM中0010h～0ffdh的4088字单元作为通用程序存储区,这一区域主要用来存储指令操作代码和查表数据。

2. 数据存储器

如图1.8所示,SN8P2708A单片机的片内RAM共有384个存储单元,地址范围为000h～17fh。片内存储器可分为通用数据存储区和系统存储器两大部分。其中通用数据存储区共有256个存储单元,分为两个区域,地址范围为00h～7fh和100h～17fh;系统存储器有128个存储单元,地址范围为080h～0ffh。通用数据存储区可作为用户自定义的变量、临时数据、中间数据存放地,而系统存储器则用来控制片内外设或表示外设的状态。

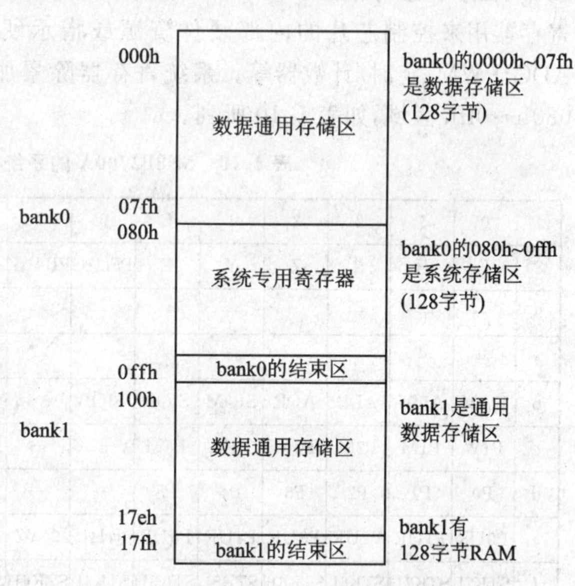

图1.8 SN8P2708A的RAM结构图

1) 数据存储器的分页管理

程序中是以8位地址码来寻址数据存储器的,所以最大仅能寻址到256个数据单元。为了寻址更大的存储器空间,就要将数据存储器进行分页管理。SN8P2708A单片机数据存储器分为两页:bank0和bank1。bank0有256字节存储区,其中低128地址空间的存储单元为通

用数据存储区(000h～07fh)，高128地址空间的存储单元为系统寄存器(080h～0ffh)。bank1只有128个通用数据存储区。因此通用数据存储区总共有256个单元。

CPU对存储器当前页的选择是靠系统寄存器RBANK，简称页指针。该寄存器位于RAM bank0的87h单元，RBANK的最低位RBNKS0决定当前页地址。当RBNKS0＝0时，程序中的RAM地址都是指向bank0；当RBNKS0＝1时，则指向bank1。

注意：在bank1访问状态下，SN8P2708A也提供直接访问bank0的指令，实现跨页访问。这些指令均是以b0开头，第2章将详细讲述。

RBANK的各位定义如下：

Bit	7	6	5	4	3	2	1	0
RBANK	0	0	0	0	0	0	0	RBNKS0
读/写	—	—	—	—	—	—	—	R/W
初始值	x	x	x	x	x	x	x	0

Bit0　　RBNKS0：RAM bank选择控制位。0 ＝ bank0；1＝bank1。

2）系统寄存器

系统寄存器是直接与单片机当前的状态、运行方式等相关的寄存器。系统寄存器可以分为两类：一类是与CPU直接相关的寄存器，即专用寄存器组，包括程序计数器PC、累加器ACC、程序状态寄存器FPFLAG、堆栈指针STKP等(这些寄存器在前面已经介绍过)；另一类寄存器用来控制芯片的内部硬件资源或指示硬件当前的状态，如输入/输出口状态、SIO、ADC、PWM、定时/计数器等。系统寄存器除累加器ACC外，离散的分布在RAM bank0的080h～0ffh区域，如表1.10所列。

表1.10　SN8P2700A的系统寄存器的地址分配表

	0	1	2	3	4	5	6	7	8	9	a	b	c	d	e	f
8	L	H	R	Z	Y	X	PFLAG	RBANK	—	—	—	—	—	—	—	—
9	—	—	—	—	—	—	—	—	—	—	—	—	—	—	—	—
a	—	—	—	—	—	—	—	—	—	—	—	—	—	—	P4CON	—
b	DAM	ADM	ADB	ADR	SIOM	SIOR	SIOB	—	—	—	—	—	—	—	—	PEDGE
c	P1W	P1M	P2M	P3M	P4M	P5M	—	—	INTRQ	INTEN	OSCM	—	WDTR	TC0R	PCL	PCH
d	P0	P1	P2	P3	P4	P5	—	—	T0M	T0C	TC0M	TC0C	TC1M	TC1C	TC1R	STKP
e	P0UR	P1UR	P2UR	P3UR	P4UR	P5UR	@HL	@YZ	—	—	—	—	—	—	—	—
f	STK7L	STK7H	STK6L	STK6H	STK5L	STK5H	STK4L	STK4H	STK3L	STK3H	STK2L	STK2H	STK1L	STK1H	STK0L	STK0H

系统寄存器的读/写访问有两种方式：一种是令页寄存器RBANK＝0，用通用指令访问；另一种是用跨页读/写指令访问，即用b0打头的指令访问(例如b0mov、b0bset、b0bclr…)。有关系统寄存器的功能和使用方法将在后续各章节中陆续介绍。表1.11给出了系统寄存器说明。

表1.11 系统寄存器功能说明

系统寄存器	说 明	系统寄存器	说 明
L、H	工作寄存器	@HL	间接寻址寄存器
R	工作寄存器和ROM查表数据缓存器	X	工作寄存器和ROM寻址寄存器
Y、Z	工作寄存器	@YZ	间接寻址寄存器
PFLAG	程序状态寄存器	RBANK	RAM bank选择寄存器
DAM	DAC模式寄存器	ADM	ADC模式寄存器
ADB	ADC数据缓存器	ADR	ADC精度寄存器
SIOM	SIO模式寄存器	SIOR	SIO时钟加载寄存器
SIOB	SIO数据缓存器	P1W	P1口唤醒功能寄存器
PnM	输入/输出模式寄存器	Pn	Pn口数据缓存器
INTRQ	中断请求寄存器	INTEN	中断使能寄存器
OSCM	振荡器寄存器	PCH、PCL	程序计数器
T0M	T0模式寄存器	TC0M	TC0模式寄存器
T0C	T0计数器	TC0C	TC0计数寄存器
TC1M	TC1模式寄存器	TC0R	TC0自动加载数据寄存器
TC1C	TC1计数器	TC1R	TC1自动加载数据寄存器
STKP	堆栈指针	STK0～STK7	堆栈区
P4CON	P4配置设置寄存器		

3) 工作寄存器

位于RAM中80h～87h地址的系统寄存器称为工作寄存器，分别是H、L、R、X、Y、Z、PFLAG、RBANK寄存器，如表1.12所列。这些寄存器可作为通用寄存器或用来访问ROM和RAM中的数据。

表1.12 工作寄存器列表

地 址	80h	81h	82h	83h	84h	85h	86h	87h
符 号	L	H	R	Z	Y	X	PFLAG	RBANK

工作寄存器H和L除作为一般数据缓冲使用外，另一个主要用途就是间接寻址RAM区数据。间接寻址时，工作寄存器H存入RAM页地址，工作寄存器L存入RAM页内的具体地址，并使用下列指令对RAM区指定的单元进行读/写操作。

读取RAM bank0的20h单元数据：

```
b0mov    H, #00h        ;将bank0的RAM高8位地址送到H寄存器中
b0mov    L, #20h        ;将bank0的RAM低8位地址送到L寄存器中
b0mov    A, @HL         ;读上面地址对应存储器的值到ACC
```

给RAM bank0的20h单元写数据：

```
mov      A,#40h        ;间接寻址必须通过ACC向RAM写数据
b0mov    A, @HL        ;将ACC中的数据写入到上面地址对应的RAM中
```

数据寄存器@HL是一个数据指针索引缓冲器，位于RAM bank0的e6h单元。H和L寄存器的内容决定了被访问的RAM单元的地址，并可通过累加器ACC对此单元进行读/写。H寄存器的低4位确定单元所在的RAM页，L寄存器给出该单元在某RAM页中的具体地址。H寄存器的高4位在间接寻址中无意义。

工作寄存器Y、Z作用与H、L相同。例如，要访问RAM bank1的25h单元，可使用以下指令：

```
b0mov    Y, #01h        ;将bank0的RAM高8位地址送到Y寄存器中
b0mov    Z, #25h        ;将bank0的RAM低8位地址送到Z寄存器中
b0mov    A, @YZ         ;读上面地址对应存储器的值到ACC
```

数据寄存器@YZ同样是一个数据指针索引缓冲器，位于RAM bank0的e7h单元，通过Y和Z寄存器的内容可访问RAM数据，并可通过累加器ACC对该数据进行读/写。Y寄存器的低4位确定单元的RAM页，Z寄存器给出单元在RAM某页中的具体地址。Y的高4位在间接寻址中无意义。

工作寄存器X、R除作为一般缓冲寄存器使用外，X与Y、Z组合还可组成一组查表功能的寄存器，实现ROM的查表功能；而寄存器R在查找ROM数据时存放数据的高字节。

关于使用工作寄存器间接寻址和查表指令的使用将在第2章中详细介绍。

1.3.3 片内外设

SONIX系列单片机的片内外设包括：

- 通道12位模/数转换器；
- 1通道7位数/模转换器；
- 3个8位定时器，包括T0(基本定时器)和TC0/TC1；
- 看门狗定时器；
- 快速脉宽调制/蜂鸣器输出功能；
- 高速同步串行通信口（SIO）；
- 内置1.8 V低电压侦测/上电可靠复位电路；
- 6组并行I/O输入/输出接口。

I/O端口又称为I/O接口，也叫I/O通路。I/O端口是SOINX单片机与外部实现控制和信息交换的必经之路。它是一个过渡的集成电路，用于信息传送过程中的速度匹配和增强单片机的负载能力。I/O端口有串行和并行之分，串行I/O端口一次只能传送1位二进制数，并行I/O端口一次可以传送1组二进制信息。

SN8P2708A有6个并行的I/O端口，分别命名为P0、P1、P2、P3、P4和P5。每个端口都有双向I/O功能，即每个端口既可以设置为输入口，又可以设置为输出口。每个端口对应的引脚内部都有一个输出锁存器和一个输入缓冲器。因此，CPU数据从并行I/O端口输出时可以得到锁存，数据输入时可以得到缓冲。

为了有效地减少单片机引脚数，一般采用I/O口和片内其他功能复用的方式。SONIX

单片机的 6 个 I/O 口除作为一般的 I/O 口外，还具有其他功能。例如，P0[2:0]可作为外部中断信号的输入引脚，P1[1:0]可作为漏极开路输出引脚，P4 口可作为 ADC 的模拟信号输入引脚，P5[2:0]可作为串行输入引脚，P5.4、P5.3 可作为 PWM/Buzzer 的输出引脚使用。

SN8P2700 系列内部有 3 个可编程的定时器/计数器，命名为 T0、TC0 和 TC1。定时器可利用 CPU 时钟来计算时间，用以产生计时中断、输出脉宽调制信号 PWM 和周期性方波输出。SN8P2700 系列单片机最多拥有 2 组 PWM 发生器 PWM0 和 PWM1 和两组周期性方波输出，但这些信号的输出与 P5.3 和 P5.4 两个引脚共用。如果周期性方波接蜂鸣器(Buzzer)或喇叭，则会发出等频的声响，甚至产生单音的音乐。TC0 和 TC1 又可作为计数器使用。当作计数器时，用来计算从输入引脚输入的外部脉冲数。这可以用来测量输入脉冲信号的频率。

SN8P2700 系列单片机提供 8 通道的模/数转换器(ADC)，模拟信号可以经由 P4 口的 8 个引脚输入，但 ADC 每次仅能处理一个通道的模拟信号，需要以程序方式来切换输入通道。8 位单片机的 ADC 一般仅能提供 8 位精度，但 SN8P2700 系列单片机却可以用程序来选择 8 位或 12 位的精度，扩大了应用范围。数/模转换器 DAC 和 ADC 过程正好相反，是将数据转换成模拟信号输出。

注意：SN8P2700 系列单片机的 DAC 输出为电流信号，这是专门给电流控制装置使用的。

鉴于单片机在嵌入式系统应用的特点，为了更有效地减少引脚数量，在产品设计时，大量地采用了串行接口的方式进行数据交换。SN8P2700 系列单片机内含一个串行通信接口 SIO，这个接口与 SPI (Serial Peripheral Interface)串行通信协议相兼容，可以直接使用 SIO 来与具有 SPI 接口的芯片进行数据传输。其他常用的串行通信，如 RS-232 和 I^2C 通信，也可以通过软件模拟的方式来实现。

1.3.4　中断系统

计算机中的中断是指 CPU 暂停源程序执行转而为外设服务(执行中断服务程序)，并在服务完后回到源程序执行的过程。中断系统是指能处理上述中断过程所需要的那部分电路。

中断源是指能产生中断请求信号的源泉。SN8P2700 系列单片机共有 8 个中断源，外部有 3 个，通常由外部设备产生；内部有 5 个，包括 3 个定时器/计数器中断、内部 ADC 中断和串行口中断。外部中断请求信号可以从 P0[2:0]引脚输入，有电平触发、上升沿、下降沿和双边沿触发 4 种触发方式。

SN8P2700 系列单片机中断的控制是通过相关寄存器的设置来实现的。系统寄存器 STKP 中的最高位 GIE 对系统全部中断进行控制。INTEN 为中断使能寄存器，用于控制 8 个中断源中哪些中断请求被允许，哪些中断请求被禁止。中断触发边沿控制寄存器 PEDGE 用来控制 INT0 的触发方式。

1.4　SONIX 单片机的开发工具

SONIX 公司提供了一套完整的系统开发工具，包括仿真器、编译器、调试器、编程器等软硬件工具，借助于开发工具，用户可以方便地完成应用系统的开发。

1. 仿真器

仿真器用来完成应用系统的软硬件调试。SONIX 公司提供了 S8KD-2 ICE 和 SN8ICE

2K ICE两种仿真器。

- S8KD-2 ICE：SN8P1000系列单片机专用仿真器。
- SN8ICE 2K ICE：SN8P2000系列单片机专用仿真器。

2. 编程器

编程器用来将编译好的代码烧录到片内ROM中。SONIX公司提供了Easy Writer和MP_Easy Writer两种编程器。

- Easy Writer：不能独立工作，需要仿真器控制烧录过程。
- MP_Easy Writer：能脱离仿真器独立工作，具有存储代码和显示编程状态的功能。

3. 编译软件

编译软件是一个基于Windows操作系统的软件开发平台，有一个功能强大的编辑器、项目管理器和制作工具，能完成包括编辑、汇编、调试及芯片的烧写等全部系统开发工作。它有SN8IDE和M2IDE两个版本。

- SN8IDE版本：支持SN8KD-2 ICE仿真器完成SN8P1000系列开发。
- M2IDE版本：支持 SN8ICE 2K ICE仿真器完成SN8P2000系列开发。

4. C语言集成开发系统 SN8 C Studio

SN8 C Studio与编译软件SN8IDE、M2IDE类似，也是一个基于Windows操作系统的软件开发平台，所不同的是SN8 C Studio整合了汇编器和C编译器，支持C语言以及汇编与C语言混合编程，可以帮助用户快速完成系统开发。

第2章

SONIX 单片机指令系统

本章将介绍指令的格式、分类和寻址方式，并以实例阐述 SN8P2700 系列单片机指令系统的每条指令含义和特点，以便为汇编语言程序设计打下基础。

2.1 指令系统概述

SONIX 单片机指令系统采用精简指令集，共有 60 条指令，每个指令的机器码为 16 位，与片内程序存储器结构相对应。指令周期大部分为 1 个 CPU 时钟，个别指令为 2 个 CPU 时钟。本节主要论述指令格式、表示形式、指令分类、寻址方式等。

2.1.1 指令格式

一般来说，汇编语言的指令由 4 部分组成，各部分由 SPACE 或 TAB 键分开。可以表示为如下形式：

[标号:]　操作码　[操作数 1]　[,操作数 2]　[;注释]

方括号内的项为可选项，可以省略。通常一条指令后包含 0～2 个操作数。

下面对汇编语言的指令标号、操作码、操作数、注释等各部分进行说明。

1. 标　号

标号的首字母必须为 a～z、A～Z、@、"_"。其他字母可以为 a～z、A～Z、@、"_"、0～9。最后一个符号必须为冒号":"。标号的长度不限，但不能重复定义。为了方便用户使用，用符号"@@"可以简便标号的定义。可用符号"@@:"作为暂时性标号名称，用"@B"表示指向前一个最近的"@@"标号；用"@F"指向后一个最近的"@@"标号。例如：

```
@@:
        jmp     @f          ;跳到下一个
        mov     0x20,a
@@:     mov     a,#1
        jmp     @b          ;跳到上一个
@@:
```

等价于：

```
l1:
        jmp     l2
        mov     0x20,a
```

```
l2:
        mov     a,#1
        jmp     l2
l3:
```

2. 操作码段

操作码也称指令码，用指令的保留字或助记符表示（例如：mov、add 等），用于指示计算机进行何种操作，是加法还是减法操作，是数据传送还是数据移位等。操作码是任一指令不可缺少的，是必选项，汇编程序就是根据这一字段生成目标代码的。

3. 操作数段

操作数段用于存放指令的操作数或操作数地址，可以采用字母和数字等多种形式表示。在操作数段中，操作数个数因指令的不同而不同，通常有双操作数、单操作数和无操作数 3 种情况。例如，从指令集中可看到：

```
movc                    ;无操作数
clr         M           ;1 个操作数
bclr        M.b         ;1 个操作数
jmp         d           ;1 个操作数
mov         A,I         ;2 个操作数
```

在 SONIX 单片机的汇编程序中，操作数通常有以下几种表示形式：

(1) 操作数的二进制、十进制、十六进制形式。对于十进制，例如 192、0192，即不加任何符号。对于十六进制，例如 0xC0、0xc0、1BH、0C0h、0c0H，即在数字前加 0x 或在数字后加 h 或 H；若首位数大于 9，则要在数字前加 0，以便辨认为十六进制，例如十六进制数 a1h 必须写为 0a1h。对于二进制，例如 11000000b、11000000B，即在数字后加 b 或 B。

(2) 如果操作数段表示操作数地址（即一个存储器单元），则用数字可以表示其地址；如果是常数，则数字前就要用符号“#”隔开。例如：

```
b0mov   0x80, #3        ;3 表示立即数
b0mov   0x80, 30h       ;30h 表示一个存储器单元
```

(3) 工作寄存器和系统寄存器的操作数表示形式：工作寄存器 H、L、R、X、Y、Z 以及控制系统内部资源的系统寄存器用一些专门的字符或字符串表示，这些寄存器可以直接用字符或字符串作为操作数。例如：

```
b0mov       h, #00h         ;将 bank0 的 RAM 高 8 位地址送到 H 寄存器
b0mov       l, #20h         ;将 bank0 的 RAM 低 8 位地址送到 L 寄存器
b0mov       a, @hl          ;读上面地址对应寄存器的值到 ACC
```

还有一些可位寻址的寄存器，也可用字符或字符串表示，同样可作为操作数使用。

(4) 经过定义的存储器地址和常数表示形式。例如：

```
.CONST                          ;常数定义
   pmled_seg   EQU     p2m
.DATA                           ;存储器定义
```

```
rwk1      DS       1
mov       rwk1,a
clr       rwk1 + 1
mov_      pmled_seg,#0ffh
```

(5) 位操作数的表示形式。例如：

```
b0bset        0x86.2
```

该指令表示 0x86.2 是程序状态寄存器的进位标志位“C”，等价于：

```
b0bset        fc
```

(6) 采用符号“$”的表示形式。这种表示形式常在转移指令的操作数字段使用，用于表示该转移指令操作码所在存储器地址。

符号“$”表示当前的程序地址，$ -1 表示当前的程序地址向上一条指令的地址。例如，下面两种写法意义相同：

```
label_l:
      mov       a, #1
      jmp       label_l
```

等价于：

```
mov    a, #1
jmp    $ - 1
```

另外，用符号“$”还可以获得标号的高字节、中间字节和低字节。例如：

```
        b0mov     x, #data1 $ h          ;X = 0x12
        b0mov     y, #data1 $ m          ;Y = 0x34
        b0mov     z, #data1 $ l          ;Z = 0x56
        movc                             ;ACC = 0x90,R = 0x78
        :
        ORG       0x123456
data1:  DW        7890h
```

4. 注释段

注释段用于解说指令或程序的含义，对编程和阅读程序有利。注释段是可选项，但选用时必须以“;”或一双斜杠“//”开头，多行注释也可用“/ * ”和“ * /”，例如：

```
mov      a, #55h                        ;将立即数 55h 写入到 ACC 中
mov      wk00, a                        ;将 ACC 中的数据写入到用户自定义的 wk00 中
mov      a, wk00                        ;从 wk00 中读取数据并存储到 ACC 中
```

分界符也称分隔符，是汇编语言语句的组成部分。编程时，如果机器遇到不合法的分界符，则会出错并停机，要求用户改正。因此读者在编程时对每条语句的分隔符不能掉以轻心，必须正确使用。标号段中的冒号“:”用于指示标号段结束；操作数段中的“,”用于分隔两个操作数；注释段的开头要加分号“;”，操作码段和操作数段之间必须加空格。

注意：在程序中，书写英文大小写字母无区别，虽然 MOv，Mov 和 mov 同义，但养成一个

好的编程习惯,形成统一的编程规范是有必要的。本书中对指令一律用小写字母书写,而对伪指令则用大写字母书写。

2.1.2 指令分类

通常,指令是按功能分类的。SONIX单片机指令按功能可以分为5类:数据传送指令、算术运算指令、逻辑运算指令、移位指令、位操作指令和分支转移指令。

1. 数据传送指令(9条)

数据传送指令主要用于单片机内部RAM与累加器ACC的数据传送,也可用于读取程序存储器中的数据。数据传送指令是把源地址上的操作数送到目的地址上的指令,在该指令执行后,源地址上的操作数不被破坏。

交换指令也属于数据传送指令,是把两个地址单元中的内容互换。因此,这类指令的操作数或操作数地址是互为源操作数和目的操作数的。

2. 算术运算指令(12条)

算术运算指令用于对两个操作数进行加、减、乘等算术运算。在这两个操作数中,一个应放在累加器ACC中,而另一个可以是立即数或存放于片内RAM中数据。运算结果可以放在累加器ACC中,也可以在片内存储器某个单元中。运算结果对标志寄存器产生影响。

3. 逻辑运算指令(10条)

逻辑运算指令用于两个操作数进行逻辑"与"、逻辑"或"、逻辑"异或"、存储器清0等操作。一般需要把两个操作数中的一个预先放入累加器ACC中,操作结果在累加器或RAM中。

4. 移位指令(6条)

移位指令可以对累加器ACC或RAM中的数进行移位。移位指令有左移位和右移位之分。

5. 位操作指令(4条)

位操作指令分为位置位和位控制转移指令两类。位操作指令的操作数不是以字节为单位进行操作的,而是以字节的某位为单位操作的;位控制转移指令不是以检测某个字节的结果而转移的,而是以检测字节中某一位的状态来转移的。

6. 分支转移指令(17条)

分支转移指令分为无条件转移、条件转移、子程序调用和返回等指令。这类指令的共同特点是可以改变程序执行的流向,或是使CPU转移到另一处执行,或是继续顺序执行。无论哪一类指令,执行都会改变程序计数器PC的值。

2.1.3 指令综述

指令的集合称为指令系统,指令系统是微型计算机核心部件CPU的重要性能指标,是进行CPU内部电路设计的基础,也是计算机应用工作者共同关心的问题。因此,计算机的类型不同,指令系统中每条指令的格式和功能也不相同,指令的数量也各不相同。例如MCS-51单片机有111条指令,PIC单片机根据不同型号有33～60条不等的指令。

SONIX单片机采用精简的指令集，共有60条指令，可以快速实现计算机的各种基本操作。

1. 指令系统中的符号说明

SN8P2700系列单片机所有指令如表A.1所列。从表中可以看出，在操作数和目的操作数字段使用了一些符号。这些符号的含义归纳如下：

A	累积器ACC。
M	数据存储器RAM中的一个单元地址。
I	常数，开头须有符号"#"，例如：#0x1A、#V1。
.b	位地址，例如：M.5表示数据存储器中M单元的第5位。
d	程序存储器ROM的地址。
(X:Y)	字节X和Y组成1字，其中Y为低字节。
(X:Y:Z)	由X、Y和Z三个8位数组成一个24位的数据。

2. 指令对标志位的影响

SN8P2700系列单片机指令按对标志位的影响情况分为两类：一类指令执行后要影响到程序状态寄存器PFLAG的某些标志位的状态，即不论指令执行前标志位状态如何，指令执行时总按标志位的定义形成新的标志状态；另一类指令执行后不会影响到标志位的状态，原来是什么状态，指令执行后还是这个状态。

不同的指令对标志位的影响是不相同的，每条指令对标志位的影响如表A.1所列。其中，"√"表示对相应的标志位有影响，"—"表示对标志位无影响。

2.2 寻址方式

在计算机中，寻找操作数的方法定义为指令的寻址方式。在执行指令时，CPU首先要根据地址寻找参加运算的操作数，然后才能对操作数进行操作，其操作结果还要根据地址存入相应的存储单元或寄存器中。因此，计算机执行程序实际上是不断地寻找操作数并进行操作的过程。

在SONIX单片机中，操作数可以存放在RAM中，也可以存放在ROM中。SN8P2700指令系统提供了3种寻址方式：立即寻址方式、直接寻址方式和间接寻址方式。

2.2.1 立即寻址

立即寻址是将一个立即数送入累加器或指定的RAM单元，其特点是指令中直接含有所需要的操作数，该操作数就是立即数。指令中，立即数通常使用#data表示，其中"#"表示后面紧跟的data是一个立即数，而不是存储器地址。例如：

```
mov     a,#12h      ;立即数12h存入ACC中
b0mov   wk00,a      ;将ACC中的数据送到bank0的用户自定义wk00中
```

2.2.2 直接寻址

直接寻址指令的指令码中含有操作数的地址，机器执行时便可根据直接地址找到所需要

的操作数。例如：

```
mov        a, 12h        ;将 RAM 的 12h 单元中的数据送到累加器 ACC 中
mov        22h, a        ;将累加器 ACC 中的数据送到 RAM 中的 12h 单元
```

这里应注意直接寻址与立即寻址的区别，例如：

```
mov        a, #4ah
mov        a, 4ah
```

第一条指令是立即寻址，4ah 是作为一个 8 位二进制数传送到累加器 ACC 中的；第二条指令是直接寻址，4ah 是作为直接地址看待的，指令的含义是把数据存储器 4ah 单元中的数送到累加器 ACC 中。

直接地址可以用用户自定义的 RAM 单元名表示。例如下面的例子中，在.DATA 段定义了 RAM 空间两个单元 temp1、temp2 作为变量。程序中就可以直接使用 temp1、temp2 名称，而不需要用直接地址表示。例如：

```
.DATA
        temp1       DS 1
        temp2       DS 1
.CODE
        mov         a,temp1
        mov         temp2,a
```

2.2.3　间接寻址

间接寻址的特点是指令执行中所需要的操作数存放在指针寄存器(Y/Z 或 H/L)所指的地址单元中。计算机在执行这类指令时，首先根据指令码中指针寄存器(Y/Z 或 H/L)找到所需要的操作数地址，再由操作数地址找到操作数，并完成相应的操作。因此间接寻址实际上是一种二次寻找操作数的寻址方式。

在间接寻址中，使用了指针寄存器 Y、Z、H、L，实际上这 4 个寄存器就是前面介绍的 8 个工作寄存器中的 4 个。寄存器 Y、Z、H、L 除作一般通用寄存器使用外，在间接寻址中还作为地址指针使用，因此也称它们为指针寄存器。其中 Y/H 寄存器的低 4 位存放 RAM 的页地址，Z/L 寄存器存放 RAM 页内地址。“@”表示间接寻址，以便和直接地址相区别。

【例 2-1】　间接寻址访问 RAM bank1 的 25h 单元。

```
b0mov      h, #01h       ;把 bank0 的 RAM 高 8 位地址送到 H 寄存器
b0mov      l, #25h       ;把 bank0 的 RAM 低 8 位地址送到寄存器 l
b0mov      a, @hl        ;读对应储存单元的值到 ACC
```

【例 2-2】　用@yz 对 RAM bank1 清 0。

```
        mov       a, #1
        b0mov     y, a          ;Y = 1, bank1
        mov       a, #07fh
        b0mov     z, a          ;Z = 7fh,数据存储器的低地址
clr_yz_buf:
```

```
        clr         @yz                 ;清 0
        decms       z                   ;Z 递减 1,当 Z = 0 时,结束子程序
        jmp         clr_yz_buf          ;不为零就继续计算
        clr         @yz
end_clr:                                ;结束通用区所有存储器的清 0 程序
```

使用间接寻址应注意以下两点：

(1) 由于 SN8P2700 系列单片机中 RAM 空间不会超过 1 KB,因此 Y/H 的高 4 位在 RAM 间接寻址中无意义。为了防止意外,一般高 4 位要保持为 0。

(2) 在间接寻址中,指针寄存器 H/L、Y/Z 的使用是完全一样的。例程中 H/L 和 Y/Z 完全可以互换。

2.2.4　对 RAM 寻址

在第 1 章中,曾讲过数据存储器实行分页管理。寻址 RAM 首先要选择当前存储器单元所在的页,然后才能对页内地址单元进行各种操作。数据存储器分为 bank0 和 bank1 两页,用户可通过系统寄存器 RBANK 的页选择位访问两个 RAM 页的所有数据单元。

【例 2-3】 RAM bank 选择和访问。

```
;访问 bank0
            clr     rbank               ;清 frbnks0
            mov     a, 12h              ;bank0 中 12h 的数送 ACC
;访问 bank1
            mov     a, #1               ;置位 frbnks0
            b0mov   rbank, a
            mov     12h,a               ;累加器 ACC 中的数送 bank1 中的 12h 单元
```

为了方便数据存储器的寻址,SN8P2700 系列单片机提供了跨页访问 RAM bank0 的方式。也就是说,在 bank1 访问状态下,无须转换 RAM bank,直接用指令 b0mov 就可以访问 RAM bank0 中的数据。但禁止从 bank0 跨页访问 bank1。

【例 2-4】 从 RAM bank1 中访问 RAM bank0。

```
;bank1
        b0bset      rbnks0          ;转到 bank1
        b0mov       a, buf0         ;读取 buf0 的数据,buf0 位于 RAM bank0
        mov         buf1, a         ;写 buf0 的数据到 buf1,buf1 位于 RAM bank1
        ⋮
        mov         a, buf1         ;读取 buf1(bank1)的数据并存在 ACC 中
        b0mov       buf0,a          ;写 ACC 的数据到 buf0(bank0)
```

【例 2-5】 在 RAM bank1 下访问系统寄存器。

```
;bank 1
      b0bset        rbnks0          ;转到 bank1
      mov           a, #0ffh        ;设置 P1 口的所有引脚均为逻辑高电平
      b0mov         p1, a           ;通过指令 b0mov 把 bank1 的 RAM 送入 bank0 专用寄存器
      b0mov         a, p0           ;读取 P0 (bank0) 的数据并存在 buf1(bank1)中
      mov           buf1, a
```

另外，应注意 3 种寻址方式对 RAM bank0 和 bank1 是有区别的。对 RAM bank0 的单元都可以通过上面 3 种寻址方式进行读/写；但对 RAM bank1 是禁止采用立即寻址方式的。

【例 2-6】 对 RAM bank 0 的 3 种寻址方式。

```
;立即寻址
    b0mov     a, #12h        ;赋一个立即数 12h 到 ACC
    mov       l, #28h        ;赋一个立即数 28h 到工作寄存器 l(bank0)
;直接寻址(通过 RBANK 寄存器)
    b0mov     rbank, #00h    ;页指针指向 RAM bank0
    mov       a, 12h         ;赋地址 12h(bank1)对应的数到 ACC
;间接寻址
    clr       y              ;清 Y,指向 RAM bank0
    b0mov     z, #12h        ;送一个立即数 12h 到 Z
    b0mov     a,@yz          ;用数据指针@YZ 取得相应存储器的地址 012h 的数据并传送 ACC
```

【例 2-7】 RAM bank1 的单元两种寻址方式

```
;直接寻址(通过 RBANK 寄存器)
    b0mov     rbank, #01h    ;页指针指向 RAM bank1
    mov       a, 12h         ;赋地址 12h(bank1)对应的数到 ACC
;间接寻址
    mov       a,#01h
    b0mov     y, a           ;Y=1,指向 RAM bank1
    b0mov     z, #12h        ;送一个立即数 12h 到 Z
    b0mov     a, @yz         ;用数据指针@YZ 取得相应存储器的地址 012h 的数据并传送给 ACC
```

2.3 指令系统

2.3.1 数据传送指令

数据传送指令是最基本和最主要的操作。该操作是在累加器与片内 RAM 之间进行。在这类指令中，必须指定传送指令的源地址和目的地址，以便机器执行指令时把源地址的内容传送到目的地址中，但不改变源地址的内容。其中交换指令中的两个操作数互为源操作数和目的操作数。在这类指令中，除以累加器 A 为目的操作数的数据传送指令会对程序状态寄存器产生影响外，交换指令和其他传送指令均不会影响任何标志位。

1. 存储器读/写指令

```
MOV      A,M      ;从存储器中读取数据并存入 ACC 中
MOV      M,A      ;把 ACC 中的数据写入存储器中
MOV      A,I      ;将立即数赋予 ACC
B0MOV    A,M      ;从 bank0 存储器中读取数据存入到 ACC 中
B0MOV    M,A      ;将 ACC 的数据写入到 bank0 存储器中
B0MOV    M,I      ;将立即数赋予 bank0 存储器，存储器必须是工作寄存器(H、L、
                  ;R、X、Y、Z)、RBANK 或 PFLAG
```

说明：

(1) 指令为存储器读/写指令，所不同的是前3条指令中存储器M为系统寄存器或片内RAM的任意单元地址；而后3条指令助记符以B0开头，读/写的存储器必须是系统寄存或bank0中的某一单元。

由于数据存储器分为两块，为了方便起见，SN8P2700系列单片机提供了8条指令可以直接访问bank0的存储器块，属于数据传送的指令有3条："B0MOV A，M"、"B0MOV M,A"和"B0XCH A,M"。在本书中，尽可能使用不是专门用于bank0的指令，除非必要或有优点时才用专门的bank0的指令。

(2) 由于数据块选择位RBNKS0的初始值为0，所以若是都用到bank0的寄存器，则不要对此位作任何更改设定。这也是最普遍的情况。如果有一长段程序要用到bank1，则可以在此段程序开头执行BSET RBANK.0，将当前存储器设成bank1页；而该段程序结束时再执行BCLK RBANK.0，当前存储器又回复到bank0(指令BSET和BCLR后文会介绍)。

(3) 如果在RBNKS0＝0时要用到bank1，而又不想改变设定存储器块选择位RBNKS0，就需要采用间接寻址法。可以利用间接寻址寄存器@HL和@YZ实现上述操作。例如：

```
.CONST                              ;定义常数
v_ b1       EQU         0x001
.DATA                               ;程序区
            bclr        rbank.0     ;页指针指向 bank0
            ⋮
            b0mov       y，#1       ;为间接寻址 bank1 准备
            b0mov       z，#v_bl    ;间接地址为 bank1 中的 0x101 单元
            mov         @ yz，a
```

由于一个存储器页最多仅有256字节，而且只有2个数据存储器页，所以高位地址寄存器H/Y的值取0指向bank0，取1指向bank1。

(4) 从传送指令可以看到，将一个存储器内的数据或一个数值要传送到另一个存储器，须经过累加器ACC；否则无法将一个立即数或存储器内的数据直接传送到另一个存储器。例如，将存储器M1中数据传送到M2，需要通过以下两条指令来实现：

```
mov     a,m1
mov     m2,a
```

(5) 最后一条指令是一个例外，即将立即数直接传送到工作寄存器。但是这里的存储器M必须是工作寄存器L、H、R、Z、Y、X，程序状态寄存器PFLAG和RBANK寄存器。例如：

```
mov       pflag，#00h
```

(6) 以上以累加器ACC为目的操作数的存储器读/写指令，即"MOV A,M"和"B0MOV A,M"两条指令，其操作结果将对PFLAG的零标志位产生影响。如果ACC为0，则零标志位(Z)置1；反之清0。其他4条指令均不会对PFLAG产生影响。

(7) 指令中立即数I在用具体数据代替时，前面必须加"#"。例如，比较一下下面两条指令：

```
mov       a ,#12h          ;将立即数 12h 送 ACC 中
mov       a ,12h           ;将存储器 12h 单元中的数送 ACC 中
```

第一条指令 12h 表示立即数，前面必须加“#”号；第二条指令表示地址为 12h 的存储器单元，前面未加“#”号。

(8) 数据传送指令周期均为 1 个周期，1 个周期等于 $1/f_{CPU}$。

2. 累加器与存储器数据交换指令

```
XCH       A,M      ;ACC 与存储器 M 进行数据交换，操作不影响 PFLAG
B0XCH     A,M      ;ACC 与 bank0 中存储器 M 进行数据交换，操作不影响 PFLAG
```

说明：

(1) XCH 和 B0XCH 指令用于累加器 ACC 与存储器之间交换数据。指令执行后，ACC 的数据就存入存储器中，而存储器中的数据则存入 ACC 中。所不同的是，B0XCH 指令中存储器必须位于 bank0。

前面讲过，以 B0 开头的指令，支持跨页操作，B0XCH 也不例外。

(2) 数据交换指令执行后，累加器 ACC 并不影响程序状态寄存器。例如：

```
xch        a, wk00       ;互换 ACC 与用户自定义的 wk00 中的数据
b0xch      a, wk00       ;互换 ACC 与 wk00 中的数据，wk00 是用户在 bank0 中自定义的
```


3. 查表指令

```
MOVC      ;读取 ROM 中的数据，并存入到 R 寄存器和 ACC 中，操作不影响 PFLAG
```

MOVC 指令用于从 ROM 中读取数据，常应用于查表。为了从 ROM 中的某一单元获取常数或数表，首先将数据的 ROM 地址分成高、中、低 3 字节并分别存入 3 个工作寄存器 X、Y、Z 中，然后执行指令 MOVC，则将位于(X:Y:Z)的 1 字数据的低字节送到累加器 ACC 中，而高字节送到工作寄存器 R 中。

这里，工作寄存器 X、Y、Z 作为指针寄存器，指向程序存储器的对应表格单元，实现查表功能。由于 SN8P2700 系列单片机 ROM 最大的空间为 4K(即最高位址为 0fffh)，所以 X 必须为 0，编程时可以在程序开头的系统寄存器初始化时清 0。系统编译器提供 $H、$M 和 $L 分别取得一个 ROM 单元的高 8 位地址、中 8 位地址和低 8 位地址。因为 ROM 的地址不会超过 2 字节的数值，所以实际上 $H 是用不到的。下面例子中，假设 table1 的 ROM 地址为 0x01ab，则经两个“B0MOV M,I”指令后，Y= 0x01，Z=0xab。

注意：对工作寄存器送立即数时，要使用 B0MOV 而不是 MOV 指令，这是因为前者才能直接将数值复制到工作寄存器。

【例 2-8】 查位于 table1 的 ROM 数据。

```
b0mov       x,#0                ;X 永远为 0
 ⋮
b0mov       y, #table1$m        ;取得表格地址中间字节
b0mov       z, #table1$l        ;取得表格地址低字节
movc                            ;查表，R=00h,ACC=35h
incms       z                   ;Z+1
```

```
        nop
        movc                              ;查表,R = 51h,ACC = 05h
        ⋮
table:
        DW          0035h                 ;定义表格数据(16 位)
        DW          5105h
        DW          2012h
        ⋮
```

2.3.2 算术运算指令

SN8P2700 系列单片机有比较完整的算术运算指令,可分为加法、减法、十进制调整和乘法指令。算术运算指令对程序状态寄存器均产生影响。

1. 加法指令

加法指令有 6 条,有带进位和不带进位两类指令。ADD 指令用于不带进位加法运算;而 ADC 指令用于带进位加法运算。指令如下:

```
ADD     A,M     ;将 ACC 与存储器中的数据相加,结果存在 ACC 中
ADD     M,A     ;将 ACC 与存储器中的数据相加,结果存在存储器中
ADD     A,I     ;将 ACC 中的数据与立即数相加,结果存在 ACC 中
B0ADD   M,A     ;将 ACC 中的内容与 bank0 存储器中的数据相加,结果存在存储器中
ADC     A,M     ;将 ACC、存储器与进位标志(C)相加,结果存储在 ACC 中
ADC     M,A     ;将 ACC、存储器与进位标志(C)相加,结果存储在存储器中
```

说明:

(1) 指令执行结果对标志位产生影响。如果 ACC 结果为 0,则零标志(Z)置 1;反之清 0。如果结果溢出,则进位标志 C 置 1;反之 清 0。如果结果的低半字节向高半字节进位,则十进制标志(DC)置 1;反之清 0。

(2) 在 B0ADD 指令中,存储器 M 为系统寄存器或 bank0 中的存储单元。

【例 2-9】 双字节加法运算。

将数据 0x10ff 与 0x0103 相加,其和存于 DAH 和 DAL 中。其程序如下:

```
mov         a, #03h             ;输入 0x0103 的低字节到 DAL
b0mov       dal, a
mov         a, #01h             ;输入 0x0103 的高字节到 DAH
b0mov       dah, a
mov         a, #0ffh            ;和低字节数据相加,DAL = 02h
add         dal, a
mov         a, #10h             ;和高字节数据相加,DAH = 12h
adc         dah, a              ;必须考虑到低字节的进位,用 adc 指令
```

2. 减法指令

减法指令有 5 条,同样有带进位和不带进位两类指令。SUB 指令用于不带进位减法运

算;而SBC指令用于带进位减法运算。指令如下:

```
SUB    A,M    ;从ACC中减去存储器单元中的数据,将结果存入ACC中
SUB    M,A    ;从ACC中减去存储器单元中的数据,将结果存入存储器中
SUB    A,I    ;从ACC中减去一个立即数,将结果存入ACC中
SBC    A,M    ;从ACC中减去存储器单元中的数据和借位标志,结果存入ACC中
SBC    M,A    ;从ACC中减去存储器单元中的数据和借位标志,结果存入存储器中
```

说明:

(1) 指令执行结果对标志位产生影响。如果结果为0,则零标志Z置1,反之清0。如果结果中有借位,则进位标志清0;反之置1。如果结果中产生低半字节的借位,则十进制进位标志DC清0;反之置1。

【例2-10】 双字节减法运算。

将0x10ff减去0x0103,结果存在DAH和DAL中。其程序如下:

```
mov       a,#03h          ;输入0x0103的低字节到DAL
b0mov     dal,a
mov       a,#01h          ;输入0x0103的高字节到DAH
b0mov     dah,a
mov       a,#0ffh         ;与低字节相加,DAL=0fch
sub       dal,a
mov       a,#10h          ;与高字节相加,DAH=0fh
sbc       dah,a           ;结果是0x0ffc
```

(2) 在加减法指令中,累加器ACC一直是被加数和被减数,只是在加法中,加数和被加数符合交换律,但是减法就不同。为了求M－A,可以采用以下两种方式。

方式1:保留A的内容。

```
xch       a,m
sub       a,m             ;A=M-A,保留原始A内容于M
```

方式2:保留M的内容。

```
xch       a,m
sub       m,a
xch       a,m             ;A=M-A,保留原始M内容于M
```

(3) 可以利用补码加法处理减法。

```
sub       a,#10
```

可以转化为:

```
add       a,#256-10
```

因此,对于减法A＝M－I,完全可以用以下两条指令实现:

```
mov       a,#256-i
add       a,m
```

3. 乘法指令

MUL指令是在ACC和存储器中进行两个8位不带符号二进制数据的乘法运算，其结果的高字节存到R寄存器中，低字节存在ACC中。如果结果为0，则零标志Z置1；反之清0。乘法指令中，M为系统寄存器或用户自行定义的寄存器；指令周期为两个CPU时钟周期。

```
MUL    A,M      ;ACC和存储器M中无符号数相乘，乘积的高字节存到R寄存器中，
                ;低字节存到ACC中
```

【例2-11】 两个8位数相乘。

```
mov      a,            #03h          ;输入数据03h到bank0中的data_1
b0mov    ata_1,        a
mov      a,            #0ffh         ;输入数据0ffh到ACC
mul      a,            data_1        ;两数相乘，结果是R=02h,A=0fdh,z_flag=0
mov      a,            #00h          ;输入数据00h到bank0中的data_1
b0mov    data_1+1,     a
mov      a,            #0ffh         ;输入数据0ffh到ACC
mul      a,            data_1+1      ;两数相乘，结果是R=00h,A=00h,z_flag=1
```

2.3.3 逻辑运算指令

逻辑运算指令可以对两个8位二进制数进行“与”、“或”、“异或”等逻辑运算，常用来对数据进行逻辑处理，使之适合于传送、存储和输出等。在这类指令中，除存储器清0之外，其余指令均会对零标志位产生影响。指令执行周期均为1个CPU时钟。

1. 逻辑“与”指令

AND指令为两个操作数的相应位都是1，相应位的操作结果也为1。如果结果为0，则零标志Z置1；反之清0。

```
AND    A,M     ;将ACC与存储器中的内容进行逻辑“与”运算，结果存在ACC中
AND    M,A     ;将ACC与存储器中的内容进行逻辑“与”运算，结果存在存储器中
AND    A,I     ;将ACC与立即数进行逻辑“与”运算，结果存在ACC中
```

【例2-12】 已知输入到P2口的数据为10101010b，执行以下指令后，累加器A和P2中的内容各是什么？

```
① b0mov   a                        ③ b0mov   a, #0fh
  and     a, #0fh                    and     acc,p2
② b0mov   a, #0fh                  ④ b0mov   a, #0f0h
  and     p2,a                       and     p2,acc
```

解 ① P2=10101010b，A=00001010b　　③ P2=10101010b，ACC=00001010b
② P2=00001010b，A=0fh　　④ P2=10100000b，ACC=0f0h

在实际编程中，逻辑“与”指令主要用于从某个存储单元中取出几位，而把其他位变为0（即位屏蔽）。

【例2-13】 已知bank0 的M1单元中有一个“8”的ASCII码，试通过编程把它变为

BCD码。

解　从ASCII和BCD码的关系可知，只要将ASCII码的高4位清0，低4位保持不变，就可以转换为BCD码。可采用如下两种方法编程：

```
① mov      a,#0fh
   and      m1,a                ;M1中的38h和0fh相"与",结果放入M1中
② b0mov    a,m1
   and      a,#0fh
   b0mov    m1,a
```

2. 逻辑"或"指令

这组指令与逻辑"与"指令类似，只是指令所执行的操作不是逻辑"与"而是逻辑"或"。逻辑"或"指令又称逻辑加指令，可以用于对存储某个单元或累加器ACC中的数进行变换，使其中的某些位变为1而其余位不变。如果逻辑"或"结果为0，则零标志置1；反之清0。

```
OR    A,M    ;将ACC与存储器中的内容进行逻辑"或"运算,结果存入ACC中
OR    M,A    ;将ACC与存储器中的内容进行逻辑"或"运算,结果存入存储器中
OR    A,I    ;将ACC中的内容与一个立即数进行逻辑"或"运算,结果存入ACC中
```

【例2-14】　设A=0aah，P1=0ffh，试通过编程把累加器ACC中的低4位送入P1口低4位，P1口的高4位不变。

解

```
b0mov     r,  a
and       a,  #0fh
b0xch     a,  buf
b0mov     a,  p1
and       a,  #0f0h
or        a,  buf
b0mov     p1, a
```

3. 逻辑"异或"指令

XOR指令为逻辑"异或"运算指令，也叫做不带进位加法指令。如果两个操作数的对应位不相同，则置1；反之清0。如果运算结果为0，则零标志位置1；反之清0。

```
XOR   A,M   ;将ACC与存储器中的数据进行逻辑"异或"运算,结果存入ACC中
XOR   M,A   ;将ACC与存储器中的数据进行逻辑"异或"运算,结果存入存储器中
XOR   A,I   ;将ACC中的内容与一个立即数进行逻辑"异或"运算,结果存入ACC中
```

这组指令和与前两类指令类似，只是指令所执行的操作是逻辑"异或"。逻辑"异或"指令也可以用于对存储某个单元或累加器ACC中的数进行变换，使其中的某些位取反而其余位不变。如果逻辑"异或"结果为0，则零标志位置1；反之清0。

【例2-15】　编写程序，将RAM bank1中wk00单元的数据低4位取反后送到P2口。

解　程序如下：

```
b0bset      rbnks0           ;转到bank1
```

```
mov         a,wk00
xor         a,#0fh
b0mov       p2,a
```

在实际应用中，灵活应用逻辑操作指令，可以实现对存储器的位操作。例如，对存储器的部分或全部位保持不变，只有对应位和 1 相“与”；对存储器的部分或全部位置 1，只有对应位和 1 相“或”；对存储器的部分或全部位取反，只有对应位和 1 相“异或”。本例中，wk00 的数据低 4 位取反是用 wk00 与立即数 #0fh 相“异或”操作实现的。

4. 存储器清 0 指令

CLR 指令将存储器的数据清 0，此操作不影响 PFLAG。

```
CLR M            ;对存储器进行清 0 操作
```

【例 2-16】 将系统寄存器清 0。

```
clr      y                ;清寄存器 Y
clr      p0               ;错误：clr 不支持只读寄存器
```

2.3.4 移位指令

SN8P2700 系列单片机提供了 6 条移位指令，其操作对象均为存储器 M，结果存于累加器或原存储器中。

```
RLC      M      ;存储器中的数据左移 1 位，结果存在 ACC 中
RLCM     M      ;存储器中的数据左移 1 位，结果存在存储器中
RRC      M      ;存储器中的数据右移 1 位，结果存在 ACC 中
RRCM     M      ;存储器中的数据右移 1 位，结果存在存储器中
SWAP     M      ;将寄存器高低半字节的数据互换，结果存入 ACC 中
SWAPM    M      ;将寄存器高低半字节的数据互换，结果存入存储器中
```

说明：

(1) 前 4 条指令让存储器中的内容左移(RLC、RLCM)或右移(RRC、RRCM)1 位，同时将最高位或最低位填入 C 标志位中。因此，其结果对进位标志位产生影响。移位操作过程如图 2.1所示。

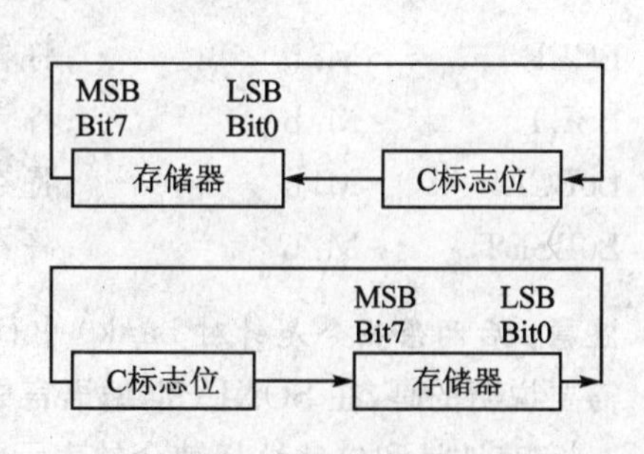

图 2.1　移位操作过程

指令集中没有不带 C 标志位的左移或右移指令，而在实际中，常常需要这种环移操作，可以通过以下两条指令实现。

```
rlc      wk00      ;c = wk00.7
rlcm     wk00      ;wk00.n→wk00.n+1,c = wk00.7→wk00.0
```

(2) 最后两条指令 SWAPM 和 SWAP 将存储器内数据的高 4 位和低 4 位互换，其结果不影响状态寄存器各标志位。

【例 2-17】 编程完成以下操作：

① 读取 P2 的值，互换高低字节，并将结果存在 wk00 中。

② 读取 P2 的值，互换高低字节，并加载新的值到 P2 寄存器中。

③ wk00=11110011b，将 wk00 换成 11001100b 并将结果存在 wk00 中。

④ wk00=10101010b，将 wk00 变成 01010101b 并将结果存在 ACC 中。

⑤ wk00=11110011b，将 wk00 变成 00111100b 并将结果存在 wk00 中。

解

```
①  swap      p2          ;将 P2 寄存器高低字节互换并将结果存在 ACC 中,P2 数据不变
    b0mov     wk00,a      ;保存结果于 wk00 中
②  swapm     p2          ;将 P2 的值高低字节互换并将结果存在 P2 中
③  b0bclr    fc          ;清标志位 C
    rlcm      wk00        ;左移 1 次
                          ;wk00 = 11100110b,C = 1
    b0bclr    fc          ;清标志位 C
    rlcm      wk00        ;左移两次
                          ;wk00 =  11001100b,C = 1
④  b0bclr    fc          ;清标志位 C
    rrc       wk00        ;ACC = 01010101b,C = 0
⑤  b0bclr    fc          ;清标志位 C
    rrcm      wk00        ;右移 1 次
                          ;wk00 = 01111001b,C = 1
    b0bclr    fc          ;清标志位 C
    rrcm      wk00        ;右移 1 次
                          ;wk00 = 00111100b,C = 1
```

2.3.5 位操作指令

位操作指令是将存储器的某一位清 0 或置 1，结果不影响 PFLAG。

```
BCLR      M.b     ;将存储器 b 位清 0
BSET      M.b     ;将存储器中 b 位置 1
B0BCLR    M.b     ;将存储器 b 位清 0,存储器必须位于 bank0 中
B0BSET    M.b     ;将存储器中 b 位置 1,存储器必须位于 bank0 中
```

注意：后两条指令是针对 bank0 中位操作的。

需要说明的是，在 SONIX 汇编语言中，位的表示方法有以下几种方法：

- 字节地址和位地址相结合的表示方法。例如，12h 单元的最低位可以表示为 12h.0。
- 用户自定义的变量名称和位地址结合的表示方法。例如，用户定的名为 wk00 变量的最高位表示为 wk00.7。
- 在汇编器中，已定义了的系统寄存器的各位，在位名称前面加 F 表示。例如，RBANK 的最低位命名为 RBNKS0，因此以下两指令是等价的：

```
bset      rbank.0
bset      frbnks
```

2.3.6 分支转移指令

分支转移指令是任何指令系统都具有的一类指令，主要以改变程序计数器 PC 的值为目的，以便控制程序执行的流向。

SN8P2700 系列单片机的分支转移指令共有 17 条，分为无条件转移指令、条件转移指令、子程序调用和返回指令、空操作指令。

1. 无条件转移指令

无条件转移指令 JMP 是无条件跳转到指定地址，指定的位置可以在 ROM 的任何地址。此操作不影响 PFLAG。

```
JMP      d          ;程序跳转到地址 d
```

其中，d 是目的地址，为了方便编程，可以用地址标号代替直接地址 d。本指令为 2 个时钟周期。

【例 2-18】 用程序计数器和 JMP 指令形成一个跳转表功能。通过程序计数器可以执行不同的子程序。

```
mov         a,wk00              ;限制 wk00 的 0～7 位
and         a,#00000111b
mov         wk00,a
b0add       pcl,a
jmp         sub0                ;wk00 = 0,跳转到 sub0
jmp         sub1                ;wk00 = 1,跳转到 sub1
jmp         sub2                ;wk00 = 2,跳转到 sub2
jmp         sub3                ;wk00 = 3,跳转到 sub3
jmp         sub4                ;wk00 = 4,跳转到 sub4
jmp         sub5                ;wk00 = 5,跳转到 sub5
jmp         sub6                ;wk00 = 6,跳转到 sub6
jmp         sub7                ;wk00 = 7,跳转到 sub7
```

2. 条件转移指令

这类指令是一种在执行过程中需要判断某种条件是否满足而决定要不要跳转的指令。如果某种条件满足，则跳转到下一条指令；如果不满足，则顺序执行原程序。条件转移指令有 10 条，分为比较条件跳转指令、自加 1 判零跳转指令、自减 1 判零跳转指令和位检测跳转指令。

1) 比较条件跳转指令

```
CMPRS   A,I  ;将 ACC 与一个立即数作比较，如果相等，则跳过下一条指令
CMPRS   A,M  ;将 ACC 与存储器单元中的数据作比较，如果相等，则跳过下一条指令
```

这两条指令将 ACC 与存储器单元中的数据或者一个立即数作比较，如果两者相等，则程序计数器跳过下一条指令。CMPRS 指令就是将 ACC 与存储器 M 中的数据或一个立即数相减并进行判断(注意，ACC 的值并没有变化，只是由此作判断)。其结果影响零标志位和进位标志位，如果结果为 0，则零标志位置 1；反之清 0。如果结果中借位发生，则进位标志清 0；反之置 1。十进制标志不受影响，保持为 0。

比较条件跳转指令周期为 1～2 个 CPU 时钟周期不等，如果跳过下一条指令，则需要 2

个周期;如果执行下一条指令,则消耗1个周期。

【例2-19】 将存储器wk00与55h作比较,如果两者相等,则程序跳到sub1;否则跳到sub2。

解

```
b0mov        a,#055h
cmprs        a,wk00
jmp          sub2                  ;wk00不等于55h,则跳转到sub2
jmp          sub1                  ;wk00 = 55h,则调整到sub1
```

2)自加1判零跳转指令

INCS M ;存储器自加1并将结果送到ACC中,如果ACC=0,则跳过下一条指令

INCMS M ;存储器自加1并将结果存在存储器中,如果M=0,则跳过下一条指令

这两条指令是ACC或存储器的内容自加1,如果结果为0,则程序跳过下一条指令。此操作不影响PFLAG。自加1跳转指令周期为1～2个周期不等,如果跳过下条指令,则需要两个周期;如果执行下一条指令,则消耗1个周期。

【例2-20】 wk00自加1,直到溢出。

解

```
        mov         a, #0xfd
        mov         wk00, a
incstest:
        incs        wk00
        nop
        mov         wk00, a
        cmprs       a, #0x00
        jmp         incstest               ;wk00不等于0,则跳转到incstest
```

【例2-21】 Y和Z自加,Y为高字节,Z为低字节。

```
        incms        z
        jmp          exit                  ;Z不等于0,则退出
        incms        y                     ;Z = 0, Y = Y + 1
        nop
exit:
        ⋮
```

3)自减1判零跳转指令

DECS M ;存储器自减1,结果存在ACC中

DECMS M ;存储器自减1,结果存在存储器中

这两条指令是ACC或存储器内容自减1。如果结果为0,则程序跳过下一条指令。此操作不影响PFLAG。

【例2-22】 wk00自减1,直到等于0。

```
decstest:
        decms        wk00
        jmp          decstest              ;不等于0,则继续计算,直到wk00 = 0
```

4）位检测跳转指令

```
BTS0      M.b      ;将存储器的某位与 0 作比较
B0BTS0    M.b      ;将存储器的某位与 0 作比较,存储器必须位于 bank0 中
BTS1      M.b      ;将存储器的某位与 1 作比较
B0BTS1    M.b      ;将存储器的某位与 1 作比较,存储器必须位于 bank0 中
```

其中,前两条指令将存储器的某位与 0 作比较,如果结果为 0,则程序跳过下一条指令。后两条指令是将存储器的某位与 1 作比较,如果结果为 1,则程序跳过下一条指令。这 4 条指令操作结果不影响 PFLAG 各标志位。

【例 2－23】 检查进位标志。如果 C=0,则跳到 sub1;否则就跳到 sub2。

解

```
    b0bts0 fc
    jmp         sub2        ;C = 1,跳转到 sub2
    jmp         sub1        ;C = 0,跳转到 sub1
```

【例 2－24】 检查 wk00 的第三位。如果 wk00.3=0,则 wk00 就自加 1;否则退出。

解

```
    b0bts0      wk00.3      ;检查 wk00 的第三位
    jmp         exit        ;wk00.3 = 1,则退出
    incms       wk00        ;wk00.3 = 0,则 wk00 自加
    nop
exit:
```

【例 2－25】 检测进位标志。如果 C=1,则跳到 sub1;否则就跳到 sub2。

解

```
    b0bts1      fc
    jmp         sub2        ;C = 0,跳转到 sub2
    jmp         sub1        ;C = 1,跳转到 sub1
```

【例 2－26】 检测 wk00 的第三位。如果 wk00.3=1,则 wk00 就自加 1;否则退出。

解

```
    b0bts1      wk00.3      ;检查 wk00 的第三位
    jmp         exit        ;wk00.3 = 0,则退出
    incms       wk00        ;wk00.3 = 1,则 wk00 自加
    nop
exit:
```

3. 子程序调用和返回指令

```
CALL      d        ;程序跳到地址 d
RET                ;返回到上一层堆栈
RETI               ;从中断返回并开放全局中断控制位
```

CALL 指令用于 ROM 中调用子程序。执行指令时,程序计数器存储在堆栈缓冲器中,堆

栈层数减1。子程序标号处的新地址加载到程序计数器中，并执行。子程序可以从ROM中的任何地址开始。此操作不影响PFLAG。完成调用子程序后，RET指令就返回到上一个ROM地址。当执行RET指令后，程序计数器就从堆栈缓冲器重新加载，堆栈指针加1。程序返回上一层堆栈并继续执行。子程序可以在ROM的任何位置。此操作不影响PFLAG。

【例2-27】 阅读如下程序，指出执行CALL指令后，堆栈指针和程序计数器的变化情况；当子程序执行完后，堆栈指针和程序计数器又是如何变化的？

```
        ORG     0x0030
        call    sub1                    ;当地址为0x0030时，跳转到sub1
                                        ;当地址为0x0031时，程序返回
        ORG     0x0213
sub1:
        ⋮
        ret
```

解 sub1的地址是0x0213，CALL指令的地址是0x0030。堆栈指针指向0fh。执行CALL指令后，堆栈缓冲区0fh单元存放0x0031，堆栈指针指向0eh，程序计数器指向0x0213。

执行子程序的RET指令后，堆栈缓冲区重新加载给程序计数器，堆栈指针恢复为0fh，程序计数器变为0x0031，程序回到主程序继续运行。

```
        ORG     0x0030
        call    sub1                    ;当地址为0x0030时，跳转到sub1
                                        ;当地址为0x0031时，程序返回
        ⋮
        ORG     0x0213
sub1:
        ⋮
        ret                             ;返回到地址0x0031
```

RETI指令用于中断返回。在程序运行过程中，一旦有中断发生，程序计数器PC内的地址被压入堆栈缓冲区，堆栈指针减1，并屏蔽全局中断，程序跳到中断向量处，开始执行中断服务程序。RETI是中断服务程序结束指令，当执行到RETI指令时，单片机将堆栈缓冲区栈顶的数据弹出送到程序计数器，堆栈指针加1，并开放全局中断，程序退出中断服务程序。此操作不影响PFLAG。

以下是中断服务程序的例子：

```
        ORG 8                           ;中断向量地址
        b0xch   a,accbuf
        b0mov   a,pflag
        b0mov   pflagbuf,a
        ⋮
        b0mov   a,pflagbuf
        b0mov   pflag,a
        b0xch   a,accbuf
        reti                            ;退出中断服务程序
MAIN:
```

```
        …                                  ;中断发生,程序跳转到中断向量地址
        …                                  ;从中断向量地址返回
```

注意：在中断服务程序中，为防止主程序中有用的数据被破坏，必须进行数据保护。本例中，对累加器 ACC 和程序状态寄存器 PFLAG 中的数据进行了保护。

4. 空操作指令

```
NOP              ;空操作
```

NOP 是空操作指令，常用作时间延迟。一个 NOP 指令耗时 1 个指令周期。此操作不影响 PFLAG。

【例 2-28】 利用 NOP 指令循环延迟 1500 个指令周期，如果振荡器频率为 4 MHz，则延迟 1500 μs。

```
dly1024u:
        mov         a,#6                    ;清 ACC
dly1024u_10:
        add         a,#01h                  ;ACC 加 1
        nop                                 ;消耗两个指令周期
        nop
        b0bts1      fz                      ;检查 ACC 是否溢出
        jmp         dly1024u_10             ;如果没有溢出,则 ACC 继续加 1
        nop                                 ;退出延迟服务程序
```

5. PUSH 和 POP 指令

```
PUSH       ;将所有工作寄存器存入系统隐藏缓冲区
POP        ;从系统隐藏缓冲区取出所有工作寄存器
```

PUSH 和 POP 指令是一类特殊指令，用于需要数据保护的场合。在 SONIX 系列单片机中，数据保护用于中断处理、子程序调用等场合。例如，中断处理是为了避免原数据状态被破坏，往往需要将所有工作寄存器先存储起来再作中断处理，中断处理结束后则要恢复所有工作寄存器的数据。在中断处理程序的开始，使用 PUSH 保护数据存储器；在中断处理程序结束前，使用 POP 恢复数据。同样，在子程序中同样可以使用堆栈操作指令来保护工作寄存器中的数据。

注意：SONIX 单片机的 PUSH 和 POP 指令将被保护的寄存器存入或取出缓冲区是隐藏 RAM 区，而决不是堆栈缓冲寄存器 STK0～STK7，同时也无法用其他指令对这一隐藏 ROM 区进行操作。这一点与 MCS-51 单片机是不同的。

另外，需要强调的是 PUSH 和 POP 指令保护的寄存器是工作寄存器 H、L、R、X、Y、Z、PFLAG 和 RBANK。如果要保护工作寄存器之外的存储器数据，则必须使用其他指令实现。例如，要保护累加器 ACC，则可以在 RAM 区定义一数据缓冲器 ACCBUF，并使用数据交换指令实现：

```
ACCBUF          DS      1
b0xch           a,accbuf
```

第3章

汇编语言程序设计

在单片机的应用中，汇编语言程序设计是一个关键问题。它不仅是实现人机对话的基础，而且直接关系到所设计单片机应用系统的特性，并对系统的存储容量和工作效能也有很大影响。因此，重视程序设计及掌握程序设计的一般方法和技巧是进行系统设计的基础。

3.1 汇编语言的构成

汇编语言是一种面向机器的程序设计语言，常因机器的不同而有所差别。本节以SONIX公司的SN8P2700系列单片机为例，介绍汇编语言的构成。

3.1.1 程序设计语言

计算机程序设计语言通常分为机器语言、汇编语言和高级语言3类。它们各有优缺点，下面进行具体分析。

1. 机器语言

机器语言是一种能被机器直接识别并执行的机器级语言。通常，机器语言有二进制和十六进制两种表示形式。二进制形式由二进制码的0和1构成，可以直接放在计算机的存储器内；十六进制形式由0～F等16个数字、符号组成，是人们常采用的一种形式，这些数字、符号输入计算机后由监控程序翻译成二进制形式，以供机器直接执行。由于机器语言不易被人们识别和读/写，并且用机器语言编写程序具有难编写、难读懂、难查错和难交流的缺点，因此，人们通常不用它进行程序设计。

2. 汇编语言

汇编语言是使人们用来代替机器语言进行程序设计的一种语言，由助记符、保留字和伪指令等组成，很容易被人们识别、记忆和读/写，故有时也称为符号语言。采用汇编语言编写的程序称为汇编语言源程序，它虽然不能被计算机直接执行，但可由汇编器翻译成机器语言程序(二进制代码)。汇编器是单片机开发系统的组成部分，由芯片制造商或第三方提供。汇编语言与计算机的结构紧密相关，采用汇编语言编程，用户可以直接操作到单片机内部的工作寄存器和片内RAM单元，能把数据的处理过程表述得非常具体和详实。因此，汇编语言程序设计可以在空间和时间上挖掘单片机的潜力，是底层应用程序开发最常用的一种语言。

3. 高级语言

高级语言是一种面向过程和问题并能独立于机器的通用程序设计语言，是一种接近人们自然语言和常用数学表达式的计算机语言。因此，人们在利用高级语言编程时可以不去了解计算机内部结构，而把主要精力集中在掌握语言规则和程序结构设计上来。采用高级语言编写的程序是不能被计算机直接执行的，必须经过专用的编译器经过编译、链接，最后生成目标代码才能被计算机执行。目前C语言以其简练、方便等特点，已广泛应用于单片机源程序的开发，其代码生成率高达90％。

3.1.2 汇编语言语句

汇编语言是汇编语言语句的集合，是构成汇编语言源程序的基本元素。由于汇编语言要通过汇编器才能生成机器识别的代码，因此一个完整的程序内应包含两种语句：一种是指令性语句；另一种是辅助指令和伪指令。

1. 指令性语句

指令性语句是采用指令助记符构成的汇编语言语句。对于指令性语句，每条指令都有对应的机器码，并由机器在汇编时翻译成目标代码，供CPU执行。对SONIX公司的SN8P2700系列单片机而言，指令性语句是指58条指令的助记符语句。因此，指令性语句是大量的，是汇编语言语句的主体，也是人们进行汇编语言程序设计的基本语句。

2. 指示性语句

指示性语句又称伪指令。伪指令是针对汇编器的语句，不会生成机器代码。它虽然具有与指令性指令相同的形式，但它只是用来供汇编器识别和执行的命令，并对机器的汇编过程进行某种控制和操作。例如，规定汇编生成的目标代码在存储器中的存放区域，为源程序中的常量和标号赋值及指示汇编的结束等。

在SONIX单片机的汇编语言中，有16类共65条伪指令（见附录B），但是最常用的伪指令有近20条。下面介绍一些常用的伪指令，其他伪指令可参考SONIX编译器说明书。

1) 程序的开始和结束

用于程序的开始和结束的各有1条指令，分别是CHIP和ENDP。

(1) CHIP

CHIP伪指令是在程序开始时定义所用芯片型号。该指令必须定义在程序的最前面，并且只能定义一次。其格式如下：

```
CHIP        SN8XXXX
```

例如：在系统设计中使用SN8P2708芯片，在主程序的开头必须有如下指令：

```
CHIP        SN8P2708
```

(2) ENDP

ENDP伪指令强迫汇编器结束汇编，汇编器执行该命令后，其后面的程序将不会被汇编。其格式如下：

```
ENDP
```

2) 用户标题定义

在程序设计中，为了增加程序的可读性，强化程序的模块化设计，并在复杂程序设计时为项目组的分工协作提供方便，通常用一条伪指令 TITLE 对程序的功能等加以说明。其格式如下：

TITLE

例如：

```
TITLE          this is a demo code          ;这是一个演示程序
```

3) 常量定义

常量定义最常用的伪指令有 EQU。该指令用于给左边的常量赋值，因此也称为赋值伪指令。常量定义后不能再改变。其格式如下：

VARIABLE　　EQU　　VALUE or BIT

例如，定义如下 4 个常量：

```
true          EQU          1
false         EQU          0
pin1          EQU          p0.0
num1          EQU          0x20
```

其中，true、false 分别当作 1 和 0 来使用，pin1 被定义为 P0.0，num1 为常数 0x20。

4) 段的定义

为了有效地组织和利用单片机的存储器，目标文件的代码和数据在存储器中采用分段存放。汇编语言程序设计时必须指示不同类型的段，以便编译时对程序代码进行分段定位和存放。在 SONIX 编程规范中，可分为 3 个基本段，即程序段、数据段和常数段。程序段生成目标代码，而数据段用于数据存储器组织和变量定义，常数段对程序中用到的常量进行定义。它们分别用不同的伪指令定义。

(1) .CODE

.CODE 伪指令用来设定当前段为程序段，编译后的代码存放于片内 ROM 中。程序段的大小取决于 ROM 的大小。程序段产生目标代码，它是系统软件的主体。一般系统默认的程序段(.CODE)ROM 区 0 为起始地址。

(2) .DATA

.DATA 伪指令用来设定当前段为数据段，对程序中用到的变量进行定义，并通过编译器定位于片内 RAM 中。数据段的大小取决于芯片内 RAM 的大小。

注意数据段不产生目标代码。

(3) .CONST

.CONST 伪指令用来设定当前段为常数段，用于程序中用到的一些常量、常数的定义。

例如：段的定义举例。

```
.CODE                                  ;定义程序段，在.CODE之后的程序产生指令码
             mov     a,   #0
             ⋮
.DATA                                  ;定义数据段，在.DATA之后的程序为在数据存储器中定义变量
             ram0    DS   1            ;在RAM区定义一变量ram0
             ram1    DS   1            ;在RAM区定义一变量ram1
```

```
.CODE                                  ;定义程序段
        ⋮
.DATA                                  ;定义数据段
        buf0    DS  2                  ;在 RAM 区定义地址连续的两个变量 buf0 和 buf0 + 1
        buf1    DS  1                  ;在 RAM 区定义变量 buf1
.CODE                                  ;定义程序段
        ⋮
```

5）段地址的设置

在程序设计中，程序段、数据段在内存中的地址可以重新定位，例如，设置系统复位后要执行程序的存放地址、中断程序的存放地址和变量在数据存储器中存放的开始地址。在默认情况下，地址为0。段地址设置使用ORG伪指令。其格式如下：

```
ORG        NEW        ADDRESS
```

例如：阅读如下程序，并说明各段中ORG的意义。

```
.DATA
ORG     0
        wk00    DS      1
        wk01    DS      1
        accbuf  DS      1
ORG     100
        bufb1   DS      10
.CODE
ORG     0
        jmp     start                  ;复位向量地址
ORG     8                              ;地址 4～7 系统保留
        jmp     isr                    ;中断向量地址
ORG     10h
start:
        mov     a,#0fh
        b0mov   STKP,a                 ;禁止中断，设置堆栈指针位置
        bomov   PFLAG,#0
        jmp     mn
isr:
        clr     INTRQ                  ;清中断请求
        reti
mn:
        ⋮
ENDP
```

说明：在.DATA段，使用了两个ORG，第一个ORG后面，在数据存储器的bank0区定义了3个变量；第二个ORG后面，在数据存储器bank1区预留了连续的10个单元作为临时变量。在.CODE段设置了复位后执行程序存放的起始地址、中断服务程序存放的起始地址和初始化程序存放的起始地址。

6）程序存储器中数据的定义

程序存储器除了存放程序代码外，还经常要存放一些常数、数表，这些数据的定义采用

DB、BW、DD等伪指令。

(1) 字节定义伪指令DB(Define Byte)

该指令用于在程序存储器的某一区域定义一个或一串字节。DB的格式如下：

[LABEL]　　DB　　D1 [,D2,…]

[LABEL]　　DB　　"STRING"[,"STRING",…]

表达式中,D1、D2等表示1字节的数据,字节数据必须位于0～0xff之间;STRING表示字符或字符串,必须加符号" "。两字节组成1字,第一个字节是低字节,第二个字节是高字节,若不足1字,则高字节需补0。

例如：

```
        ORG     2000h
        mov     a,#28h
        ⋮
TAB:    DB      12,34  30  85h  "ABCD"
        ⋮
        ENDP
```

在上述源程序中,TAB是DB伪指令语句的标号,是一个物理地址为12位的二进制标号地址。TAB的具体数值由2000h到TAB之间的实际指令字节数决定,也可以直接在TAB语句前用一条ORG伪指令来定义。上述程序被汇编时,汇编程序自动把TAB单元置成220ch,TAB+1单元置成001eh,TAB+2单元置成0085h,TAB+3单元置成4241h,TAB+3单元置成4344h。

注意：DB伪指令后,数据或字节之间用“,”隔开和用空格隔开是有区别的,两个字节用“,”隔开,则存放一个单元,并且低位在前;而用空格隔开,则分别存放两个存储单元。

(2) 字定义伪指令DW(Define Word)

该指令用于在程序存储器的某一区域定义一个或一串字。DW的格式如下：

[LABEL]　　DW　　D1 [,D2,…]

[LABEL]　　DW　　"STRING"[,"STRING",…]

表达式中,D1、D2等表示1字的数据,数据必须位于0～0xffff之间;STRING表示字符或字符串,必须加符号" "。两字节组成1字,第一个字节是低字节,第二个字节是高字节,若不足1字,则高字节需补“0”。

例如：

```
        TEMP        EQU    45
        ORG         1000h
        DW          0x1234, 5678, TEMP + 3, 2 * 5
        DW          "ABCDEFG",23H
HERE:   DW          "HERE","SONIX"
        ⋮
```

程序编译后,程序存储器中从1000h开始的存储单元依次存放的数据为3412h、4e38h、0a30h、4241h、4443h、4645h、2347h、4548h、4552h、4F53h、494eh、0077h。

(3) 双字定义伪指令 DD

该指令与字定义伪指令用法相同，只是数的表示范围有所不同，数据必须位于 0～0xffffffffh 之间或是用符号" "定义的字符串。4 字节组成一个双字，常用来存储标号(因为标号的数据常超过 64K)。DD 伪指令的格式如下：

```
[LABEL]    DD       D1 [,D2,…]
[LABEL]    DD       "STRING"[,"STRING",…]
```

例如：

```
TABLE:     DD       L1, L2, L3
  ⋮
  L1       DD       "HELLO"
  L2       DD       "GOOD"
  L3       DD       "SONIX"
```

7) 数据存储器中变量的定义

在程序设计中，变量是存放于数据存储空间的。程序在汇编时，需要数据存储器保留一定数量的存储空间，以供变量使用。而且这些保留的存储空间地址可以用变量名代替 DS 前的标号。为变量保留存储空间用 DS 伪指令。其格式如下：

```
[LABEL]    DS       SIZE
```

表达式中，SIZE 是指数据在 RAM 中占用空间的大小；LABEL 可以省略。DS 伪指令一般存放在数据段中。

例如：

```
.DATA
        MEM1       DS      1
        BUFFER1    DS      3
          ⋮
.CODE
          ⋮
```

在上述程序的.DATA 段中，定义了变量 MEM1 并为此变量保留一个存储单元，定义了变量 BUFFER1、BUFFER1+1 和 BUFFER1+2 并为这 3 个变量保留了 3 个连续存储单元。

3.2 汇编语言源程序的设计

在单片机应用中，大部分情况下是采用汇编语言来编写的。因此，汇编语言程序设计不仅关系到单片机控制特性和效率，而且还与控制系统本身的硬件结构有关。为了编写出质量高且功能强的实用程序，设计者一方面要正确理解程序设计的目标和步骤，另一方面还要了解汇编语言源程序的汇编原理和方法。

3.2.1 汇编语言源程序的设计步骤

根据任务要求，采用汇编语言编制程序的过程称为汇编语言程序设计。一个应用程序的编制，从拟制设计任务书直到所编程序的调试通过，通常可分成以下6步：

① 拟定设计任务书。这是一个收集资料和项目调研的过程。设计者应根据设计要求到现场进行实地考察，并根据国内外情况写出比较详实的设计任务书，必要时还应聘请有关专家帮助论证。设计任务书应包括程序功能、技术指标、精度等级、实施方案、工程进度、所需设备、研制费用和人员分工等。

② 建立数学模型。在弄清设计任务书的基础上，设计者应把控制系统的计算任务或控制对象的物理过程抽象并归纳为数学模型。数学模型是多种多样的，也可以是一系列的数学表达式，也可以是数学推理和判断，还可以是运行状态的模拟等。

③ 确立算法。根据被控对象的实时过程和逻辑关系，设计者还必须把数学模型演化为计算机可以处理的形式，并拟制出具体的算法和步骤。统一数学模型，往往有几种不同的算法，设计者还应对各种不同的算法进行分析和比较，从中找出一种切合实际的最佳算法。

④ 绘制程序流程图。这是程序的结构设计阶段，也是程序设计前的准备阶段。对于一个复杂的设计任务，还应根据实际情况确定程序的结构设计方式(如模块化程序设计、自顶向下程序设计等)，把总设计任务划分为若干子任务(即子模块)，并分别绘制出相应的程序流程图。因此，程序流程图不仅可以体现程序的设计思想，而且可以使复杂问题简化并收到提纲挈领的效果。

⑤ 编制汇编语言源程序。这一步是根据程序流程图进行的，也是设计者充分施展才华的地方。但是，设计者应在掌握程序设计的基本方法和技巧的基础上，注意所编程序的可读性和正确性，必要时应在程序的合适位置上加上注释。

⑥ 上机调试。这一步可以检验程序的正确性，也是任何有实用价值的程序设计无法超越的阶段。因为任何程序编写完成后都难免会有缺点和错误，所以只有通过上机调试和试运行才能比较容易地发现问题并纠正缺点和错误。

汇编语言程序设计的上述各步骤及其相互间的关系如图3.1所示。由图可见，编写好的程序在上机调试前必须汇编成目标机器码，以便在计算机上调试并运行。如果汇编不能通过，则说明源程序中有错或使用了不合法语句，调试者应根据汇编时指出的错误类型对被汇编源程序作出修改，直到可以通过汇编为止。只有汇编通过的源程序才能在机器上调试并执行，但上机调试不一定能够通过。调试不通过的原因可能有两条：一是程序中存在一般性小问题，经过修改后便可通过；二是程序有大问题，必须更改程序流程图中其他部分才能上机调试通过。

各子程序分调完成后，还应逐步挂接其他子程序，以实现程序的联调。联调时的情况与分调时类似，也会发现和纠正不少错误。联调通过后的程序还必须试运行，即在所设计系统的硬件环境下运行。试运行应先在实验室条件下进行，然后才可以到现场进行。

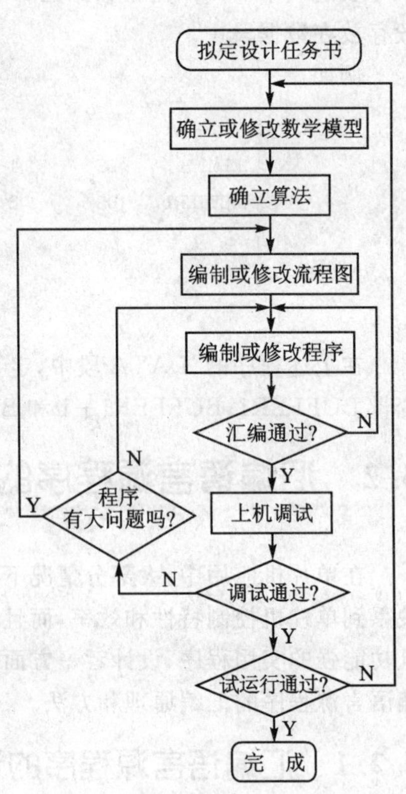

图3.1　汇编语言源程序的设计步骤

上面介绍的是复杂程序设计，对于简单一些的程序设计，自然可以省略其中的某些步骤。

3.2.2 汇编语言程序代码的生成

用汇编语言编写的源程序，必须变换成机器语言程序才能被单片机执行。该过程若是由人工完成，则须先由指令表查出每条指令对应的机器代码，列出一张与源程序对应的机器程序清单，然后在监控程序管理下，从键盘直接送入计算机存储器。显然这一过程比较麻烦，效率低，出错率高。

机器汇编是用机器来代替人脑的一种汇编，是机器自动把汇编语言源程序翻译成目标代码的过程。完成这一翻译工作的机器是系统计算机，给系统计算机输入源程序的是人，完成这一翻译工作的软件称为汇编器。因此，机器汇编实际上是通过汇编器来对源程序进行汇编的。

汇编器的主要功能如下：

- 检查源程序；
- 检查源程序中的语法错误，并给出错误信息；
- 产生源程序的目标代码，并给出列表文件；
- 展开宏指令。

汇编器的操作过程如下：

① 自动编排目标程序中的指令存放地址。这一步由汇编器程序中专门设置的地址计数器 LC(Location Counter)来完成。

② 把源程序翻译成机器码。该过程分 3 种情况：如果源程序指令助记符中无标号，则直接查表求其机器码；如果源程序指令助记符中有标号，则先求其标号地址，再把查到的操作码和计算机的标号地址一起写入目标程序文件中；如果源程序中为伪指令，则只完成汇编过程中相应的操作。

③ 分析源程序语法，若出错，则给出错误信息。

④ 输出目标代码及源程序文件列表。

以上操作是在汇编过程中利用所谓逐步扫描来完成的。所谓"扫描"，是指汇编程序从头到尾、逐字逐句地读入全部源程序，并进行相应的分析处理。一般采用两次扫描来进行程序的汇编。第一次扫描是通过对每个语句各个符号的顺序查对，先确定各符号的值，产生相应的符号表，然后按汇编语言语法规则检查源程序的语法错误。当第一次扫描完时，可输出出错位置及类型。第二次扫描根据符号表确定所有地址数值，并最终产生程序文件及相应的列表文件。

经汇编产生的可执行目标代码，再经过专用编程器写入单片机片内程序存储器或片外扩展程序存储器。

3.3 宏指令

由于 SONIX 单片机采用了 RISC(Reduced Instruction Set Computin，精简指令集)架构，所以使得指令系统相对简单。它只要求硬件执行最常用的指令，大部分复杂的操作则使用编译器综合实现(由简单指令合成而来)。因此，宏指令对于 SONIX 单片机系统设计尤为重要。

所谓宏指令，就是说在程序设计时对于程序中多次重复使用的指令序列(一段程序段)可定义成一个宏名，这样编程时就可用宏名代替所定义的程序段。这就是宏指令，简称宏。宏指令可以免去重复书写的工作，缩短源程序的长度。在SONIX单片机中，利用宏指令可以弥补指令少带来的操作不便，同时增加程序的可读性，降低了编程的难度。

宏指令的使用要经过3步：宏定义、宏调用和宏展开。前两步由用户完成，第三步由汇编器在汇编期间完成。

1. 宏定义

宏在使用之前一定要先定义。宏定义格式如下：

```
NAME    MACRO   [[参数[,…]]
⋮                                ;宏体
ENDM
```

说明：

(1) 宏定义必须用伪指令MACRO开始，而用ENDM结束。

(2) NAME为宏指令名，也称宏名，其命名应遵循标识符命名规定。

(3) "参数"为选择项，它是宏体中有关指令的操作码、操作数或它们的一部分。宏参数是否存在由宏功能决定。宏调用时，参数由主程序传入宏内。

(4) 宏体即宏指令所代替的程序段，由一系列指令和伪指令构成。

(5) 宏定义必须出现在宏调用之前。为避免出错，可以把宏定义放在程序中所有段的代码之前，也可以把所有的宏集中编写在一个文件内，文件名定义为"*.H"。在主程序的开始用INCLUDE或INCLUDESTD包含伪指令声明后，就可以在程序任何地方使用已定义的宏。

2. 宏调用

定义了宏之后，就可以在源程序中通过宏名来调用宏。其格式如下：

```
NAME    [[参数[,…]]
```

在调用宏时，可以使用直接型、间接型、字符型等任何类型的参数。宏中可以嵌套其他宏，且层数不受限制，只要在宏嵌套中的参数名相同，则这些参数就可以穿过嵌套的宏使用。宏的多个参数应以逗号隔开，参数前的空格及TAB键都将被忽略。

3. 宏展开

当源程序调用宏时，编译器会将宏展开。在展开期间，编译器把自变量传递给宏参数，用宏定义代替宏调用语句并对源代码进行编译。在默认条件下，宏展开会在指令列表文件中列出，可以用.NOLIST伪指令关掉宏指令列表。

4. 应用举例

使用宏可以简化程序的撰写，使用子程序可以缩短程序代码的长度。如果善用宏和子程序，则可以使程序达到最佳状态。下面举例说明。

文件compare1：

```
.DATA
            bufds       DS          1
            wk00        DS          1
            wk01        DS          1
```

```
.CODE
1           b0xch       a,buf
2           cmprs       a,wk00                  ;比较 buf 和 wk00,并产生标志位 C
3           b0bts0      fc                      ;若 A>wk00,则跳转到 kn1
4           jmp         kn1                     ;A<wk00,则顺序执行
5           mov         a,wk00
6           mov         wk01,a                  ;大数存入 wk01
7           jmp         kn2
8     kn1:
            mov         wk01,a                  ;大数存入 wk01
9     kn2:
            ⋮
```

compare1 文件中程序的功能是比较 buf 和 wk00 中数的大小,并将大数送到 wk01 中。由于指令系统中没有直接判断两数大小的指令,所以程序中使用多条指令完成两数的大小判断。在程序设计中,经常会遇到这样的情况,因此可以将程序中的第 2、3、4 行用一宏指令代替。其定义如下:

```
;功能:比较 ACC  与存储单元 mem 中数的大小,如果 A 大于或等于 mem,则跳转到程序存储器地址为
;adr 单元处
cjae        MACRO A, m, adr
cmprs       A, m
bobts0      FC
jmp         adr
ENDM
```

在指令系统中,存储器到存储器的数据传送,或立即数送存储器被禁止,必须使用两条指令完成。同样可以定义一条宏指令来完成这项功能。

```
;功能:立即数或存储单元中的数送另一存储单元
mov_        MACRO           mem, mem_val
mov         a, mem_val
mov         mem, a
ENDM
```

定义了宏指令 cjae 和 mov_后,以上程序就可以改写为:

文件 compare2:

```
.DATA
        buf     DS      1
        wk00    DS      1
        wk01    DS      1
.CODE
1       b0xch   a,buf
2       cjae    a,wk00, kn1                     ;宏调用。A≥wk00,则跳转到 kn1
3       mov_    wk01,wk00                       ;宏调用大数存入 wk01
4       jmp     kn2
```

```
kn1:
5        mov    wk01,a                          ;大数存入 wk01
kn2:
            ⋮
```

有了宏指令后，程序的编写明显得到了简化，可读性也得到了改善。表 3.1 给出了常用的宏指令。这些宏指令分别被写成了 3 个头文件 MACRO1. H、MACRO2. H 和 MACRO3. H。在使用时，只要在主程序中使用以下伪指令进行声明，就可以像一般指令一样使用宏指令。

INCUDESTD　　MACRO1. H
INCUDESTD　　MACRO2. H
INCUDESTD　　MACRO3. H

或

INCUDE　　C:\SONIX\ MACRO1. H
INCUDE　　C:\SONIX\ MACRO2. H
INCUDE　　C:\SONIX\ MACRO3. H

需要说明的是，INCUDE 和 INCUDESTD 均是对包含文件的声明，它们之间的区别在于，INCUDESTD 后的文件路径已经被固定为编译器所在路径；而 INCUDE 后默认为工程文件的根目录，如果该文件不在工程文件的根目录下，则必须指明路径。

对以上编写文件分别进行编译，文件 compare2 在编译过程中将宏指令展开，程序的源代码与文件 compare1 生成的代码完全相同。

表 3.1　常用的宏指令列表

号码	分类	汇编助记码		扩展格式		功能	标志			周期
							CF	DC	ZF	
1	COMMAND	CLC		B0BCLR	FC	清标志位 C	0	—	—	1
2		STC		B0BSET	FC	置位标志位 C	1	—	—	1
3		RSTWDT		B0BSET	FWDRST	复位看门狗(置位 WDRST)	—	—	—	1
4		NOT	A	XOR	A,#0ffh	ACC 按位取反	—	—	—	1
5		NEG	A	XOR ADD	A,#0ffh A,#1	ACC 取补	—	—	—	2
6	ROTATE/SHIFT	SHL	memory	B0BCLR RLCM	FC memory	memory * 2	—	—	—	2
7		SHR	memory	B0BCLR RRCM	FC memory	memory/2	—	—	—	2
8		B2B	bit1,bit2	B0BCLR B0BTS0 B0BSET	bit2 bit1 bit2	bit2→bit1	—	—	—	3
9		ROL	mem	RLCM B2B	mem FC,mem.0	不带 C 的左环移	—	—	—	4
10		ROR	mem	RRCM B2B	mem FC,mem.7	不带 C 的右环移	—	—	—	4
11		RCR	mem	RRCM	mem	memory 右环移	—	—	—	1
12		RCL	mem	RLCM	mem	memory 左环移	—	—	—	1

5. 宏使用中注意的问题

一条宏指令经过编译器编译后，被展开为多条代码来代替宏指令，因此，在宏指令前如果使用跳转指令，就可能引起错误发生。例如：

```
          mov           a,#55h
          b0bts0        buf.0
          mov_          wk00,wk01
          jmp           test_code
          ⋮
test_code:
          ⋮
```

经编译，宏指令被展开，产生以下程序代码：

```
          mov           a,#55h
          b0bts0        buf.0
          mov           a,wk01
          mov           wk00,a
          jmp           test_code
          ⋮
test_code:
          ⋮
```

本例中由于b0bst0后紧跟着一条宏指令，当条件buf.0=0满足后，b0bts0指令仅跳过一条指令，跳转功能出现错误，不能满足程序直接跳转至test_code标号处的目的。初学者在使用宏指令时一定要特别注意这一问题。为了避免上述错误，可以采用下面的编程方法：

```
          b0bts0        buf.0
          jmp           test_data
          jmp           test_code
test_data:
          mov_          wk00,wk01
test_code:
          jmp           test_code
          ⋮
```

3.4 程序模板

为了使读者能尽快地学会编写基本程序，并能在仿真环境下进行调试，我们给出了一个基本程序设计模板，以供大家参考。从模板中可以看到，在代码之前是变量定义、常量定义以及相关声明。代码区可以分为程序入口区、复位初始化区、主程序和子程序区。程序的关键部位要有详细注释。这样的程序结构清楚，有较好的可读性。

另外，从开始学习程序设计起，就要养成良好的编程习惯，讲究程序的规范性。本书中规定：

● 程序中伪指令一律使用大写字母，而指令全部使用小写字母；

● 子程序的开头，要有文件名、作者、使用资源、出入口，用途、版本号、修改时间等信息；

● 程序段之前要有说明，重要的程序段要有注释。

基本程序设计模板如下：

```
*****************************************************************
; 文件名：TEMPLATE.ASM
; 作  者：SONIX
; 用  途：Template Code for SN8P2700A
; 版  本：05/12/2004 V1.0 First issue
*****************************************************************
; * (c) Copyright 2002, SONIX TECHNOLOGY CO., LTD.
*****************************************************************
CHIP SN8P2708A                                  ;选择 IC 型号
;--------------------------------包含文档----------------------------------
.NOLIST                                         ;在列表文件中不列出
INCLUDESTD       MACRO1.H
INCLUDESTD       MACRO2.H
INCLUDESTD       MACRO3.H
.LIST                                           ;允许列表
;--------------------------------常量定义----------------------------------
;           ONE         EQU    1
;--------------------------------变量定义----------------------------------
.DATA
            ORG         0h                      ;数据放在 bank 0 中从地址 0x00 开始的地址
            wk00b0      DS     1                ;主循环用到的临时变量
            iwk00b0     DS     1                ;中断中用到的临时变量
            accbuf      DS     1                ;用来保存 ACC 数据的寄存器
            pflagbuf    DS     1                ;用来保存 PFLAG 数据的寄存器
            ORG         100h                    ;bank1 数据区
            bufb1       DS     20               ;bank1 中的临时变量
;--------------------------------标志位定义----------------------------------
wk00b0_0    EQU         wk00b0.0                ;wk00b0 的第 0 位
iwk00b0_1   EQU         iwk00b0.1               ;iwk00b0 的第 1 位
;-----------------------------------代码区-----------------------------------
.CODE
            ORG         0                       ;代码开始位置
            jmp         reset                   ;复位向量地址
                                                ;地址 4～7 系统保留
            ORG         8
            jmp         isr                     ;中断向量地址
            ORG         10h
;--------------------------------复位程序区----------------------------------
reset:
            mov         a,#07fh                 ;初始化堆栈指针
```

```
        b0mov       stkp,a              ;禁止中断
        clr         rbank               ;在 bank0 初始化 RAM
        clr         rflag               ;rflag = x,x,x,x,x,c,dc,z
        mov         a,#00h              ;初始化系统模式,清看门狗
        b0mov       oscm,a
        mov         a,#0x5a
        b0mov       wdtr,a              ;清看门狗
        call        clrram              ;清 RAM
        call        sysinit             ;系统初始化程序
        b0bset      fgie                ;使能总中断
;--------------------------------主程序循环区--------------------------------
main:
        mov         a,#0x5a             ;清看门狗计数器
        b0mov       wdtr,a
        call        mnapp
        jmp         main
;----------------------------------主程序----------------------------------
mnapp:
                                        ;在这里放置主程序
        ret
;---------------------------------跳转表程序---------------------------------
        ORG         0x0100              ;跳转表的位置最好放在页头
        b0mov       A,wk00b0
        and         A,#3
        add         pcl,a
        jmp         jmpsub0
        jmp         jmpsub1
        jmp         mpsub2
;---------------------------------------------------------------------------
        jmp         sub0
        ;子程序 1
        jmp         jmpexit
        jmp         sub1
        ;子程序 2
        jmp         jmpexit
        jmp         sub2
        ;子程序 3
        jmp         jmpexit
jmpexit:
        ret                             ;返回主程序
;-----------------------------Isr(中断服务程序)-----------------------------
Isr:
;---------------------------保存 ACC 和工作寄存器的值---------------------------
        b0xch       A,accbuf            ;使用 b0xch 不会影响 C、Z 标志
                                        ;保存 80h~87h 的系统寄存器的值
```

```
;--------------------------------检查是否有中断发生-----------------------
	push
intp00chk:
	b0bts1		FP00IEN
	jmp		inttc0chk
	b0bts0		FP00IRQ
	jmp		p00isr
	;如果需要,可以在这里插入其他的中断
inttc0chk:
	b0bts1		FTC0IEN
	jmp		isrexit
	b0bts0		FTC0IRQ
	jmp		TC0isr
;-----------------------------------退出中断-----------------------------------
IsrExit:
	pop					;恢复 80h~87h 的系统寄存器的值
	b0xch		A,accBuf		;使用 b0xch 不会影响 C、Z 标志
	reti					;中断返回
;--------------------------------INT0 中断服务程序-------------------------
p00isr:
	b0bclr		FP00IRQ
	;在这里处理外部中断
	jmp		isrexit
;--------------------------------TC0 中断服务程序-------------------------
TC0isr:
	b0bclr		FTC0IRQ
;在这里处理 TC0 中断
	jmp		isrexit
;--------------------------------系统初始化程序--------------------------
;初始化 I/O、定时器、中断等
sysInit:
	ret
;-----------------------------------------清 RAM-----------------------------
;使用@YZ 寄存器清 RAM(00h~7fh)
clrRAM:
	;RAMbank0
	clr		Y			;选择 bank0
	b0mov		Z,#0x7f			;设置@YZ 地址为 7fh
clrRAM10:
	clr		@YZ			;清@YZ
	decms		Z			;Z=Z-1,若 Z=0,则跳过下一条指令
	jmp		clrRAM10
	clr		@YZ			;清 0x00
	;RAMbank1
	mov		A,#1
```

```
        b0mov       Y,A                     ;选择 bank1
        b0mov       Z,#0x7f                 ;设置@YZ 地址为 17fh
clrRAM20:
        clr         @YZ                     ;清@YZ
        decms       Z                       ;Z = Z - 1,若 Z = 0,则跳过下一条指令
        jmp         clrRAM20
        clr         @YZ                     ;清 0x100
        ret
;-------------------------------------------------------------------
ENDP
```

3.5 基本程序设计

汇编程序设计并不难,但要编写出质量高、可读性好且速度快的优秀程序并不容易。要达到此目的,除熟练掌握指令系统外,还应掌握程序设计的基本方法和技巧,并掌握针对 SONIX 单片机指令特点的程序设计方法。

3.5.1 简单程序设计

简单程序是指程序中没有使用跳转类指令的程序段,机器执行这类程序时也只需要按照先后顺序依次执行,中间不会有任何分支,故又称无分支程序。在这类程序中,大量使用了传送指令,虽然程序结构比较简单,但却是构成复杂程序的基础。下面举例说明。

【例 3-1】 编写程序,将 buf 单元中的 BCD 码转换成 ASCII 码,并存放在 display 开始的连续两个单元中。

解 根据 ASCII 字符表,0~9 的 BCD 数与其 ASCII 码之间仅相差 30h,因此,本题仅需把 20h 单元中的两个 BCD 码拆分开来,分别与 30h 相加即可。

程序如下:

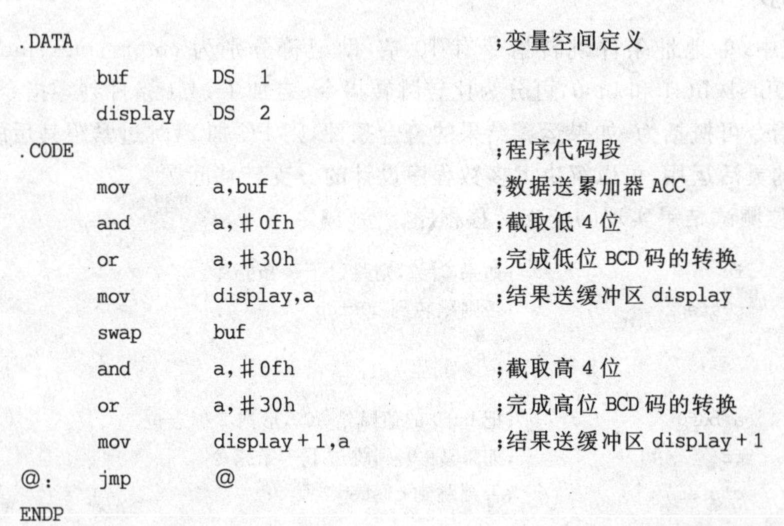

```
.DATA                                       ;变量空间定义
        buf         DS  1
        display     DS  2
.CODE                                       ;程序代码段
        mov         a,buf                   ;数据送累加器 ACC
        and         a,#0fh                  ;截取低 4 位
        or          a,#30h                  ;完成低位 BCD 码的转换
        mov         display,a               ;结果送缓冲区 display
        swap        buf
        and         a,#0fh                  ;截取高 4 位
        or          a,#30h                  ;完成高位 BCD 码的转换
        mov         display+1,a             ;结果送缓冲区 display+1
@:      jmp         @
ENDP
```

【例 3-2】 ADC 指令用来进行数据的加法运算。1 字的数据分为 DAH 和 DAL,DAH

为高字节，而DAL为低字节。编程实现双字节十六进制数0x10ff和0x0103求和程序，结果存于DAH和DAL中。

解 这是一个十六进制的加法，现将低8位相加，然后高8位相加。注意，高8位的加法必须是带进位的ADC指令。

```
INCUDESTD       MACRO2.H                    ;包含宏指令文件
.DATA                                       ;变量空间定义
        buf     DS      2
        DAH     DS      1
        DAL     DS      1
.CODE                                       ;程序代码段
        mov_    DAL,#03h                    ;利用宏指令mov_将立即数直接传送到存储器单元
        mov_    DAH,#01h                    ;输入0x0103的低字节到DAL,高字节到DAH
        mov     a,#0ffh
        add     DAL,a                       ;低字节数据相加,DAL=02h
        mov     a,#10h
        adc     DAH,a                       ;高字节数据相加,DAH=12h
@:      jmp     @
ENDP
```

3.5.2 分支程序设计

分支程序的特点是程序中含有跳转指令。由于转移指令有无条件转移和条件转移之分，因此分支程序也可以分为无条件分支程序和条件分支程序两类。无条件分支程序中含有无条件跳转指令。这类程序十分简单，这里不作专门讨论。条件分支程序中含有条件跳转指令，它体现了计算机执行程序时的分析判断能力，若某种条件满足，则机器就转移到另一分支上；若条件不满足，则机器按原程序执行。这类程序极为普遍，是本节讨论的重点。

1. 条件分支程序

在SONIX单片机中，单地址条件跳转指令有10条，助记符分别为cmprs、incs、incms、decs、decms、b0bts0、b0bts1、bts1和bts0，可分为比较跳转指令、自加1/减1条件判零指令、位检测指令3类。这些指令可概括为，如果运算结果的符合条件，则PC加2，跳过紧跟其后的下一条指令。这些指令的灵活运用，可以解决大多数程序设计的分支转移问题。

【例3-3】 利用位测试结果实现的分支转移程序。

```
        b0bts1  fc          ;如果C=1,则跳过下一条指令
        jmp     c0step      ;否则跳转到c0step
        ⋮
c0step: nop
        b0mov   a,buf0      ;把buf0的值赋给ACC,形成Z标志位
        b0bts0  fz          ;如果Z=0,则跳过下一条指令
        jmp     c1step      ;否则跳到c1step
        ⋮
c1step: nop
```

【例3-4】 利用ACC与立即数或存储器中的内容进行比较的分支转移程序。

```
        cmprs      a,#12h            ;如果ACC=12h,则跳过下一条指令
        jmp        c0step            ;否则跳到c0step
c0step: nop
```

【例3-5】 加1(incs、incms)/减1(decs、decms)后的结果与0x00h相比较的分支转移程序。

```
incs:
        incs       buf0              ;如果ACC为0,则跳过下一条指令
        jmp        c0step            ;否则跳到c0step
         ⋮
c0step:
        nop
incms:
        incms      buf0              ;如果buf0为0,则跳过下一条指令
        jmp        c0step            ;否则跳到c0step
         ⋮
c0step: nop
decs:
        decs       buf0              ;如果ACC为0,则跳过下一条指令
        jmp        c0step            ;否则跳到c0step
         ⋮
c0step: nop
decms:
        decms      buf0              ;如果buf0为0,则跳过下一条指令
        jmp        c0step            ;否则跳到c0step
         ⋮
c0step: nop
```

【例3-6】 已知wk00单元内有一自变量X,请按如下条件编出求函数值Y并将它存入buf单元的程序。

$$Y=\begin{cases}X & X>0\\ 10h & X=0\\ X+5 & X<0\end{cases}$$

解　这是一个三分支的条件跳转问题,自变量是一个带符号数,既可用位操作指令,也可用逻辑运算指令,本例用位操作指令。

```
INCUDESTD        MACRO2.H
.DATA                                ;变量空间定义
        buf      DS     1
        wk00     DS     1
.CODE                                ;程序代码段
        mov_     a,wk00
        b0bts0   fz                  ;判断是否为0
        jmp      zero
```

```
          b0bts0    wk00.7
          jmp       nega
posi:
          mov_      buf,wk00
          jmp       @F
nega:
          add       a,#5
          mov       buf,a
          jmp       @F
zero:
          mov_      buf,#10h
@:        jmp       @
ENDP
```

这里再强调一点，对于分支跳转程序的编写，采用SONIX提供的宏指令，将使程序的编写简化、可读性好。对于例3-6的程序段，可以利用MACRO1.H中的两条宏指令，即"jb0　bit, addr"和"jz　address"，则程序变为：

```
INCUDESTD    MACRO1.H
INCUDESTD    MACRO2.H
.DATA                                        ;变量空间定义
          buf     DS     1
          wk00    DS     1
.CODE                                        ;程序代码段
          mov_    a,wk00
          jz      zero
          jb1     wk00.7,posi
          jmp     nega
posi:
          mov_    buf,wk00
          jmp     @F
nega:
          add     a,#5
          mov     buf,a
          jmp     @F
zero:
          mov_    buf,#10h
@:        jmp     @
ENDP
```

因此，熟练运用宏指令，特别是SONIX提供的宏指令，再加上善于利用典型程序，将得到事半功倍的效果，同时也增加了程序的可读性。SONIX提供的与分支转移相关的宏指令如表3.2所列。

表3.2　分支转移相关的宏指令

汇编助记码	扩展格式	功　能
JZ　address	B0BTS0　FZ JMP　address	A=0(Z=1),则跳到 address
JNZ　address	B0BTS1　FZ JMP　address	A=0(Z≠1),则跳到 address
JC　address	B0BTS　FC JMP　address	C=1,则跳转
JNC　address	B0BTS1　FC JMP　address	C≠1,则跳转
JDC　address	B0BTS0　FDC JMP　address	DC=1,则跳转
JNDC　address	B0BTS1　FDC JMP　address	DC≠1,则跳转
JB1　bitaddr	BTS0　bit JMP　addr	bit=1,则跳转
JB0　bit,addr	BTS1　bit JMP　addr	bit=0,则跳转
DJNZ　mem,adr	DECMS　mem JMP　adr	mem 减 1 不等于 0,则跳转
IJNZ　mem,adr	INCMS　mem JMP　adr	mem 加 1 不等于 0,则跳转
CJNE　A,m,adr	CMPRS　A,m JMP　adr	比较 A 与 mem,若不相等,则跳转
CJE　A,m,adr	CMPRS　A,m JMP　$+2 JMP　adr	比较 A 与 mem,若相等,则跳转
CJAE　A,m,adr	CMPRS　A,m B0BTS0　FC JMP　adr	ACC≥m,则跳转
CJAE　m,A,adr	CMPRS　A,m B0BTS1　FC JMP　adr	m≥ACC,则跳转
CJBE　A,m,adr	CJAE　m,A,adr	ACC≤m,则跳转
CJBE　m,A,adr	CJAE　A,m,adr	m≤ACC,则跳转
CJA　A,m,adr	CMPRS　A,m B0BTS1　FC JMP　$+2 JMP　adr	ACC>m,则跳转
CJA　m,A,adr	CMPRS　A,m B0BTS0　FC JMP　$+2 JMP　adr	m>ACC,则跳转
CJB　A,m,adr	CJA　m,A. adr	ACC<m,则跳转
CJB　m,A,adr	CJA　A,m,adr	m<ACC,则跳转

【例 3-7】 已知 block 中有 10 个无符号数,编写程序将其中的最大数选出,存放到 max 中,将其中最小的数选出,存放到 min 中。

解 本题利用@YZ 指针和条件转移指令实现所要求的功能。

```
CHIP            SN8P2708A
VAL EQU         10
INCLUDESTD      MACRO1.H
INCLUDESTD      MACRO2.H
INCLUDESTD      MACRO3.H
.DATA                                   ;变量空间定义
     max         DS     1               ;最大值
     min         DS     1               ;最小值
     len         DS     1               ;数据长度
     block       DS     10              ;数据块
.CODE                                   ;程序代码段
ORG   00h
      jmp        get_num
ORG   10h
get_num:
      mov_       len,#VAL
      b0mov      y,#block$m             ;取数据块首地址
      b0mov      z,#block$l
      mov        a,@yz                  ;取第一个数据
      mov        max,a
      mov        min,a
      incms      z                      ;指向下一个数据
      nop
      decms      len                    ;比较次数减 1
      nop
get_num10:
      mov        a,@yz                  ;取出当前指向的数据
      sub        a,max
      jnc        get_num20              ;发生借位(max 中的值为当前最大值)
                                        ;没有借位(max 中的值要比当前指向的值小)
      mov        a,@yz
      mov        max,a                  ;改变当前最大值
      jmp        get_num30
get_num20:
      sub        a,min
      jc         get_num30              ;没有借位(min 中的值为当前最小值)
                                        ;发生借位(min 中的值要比当前指向的值大)
      mov        a,@yz
      mov        min,a                  ;改变当前最小值
get_num30:
      incms      z                      ;指向下一个数据
```

```
        nop
        decms       len                         ;判断是否比较完成
        jmp         get_num10
        jmp         $
    ENDP
```

2. 多地址跳转程序

有一类分支程序,它们根据不同的输入条件或不同的运算结果,转向不同的处理程序,称之为多地址跳转程序。这类程序可以通过jmp和"add pcl,a"指令实现。其设计方法如下:

(1) 将转移到不同程序的转移指令列成指令表格,表格的内容作为转移的目的地址。

(2) 利用判断条件修改PC值,将程序计数器的低字节PCL与累加器ACC相加,从而得到一个指向新的跳转地址的程序计数器值,这时程序跳转到转移指令列表中指令执行,实现多地址转移的目的。

下面举例说明。

【例3-8】 设有4个按键,键值分别是0、1、2、3,要求根据按下的键转向不同的处理程序,各键处理程序的入口分别为pkey1、pkey2、pkey3、pkey4,设键值存于临时寄存器wk00中。

解

```
    .DATA                                   ;变量空间定义
            wk00    DS    1
    .CODE                                   ;程序代码段
            ORG     0100h                   ;跳转表最好放在ROM的边界位置
            mov_    a,wk00                  ;键值在wk00
            b0add   pcl,a                   ;PCl = PCl + ACC,PCH的值不会改变.
            jmp     pkey1                   ;ACC = 0,跳转到pkey1
            jmp     pkey2                   ;ACC = 1,跳转到pkey2
            jmp     pkey3                   ;ACC = 2,跳转到pkey3
            jmp     pkey4                   ;ACC = 3,跳转到pkey4
    pkey1:
            ⋮
    pkey2:
            ⋮
    pkey3:
            ⋮
    pkey4:
            ⋮
    ENDP
```

特别要注意的是,如果执行"add pcl,a"有进位发生,结果并不会影响PCH寄存器。因此编程时必须检查跳转表是否跨越了ROM的页边界(1页包含256字)。如果跳转表跨越了ROM页边界(例如从xxffh到xx00h),则程序中必须使用指令将跳转表移动到下一页程序存储区的顶部(xx00h)。在例3-8中,当跳转表格从0x00fd开始,且执行"b0add pcl,a"时,如果ACC=0或1,则跳转表格指向正确的地址;但如果ACC>1,则因为PCH不能自动增量,程序就会出错。可以看到,当ACC=2时,PCL=0,而PCH仍然保持为0,这时新的程序计数器 PC 将指向错误的地址 0x0000，程序失效。因此，检查跳转表格是否跨越边界（xxffh 到 xx00h）非常重要。良好的编程风格是如例 3-8 中将跳转表格放在 ROM 的开始边界（如 0100h）。

如果跳转表没有放在以开始页边界开始的单元，那么为了避免错误，SONIX 提供了一条宏指令，以保证安全的跳转表操作。这条宏指令会检查 ROM 的边界，并自动将跳转表移动到正确的位置，但宏指令会占用 ROM 的存储空间。

```
@jmp_a      MACRO    val
if          (($ +1)! &0xff00)!!=(($ +(val))! &0xff00)
jmp         ($|0xff)
org         ($|0xff)
endif
add         pcl,a
ENDM
```

其中，val 为跳转表的个数。

例如，例 3-8 可以改写为以下程序，而不用用户检查跳转表格是否跨越了 ROM 边界，也不用指定跳转表格放在 ROM 的起始地址（例 3-8 中的“ORG　0100h”）。“@jmp_a”在 SONIX编译软件中的宏文件 MACRO3. H 中。

```
.DATA                                   ;变量空间定义
      wk00        DS   1
      .CODE                             ;程序代码段
      b0mov       a,buf0                ;buf0 的值为 0～3
      @jmp_a      4                     ;要跳转的总的地址数是 4
      mov_        a,wk00
      b0add       pcl,a                 ;PCL = PCL + ACC,PCH 的值不会改变
      jmp         pkey1                 ;ACC = 0,跳转到 pkey1
      jmp         pkey2                 ;ACC = 1,跳转到 pkey2
      jmp         pkey3                 ;ACC = 2,跳转到 pkey3
      jmp         pkey4                 ;ACC = 3,跳转到 pkey4
pkey1:
      ⋮
pkey2:
      ⋮
pkey3:
      ⋮
pkey4:
      ⋮
ENDP
```

如果跳转表格的位置为 00fdh～0101h，那么宏指令“@jmp_a”将使跳转表格从 0100h 开始。

3.6　循环程序与查表程序设计

循环程序和查表程序是两类常见的基本程序，读者必须掌握它们的设计方法。

3.6.1 循环程序设计

当程序中有某种重复性的工作时，就需要循环程序，以完成多次反复执行相同或相似的操作。例如，求100个数的累加和是没有必要连续安排100条指令的，可以只用一条加法指令并使之循环执行100次即可。因此循环程序设计不仅可以大大缩短程序长度，使程序所占存储器单元数最少，同时也可以使程序结构紧凑并且可读性好。

循环程序有以下4部分组成：

(1) 循环初始化。这部分程序位于循环程序开头，用于完成循环前的准备工作。例如，给循环体中的计数器和各工作寄存器设置初值。其中循环计数器用于控制循环次数。

(2) 循环处理。这部分程序位于循环体内，是使循环程序工作的程序，需要重复执行，要求编写得尽可能的简练，以提高程序的执行速度。

(3) 循环控制。这部分程序也在循环体内，常常由循环计数器修改和条件转移语句等组成，用于控制循环执行的次数。

(4) 循环结束。这部分程序用于存放执行循环程序所得结果以及恢复各工作单元的初值。

循环程序可以有两种结构形式：一种是先循环处理，后循环控制，称为直到型循环；另一种是先循环控制，后循环处理，称为当型循环，如图3.2所示。

直到型循环结构先执行循环体，然后再判断控制条件，若不满足条件，则继续执行循环操作；一旦满足条件，则退出循环。当型循环结构则将循环控制条件的判断放在循环的入口，先判断条件，若满足条件，则执行循环体；否则就退出循环。这两种结构可以根据具体情况选择使用。一般说来，如果有循环次数等于0的可能，则应选择直到型结构；否则选择当型循环结构。下面举例说明。

【例3-9】 已知RAM区从Block开始有一无符号数据块，块长在LEN单元中，求数据块的和并存放到从SUM开始的连续两个单元中。

解 本题用当型循环或直到型循环均可实现，图3.3是其直到型循环的流程图。循环的次数是已知的，利用LEN减1判零实现循环控制。下面只给出直到型循环的参考程序，当型循环程序读者自己练习编写。

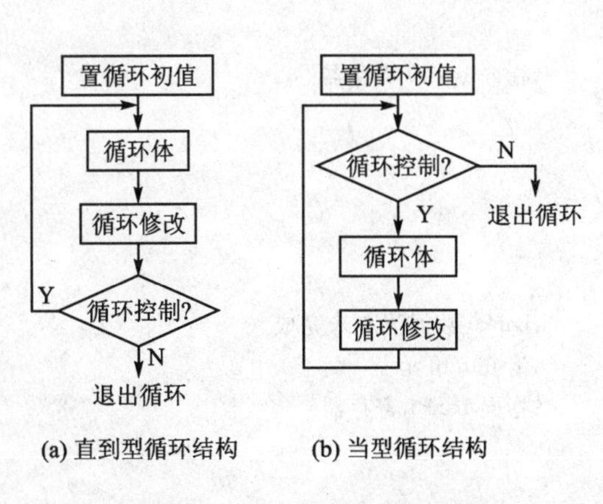

图3.2 循环程序的结构形式

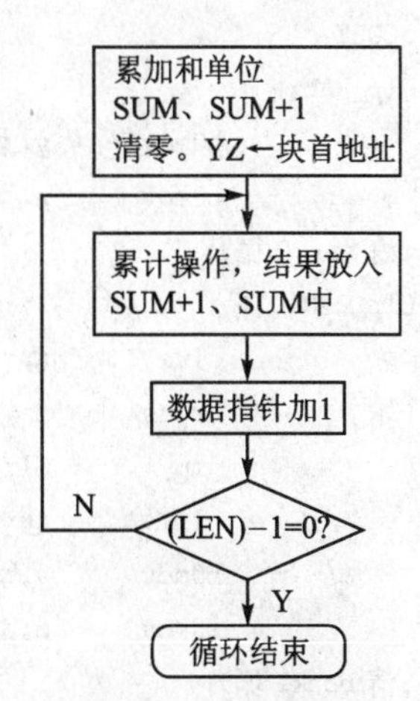

图3.3 程序流程图

参考程序如下：

```
.DATA                                          ;变量定义
        sum       DS   2
        len       DS   1
        block     DS   16
.CODE                                          ;代码区
sum_sub:
        clr       sum
        clr       sum+1
        mov       y,#block$m
        mov       z,#block$l
sum_sub10:
        mov       a,@yz
        add       um,a                         ;加入1个数据
        jnc       sum_sub20                    ;是否发生进位
                                               ;若发生进位,则将高位的值加1
        incms     sum+1
        nop
sum_sub20:
        incms     z                            ;地址指针加1
        nop
        decms     len                          ;数据长度减1
        jmp       sum_sub10                    ;进行下一个数据的累加
        jmp       $
ENDP
```

【例3-10】　编程将RAM bank0的00～7fh单元以及RAM bank1的100h～17fh单元清0。

解　采用循环程序很容易实现存储器清0。bank0和bank1的选择是通过Y寄存器赋值不同来实现的。

程序如下：

```
.CODE                                          ;代码区
Clr_RAM:
         b0mov     y,#0                        ;指向bank0寄存器
         b0mov     z,#7fh
;清bank0循环
Clr_RAM10:
         clr       @yz
         decms     z
         jmp       Clr_RAM10                   ;bank0数据清0未完成
         clr       @yz                         ;清00h单元
         b0mov     y,#1                        ;指向bank1寄存器
         b0mov     z,#7fh
;清bank1循环
Clr_RAM20:
```

```
        clr         @yz
        decms       z
        jmp         Clr_RAM20                  ;bank1 数据清 0 未完成
        clr         @yz                        ;清 100h 单元
        jmp         $
ENDP
```

在实际应用中，系统初始化时常常需要将内部 RAM 清 0。以上程序可直接用于系统初始化时内部 RAM 的初始化。

【例 3-11】 编程将内部 RAM bank0 块内数据块 block0 传送到 bank1 内以 block1 开始的连续单元内，直到在 block0 内遇到数据 0ffh 为止。

解 本例和上例中循环程序不同之处在于，循环的次数是不知道的，循环结束的条件是从 block0 中读出 0ffh 数据。相应程序为：

```
.NOLIST                                        ;包含文件区，宏指令文件不出现在列表文件中
        INCLUDESTD      MACRO1.H
        INCLUDESTD      MACRO2.H
        INCLUDESTD      MACRO3.H

.DATA                                          ;RAM 变量定义
        ORG         00h
        block1      DS   32
        ORG         100h
        block2      DS   32
.CODE                                          ;代码开始
Copy_datas:
        clr         r                          ;清计数寄存器
Copy_datas10:
        b0mov       y,#block1$m                ;源数据块指针
        b0mov       z,#block1$l
        b0mov       h,#block2$m                ;目的数据块指针
        b0mov       l,#block2$l
        mov         a,r
        add         z,a                        ;计算源数据实际地址
        add         l,a                        ;计算目的数据实际地址
        mov         a,@yz                      ;取出源数据
        cmprs       a,#0ffh                    ;判断是否为数据块终止
        jmp         Copy_datas20
        jmp         Copy_datas90
;数据块没有结束
Copy_datas20:
        mov         @hl,a                      ;将数据写入目的地址
        Incms       r                          ;地址计数加 1
        nop
        jmp         Copy_datas10
```

```
Copy_datas90:
    jmp       $
ENDP
```

【例3-12】 设SN8P2708A的外接晶振频率为4 MHz,CPU时钟来源于系统时钟经过4分频的输出,请编写50 ms延时程序。

解 设指令需要1个指令周期的执行时间,按题意1个指令周期为$4/f_{osc}$,其中f_{osc}为振荡频率,则50 ms时间需要执行指令数m为:

$$m = T_F \div \frac{4}{f_{osc}} = 0.05 \div \frac{4}{4 \times 10^6} = 50\,000$$

延时程序的设计,主要是利用循环执行重复指令达到延时目的,但通过上面计算可知,减1判零的循环是无法完成50 ms延时的,因此必须利用循环嵌套的方法。下面的程序是一个两层嵌套完成50 ms延时的程序。

```
.DATA                                    ;RAM变量定义
    rwk1        DS   1
    rwk2        DS   1
    timec       DS   1                   ;定时时间变量
.CODE                                    ;代码开始
start:
    mov         a,timec
    call        delay_50ms
    jmp         $
delay_50ms:
    mov         rwk1,a                   ;定时时间
    clr         rwk2                     ;内层延时
    decms       rwk2
    jmp          $ -1
    decms       rwk1                     ;外层延时
    jmp          $ -3
    ret
ENDP
```

程序中,指令jmp需2个指令周期,指令decms平常需1个指令周期,但是当遇到减1后为0时,要执行跳转,就需要2个指令周期。因此内层循环平常一次需3个指令周期,但最后一次仅需2个周期,这是因为不执行jmp之故。因此整个内层循环需要(3×256－1)个指令周期。整个循环指令周期数为:(3×256－1＋3)×timec－1＋7,由此计算出50 ms延时程序中timec初值约为65。

本程序中,延时程序作成了子程序,主程序通过调用延时子程序实现延时。这样编程,有利于模块化程序设计。

【例3-13】 设SN8P2708 RAM bank1内有一起始地址为block的数据块,放置了100个无符号数,试编程将它们从大到小排序。

解 数据从小到大排序的方法很多,最常用的是采用"冒气泡"法。下面以$N=5$为例,说明冒气泡的过程。冒气泡法实际上就是数的两两比较法,并进行条件交换,其过程如图3.4所

示。设原始数据在存储器中放置的顺序为9、8、5、4、2。从图3.4中可看出，第一轮经过4次比较后，最大数9被放入块的首址内，犹如一个气泡从水底冒到水顶。依次类推，5个数经过4轮比较，而每轮内经过4、3、2、1次比较后数据按顺序完成了排列。由此可推得对 n 个数，则要进行 $n-1$ 轮扫描，在第 i 轮扫描中要进行 $n-i$ 次比较。

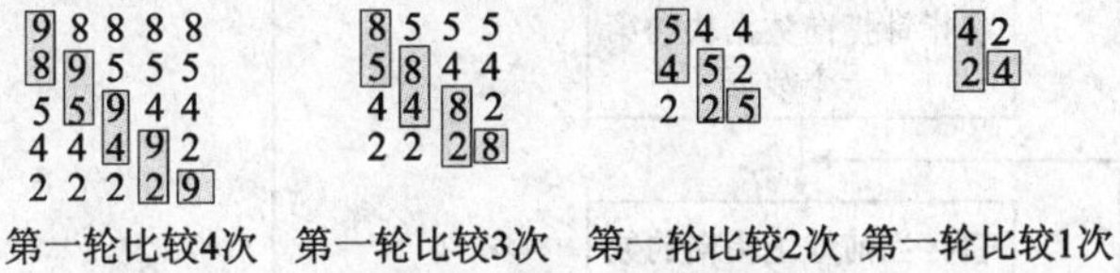

```
9 8 8 8 8     8 5 5 5     5 4 4     4 2
8 9 5 5 5     5 8 4 4     4 5 2     2 4
5 5 9 4 4     4 4 8 2     2 2 5
4 4 4 9 2     2 2 2 8
2 2 2 2 9
```

第一轮比较4次　第一轮比较3次　第一轮比较2次　第一轮比较1次

图3.4　第一次冒气泡排序

若将原始数据改为9、8、2、4、5，则排序过程如图3.5所示。

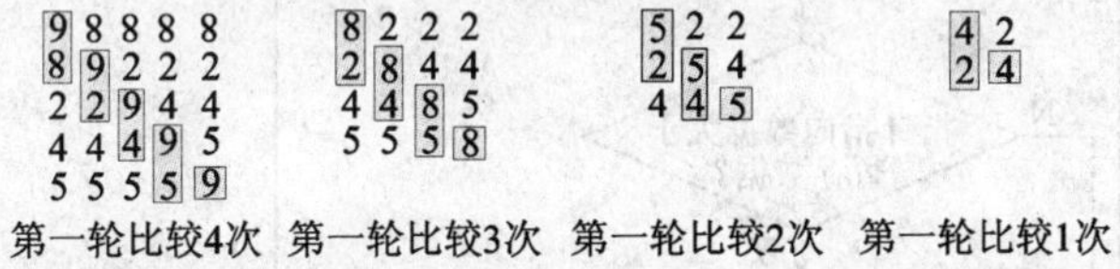

```
9 8 8 8 8     8 2 2 2     5 2 2     4 2
8 9 2 2 2     2 8 4 4     2 5 4     2 4
2 2 9 4 4     4 4 8 5     4 4 5
4 4 4 9 5     5 5 5 8
5 5 5 5 9
```

第一轮比较4次　第一轮比较3次　第一轮比较2次　第一轮比较1次

图3.5　第二次冒气泡排序

从图3.5中可以看出：第三轮排序中没有发生交换，即第三轮结束后，已经排好了，应该结束排序，不必再排第四轮。为此，增加一个“排好序标志位”，预先将它清0，当产生交换时，将它置1，表示没排好，需要进行下一轮排序；否则，结束排序。这样就可禁止那些不必要的冒气泡次数，从而达到节省排序时间的目的。

因此，冒气泡法排序的循环控制有两个条件，即排序次数和排序好标志。其中任意条件满足，则结束排序。其程序流程图如图3.6所示。

程序如下：

```
.NOLIST                                          ;包含文件区
    INCLUDESTD      MACRO1.H
    INCLUDESTD      MACRO2.H
    INCLUDESTD      MACRO3.H
.CONST                                           ;常量定义区
Data_num        EQU      100
.DATA                                            ;RAM 变量定义
ORG 00h                                          ;RAM bank0 中定义变量
    rwk1        DS      1
    rwk2        DS      1
    rwk3        DS      1
    len         DS      1
    flags       DS      1
    exc_flag    EQU     Flags.0                  ;发生数据交换标志
ORG 100h                                         ;RAM bank1 中定义变量
    block       DS      100                      ;定义数据块
.CODE                                            ;代码开始
ORG 00h
```

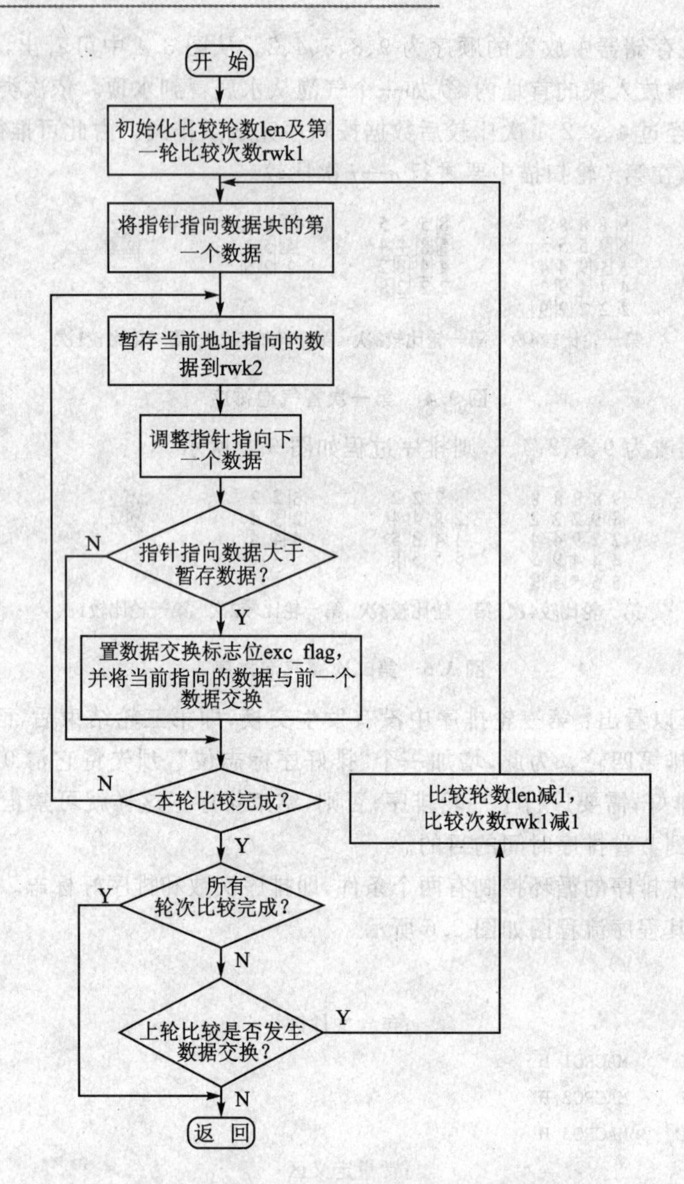

图 3.6 冒气泡法排序程序流程(从大到小)

```
        jmp         reset
    ORG 10h
    reset:
        mov_        len,#Data_num
        b0bclr      Exc_flag                ;清交换标志位
    Sort_sub:
        decms       len                     ;第一次比较的次数比数据的个数少1
        nop
        mov_        rwk1,len                ;初始化第一轮冒气泡的比较次数
    Sort_sub10:
        b0mov       y,#block$m              ;取数据块的首地址
        b0mov       z,#block$l
```

```
Sort_sub20:
    mov        a,@yz              ;取出前一个数据
    mov        rwk2,a             ;暂存前一个数据
    Incms      z                  ;指向后一个数据
    nop
    sub        a,@yz              ;前一个数据减后一个数据
    jc         Sort_sub30         ;判断是否借位(如果需要从小到大的排序,使用 jc 指令)
                                  ;没有发生借位(前一个数据大于或等于后一个数据,需要交换)
    bset       exc_flag           ;置发生交换标志
    mov        a,@yz              ;取出第二个数据
    decms      z                  ;指向前一个数据
    nop
    mov        @yz,a              ;将后一个数据赋给前一个
    incms      z                  ;恢复指向后一个数据
    nop
    mov        a,rwk2
    mov        @yz,a              ;将前一个数据赋给后一个
;判断本轮比较是否结束
Sort_sub30:
    decms      rwk1
    jmp        Sort_sub20         ;本轮比较没有完成
;判断是否完成所有比较
    decms      len
    jmp        Sort_sub40         ;所有比较未完成
    jmp        Sort_sub90         ;所有排序已经完成
;所有比较未完成
Sort_sub40:
    jb0        exc_flag,Sort_sub90 ;轮比较没有发生交换,排序完成
    mov_       wk1,len            ;赋新一轮的比较次数
    jmp        Sort_sub10         ;进行新一轮的比较
Sort_sub90:
    jmp        $
ENDP
```

3.6.2 查表程序设计

在单片机的应用中,查表程序的使用相当普遍,例如数码管显示程序中字形码的查找,各种码制的转换等。在数据计算、补偿等程序设计时,本来通过计算才能解决的问题也常改用查表来解决,不仅可以避免复杂的运算,而且可以缩短程序长度,以提高程序执行效率。

所谓查表是根据存放在 ROM 中数据表格的项数来查找与其对应的表中值。例如,查找 $y=x^2$(x 为 0～9)的平方表时,可以预先计算出 x 为 0～9 的 y 值作为数据表格,存放在起始地址为 DTAB 的 ROM 存储器中,并使 x 的值与数据表格的项数一一对应。这样,就可以根据 DTAB$+x$ 找到与 x 对应的值。

在 SONIX 单片机汇编语言中,有专门的查表指令:

MOVC

查表时，X寄存器指向数据ROM地址的高8位，Y寄存器指向地址的中间8位，Z寄存器指向低8位地址。执行MOVC指令后，数据的低字节存入累加器ACC中，而数据的高字节存入R寄存器中。

【例3-14】 已知block为起始地址的数据块(数据块长度在LEN单元)，数据块中的每个单元中的高、低4位分别为两个十六进制数，请编程将它们转换成相应的ASCII码，并存放于block0开始的连续存储单元(设block和block0均在bank0中)。

解 由于每个单元中有两个十六进制数，因此每个单元中的十六进制数应分别转换为ASCII码，这就需要两次使用MOVC指令。程序中使用Y、Z作为表格指针，而使用H、L作为数据指针。相应程序如下：

```
    CHIP  SN8P2708A
    INCLUDESTD    MACRO1.H
    INCLUDESTD    MACRO2.H
    INCLUDESTD    MACRO3.H
.DATA                                               ;变量空间定义
    rwk1      DS     1
    rwk2      DS     1
    rwk3      DS     1
    rwk4      DS     1
    block     DS     16
    block0    DS     32
.CODE                                               ;程序代码段
asc_trs:
    clr       rwk1
    clr       rwk2
asc_trs10:
              b0mov   y,#TABLE1$M                   ;取得表格地址高字节
              b0mov   z,#TABLE1$L                   ;取得表格地址低字节
              mov_    h,#block$m                    ;取转换数据指针首地址
              mov_    l,#block$l
              mov     a,rwk1
              add     l,a                           ;计算待转换数据实际地址
              mov     a,@hl                         ;取出待转换数据
              mov     rwk3,a                        ;暂存待转换数据
              and     a,#00001111b                  ;取低位
              add     z,a
              jnc     Asc_trs20                     ;是否发生进位
              ;地址进位
              incms   y
              nop
 Asc_trs20:
              movc                                  ;查表，数据存入ACC中
              b0xch   a,rwk4
```

```
        mov_     h,#block0$m          ;取block0数据指针首地址
        mov_     l,#block0$l
        mov      a,rwk2               ;取block0地址偏移量
        add      l,a                  ;计算转换数据的实际地址
        b0xch    a,rwk4
        mov      @hl,a                ;存ASCII
        incms    rwk2
        b0mov    y,#TABLE1$M          ;取得表格地址高字节
        b0mov    z,#TABLE1$L          ;取得表格地址低字节
        ;转换高4位
        swap     rwk3
        and      a,#00001111b
        add      z,a
        jnc      Asc_trs30            ;宏指令
        incms    y
        nop
Asc_trs30:
        incms    l
        nop
        movc
        mov      @hl,a                ;存ASCII码到block0中
        incms    rwk1                 ;调整block数据指针
        nop
        incms    rwk2                 ;调整block0地址偏移量
        decms    len
        jmp      Asc_trs10
        jmp      $
TABLE1:                               ;定义表格数据(16位)
        DW       '0' '1' '2' '3' '4' '5' '6' '7'
        DW       '8' '9' 'A' 'B' 'C' 'D' 'E' 'F'
        ENDP
```

在使用查表指令时应注意以下几点:

(1) 当Z寄存器从0xffh增至0x00h并跨越页边界时,Y寄存器不会自动增加。必须通过程序处理这种情况,以避免查表错误,也可以定义一条宏指令来处理这种情况。宏指令inc_yz定义如下:

```
    inc_yz        MACRO
    incms         z                ;Z+1
    jmp           @f               ;无进位
    incms         y                ;Y+1
    nop                            ;无进位
@@:
    ENDM
```

另一种情况是利用累加器来增加间接寄存器Y和Z时,要注意是否有进位发生。下面的

例子是执行指令 b0add/add 增加 Y、Z,详细操作过程如下:

```
          b0mov     y,#Table1$M          ;取得查表地址高字节
          b0mov     z,#Table1$L          ;取得查表地址低字节
          0mov      a,buf                ;Z = Z + buf
          b0add     z,a
          0bts1     fc                   ;检查进位标志 C
          mp        getdat               ;FC = 0
          incms     y                    ;FC = 1.Y + 1.
          nop
getdata:
          movc                           ;查表,若 buf = 0,则结果是 0x0035
                                         ;若 buf = 1,则结果是 0x5105
                                         ;若 buf = 2,则结果是 0x2012
table1:   DW        0035h                ;定义 1 字(16 位)的表格数据
          DW        5105
          DW        2012h
```

(2) 因为程序计数器 PC 只有 12 位,所以 X 寄存器在查表的时候实际是没有用处的,可以省略"b0mov x,#Table1$H"。由于 SONIX ICE 能够支持更大的程序寻址能力,所以在此必须保证 X 寄存器为 0,以避免查表中出现不可预知的错误。

3.7 子程序与运算程序设计

子程序与运算程序是系统设计中使用最多的,必须熟练地掌握它们。

3.7.1 子程序设计

子程序是指完成确定任务并能为其他程序反复调用的程序段。调用子程序的程序叫主程序或调用程序。例如十进制数转换成二进制数,二进制转换为十六进制数等编制成子程序。这样,只要在主程序中安排程序的主要线索,在需要调用某个子程序时采用 call 调用指令,便可以从子程序转入相应的子程序执行,CPU 执行到子程序末尾的 ret 返回指令,即可从子程序返回主程序断点处执行。

在一个系统软件设计中,一般都是由许多子程序构成的。子程序可以构成子程序库,集中放在一起供主程序调用。甚至可以将子程序库作为一个文件,在主程序中用伪指令 INCLUDE声明,就可以任意调用其中的每个子程序了。因此,采用子程序能使整个程序结构简单,并可缩短程序设计时间,提高代码效率,减少存储空间。主程序和子程序是相对的,没有主程序就不会有子程序。同一程序既可作为子程序为其他程序调用,也可有自己的子程序。也就是说,子程序是可以嵌套的,嵌套的深度和堆栈的深度有关,在 SN8P2700 系列单片机中,最多允许有 8 级嵌套。

总之,子程序是一种能完成某特定任务的程序段,其资源需要被所有调用程序共享,因此子程序在结构上应具有通用性和独立性。在编写子程序时应注意以下问题:

(1) 子程序名是以子程序的第一条指令前的标号命名,标号命名要能明确表示出子程序

的任务,以方便使用,增加程序的可读性。子程序的入口地址就是子程序第一条指令的地址。

(2) 子程序的调用和返回是通过 call 和 ret 指令完成的。即在主程序中使用 call 实现子程序的调用,而在子程序末尾使用 ret 指令返回主程序。

(3) 主程序调用子程序以及从子程序返回主程序后,计算机能自动保护并恢复主程序的断点地址。但对于子程中用到的工作寄存器、系统寄存器和临时寄存器的内容,如果需要保护和恢复,就必须在子程序的开头和末尾进行保护并恢复它们的指令。

在调用子程序时,经常需要传送一些参数给子程序,子程序运行完后也要回送一些信息给调用程序。这种调用程序和子程序之间的信息传送称为参数传送。对于子程序来说,参数可以分为入口参数和出口参数:入口参数是指子程序需要的原始参数,由调用它的主程序通过约定的工作寄存器、系统寄存器、内部存储单元等传递给子程序使用;出口参数是由子程序根据入口参数执行程序后获得的结果,由子程序通过约定的工作寄存器、系统寄存器、内部存储单元等传递给主程序。

【例3-15】 将片内 bank0 中存放于 data1、data0 中的压缩 BCD 码(例如 235)转换成二进制数,其结果仍存放在 data1、data0 中。

解 转换方法:二进制数=(百位)×64h+(十位)×0ah+(个位),如图 3.7 所示。

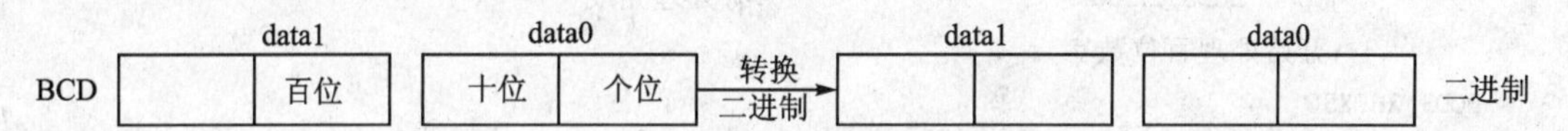

图3.7 压缩BCD码转换为二进制数示意图

程序如下:

```
        CHIP            SN8P2708A
        INCLUDESTD      MACRO1.H
        INCLUDESTD      MACRO2.H
        INCLUDESTD      MACRO3.H
.DATA                                                   ;量空间定义
        data1  DS     1
        data0  DS     1
        rwk0   DS     1
        rwk1   DS     1
.CODE                                                   ;序代码段
        ORG    00h
        jmp    BCD3_2HEX

        ORG    10h
;------------------------------转换程序段------------------------------------
BCD3_2HEX:
        mov    a,data0                                  ;data0
        mov    rwk0,a
        clr    data0                                    ;data1 准备接收转换数据
        mov    a,data1                                  ;存 data1
        mov    rwk1,a
```

```
        clr   data1                          ;data1 准备接收转换数据
        ;开始转换
        mov   a,rwk0
        and   a,#00001111b                   ;输出个位数字
        mov   data0,a                        ;输入 data0
        swap  rwk0
        and   a,#00001111b                   ;输出十位数字
        ;处理十位数字
        mov   rwk0,a
BCD3_2HEX10:
        mov   a,rwk0
        jz    BCD3_2HEX30                    ;判断十位数字是否为 0
        ;十位数字不为 0
BCD3_2HEX20:
        mov   a,#10
        add   data0,a                        ;数据加 10
        decms rwk0                           ;位计数值减 1
        jmp   BCD3_2HEX20                    ;有处理完成
        ;开始处理百位数字
BCD3_2HEX30:
        mov   a,rwk1
        and   a,#00001111b
        jz    BCD3_2HEX90                    ;判断百位数字是否为 0
        ;百位数字不为 0
BCD3_2HEX40:
        mov   a,#100
        add   data0,a
        jnc   BCD3_2HEX50                    ;不进位
        ;进位
        incms data1
        nop
BCD3_2HEX50:
        decms rwk1
        jmp   BCD3_2HEX40
BCD3_2HEX90:
        jmp   $
        ENDP
```

3.7.2　运算程序设计

SONIX 单片机提供了单字节的加、减、乘等运算指令，但在实际应用中经常需要编写一些多字节运算程序。这些运算程序通常编写成子程序形式，以供主程序在需要时调用。

1. 加减运算程序设计

加减运算程序可以分为无符号多字节加减法运算程序和有符号加减法运算程序两种。下

面举例说明编程方法。

【例3-16】 已知以内部RAM block1为起始地址的存储区中连续存放*N*(小于等于100)组无符号双字节二进制数(高字节在前,低字节在后),请编写程序令它们相加,并把结果按高低字节顺序存入wk00、wk01、wk02中。

解 本程序以子程序的形式编写,可被主程序调用。

```
        b0mov       h,#block1$m            ;取block11高位地址
        b0mov       l,#block1$l            ;取block1低位地址
        b0mov       r,#N                   ;数据块长度
        call        dsum
        jmp         $
/*************************************************
子程序名称:dsum
子程序功能:双字节求和
输 入 参 数:h、l(数据存放地址(高字节前,低字节后))
            r(数据块组数)
输 出 参 数:wk01、wk02、wk03(和)
执 行 时 间:(f_CPU = 1 MHz)16r - 9 μs;[5 + 16 * (r - 1) + 2]
调用子程序:无
使  用  宏:无
*************************************************/
dsum:
        clr         wk01
        clr         wk02
        clr         wk03
dsum10:
        mov         a,@hl               ;取高位字节
        mov         wk04,a              ;暂存高字节数据
        mov         a,#01h
        add         l,a                 ;调整指向下一个地址
        mov         a,@hl               ;取低字节
        add         wk03,a              ;低字节加
        mov         a,wk04
        adc         wk02,a              ;高字节加
        bts1        fc
        jmp         dsum20
        incms       wk01                ;进位最高字节加1
dsum20:
        mov         a,#01h              ;调整地址
        add         l,a
        decms       r                   ;是否已经加完
        ret
```

【例3-17】 已知以内部RAM block1和block2为起始地址的存储区中分别有4字节无符号被减数和减数(低位在前,高位在后),请编写减法子程序令它们相减,并把差值放入以

block1 为起始地址的存储单元中(低位放前,高位放后)。

解 将下列子程序适当修改即可作为 N 字节的相减程序。

```
        b0mov   y,#block1$m
        b0mov   z,#block1$l             ;被减数地址
        b0mov   h,#block2$m
        b0mov   l,#block2$l             ;减数地址
        call    dsub                    ;4字节相减子程序
        jmp     $
/*************************************************
子程序名称:dsub
子程序功能:4字节减法
输 入 参 数:y(被减数存放高位地址);z(被减数存放低位地址)
          h(减数存放高位地址);l(减数存放低位地址)
输 出 参 数:减的结果在@yz所指向的连续单元中(低字节前,高字节后)
执 行 时 间:37 μs(fCPU = 1 MHz)
子程序说明:从函数返回后检测fc
          fc = 1(被减数大于减数)
          fc = 0(减数大于被减数)
调用了程序:无
使   用   宏:无
*************************************************/
dsub:
        b0mov   r,#04h
        bset    fc                      ;FC置1
dsub10:
        mov     a,@yz                   ;被减数送ACC
        sbc     a,@hl                   ;相减
        mov     @yz,a                   ;存结果
        incms   l                       ;修改减数地址
        incms   z                       ;修改被减数地址
        decms   r                       ;未完成继续
        jmp     dsub10
        ret
```

2. 乘除运算程序设计

下面通过举例对这类程序设计进行介绍。

【例3-18】 16位无符号数乘法程序。设寄存器Y、Z中分别存放有被乘数的高低位字节,寄存器H、L中分别存放有乘数的高低位字节,试编程求积并把积放在muld3h、muld3mh、muld3ml、muld3l中(高字节在前,低字节在后)。

解 SONIX单片机乘法指令只能完成两个8位无符号数相乘,因此16位无符号数求积必须将它们分解成4个8位数相乘来实现。其方法有先乘后加和边乘边加两种。以下程序采用以边乘边加来编写。

```
        b0mov   h,#0ah                  ;被乘数高字节
        b0mov   l,#0fh                  ;被乘数低字节
        b0mov   y,#0fh                  ;乘数高字节
        b0mov   z,#0aah                 ;乘数低字节
```

```
        call        muld
        jmp         $
/*********************************************
子程序名称：muld
子程序功能：无符号双字节乘法
输 入 参 数：被乘数(h(高字节)、l(低字节))
            乘数(y(高字节)、z(低字节))
输 出 参 数：积(muld3h、muld3mh、muld3ml、muld3l)
执 行 时 间：202～247 μs(fCPU = 1 MHz)
子程序说明：(1) 将乘法转化为移位相加
            (2) 影响工作寄存器 Y、Z、H、L、R
*********************************************/
muld:
        b0mov       r,#10h              ;移位16次
        clr         muld3h
        clr         muld3mh
muld10:
        rrcm        y                   ;移位乘数高字节
        rrcm        z                   ;移位乘数低字节
        bts1        fc
        jmp         muld20
        mov         a,l                 ;被乘数加低字节
        add         muld3mh,a
        mov         a,h                 ;被乘数加高字节
        adc         muld3h,a
muld20:
        rrcm        muld3h
        rrcm        muld3mh
        rrcm        muld3ml
        rrcm        muld3l              ;4字节乘积结果右移
        decms       r                   ;移位次数减
        jmp         muld10
        ret
```

【例3-19】 设8位长的无符号被除数已存放于寄存器Y中，8位长的无符号除数存放于寄存器Z中，请编写使商存放于寄存器Y且余数存放于Z中的除法程序。

解 SONIX单片机指令系统中不包含除法指令，因此除法操作均需要用户编程来实现。这里采用的单字节除以单字节的实现方法是从高位逐位将被除数移出，移出的数据若能减得过除数，则商左移且移入1；若减不过除数，则商左移且移入0。循环8次之后，即可求出相除的结果。其他多字节的除法均可以依据这种方法实现。

```
        b0mov       y,#0fh              ;被除数
        b0mov       z,#0ah              ;除数
        call        divd1
        jmp         $
/*********************************************
子程序名称：divd1
子程序功能：单字节除以单字节
输 入 参 数：被除数(y)
            除数(z)
```

```
输 出 参 数：商(y),余数(z)
执 行 时 间：13 μs(除数为 0)、15～109 μs(被除数小于余数)
            (f_CPU = 1 MHz)
子程序说明：(1) 影响 Y、Z、H、I、R 工作寄存器
            (2) 除数为 0 时,结果为 0xffff
调用子程序：无
使 用   宏：无
**********************************************/
divd1:
        mov         a,z
        bts0        fz
        jmp         divd1d30                ;除数是否为 0
        mov         a,y
        sub         a,z
        bts1        fc
        jmp         divd1d40                ;除数是否大于被除数
        b0mov       r,#08h                  ;移动 8 次
        clr         h                       ;商
        clr         l                       ;余数
divd1d10:
        rlcm        y                       ;被除数右移
        rlcm        l
        mov         a,l
        sub         a,z
        bts1        fc                      ;移位之后大于除数否
        jmp         divd1d20
        mov         l,a                     ;是,存差值(余数)
divd1d20:
        rlcm        h                       ;暂存商
        decms       r                       ;是否已移位 8 次
        jmp         divd1d10
        mov         a,h
        mov         y,a
        mov         a,l
        mov         z,a                     ;除完存结果
        jmp         divd1d90
divd1d30:
        mov         a,#0ffh
        mov         y,a
        mov         z,a                     ;除数为 0 处理
        jmp         divd1d90
divd1d40:
        mov         a,z
        mov         z,a
        clr         y                       ;除数大于被除数处理
divd1d90:
        ret
```

第 4 章

SN8P2708A 基本模块与功能

本章将主要学习 SONIX 单片机的片内内各功能模块和外设的结构、功能和操作方法。

4.1 复位电路

单片机在开机时都需要复位，以便使中央处理器 CPU 以及其他功能部件都处于一个确定的初始状态，并从这个状态开始工作。系统复位后，程序计数器 PC 设定为 0000h，各系统寄存器也具有确定的初始状态。有关系统寄存器的初始值，在后面各章节中介绍相关寄存器时将会明确各寄存器的初始值。

SN8P2700 系列单片机复位分为内部复位和外部复位，外部复位用于系统上电和手动复位；而内部复位是为了提高系统的可靠性和抗干扰能力，有看门狗复位和掉电复位两种复位方式。

程序状态寄存器的最高两位 NT0 和 NPD 为复位标志位，用户可读取该两位以判断最近的复位源是哪一个。NT0，NPD 标志位可以通过软件写入 0 来清 0。有关程序状态寄存器复位标志位定义及功能如下：

Bit	7	6	5	4	3	2	1	0
PFLAG	NT0	NPD	—	—	—	C	DC	Z
读/写	R/W	R/W	—	R/W	R/W	R/W	R/W	R/W
初始值	—	—	—	—	—	0	0	0

NT0	NPD	条　件	描　述
0	0	看门狗复位	看门狗计时器溢出
0	1	复位	—
1	0	上电复位或低电压侦测复位	电源电压比 LVD 侦测电压低
1	1	外部复位	外部复位引脚检测到低电压

完成任何复位过程都是需要时间的。系统为了提供完整的过程，以确保复位的成功，对不同的振荡器类型，复位时间是不同的。其原因是不同的系统 V_{DD} 上升速率不同，不同的振荡器起振时间也不同。例如 RC 类型振荡器的起振时间是非常短的，但晶体振荡器要长一些。在应用时，用户更关心系统复位时间。复位时序图如图 4.1 所示。

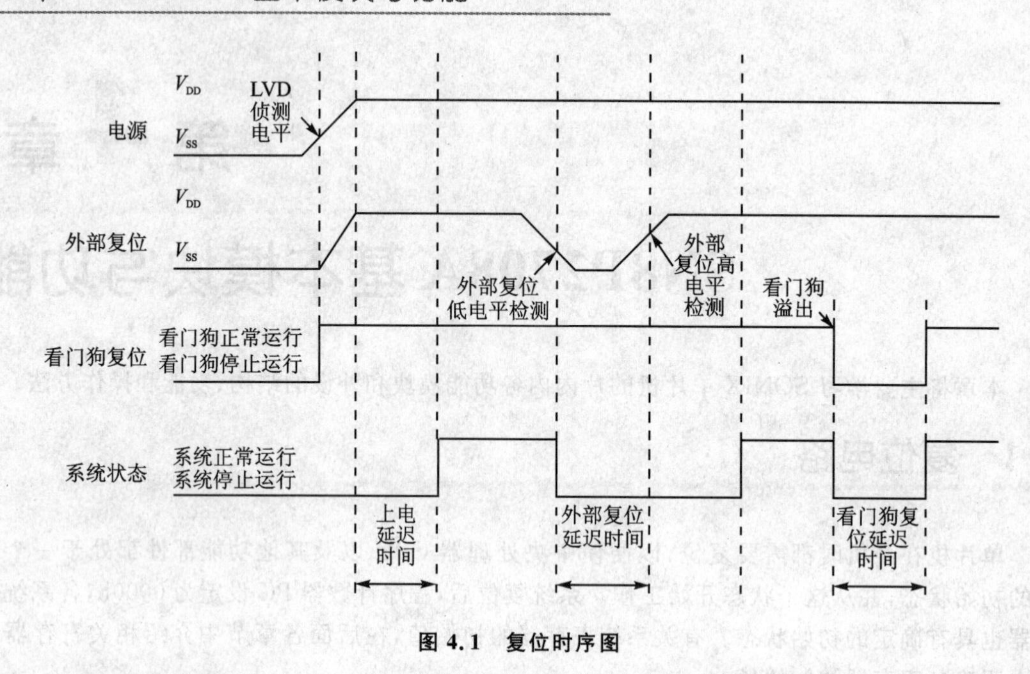

图 4.1 复位时序图

4.1.1 外部复位

外部复位是通过单片机的复位输入引脚 RST 外接一个 RC 电路来实现的,可分为上电复位和手动复位。

系统上电后,必须等到电源电压上升到一定电压值,并保证振荡器稳定后才能开始工作。也就是说,正常的复位时序是电源稳定后才开始工作的。外部复位为低电平有效。从图 4.1 可以看到,上电复位的过程如下:

① 通电:系统检测到电源并等待电压稳定。

② 外部复位:系统检测外部引脚的状态,如果外部引脚并不是高电平,则系统保持复位状态并等待外部引脚的复位结束。

③ 系统初始化:系统寄存器设置为初始状态,为系统运行作准备。

④ 振荡器起振:振荡器起振,产生系统时钟。

⑤ 程序执行:上电过程完成并且程序从“ORG 0”开始执行。

芯片的上电复位时间与系统电压上升速度,外部振荡器频率、种类以及外部 RC 电路有关。从图 4.1 可以看出,当外部 RC 电路达到高电平后,还有一段上电复位的延时,以确保系统可靠复位。例如,SN8P2708A 在系统时钟为 4 MHz、V_{DD}=5 V 情况下,当外部 RC 电路达到高电平后,芯片复位时间还要延时 50~100 ms 的时间。

图 4.2 是一个典型的复位电路。电路中电阻 R 取 10~47 kΩ,电容 C 取 0.1 μF。其中二极管的作用是当电源掉电时,电容器上的电荷可以通过电阻 R 快速放电,从而保证系统再次上电时的正常复位。在要求不高的情况下,二极管可以省略。而且,图中的按键 K 可以实现手动复位,当按键 K 按下后,RST 引脚变为低电平;再放开后,恢复为高电平,触发系统复位。当不需要手动复位时,按键 K 可以删除。

对 SN8P2700 系列芯片,在内部加强了复位电路的设计,从而可以防止由于电源电压不稳或外部强干扰对单片机复位的影响。在强干扰环境下,可删除电容 C,以防止干扰通过电容耦

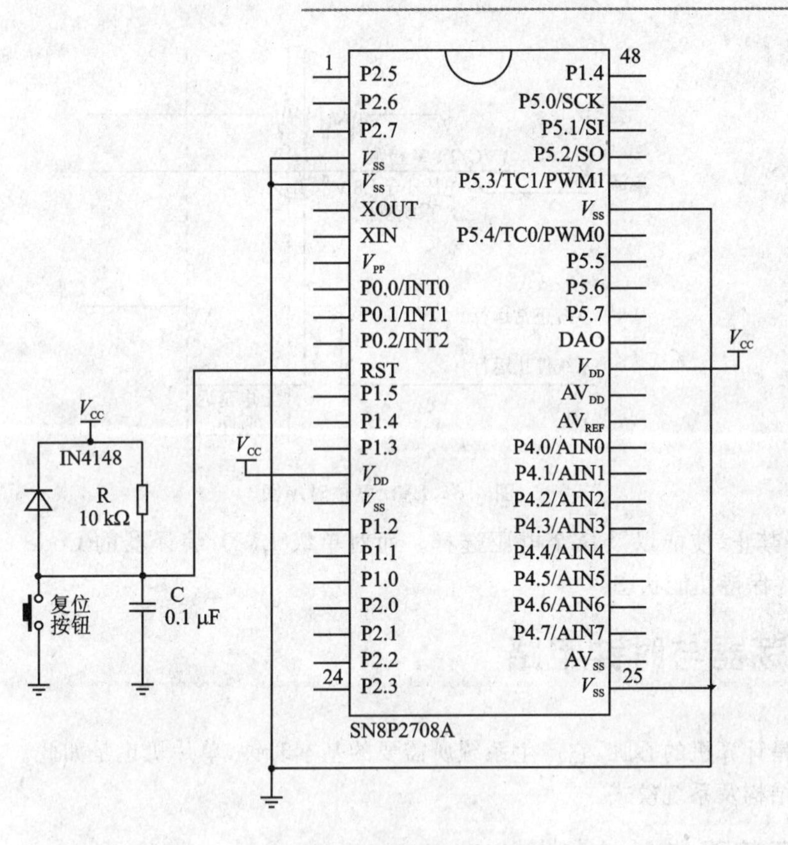

图 4.2　典型的复位电路

合到复位引脚。

需要提醒的是，上电复位和手动复位是有差异的。上电复位后，片内 RAM 除系统寄存器外，各单元上的数据是随机的，具有不确定性；而手动复位后，片内 RAM 的状态是确定的，它能维持复位前的数据不变。

4.1.2　内部复位

SN8P2700 系列单片机内部复位电路有 LVD(Low Voltage Detector)和看门狗电路。有关看门狗电路将在 4.4.1 小节详细讲述，这里首先介绍 LVD 电路。

LVD 即为低电压检测电路，主要用来保证掉电复位(Brown-out Reset)。其工作原理如图 4.3 所示。当芯片上电复位(Power On Reset)成功后，由于系统电源的紊乱或异常掉电导致芯片电源电压的跌落，如果此电压值低于 LVD 检测值，则 LVD 复位电路就会产生动作，强制芯片进行复位，并且延迟一段时间，以保证电源的稳定。当芯片电源端电压值上升至 LVD 检测值后，LVD 复位动作结束。

SN8P2700 系列单片机 LVD 电路分为单级和多级复位电路设计，以适应不同的应用条件。单级 LVD 的芯片 LVD 检测值设为 1.8 V，从而保证芯片能够适应大多数系统工作条件。而多级 LVD 的芯片其 LVD 检测值能提供 2.0 V、2.4 V、3.6 V 三种，从而使系统设计更加灵活，使用时可根据实际情况合理选择。

对多级 LVD 的芯片，LVD 的检测功能可通过编译器的 Code Option 中的 LVD 选项进行

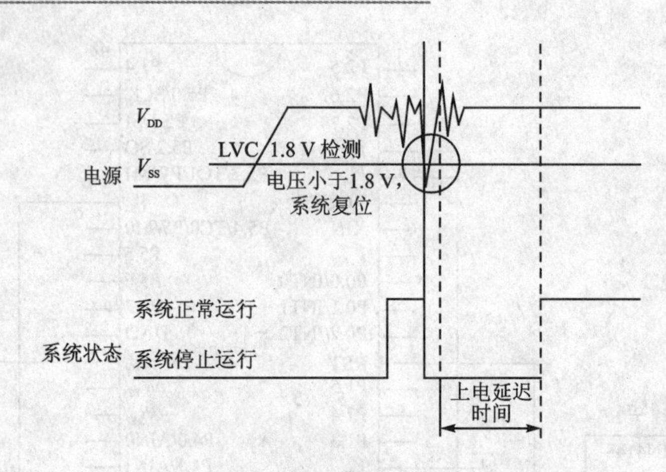

图 4.3 LVD 复位时序图

选择,可选择禁止、使能以及3个电压选择。而对单级LVD,编译器的Code Option无此选项,LVD始终保持使能状态。

4.2 振荡器与时钟电路

振荡器是计算机的心脏,它产生系统所需要的基本时钟,单片机也是如此。本节介绍单片机的振荡器结构及系统模式。

4.2.1 振荡器的总体结构

SN8P2700系列单片机是具有外部时钟和内部时钟的双时钟系统,外部时钟由外部振荡电路产生,一般提供较高的时钟频率,因此也称为外部高速时钟;内部时钟由片内RC振荡电路产生,其频率一般较低,因此也称为内部低速时钟。

时钟电路基本结构如图4.4所示,Fhosc产生外部高速时钟,Flosc产生内部低速时钟,Fhosc和Flosc经过分频和滤波后产生更为稳定的正弦波时钟信号输出,CPU可选择其中之一为指令执行的基本时钟,同时在运行中可以实现对两种时钟的切换,为用户提供更灵活的选择。

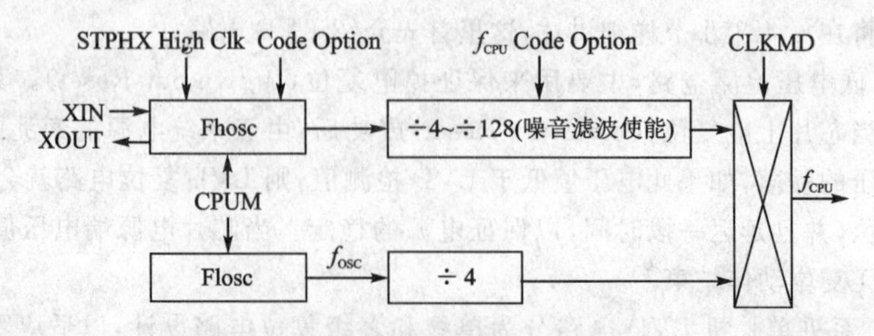

图 4.4 时钟电路基本结构图

图4.4中,Fhosc和Flosc二者统称为系统时钟,其频率为相应电路的振荡频率。经过分频后称为指令周期时钟,表示为f_{CPU}。f_{CPU}是片内各部件必须的基本时钟。

4.2.2 外部振荡器

外部高速时钟是通过芯片引脚XIN和XOUT外接RC电路或晶体振荡器，并与内部相关电路组成一个完整的振荡电路，以产生系统时钟信号，相应电路如图4.5和图4.6所示。也可以通过XIN引脚直接输入一个时钟信号作为系统时钟，如图4.7所示。在应用时，用户可以根据需要，灵活选择不同的振荡器类型。

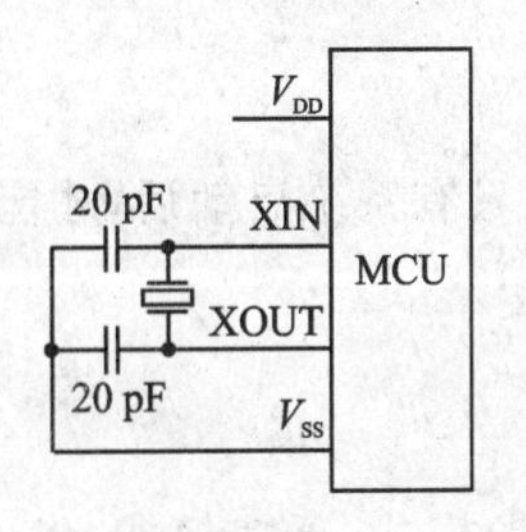

图4.5 晶体振荡器/陶瓷谐振器电路

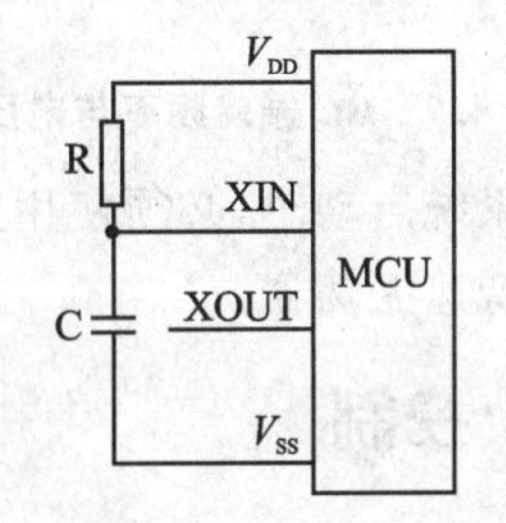

图4.6 外部RC振荡电路

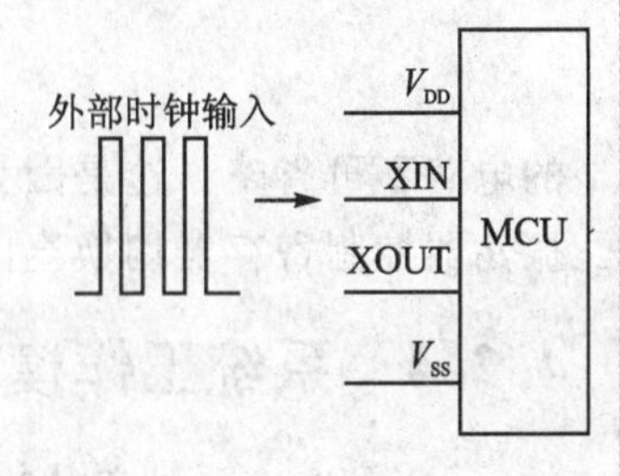

图4.7 外部输入时钟电路

软件编译时，在弹出的编译器Code Option对话框中，用户通过High_Clk栏必须选择一种振荡器模式，以支持不同的振荡器类型和频率，如图4.8所示。振荡器模式可选择Ext_RC、32K_X'tal、12M_X'tal、4M_X'tal四种，各位选项的功能如表4.1所列。

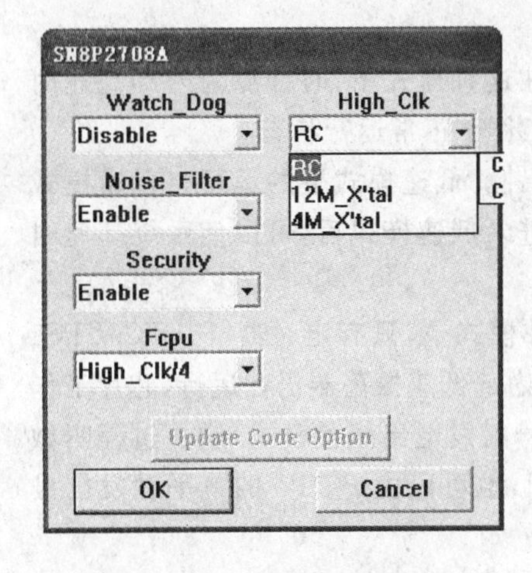

图4.8 振荡器模式选择

表4.1 振荡器模式选择说明

编译选项	振荡器模式	功能说明
High_Clk	Ext_RC	廉价外部RC振荡器，XOUT引脚输出频率为f_{CPU}的方波
	32K_X'tal	低频、低功耗晶体振荡器(如32.768 kHz)
	12M_X'tal	高速晶体振荡器(如12～16 MHz)
	4M_X'tal	标准晶体振荡器(如4 MHz)

4.2.3 内部低速振荡器

内部低速振荡器是单片机内置电路，其时钟源由内部RC振荡电路产生，可提供系统各部件必须的时钟源。通常情况下，RC振荡器的频率约为16 kHz(3 V)、32 kHz(5 V)。

注意： RC振荡电路受系统电压和温度影响时频率会发生变化，因此以上频率值只是一个近似值。

RC振荡频率与电压之间的关系如图4.9所示。

使用内部振荡器时应注意，无论是否使用外部振荡器，图4.5～图4.7中外部振荡器相关

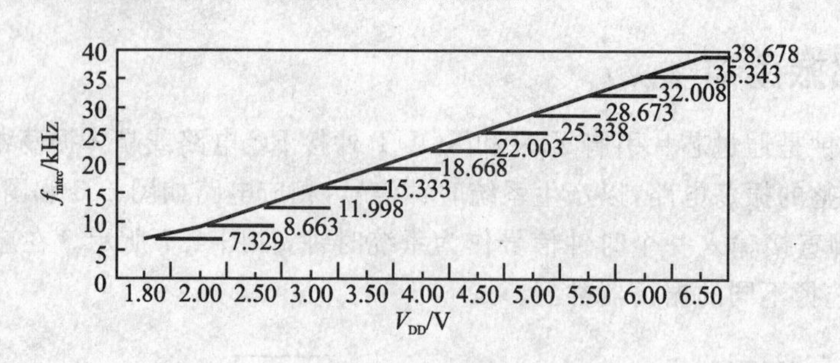

图4.9　RC振荡频率与电压之间的关系

的电路不可省略。这是因为在系统启动时，必须使用外部振荡源，只有系统启动后，才能通过振荡器控制寄存器切换至内部低速振荡器。

4.2.4　系统工作模式及控制

SN8P2700系列单片机有4种不同的工作模式，即普通（高速）模式、低速模式、省电（睡眠）模式和绿色模式。可以通过振荡器控制寄存器OSCM设置单片机工作模式，也可以在系统运行中实现模式之间的切换。这种灵活模式切换方式为应用系统提高工作效率、降低功耗提供了有力保证，可满足不同的应用要求。

1. 系统工作模式

系统的4种工作模式如下：

(1) 普通模式。普通模式是系统的基本工作模式。在这种模式下，时钟源为外部高速时钟。系统上电时，默认为普通模式，所有的软件和硬件均工作于正常运行状态。

(2) 低速模式。在低速模式下，时钟源为内部低速时钟。低速模式下的运行与普通模式的工作状态相似，仅是时钟源不同，时钟频率有所降低。进入低速模式后，可以使系统高速时钟停振，这有利于降低系统的功耗。

(3) 绿色模式。绿色模式是一个低功耗模式。在这种模式下，只有定时器T0、TC0、TC1可以继续工作，其他的硬件资源都已停止工作，外部高速/内部低速振荡器仍在运行，芯片工作电流降至5 μA (3 V)。系统可由T0定时器或P0/P1信号触发退出绿色模式，这一过程叫做系统唤醒。用户可以通过设定T0来确定系统的唤醒时间，也可以由P0/P1的电平触发信号立即唤醒。

(4) 省电（睡眠）模式。省电模式也称睡眠模式。当系统进入睡眠状态时，将停止工作，功耗低至近似于零。省电模式常用于电池供电等低功耗要求的系统。在这种模式下，外部高速和内部低速振荡器均停止运行，P0、P1的触发信号可将系统唤醒。

2. 系统模式控制

通过振荡器控制寄存器OSCM，可以设置系统的运行模式，并在4种模式之间进行切换。

1) 振荡器控制寄存器

振荡器控制寄存器OSCM用于设置系统模式、系统振荡源以及看门狗计数器的时钟源等。其各位的定义如下：

Bit	7	6	5	4	3	2	1	0
OSCM	—	—	—	CPUM1	CPUM0	CLKMD	STPHX	—
读/写	—	—	—	R/W	R/W	R/W	R/W	—
初始值	x	x	x		0	0	0	x

OSCM 地址：0cah

Bit [4:3]　CPUM [1:0]：CPU 操作模式控制位。

00＝普通模式；

01＝睡眠(省电)模式，唤醒后进入普通模式；

10＝绿色模式；

11＝保留。

Bit 2　CLKMD：系统高/低速时钟模式选择位。

0＝外部高速时钟(Fhosc)，操作模式为普通模式和绿色模式；

1＝内部低速时钟(Flosc)，操作模式为低速模式和绿色模式。

Bit 1　STPHX：外部高速时钟控制位。

0＝高速时钟正常运行；

1＝高速时钟停止运行。

CLKMD 位提供选择内部或外部振荡器作为 CPU 的时钟源。置位 CLKMD，选择内部振荡器为 CPU 时钟，可使系统进入低速模式，此时可置位 STPHX，停止外部振荡器工作，以降低功耗。另外，CPUM [1:0]的设置可使系统进入睡眠模式或绿色模式。

注意： *系统上电复位后，OSCM 被初始化为 00h，此时系统默认为普通模式。*

2）模式控制与转换

图 4.10 描述了 SN8P2700 系统模式的设置与转换的关系。

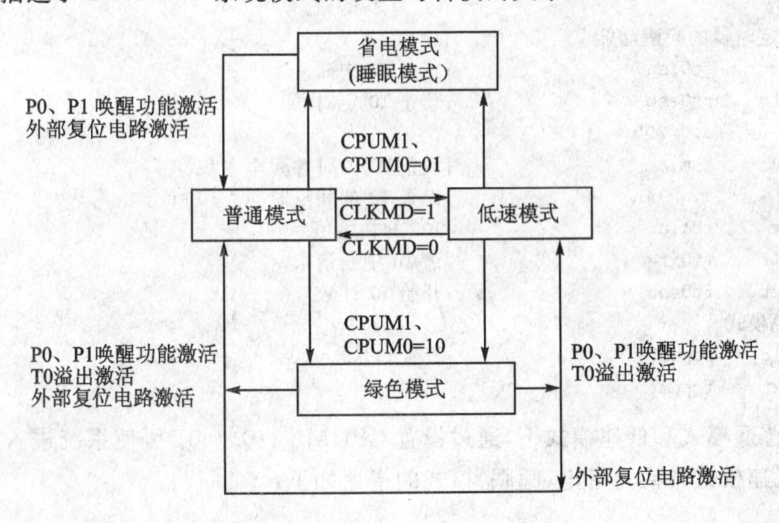

图 4.10　SN8P2700 系统模式框图

对系统模式转换，有以下几点说明：

(1) 通过CLKMD位的设置可实现普通模式与低速模式之间的转换。在普通模式下，CLKMD位置1，系统进入低速模式；而在低速模式下，CLKMD位清0，系统进入普通模式。例如，系统从普通模式要转换为低速模式，则使用如下指令：

```
b0bset    fclkmd
```

使CLKMD位置1，系统进入低速模式。此时，可以停止外部高速振荡器，进一步降低系统功耗。其指令如下：

```
b0bset    fstphx
```

在低速模式下，如果外部高速振荡器仍然运行，只要使用以下指令：

```
b0bclr    fclkmd
```

则系统返回到普通模式。如果外部高速振荡器停振，要返回到普通模式，则须延迟10 ms，以等待外部时钟稳定。其程序如下：

```
        b0bclr    fstphx                    ;启动外部高速振荡器
        b0mov     z, #27                    ;若 VDD = 5 V,则内部 RC 的频率为 32 kHz (典型值)
@@:
        decms     z                         ;高速振荡器稳定时间为 0.125 ms × 81 = 10.125 ms
        jmp       @b
        b0bclr    fclkmd                    ;进入普通模式
```

(2) 在普通模式和低速模式下，通过设置CPUM [1:0]=10可使系统进入绿色模式，而利用P0、P1唤醒功能或T0的溢出可激活系统退出绿色模式，恢复到先前的运行模式。例如，普通/低速模式转换为绿色模式并定时10 ms，时间到后可退出绿色模式。使用定时器T0唤醒功能的程序如下：

```
;设置 T0 定时器的唤醒功能
        b0bclr    ft0ien                    ;禁止 T0 中断
        b0bclr    ft0enb                    ;禁止 T0 定时器
        mov       a, #20h
        b0mov     t0m,a                     ;设置 T0 的时钟频率 = fCPU / 64
        mov       a, #74h                   ;设置 T0 的间隔时间 = 10 ms
        b0mov     t0c,a                     ;T0C 的初始值 = 74h
        b0bclr    ft0irq                    ;清 T0 中断请求
        b0bset    ft0enb                    ;开始 T0 计数
;进入绿色模式
        b0bclr    fcpum0                    ;设置 CPUMX = 10
        b0bset    fcpum1
```

同样，在普通模式和低速模式下，通过设置CPUM [1:0]=01可使系统进入到省电模式。例如，普通/低速模式转换为省电(睡眠)模式的指令如下：

```
b0bset    fcpum0
```

与绿色模式不同，在省电模式下，只能利用P0/P1唤醒功能激活系统退出省电模式，而不能使用定时器。例如，P1.7引脚上的电平变化，就可使系统退出省电模式。

注意：从省电模式退出后，只能进入普通模式，而不能返回到低速模式。

(3) 在任何模式下，复位后系统进入普通模式。

(4) 在4种模式下，单片机各部件的状态如表4.2所列。

表4.2　系统工作模式说明

项说明＼工作模式	普通模式	低速模式	绿色模式	省电(睡眠)模式	备　注
HX osc.	运行	STPHX	STPHX	停止	—
LX osc.	运行	运行	运行	停止	—
CPU 指令	执行	执行	停止	停止	—
T0/TC0/TC1	有效	有效	有效	无效	由程序激活
WDT	有效	有效	通过看门狗选项	通过看门狗选项	—
内部中断	全部有效	全部有效	T0	全部无效	—
外部中断	全部有效	全部有效	全部有效	全部无效	—
系统唤醒源	—	—	P0、P1、T0 和 RST、LVD 的复位信号及看门狗	P0、P1 和 RST、LVD 的复位信号及看门狗	看门狗必须选择 Always_ON

(5) 外部高速振荡器从停止到运行需要一段时间的延迟，这段延迟时间对振荡器的稳定工作是必需的，称为唤醒时间。在有些应用中，外部高速振荡器可能需要经常地启/停，以达到降低功耗的目的。有两种情况需要唤醒时间：一是从省电模式转换到普通模式；二是从低速模式转换到普通模式。对前一种情况，当系统处于省电(睡眠)模式时，外部高速振荡器停止运行。从睡眠模式唤醒时，SN8P2700 提供4096个外部高速振荡周期作为唤醒时间，以使振荡电路达到稳定状态。唤醒时间结束后，系统进入普通模式。后一种情况需要用户提供唤醒时间。其唤醒时间的计算方法如下：

$$唤醒时间=1/f_{osc}*4096+ X'tal 稳定时间$$

式中：X'tal 稳定时间取决于 X'tal 的类型，一般约为 2～4 ms。例如，在省电模式下，P0 或 P1 发出触发信号，这时 CPU 并不立即执行程序，而是延迟一段时间，等到外部振荡器启动并稳定后系统进入普通模式，才开始执行程序。设 f_{osc} = 3.58 MHz，晶体稳定时间为 4 ms，则这一段延时时间为：

$$唤醒时间=1/f_{osc}\times4096 + X'tal 稳定时间$$
$$= 1.14 ms + 4 ms = 5.14 ms$$

注意：省电(睡眠)模式下，虽然 P0 和 P1 电平变化都能将系统唤醒，但 P0 永远具有唤醒功能，而 P1 的唤醒功能受寄存器 P1W 控制。P1W 各位定义如下：

Bit	7	6	5	4	3	2	1	0
P1W	P17W	P16W	P15W	P14W	P13W	P12W	P11W	P10W
读/写	W	W	W	W	W	W	W	W
初始值	0	0	0	0	0	0	0	0

P1W 地址：0c0h

关于唤醒功能将在4.5节进一步说明。

4.3 中断系统

单片机与外设之间进行数据交换是通过不同的接口电路来实现的，这种信息传送方式通常分为同步传送、异步传送、中断传送和DMA传送共4种。但中断传送尤为重要，它是现代计算机必须具备的重要功能。建立准确的中断概念和灵活掌握中断技术是学好单片机的关键问题。本节以SN8P2708A为例，主要讨论单片机中断系统的结构功能和使用方法。

4.3.1 中断源和中断标志

1. 中断源

SN8P2708A单片机提供3个外部中断、3个定时器溢出中断、1个串行口中断和1个ADC中断共8个中断源。

(1) 外部中断源。SN8P2708A的3个外部中断源INT0、INT1、INT2的信号输入引脚分别与P0.0～P0.2三个I/O口复用。外部中断可通过上升沿、下降沿或双边沿3种触发方式来输入中断请求信号。P0.0～P0.2可通过系统寄存器设置为中断触发信号的输入引脚。

(2) 定时器溢出中断源。定时器溢出中断由SN8P2708A内部定时器中断源产生，因此属于内部中断。SN8P2708A片内有3个8位定时器/计数器，接收内部定时脉冲或计数器输入引脚上输入的外部脉冲计数(注意，T0不能作为计数器使用)，当定时器的数值由255发生进位变成0时，可以自动向CPU提出溢出中断请求，以表明定时器定时时间到。定时器定时时间可由用户通过程序设定。

(3) 串行口中断源。串行口中断由SN8P2708A内部串行口中断源产生，因此也是一种内部中断。有关串行通信接口SIO将在第8章专门介绍。

(4) ADC中断源。ADC中断用于模/数转换完成后，CPU能及时接收并处理数据。有关ADC中断相关问题将在第7章专门讨论。

2. 中断请求寄存器INTRQ

中断请求寄存器INTRQ包含了所有的中断请求标志，当有中断发生时，INTRQ寄存器中的相应位会置为1。用户通过检查中断请求寄存器可以知道中断的种类，从而执行相应的中断服务程序。中断请求标志位需要用软件清0。INTRQ各位定义如下：

Bit	7	6	5	4	3	2	1	0
INTRQ	ADCIRQ	TC1IRQ	TC0IRQ	T0IRQ	SIOIRQ	P02IRQ	P01IRQ	P00IRQ
读/写	R/W	R/W	R/W	R/W	R/W	R/W	R/W	R/W
初始值	0	0	0	0	0	0	0	0

INTRQ地址：0c8h

Bit 7　　ADCIRQ：A/D转换中断请求位。

0＝无中断请求；

1＝请求中断服务。

Bit 6　　TC1IRQ：TC1 定时器中断请求控制位。

0＝无中断请求；

1＝ 请求中断服务。

Bit 5　　TC0IRQ：TC0 定时器中断请求控制位。

0＝无中断请求；

1＝请求中断服务。

Bit 4　　T0IRQ：T0 定时器中断请求控制位。

0＝无中断请求；

1＝请求中断服务。

Bit 3　　SIOIRQ：SIO 中断请求控制位。

0＝无中断请求；

1＝请求中断服务。

Bit 2　　P02IRQ：外部中断 P0.2 中断请求位。

0＝无中断请求

1＝请求中断服务。

Bit 1　　P01IRQ：外部中断 P0.1 中断请求位。

0＝无中断请求；

1＝请求中断服务。

Bit 0　　P00IRQ：外部中断 P0.0 中断请求位。

0＝无中断请求；

1＝请求中断服务。

4.3.2　中断请求的控制

1. GIE 总中断操作

系统寄存器 STKP 中的最高位 GIE 是总中断控制位。当 GIE＝1 时，CPU 才会接受中断请求进而执行中断动作；当 GIE＝0 时，CPU 会拒绝对任何中断请求信号执行中断动作。因此 GIE 位可以视为中断总开关。系统上电时，STKP 初始化为 0xxx1111。系统寄存器 STKP 各位的定义如下：

Bit	7	6	5	4	3	2	1	0
STKP	CIE	—	—	—	STKPB3	STKPB2	STKPB1	STKPB0
读/写	R/W	—	—	—	R/W	R/W	R/W	R/W
初始值	0	x	x	x	1	1	1	1

STKP 地址：0dfh

2. INTEN 中断使能寄存器

中断使能寄存器 INTEN 包括 5 个内部中断和 3 个外部中断。若 INTEN 的某位置为 1，则相对应的中断请求便能够被响应。一旦有中断发生，程序将跳至“ORG　8”处执行中断服务程序。当执行到中断服务返回指令(reti)时，将退出中断程序。系统上电时，INTEN 初始化

为 00000000B,即中断全禁止。中断使能寄存器 INTEN 各位的定义如下:

Bit	7	6	5	4	3	2	1	0
INTEN	ADCIEN	TC1IEN	TC0IEN	T0IEN	SIOIEN	P02IEN	P01IEN	P00IEN
读/写	R/W	R/W	R/W	R/W	R/W	R/W	R/W	R/W
初始值	0	0	0	0	0	0	0	0

INTEN 地址:0c9h

Bit 7　ADCIEN:A/D 转换中断控制位。
0=禁止;
1=使能。

Bit 6　TC1IEN:定时/计数器 TC1 中断控制位。
0=禁止;
1=使能。

Bit 5　TC0IEN:定时/计数器 TC0 中断控制位。
0=禁止;
1=使能。

Bit 4　T0IEN:定时器 T0 中断控制位。
0=禁止;
1=使能。

Bit 3　SIOIEN:SIO 中断控制位。
0=禁止;
1=使能。

Bit 2　P02IEN:外部中断 INT2。
0=禁止;
1=使能。

Bit 1　P01IEN:外部中断 INT1 控制位。
0=禁止;
1=使能。

Bit 0　P00IEN:外部中断 INT0 控制位。
0=禁止;
1=使能。

3. PEDGE 中断触发边沿控制寄存器

在单片机中,中断触发方式可以分为电平触发和边沿触发方式。边沿触发方式又可分为上升沿触发、下降沿触发、下降沿和上升沿双边沿触发 3 种方式。在 SN8P2700 系列单片机中,采用边沿触发方式,其中 INT1、INT2 采用下降沿触发,而 INT0 的触发方式可以通过中断触发边沿控制寄存器 PEDGE 进行配置。系统上电时,PEDGE 的各位初始化为 xxx10xxxB,即中断 INT0 设置为下降沿触发。PEDGE 各位的定义如下:

Bit	7	6	5	4	3	2	1	0
PEDGE	—	—	—	P00G1	P00G0	—	—	—
读/写	—	—	—	R/W	R/W	—	—	—
初始值	x	x	x	1	0	x	x	x

PEDGE 地址：0bfh

Bit [4:3]　　P00G [1:0]：INT0(P0.0)中断触发边沿控制位。

00＝保留；

01＝上升沿触发方式；

10＝下降沿（复位后为默认设置)触发方式；

11＝下降沿和上升沿双边沿(电平变换触发)触发方式。

4.3.3 中断系统的初始化

SN8P2708A 中断系统功能是可以通过上述系统寄存器进行统一管理的。中断系统初始化是指用户对这些系统寄存器的各控制位进行赋值。

中断初始化的步骤如下：

① 设置中断请求寄存器 INTRQ,清除所有的中断标志位；

② 设置中断使能寄存器 INTEN,使能相应的中断源中断；

③ 若为外部 INT0 中断,则设置触发边沿控制寄存器,并规定中断的触发方式；

④ 置位 GIE,使能总中断。

【例 4-1】 初始化 INT0,设 INT0 为上升沿触发。

```
b0bclr      fp00irq                 ;清 INT0 中断请求标志
b0bset      fp00ien                 ;INT0 中断使能
b0mov       pedge,#00001000b        ;INT0 为上升沿触发
b0bset      fgie                    ;总中断使能
```

4.3.4 中断处理

1. 中断的响应

SN8P2708A 响应中断时与一般中断系统类似。若 CPU 处在非响应中断状态,且相应中断是开放的,则系统在执行完现行指令后会自动响应某中断源的中断请求。在进入中断服务程序前必须完成以下工作：

① 把中断点的地址(断点地址),也就是当前程序计数器 PC 值压入堆栈,以便执行中断服务程序的 reti 指令时按此地址返回原程序。

② 关闭中断,即 GIE 位清 0,防止响应中断期间受其他中断的干扰。

③ PC 得到 0008h,即得到中断服务程序的入口地址,转入中断服务程序执行。

注意： *以上工作是 CPU 自主完成的,并不需要指令进行操作。*

2. 中断请求的撤除

在中断请求被响应前,中断源发出的中断请求被锁存在中断请求寄存器的相应中断标志

位。一旦某个中断请求得到响应，就必须把它的相应标志位复位或清 0；否则，SN8P2708A 就会因中断标志未能得到及时撤除而重复响应同一中断请求，这是绝对不允许的。

SN8P2708A 有 8 个中断源，对这些中断请求，其撤除的方法是用户在中断服务程序中通过指令实现。

3. 中断的返回

中断服务程序的最后一条指令是 reti，CPU 执行这一条指令后，自动完成以下两件事：

① 开总中断开关，设定 GIE=1，以便为主程序下次响应中断作准备。

② 堆栈中的断点地址被弹入程序计数器 PC，程序回到被打断的地址处执行。

4. 中断服务程序的设计

在中断服务程序中，需要做以下工作：

(1) 现场保护。将主程序用到的重要数据进行备份，防止中断服务程序改写这些寄存器而破坏原始数据。重要数据常放于工作寄存器、累加器 ACC 中，可利用 push 指令把工作寄存器的数据压入隐藏的堆栈区，利用数据交换指令 xch 对 ACC 备份。例如，在中断服务程序中保护工作寄存器和累加器 ACC。其指令如下：

```
b0xch    acc,accbuf                    ;保护 ACC、ACCBUF 为自定义的存储器单元
push                                   ;保护工作寄存器
```

(2) 中断源判断。当系统开放多个中断源时，中断服务程序必须在程序中判断中断的来源，再跳到该中断所对应的处理程序执行。

(3) 处理中断的事件。

(4) 清除中断请求寄存器 INTRQ 的中断请求位。

(5) 恢复现场。将被保护的数据返回到原存储器。例如，在中断服务程序中，恢复工作寄存器和累加器 ACC。其程序如下：

```
pop                                    ;恢复工作寄存器
b0xch    acc,accbuf                    ;恢复 ACC
```

(6) 返回主程序。以 reti 结束中断服务程序，并返回到主程序断点处执行。

下面举例说明如何设计中断服务程序。

【例 4-2】 编写 INT1(P0.1)中断的初始化和中断服务程序。

解 INT1 初始化程序如下：

```
    b0bclr    fp01irq              ;清 INT1 中断请求
    b0bset    fp01ien              ;INT1 中断使能
    b0bset    fgie                 ;总中断使能
```

INT1 中断服务程序如下：

```
    ORG       8                    ;中断向量地址
    jmp       int_service
int_service:
    b0xch     a, accbuf            ;b0xch 不影响标志位 DC、C、Z
                                   ;保存 ACC 的值
```

```
    push                        ;保护工作寄存器
    b0bts1      fp01irq         ;判断是否有外部中断请求
    jmp         exit_int
    b0bclr      fp01irq         ;清中断标志
    ⋮                           ;INT1 中断服务程序
exit_int:
    pop                         ; 恢复工作寄存器
    b0xch       a, accbuf       ;恢复 ACC
    reti                        ;中断返回
```

很多情况下,用户需要同时处理多个中断。由于 SONIX 单片机中断入口地址是唯一的,所以当进入中断服务程序后,只有通过逐一检查中断标志位的状态才能确认中断来源。

【例 4-3】 设单片机 SN8P2708A 开放 4 个中断源 INT0、INT1、INT2 和 TC1,请编写中断服务程序。

解　系统中断服务程序如下:

```
    ORG         8               ;中断向量地址
    jmp         int_service
int_service:
    b0xch       a, accbuf       ;用 b0xch 保存现场不会影响状态寄存器的值
    push                        ;保存工作寄存器内容
    bts0        intrq.0         ;检查是否有外部中断 0 的请求
    jmp         fintp00irq      ;跳转到 INT0 的中断服务程序
    bts0        intrq.1         ;检查是否有外部中断 1 的请求
    jmp         fintp01irq      ;跳转到 INT1 的中断服务程序
    bts0        intrq.2         ;检查是否有外部中断 2 的请求
    jmp         fintp02irq      ;跳转到 INT2 的中断服务程序
    bts0        intrq.6         ;检查是否有外部定时器 TC1 请求
    jmp         ftc1irq         ;跳转到 TC1 的中断服务程序
int_exit:
    pop                         ;恢复工作寄存器的内容
    b0xch       a,accbuf        ;恢复 ACC 的值
    reti                        ;中断返回
```

需要说明的是,检查中断标志位的顺序涉及中断的优先权问题。因此,在处理多中断请求下,用户必须根据系统的需求对各中断进行优先权的设置。从本例中可以看出,检查的 4 个中断源中,INT0 的优先权最高,而定时器 TC1 的优先权最低。如果要把 TC0 的优先权设为最高,则可以把 INTRQ.6 的检查指令提到所有检查指令之前。

实际使用时,希望中断服务程序在结构上能够形成标准化的模板,增强程序的可读性和可移植性。下面是推荐使用的中断服务程序的结构,程序中不仅对中断标志位进行检查,而且要检查各中断使能位,使程序具有较强的通用性。中断服务程序的模板如下:

```
    ORG         8               ;中断向量地址
    jmp         int_service
int_service:
```

```
    b0xch       a, accbuf           ;用 b0xch 保存现场不会影响状态寄存器的值
    push                            ;保存工作寄存器的内容
intp00chk:                          ;检查是否有 INT0 中断
    b0bts1      fp00ien             ;检查是否允许外部中断 0
    jmp         intp01chk           ;跳转到下一个中断
    b0bts0      fp00irq             ;检查是否有外部中断 0 的请求
    jmp         intp00              ;跳转到 INT0 的中断服务程序
intp01chk:                          ;检查是否有 INT1 中断
    b0bts1      fp01ien             ;检查是否允许 INT1 中断
    jmp         intp02chk           ;跳转到下一个中断
    b0bts0      fp01irq             ;检测是否有 INT1 中断请求
    jmp         intp01              ;跳转到 INT1 中断服务程序
intp02chk:                          ;检查是否有 INT2 中断
    b0bts1      fp02ien             ;检查是否允许 INT2 中断
    jmp         intt0chk            ;跳转到下一个中断
    b0bts0      fp02irq             ;检测是否有 INT2 中断请求
    jmp         intp02              ;跳转到 INT2 中断服务程序
intt0chk:                           ;检查是否有 T0 中断
    b0bts1      ft0ien              ;检查是否允许 T0 中断
    jmp         inttc0chk           ;跳转到下一个中断
    b0bts0      ft0irq              ;检测是否有 T0 中断请求
    jmp         intt0               ;跳转到 T0 中断服务程序
inttc0chk:                          ;检查是否有 TC0 中断
    b0bts1      ftc0ien             ;检查是否允许 TC0 中断
    jmp         inttc1chk           ;跳转到下一个中断
    b0bts0      ftc0irq             ;检测是否有 TC0 中断请求
    jmp         inttc0              ;跳转到 TC0 中断服务程序
inttc1hk:                           ;检查是否有 TC1 中断
    b0bts1      ftc1ien             ;检查是否允许 TC1 中断
    jmp         intsiochk           ;跳转到下一个中断
    b0bts0      ftc1irq             ;检测是否有 TC1 中断请求
    jmp         inttc1              ;跳转到 TC1 中断服务程序
intsiochk:                          ;检查是否有 SIO 中断
    b0bts1      fsioien             ;检查是否允许 SIO 中断
    jmp         intadcchk           ;跳转到下一个中断
    b0bts0      fsioirq             ;检测是否有 SIO 中断请求
    jmp         intsio              ;跳转到 SIO 中断服务程序
intadcchk:                          ;检查是否有 SIO 中断
    b0bts1      fadcien             ;检查是否允许 ADC 中断
    jmp         int_exit            ;中断返回
    b0bts0      fadcirq             ;检测是否有 ADC 中断请求
    jmp         intadc              ;跳转到 SIO 中断服务程序
fp00irq:                            ;INT0 中断服务程序
     ⋮
    jmp         int_exit
fp01irq:                            ;INT0 中断服务程序
```

```
    ⋮
    jmp         int_exit
fp02irq:                            ;INT1 中断服务程序
    ⋮
    mp          int_exit
ft0irq:                             ;INT2 中断服务程序
    ⋮
    jmp         int_exit
ftc0irq:                            ;TC0 中断服务程序
    ⋮
    jmp         int_exit
ftc0irq:                            ;T0 中断服务程序
    ⋮
    jmp         int_exit
fsioirq:                            ;T1 中断服务程序
    ⋮
    jmp         int_exit
fadcirq:                            ;ADC 中断服务程序
    ⋮
    int_exit:
    pop                             ;恢复工作寄存器的内容
    b0xch       a, accbuf           ;恢复 ACC 的值
    reti                            ;中断返回
```

4.4　定时器/计数器

SN8P2700 系列单片机内置 1 个看门狗定时器、1 个基本定时器和 2 个定时器/计数器，丰富的定时资源不仅使单片机方便地用于定时控制，而且提供计数、Buzzer、PWM 输出等多项功能，灵活使用定时器/计数器对系统设计尤为重要。

4.4.1　看门狗定时器

看门狗定时器 WDT(Watch Dog Timer)是一种保护系统正常运行的安全措施，它可以通过复位使系统从错误的操作中恢复。当看门狗定时器溢出之前程序没有将其清 0，就会导致系统产生一次复位操作。

SN8P2700 系列单片机的 WDT 是一个 4 位二进制加法计数器，所以它连续收到 16 个脉冲信号就会发生溢出，并送出复位信号给系统，使其复位。在程序正常运行过程中，为了避免发生溢出，就必须对 WDT 清 0。WDT 清 0 的方法是对看门狗计数器清 0 寄存器 WDTR 写入清 0 控制字 5ah。其指令如下：

```
mov    a,#5ah
mov    wdtr,a
```

WDTR 各位的定义如下：

Bit	7	6	5	4	3	2	1	0
WDTR	WDTR7	WDTR6	WDTR5	WDTR4	WDTR3	WDTR2	WDTR1	WDTR0
读/写	R/W	R/W	R/W	R/W	R/W	R/W	R/W	R/W
初始值	—	—	—	—	—	—	—	—

WDTR 地址：0cch

WDT 的时钟源由内部低速 RC 振荡器提供，它是将内部 RC 振荡器经 512 分频后送往看门狗定时器进行计数，当 WDT 加 1 产生溢出后，系统发生复位。看门狗定时器的溢出时间受电源电压影响，当电源电压波动时，WDT 的溢出时间将发生一定的变化，因此看门狗计数器溢出时间的计算只是一个近似值。

当系统采用 3 V 电源时，RC 振荡器的振荡频率约为 16 kHz，经分频后为 31.25 Hz，则 WDT 的溢出时间为：

$$t_{WDT} = 16 \times \frac{1}{31.25\ \text{Hz}} = 0.512\ \text{s}$$

当系统采用 5 V 电源时，同样可以计算出溢出时间约为 0.25 s。

另外，看门狗定时器是否开放是由编译器 Code Option 的 Watch Dog 选项决定的。如图 4.11 所示，软件编译时，在弹出的编译器 Code Option 对话框中，通过 Watch Dog 选项决定看门狗的工作状态。此选项中可以设置看门狗计数器为 Always_ON、Enable 和 Disabled 三种状态。各状态的定义如表 4.3 所列。

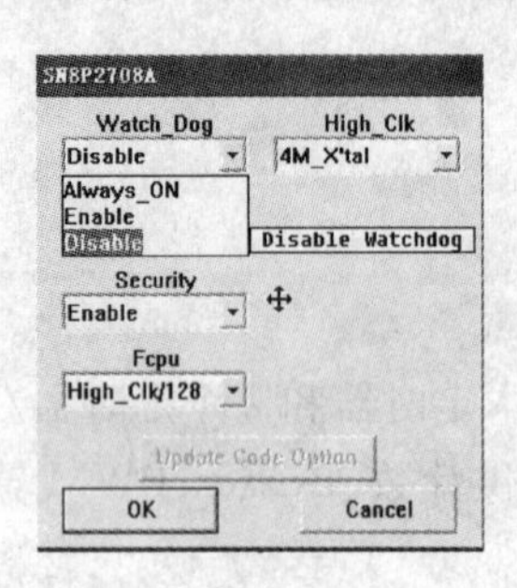

图 4.11　Code Option 的 Watch_Dog 选项设置

表 4.3　看门狗工作状态的定义

选　项	看门狗工作状态
Always_ON	在普通模式、低速模式、省电模式和绿色模式下，看门狗均正常运行
Enable	在睡眠(省电)模式下停止；在绿色模式和普通模式下使能
Disabled	禁止看门狗计数器工作

4.4.2　基本定时器

基本定时器 T0 是一个 8 位二进制加 1 计数器，由寄存器 T0M 选择 T0 的输入时钟。当 T0 溢出(ffh ～00h)时，产生一个信号触发 T0 中断。T0 的内部结构如图 4.12 所示。T0 是一个 8 位可编程定时器，它根据所选的时钟频率，定时发出中断请求信号。

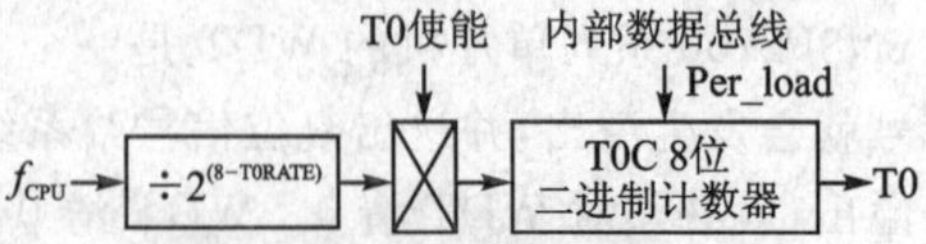

图 4.12　基本定时器 T0 框图

与基本定时器 T0 相关的寄存器有模式控制寄存器 T0M 和计数寄存器 T0C。其功能和作用分别介绍如下。

1. 基本定时器模式控制寄存器 T0M

T0M 是一个 8 位可读/写的基本定时器模式控制寄存器。通过 T0M 寄存器可以实现对定时器 T0 的启/停控制和时钟源选择。系统上电时，T0M 初始化为 0000xxxxB。T0M 各位的定义如下：

Bit	7	6	5	4	3	2	1	0
T0M	T0ENB	T0RATE2	T0RATE1	T0RATE0	0	0	0	0
读/写	R/W	R/W	R/W	R/W	—	—	—	—
初始值	0	0	0	0	x	x	x	x

T0M 地址：0d8h

Bit 7　　T0ENB：T0 定时器使能控制位。

0：禁止；

1：使能。

Bit [6:4]　　T0RATE [2:0]：T0 定时器的时钟源选择位。

000：$f_{CPU}/256$

001：$f_{CPU}/128$

010：$f_{CPU}/64$

011：$f_{CPU}/32$

100：$f_{CPU}/16$

101：$f_{CPU}/8$

110：$f_{CPU}/4$

111：$f_{CPU}/2$

T0M 的 T0ENB 位是 T0 的使能控制位。T0ENB 位置 1，使能基本定时器 T0；T0ENB 位清 0，禁止基本定时器 T0。

定时器 T0 时钟源是 CPU 时钟经过分频获得的，通过设置 T0M 的 T0RATE0～T0RATE2 位，定时器 T0 提供了 8 种可选择的时钟源频率，从 $f_{CPU}/2$ 到 $f_{CPU}/256$。T0 的时钟源频率 f_{T0} 的计算如下：

$$f_{T0} = \frac{1}{2^{(8-\mathrm{T0RATE})}} \times f_{CPU} \tag{4.1}$$

系统复位后，T0M 的初始化为 0，T0 定时器被禁止，对应的时钟源频率为 $f_{CPU}/256$。

当 T0C 计数到 0ffh 后，若再加 1 就会回到 00h，产生溢出信号。当 T0 中断请求标志置 1 时，如果 T0 使能(T0IEN =1)，则系统将执行 T0 的中断服务程序。

2. T0C 计数寄存器

T0C 是一个 8 位加 1 计数器，它接收 CPU 时钟经分频后的脉冲信号，并对其进行计数操作。在定时器启动前，CPU 先要为它装入控制字，以设定时钟源频率，然后再为它装入定时器初值，并通过指令置位 T0ENB，启动定时器工作。8 位 T0C 计数寄存器按加 1 计数器计数，计满为 0 时能自动向 CPU 发出溢出中断请求。如果 T0 中断被允许，则系统将进入中断并执行中断服务程序。

T0 没有自动装载功能，T0C 溢出后，仍会继续计数，因此为了得到精确的定时，用户必须在中断服务程序中对 T0C 重装初值。系统上电后，T0C 的初值是随机的。T0C 各位的定义如下：

Bit	7	6	5	4	3	2	1	0
T0C	T0C7	T0C6	T0C5	T0C4	T0C3	T0C2	T0C1	T0C0
读/写	R/W	R/W	R/W	R/W	R/W	R/W	R/W	R/W
初始值	x	x	x	x	x	x	x	x

T0C 地址：0d9h

T0 计数信号来自于 CPU 时钟分频后的脉冲，定时器定时时间 t 可通过式(4.2)计算：

$$t = (256 - \mathrm{TC}) \times \frac{1}{f_{\mathrm{T0}}} \tag{4.2}$$

式中：TC 为定时器定时初值；f_{T0} 为 T0 时钟频率。将式(4.2)改写，则得到定时器初值计算公式：

$$\mathrm{TC} = 256 - t \times f_{\mathrm{T0}} \tag{4.3}$$

由式(4.3)可以看出，定时时间 t 与定时器的初值 TC、CPU 时钟频率及 T0M 确定的分频数都有关。当 CPU 时钟频率及分频数给定后，T0 的溢出时间就由 TC 确定。当 TC=0 时，则定时时间为最大。表 4.4 列出了在高速时钟和低速时钟两种模式下，对应不同的 T0 时钟频率的最大溢出间隔时间 t 和单步间隔时间。从表 4.4 中可以看出，T0 的最大定时间为 0.57～8000 ms，其定时范围是非常宽的，实际应用中可以灵活使用。

表 4.4　基本定时器 T0 的时间列表

T0 速率	T0 时钟频率 f_{T0}	高速模式(f_{OSC}= 3.58 MHz)		低速模式(f_{CPU}=32768 Hz)	
		最大溢出间隔时间/ms	单步间隔时间/μs (=max/256)	最大溢出间隔时间/ms	单步间隔时间 /ms (=max/256)
000	$f_{\mathrm{CPU}}/256$	73.2	286	8000	31.25
001	$f_{\mathrm{CPU}}/128$	36.6	143	4000	15.63
010	$f_{\mathrm{CPU}}/64$	18.3	71.5	2000	7.8
011	$f_{\mathrm{CPU}}/32$	9.15	35.8	1000	3.9
100	$f_{\mathrm{CPU}}/16$	4.57	17.9	500	1.95
101	$f_{\mathrm{CPU}}/8$	2.28	8.94	250	0.98
110	$f_{\mathrm{CPU}}/4$	1.14	4.47	125	0.49
111	$f_{\mathrm{CPU}}/2$	0.57	2.23	62.5	0.24

【例 4-4】 已知单片机外部振荡器频率 $f_{\mathrm{OSC}}/4$=3.58 MHz，工作在高速模式下，$f_{\mathrm{CPU}}=f_{\mathrm{OSC}}/4$。设 T0 的定时时间为 10 ms，试确定 T0 的初值和分频数。

解　设 T0 的时钟频率 f_{T0} 由 f_{CPU} 64 分频后得到，即：

$$f_{\mathrm{T0}} = \frac{1}{64} \times f_{\mathrm{CPU}} = \frac{1}{256} f_{\mathrm{OSC}} \tag{4.4}$$

则

$$\mathrm{TC} = 256 - \mathrm{T} \times f_{\mathrm{T0}} = 256 - 10\ \mathrm{ms} \times \frac{f_{\mathrm{OSC}}}{256} = 74\mathrm{h}$$

需要说明的是，f_{CPU} 的分频数虽然可有 8 种选择，但并不是每一种选择都能满足具体要求的。分频数的选择原则是，经过分频后的定时器的最大定时时间不能小于要求的定时时间。

对于例 4-4，通过表 4.4 可以看出，2～32 分频后，其最大定时时间只有 0.57～9.15 ms，无法满足 10 ms 定时的要求，所以本题只能在 64、128、256 三种分频数中选择其中之一。

3. T0 定时器的初始化

T0 定时器是可编程的，其定时时间和工作过程都可以通过程序对它进行设定和控制。因此，工作之前必须对定时器进行初始化。其初始化的步骤如下：

① 根据题目和定时时间要求，对定时器模式控制寄存器送控制字，选择定时器的时钟源频率。

② 给 T0 送定时器初值，以确定需要的定时时间。

③ 打开定时器 T0 中断。

④ 置位 T0ENB，启动定时器计数。

【例 4-5】 设 SN8P2708 的外部振荡器频率为 3.58 MHz，CPU 时钟频率为 4 分频后的外部振荡频率，请编写利用基本定时器 T0 在 P2.0 上产生周期为 20 ms 的方波程序。

解　选 T0 时钟是 f_{CPU} 经过 64 分频产生的，则 T0M[6:4]=010b；定时器周期为 10 ms，则 T0C=74h。其程序如下：

```
    ORG         0
    jmp         main
    ORG         8                       ;中断向量地址
    jmp         int_service
;主程序
main
    b0bclr      ft0ien                  ;禁止 T0 中断
    b0bclr      ft0enb                  ;停止 T0 计数
    mov         a,#20h
    b0mov       t0m,a                   ;设置 T0 定时模式 fCPU/64
    mov         a,#74h
    b0mov       t0c,a                   ;设置 T0 初始值 = 74h (定时中断为 10 ms)
    mov         a,#01h
    b0mov       p2m,a                   ;设置 P2.0 为输出
    mov         a,#01h
    b0mov       p2ur,a                  ;使能 P2.0 上拉电阻
    b0bclr      ft0irq                  ;清 T0 中断请求标志
    b0bset      ft0ien                  ;使能 T0 中断
    b0bset      ft0enb                  ;开始 T0 计数
    jmp         $
;中断服务程序
    ORG         8                       ;中断向量地址
    jmp         int_service
int_service:
    b0xch       a,accbuf                ;保护现场
    push                                ;保存工作寄存器内容
    b0bts1      ft0irq                  ;检查是否是 T0 中断请求
    jmp         exit_int                ;T0IRQ = 0, 退出中断向量
```

```
        b0bclr      ft0irq          ;清 T0 中断标志
        mov         a,#74h          ;重新装载时间常数
        b0mov       t0c,a
        mov         a,p2            ;T0 中断服务程序
        xor         a,#01h
        mov         p2,a
exit_int:
        pop                         ;恢复工作寄存器内容
        b0xch       a, accbuf       ;恢复 ACC 的值
        reti                        ;中断返回
```

以上程序有两点需要注意：

(1) 为避免错误地响应中断，在设置定时器/计数器中断时，必须先清除定时器/计数器的中断请求标志位 T0IRQ，再开放中断和定时器/计数器。

(2) 由于 T0 没有自动重装功能，中断服务程序中不要忘了给 T0C 重装初值。

4.4.3　通用定时器/计数器

SN8P2700 系列单片机除了基本定时器 T0 外，还有两个通用定时器/计数器 TC0 和 TCl。这两个定时器/计数器作为定时方式时与基本定时器 T0 有很多相同之处，例如，都是 8 位定时器，时钟来源都是 CPU 时钟经分频后产生的，计数溢出后触发中断请求，但与基本定时器 T0 相比，它们又增加了以下功能：

- 具有初始值自动装载功能。
- 周期性(溢出时触发)方波信号输出(即 Buzzer 输出，由 P5.4/P5.3 引脚输出)。
- 脉宽调制 PWM 输出功能(由 P5.4/P5.3 引脚输出)。
- 外部脉冲计数功能(从 P0.0 和 P0. 1 输入的脉冲)。

TC0/TC1 的内部结构如图 4.13 所示。

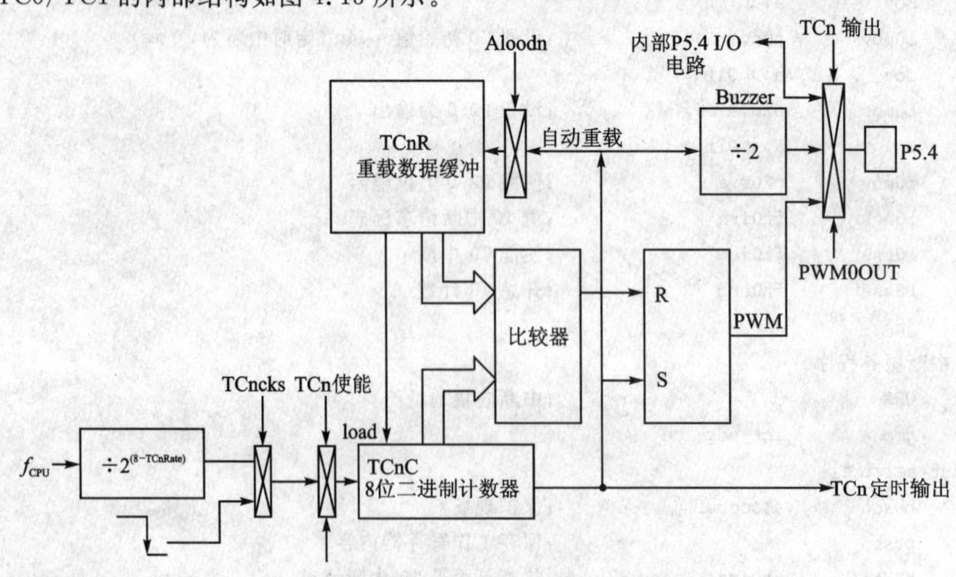

注：n=0，对应定时器 TC0；n=1，对应定时器 TC1。

图 4.13　定时器/计数器 TC0/TC1 框图

1. 通用定时器/计数器(TC0/TC1)的控制

定时器/计数器TC0/TCl的计数寄存器分别为TC0C和TC1C,而对TC0/TC1的控制则是由模式寄存器TC0M/TC1M实现的。

定时器模式寄存器TC0M和TC1M为8位可读/写模式控制寄存器。其高4位的作用与设置定时器T0的系统寄存器T0M完全相同,而低4位则是用来控制TC0C和TC1C增加的功能。PWM0OUT/PWM1OUT用于控制P5.4/P5.3引脚的PWM输出,而TC0OUT / TC1OUT用于控制P5.4/P5.3引脚的周期性方波输出,ALOAD0/ ALOAD1控制TC0C/ TC1C是否进行初始值自动装载,TC0CKS/ TC1CKS为TC0C/TC1C定时/计数方式选择位。

注意: 由于方波输出和PWM输出共用相同的输出脚位(TC0为P5.4,TC1为P5.3),所以不能同时使能这两个功能。也就是说,对于一个定时器,TCnM(n=0,1)低两位不能同时为1,但可以同时为0(两个功能都禁止)。

系统复位时,TC0M /TC1M初始化为00000000B。其各位的定义如下:

Bit	7	6	5	4	3	2	1	0
TC0M	TC0ENB	TC0RATE2	TC0RATE1	TC0RATE0	TC0CKS	ALOAD0	TC0OUT	PWM0OUT
读/写	R/W	R/W	R/W	R/W	R/W	R/W	R/W	R/W
初始值	0	0	0	0	0	0	0	0

TC0M地址:0dah

Bit	7	6	5	4	3	2	1	0
TC1M	TC1ENB	TC1RATE2	TC1RATE1	TC1RATE0	TC1CKS	ALOAD1	TC1OUT	PWM1OUT
读/写	R/W	R/W	R/W	R/W	R/W	R/W	R/W	R/W
初始值	0	0	0	0	0	0	0	0

TC1M地址:0dah

Bit 7　　TC0ENB /TC1ENB:TC0/TC1计数器使能位。

0=禁止;

1=使能。

Bit[6:4]　　TC0RATE [2:0] /TC1RATE [2:0]:TC0/TC1内部时钟速率选择位(TC0CKS = 0)。

000= f_{CPU}/256;

001= f_{CPU}128;

010 = f_{CPU}/64;

⋮

110= f_{CPU}/4;

111= f_{CPU}/2。

Bit 3　　TC0CKS /TC1CKS:TC0/TC1时钟源选择位。

0=内部时钟源(f_{CPU});

1=对于TC0是来自P0.0 (INT0)的外部时钟源,对于TC1是来自P0.1 (INT1)的外部时钟源。

Bit 2　　ALOAD0/ALOAD1：自动装载使能位。
0＝禁止自动装载功能；
1＝使能自动装载功能。

Bit 1　　TC0OUT/TC1OUT：TC0/TC1 频率输出控制位。仅当 PWM0OUT/PWM1OUT＝0 时有效 。
0＝禁止 TC0OUT/TC1OUT 的输出功能，使能 P5.4/P5.3 的 I/O 功能；
1＝使能 TC0OUT/TC1OUT 的输出功能，禁止 P5.4/P5.3 的 I/O 功能。

Bit 0　　PWM0OUT/PWM1OUT：PWM 输出控制位。
0＝禁止 PWM 输出；
1＝使能 PWM 输出(自动禁止 TC0OUT/TC1OUT 功能)。

1) 定时器/计数器选择

TCnCKS(n＝0,1)置 1，将选择 TC0C/TC1C 的计数方式，来源于片外的脉冲信号输入到 P0.0(TC0)或 P0.1(TC1)，实现对外部信号的计数功能。此时将屏蔽 P0.0/ P0.1 的输入/输出功能和外部中断信号 INT0/INT1 的输入功能。

2) TC0/ TC1 自动重装功能

在一般情况下，当定时器发生溢出时，计数寄存器的值会立即变成 0。当初始值自动装载功能使能后，计数寄存器在定时器溢出时不再变为 0，而是立即装入一个初始值。要装载定时器 TC0 的初始值必须事先存于系统寄存器 TC0R 中，而要装载定时器 TC1 的初始值也必须事先存于系统寄存器 TC1R 中。因为这种自动装载初始值的方法不会发生时间延迟问题，所以能提供更为精准的定时时间，而前面讨论的基本定时器 T0 不具备这样的功能。

注意： 自动装载寄存器 TC0R/TC1R 是只写寄存器，必须使用指令 mov 或 b0mov 来改变，不能使用指令 incms 和 decms 或其他运算指令来改变。

TC0R/TC1R 除了自动装载定时器初值以外，还用于存放 PWM 波的占空比，这一点将在第 7 章详细说明。

2. 通用定时器/计数器(TC0/TC1)的初始化

通用定时器/计数器(TC0/TC1)是可编程的，其定时时间和工作过程都可以通过程序对它进行设定和控制。因此，工作之前必须对定时器进行初始化。其初始化的步骤如下：

① 根据实际要求，确定定时器/计数器的工作方式，包括定时/计数方式选择、方波输出选择，以及 PWM 输出方式选择；同时给模式寄存器 TC0M/TC1M 送相应的控制字。注意，当选择定时方式时，同时也必须设定定时器的时钟频率。

② 当设定 TC0/TC1 为自动重装模式时，选送自动重装寄存器 TC0R/TC1R 初值。

③ 根据实际需要给 TC0C/TC1C 寄存器选送定时器初值或计数器初值，以确定定时时间和需要计数的初值。

④ 设定中断使能寄存器 INTEN 和总中断控制位 GIE(STKP 的最高位)，打开定时器 TC0/TC1 中断。

⑤ 设置 TC0ENB/TC1ENB，以启动定时器/计数器。

关于通用定时器/计数器(TC0/TC1)初值计算，分以下两种情况。

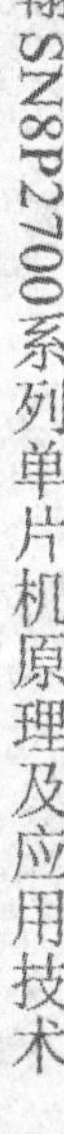

(1) 计数器初值的计算

TC0/TC1 在计数器模式下工作时必须给计数器选送初值，这个计数器初值被送到 TC0C/TC1C 中。当启动自动重装功能时，计数器初值也要被送到 TC0R/TC1R 中。

定时器/计数器中的计数器是在初值的基础上以加法计数的，并且在计数器计数到 0ffh 后，若再加 1 就会回到 00h，产生溢出中断请求。因此，可以得到如下的计算公式：

$$\mathrm{TC} = 256 - C \tag{4.5}$$

式中：TC 为计数初值；C 为计数器计满回 0 所需要的计数值。

(2) 定时器初值的计算

TC0/TC1 在定时器模式下，其初值的计算与基本定时器相同，这里不再重复。

当使用方波输出功能时，定时器初值与 TC0R/TC1R 相同，由式(4.5)可得：

$$\mathrm{TC0R} = 256 - \frac{t_{\mathrm{P5.4}} f_{\mathrm{TC0}}}{2}$$

当使用 PWM 输出功能时，设输出 PWM 占空比为 K，则可得到：

$$K = \frac{\mathrm{TC}}{256} \tag{4.6}$$

初值为：

$$\mathrm{TC} = 256 \times K \tag{4.7}$$

【例 4-6】 设 SN8P2708 的外部振荡器频率为 3.58 MHz，CPU 时钟频率为 4 分频后的外部振荡频率。利用定时器 TC0 产生 0.5 s 的中断，并通过 P3.0 使发光二极管 LED 每秒钟闪烁一次。

解 设计电路图如图 4.14 所示，只要在 P3.0 上每 0.5 s 改变一次电平输出，即可实现二极管 LED 每秒钟闪烁一次。

按本题给出的条件，定时器的最大定时时间约为 286 ms，无法直接得到 0.5 s 的定时。可以采用定时器定时和软件计数相结合的方法来解决这个问题。例如：可以在主程序中设定一个初值为 10 的软件计数器并使 TC0 定时 50 ms，这样，每当 TC0 定时到 50 ms 时，CPU 就响应其溢出中断请求，从而进入中断服务程序中。在中断服务程序中，CPU 先对软件计数器减 1，然后判断它是否为 0，若为 0，则表示定时 0.5 s 时间已到，便可恢复软件计数器初值和改变 P3.0 引脚上的电平，最后返回主程序。如此重复上述过程，便可实现 LED 每秒钟闪烁一次。

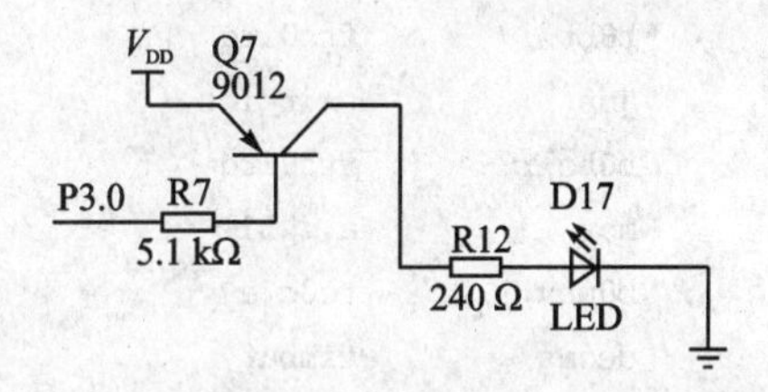

图 4.14　P3.0 控制发光二极管电路

设 TC0 不使用自动重装功能，TC0 的时钟选择 $f_{\mathrm{CPU}}/256$，则定时初值计算如下：

$$f_{\mathrm{TC0}} = \frac{f_{\mathrm{CPU}}}{256} = \frac{f_{\mathrm{OSC}}}{4 \times 256} \tag{4.8}$$

$$\mathrm{TC} = 256 - T \times f_{\mathrm{TC0}} = 256 - 50\ \mathrm{ms} \times \frac{f_{\mathrm{OSC}}}{4 \times 256} = 51\mathrm{h}$$

1) 主程序

主程序包括对单片机 TC0 的初始化和设定软件计数器初值等。

```
        ORG         0
        jmp         reset
reset:                                      ;初始化程序
        b0bclr      ftc0ien                 ;禁止 TC0 中断
        b0bclr      ftc0enb                 ;停止 TC0 计数
        mov         a,#00h
        b0mov       tc0m,a                  ;设置 TC0 的时钟频率为 fCPU/256
        mov         a,#51h                  ;设置 TC0C 初始值 = 51h
        b0mov       tc0c,a                  ;定时时间 50 ms
        b0bclr      ftc0irq                 ;清 TC0 中断请求标志
        b0bset      ftc0ien                 ;开 TC0 中断
        b0bset      ftc0enb                 ;开始 TC0 计数
        mov         accbuf,#0
        mov         timbuf,#10
;主程序循环区
main:
        nop
        jmp         main
```

注意：初始化程序中，在开放定时器/计数器中断前，必须先清除定时器/计数器的中断请求标志位 TC0IRQ，再开放中断和定时器/计数器，这样就可以避免错误地响应中断。

2) 中断服务程序

```
        ORG         8                       ;中断向量地址
        jmp         int_service
int_service:
        b0xch       a, accbuf               ;使用 b0xch 指令不会影响 C、Z 等标志位
        push                                ;保护工作寄存器
        b0bts1      ftc0irq                 ;检查是否是 TC0 中断请求
        jmp         exit_int                ;TC0IRQ = 0，退出中断
        b0bclr      ftc0irq                 ;清 TC0IRQ
        mov         a,#51h                  ;重新设置 TC0C
        b0mov       tc0c,a
        decms       timbuf                  ;TC0 中断服务
        jmp         exit_int
        add         a,#1
        mov         p3,a
        mov         timbuf,#10
exit_int:
        pop                                 ;恢复工作寄存器
        b0xch       a, accbuf               ;恢复 ACC
        reti                                ;中断返回
```

说明：本例中，可以利用定时器 TC0 自动重装功能，对上述程序稍作修改，即可实现此功能。

具体程序如下：

```
        ORG         0
        jmp         reset
```

```
reset:                                  ;初始化程序
    b0bclr      ftc0ien                 ;禁止 TC0 中断
    b0bclr      ftc0enb                 ;停止 TC0 计数
    mov         a,#00h
    b0mov       tc0m,a                  ;设置 TC0 的时钟频率为 fCPU/256
    mov         a,#51h                  ;设置 TC0C 初始值 = 51h
    b0mov       tc0c,a                  ;定时时间 50 ms
    b0mov       tc0r,a                  ;设置重新装载时间常数
    b0bclr      ftc0irq                 ;清 TC0 中断请求标志
    b0bset      ftc0ien                 ;开 TC0 中断
    b0bset      ftc0enb                 ;开始 TC0 计数
    b0bset      aload0                  ;使能 TC0R 自动重新装载功能
    mov         accbuf,#0
    mov         timbuf,#10
;主程序循环区
main:
    nop
    jmp         main
;中断服务程序
    ORG         8                       ;中断向量地址
    jmp         int_service
int_service:
    b0xch       a, accbuf               ;使用 b0xch 指令不会影响 C、Z 等标志
    push                                ;保护工作寄存器
    b0bts1      ftc0irq                 ;检查是否是 TC0IRFQ 中断请求
    jmp         exit_int                ;TC0IRQ = 0, 退出中断
    b0bclr      ftc0irq                 ;清 TC0IRQ
    decms       timbuf                  ;TC0 中断服务
    jmp         exit_int
    add         a,#1
    mov         p3,a
    mov         timbuf,#10
exit_int:
    pop                                 ;恢复工作寄存器
    b0xch       a, accbuf               ;恢复 ACC
    reti                                ;中断返回
```

3. 方波产生

定时器 TC0 提供了方波信号发生功能，这个功能常用作蜂鸣器输出。置 TC0OUT=1，使能定时器 TC0 的周期性方波输出功能，则引脚 P5.4 作为 I/O 功能将被屏蔽，而成为周期性方波的输出引脚。这时，TC0 的自动装载功能为选择性使用。当定时器 TC0 溢出时，不仅触发 TC0 的中断请求，同时也会改变输出引脚 P5.4 的输出电平，由 0 变 1 或是由 1 变 0。因此周期性方波输出的周期为定时器 TC0 溢出时间的 2 倍。TC1 也具有同样的功能，这里不再详述。

设定时器 TC0 输入时钟频率为 f_{TC0}，则溢出时间 t_{TC0} 为：

$$t_{\text{TC0}} = \frac{1}{f_{\text{TC0}}} \times (256 - \text{TC0R}) \tag{4.9}$$

而周期性方波的输出周期 $T_{\text{P5.4}}$ 为溢出时间 t_{TC0} 的 2 倍，即：

$$T_{\text{P5.4}} = \frac{2}{f_{\text{TC0}}} \times (256 - \text{TC0R}) \tag{4.10}$$

式中：TC0R 为寄存器 TC0R 的装入值。TC0R 的值可以在程序中随时改变，从而达到动态改变方波输出周期的目的。图 4.15 为初值和自动装载值均为 0 时的方波输出。

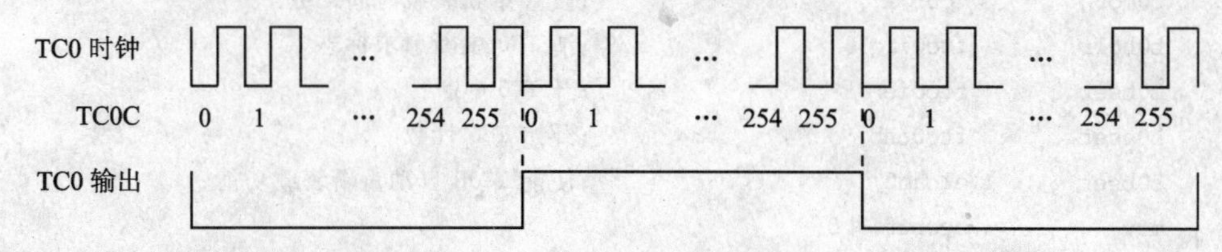

图 4.15　周期性方波输出

【例 4-7】 利用 TC0 的方波输出功能，在 TC0OUT (P5.4)的引脚上产生频率为 1 kHz 的方波信号。设外部高速时钟频率为 4 MHz，CPU 时钟为 4 分频后的外部高速时钟。

解　因为 TC0OUT 经过了 2 分频，所以 TC0 的时钟设为 2 kHz。TC0 的时钟源来自外部振荡器，TC0 的时钟频率为 $f_{\text{CPU}}/4$，TC0RATE2～TC0RATE1 = 110。由式(4.10)计算得到定时器初值 TC0C＝TC0R＝131。

```
        ORG         0
        jmp         reset
reset:                                  ;初始化程序
        mov         a,#01100000b
        b0mov       tc0m,a              ;设置 TC0 的时钟频率为 fCPU/4
        mov         a,#131              ;设置自动重新装载的时间常数
        b0mov       tc0c,a
        b0mov       tc0r,a
        b0bset      ftc0out             ;允许 TC0 频率输出(P5.4),同时禁止 P5.4 的 I/O 功能
        b0bset      tfaload0            ;允许自动装载功能
        b0bset      ftc0enb             ;TC0 开始计数
main:
        nop
        jmp         main
```

4.5　I/O 口

4.5.1　I/O 口结构

SN8P2700 系列单片机有 6 组并行 I/O 端口，分别命名为 P0、P1、P2、P3、P4、P5。各端口的位数有所不同，P1、P2、P4、P5 有 8 位，而 P0 只有 3 位，P3 只有 1 位，如表 4.5 所列。

表 4.5 I/O 端口说明

Port/Pin	I/O	功能说明	备 注
P0.0～P0.2	I/O	基本输入/输出功能	P0.0：TC0 外部时钟输入引脚 P0.1：TC1 外部时钟输入引脚
		外部中断(INT0～INT2)	—
		系统睡眠模式唤醒	—
P1.0～P1.7	I/O	基本输入/输出功能	P1.0 和 P1.1 可作为漏极开路编程
		系统睡眠模式唤醒	—
P2.0～P2.7	I/O	基本输入/输出功能	—
P3.0	I/O	基本输入/输出功能	—
P4.0～P4.7	I/O	基本输入/输出功能	—
		ADC 模拟信号输入端	—
P5.0	I/O	基本输入/输出功能	—
		SIO 时钟引脚	—
P5.1	I/O	基本输入/输出功能	—
	I	SIO 时钟引脚	—
P5.2	I/O	基本输入/输出功能	—
	O	SIO 时钟引脚	P5.2 可编程设置为开漏输出
P5.3～P5.7	I/O	基本输入/输出功能	—

这 6 组并行 I/O 端口的内部结构有所不同，可以分为两组：P0、P2、P3、P4、P5 和 P1[7:2]为第一组；P1.1 和 P1.0 为第二组。第一组的结构如图 4.16(a)所示，图中只画了其中的一位的电路结构。由图可见，I/O 端口均是双向的，每一位由 1 个输入缓冲器、1 个锁存器和 1 个输出驱动器组成。每组锁存器和端口号 P0～P5 相对应，用于存放需要输出的数据。锁存器输出的数据经驱动器驱动后，从引脚输出。因此，SN8P2700 各端口有较强的驱动能力，可以直接点亮一个发光二极管。数据缓冲器用于对端口引脚上的数据进行缓冲，但不锁存，因此各引脚上输入的数据必须一直保持到 CPU 把它读取为止。第二组结构不同于第一组之处是输出端增加了一个开漏电路，可以选择漏极开路输出，如图 4.16(b)所示。

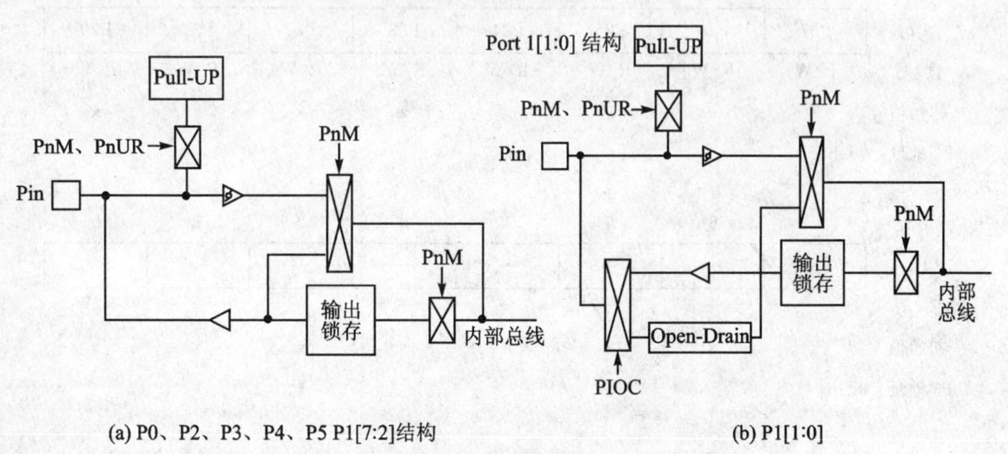

(a) P0、P2、P3、P4、P5 P1[7:2]结构 (b) P1[1:0]

图 4.16 I/O 端口的结构图

I/O 端口受模式寄存器 PnM、上拉电阻寄存器 PnUR、漏极开路寄存器 P1OC 控制。PnM 寄存器控制输入/输出的方向，PnUR 寄存器用于设置上拉电阻，而 P1OC 寄存器用于 P1.1、P1.0 和 P5.2 位是否设为漏极开路模式。系统复位后，所有端口都默认为无上拉电阻的输入模式。

I/O 端口除基本的输入、输出功能外，还可以与其他功能引脚复用，称之为 I/O 口第二功能。例如，P0.0～P0.2 第二功能可作为外部中断和系统睡眠模式唤醒功能使用，P5.0～ P5.2 可作为串行口 SIO 使用等(此时 P5.2 为漏极开路模式)。表 4.5 列出了 I/O 口的全部功能。

4.5.2　I/O 口设置

与 I/O 口相关的寄存器有 Pn、PnM、PnUR、P1OC 四组共 19 个寄存器，下面分别加以介绍。

1. I/O 口数据缓冲寄存器 Pn

每一个 I/O 口都有一个数据缓冲寄存器 Pn，作为 I/O 口数据输入、输出的缓冲区。6 个寄存器各位的定义如下(注意，上电时，Pn 寄存器的初始值不确定)：

Bit	7	6	5	4	3	2	1	0
P0	—	—	—	—	—	P02	P01	P00
读/写	R/W	R/W	R/W	R/W	R/W	R/W	R/W	R/W
初始值	x	x	x	x	x	x	x	x

P0 地址：0d0h

Bit	7	6	5	4	3	2	1	0
P1	P17	P16	P15	P14	P13	P12	P11	P10
读/写	R/W	R/W	R/W	R/W	R/W	R/W	R/W	R/W
初始值	x	x	x	x	x	x	x	x

P1 地址：0d1h

Bit	7	6	5	4	3	2	1	0
P2	P27	P26	P25	P24	P23	P22	P21	P20
读/写	R/W	R/W	R/W	R/W	R/W	R/W	R/W	R/W
初始值	x	x	x	x	x	x	x	x

P2 地址：0d2h

Bit	7	6	5	4	3	2	1	0
P3	—	—	—	—	—	—	—	P30
读/写	—	—	—	—	—	—	—	R/W
初始值	x	x	x	x	x	x	x	x

P3 地址：0d3h

Bit	7	6	5	4	3	2	1	0
P4	P47	P46	P45	P44	P43	P42	P41	P40
读/写	R/W	R/W	R/W	R/W	R/W	R/W	R/W	R/W
初始值	x	x	x	x	x	x	x	x

P4 地址：0d4h

Bit	7	6	5	4	3	2	1	0
P5	P57	P56	P55	P54	P53	P52	P51	P50
读/写	R/W	R/W	R/W	R/W	R/W	R/W	R/W	R/W
初始值	x	x	x	x	x	x	x	x

P5 地址：0d5h

【例 4-8】 I/O 操作举例。

1) 从输入端口读取数据

```
b0mov    a, p0          ;读 P0 口的数据
b0mov    a, p1          ;读 P1 口的数据
b0mov    a, p2          ;读 P2 口的数据
b0mov    a, p3          ;读 P3 口的数据
b0mov    a, p4          ;读 P4 口的数据
b0mov    a, p5          ;读 P5 口的数据
```

2) 写入数据到输出端口

```
mov      a, #55h        ;写 55h 到 P1、P2、P4、P5
b0mov    p1, a
b0mov    p2, a
b0mov    p4, a
b0mov    p5, a
```

3) 写入 1 位数据到输出端口

```
b0bset   p1.3           ;设置 P1.3、P4.0 为 1
b0bset   p4.0
b0bclr   p2.3           ;设置 P2.3、P5.5 为 0
b0bclr   p5.5
```

4) 位检测

```
b0bts1   p0.0           ;检测位 P0.0 是否为 1
b0bts0   p1.5           ;检测位 P1.5 是否为 0
```

2. I/O 模式寄存器

PnM 寄存器控制端口的输入、输出方向。P0～P5 均可选择作为输入或输出口。如果位置 1,则该位对应的引脚设置为输出脚;如果位清 0,则该位对应的引脚设置为输入脚。复位后,PnM 各位初始化为 0,即复位后各引脚均为输入状态。PnM 的 6 个寄存器各位的定义如下:

Bit	7	6	5	4	3	2	1	0
P0M	—	—	—	—	—	P02M	P01M	P00M
读/写	—	—	—	—	—	R/W	R/W	R/W
初始值	0	0	0	0	0	0	0	0

P0M 地址：0b8h

Bit	7	6	5	4	3	2	1	0
P1M	P17M	P16M	P15M	P14M	P13M	P12M	P11M	P10M
读/写	R/W	R/W	R/W	R/W	R/W	R/W	R/W	R/W
初始值	0	0	0	0	0	0	0	0

P1M 地址：0c1h

Bit	7	6	5	4	3	2	1	0
P2M	P27M	P26M	P25M	P24M	P23M	P22M	P21M	P20M
读/写	R/W	R/W	R/W	R/W	R/W	R/W	R/W	R/W
初始值	0	0	0	0	0	0	0	0

P2M 地址：0c2h

Bit	7	6	5	4	3	2	1	0
P3M	—	—	—	—	—	—	—	P30M
读/写	R/W	R/W	R/W	R/W	R/W	R/W	R/W	R/W
初始值	0	0	0	0	0	0	0	0

P3M 地址：0c3h

Bit	7	6	5	4	3	2	1	0
P4M	P47M	P46M	P45M	P44M	P43M	P42M	P41M	P40M
读/写	R/W	R/W	R/W	R/W	R/W	R/W	R/W	R/W
初始值	0	0	0	0	0	0	0	0

P4M 地址：0c4h

Bit	7	6	5	4	3	2	1	0
P5M	P57M	P56M	P55M	P54M	P53M	P52M	P51M	P50M
读/写	R/W	R/W	R/W	R/W	R/W	R/W	R/W	R/W
初始值	0	0	0	0	0	0	0	0

P5M 地址：0c5h

【例 4－9】 I/O 模式选择举例。

```
clr     p1m                         ;设置为输入模式
clr     p2m
clr     p3m
clr     p4m
```

```
clr       p5m
mov       a, #0ffh              ;设置为输出模式
b0mov     p1m, a
b0mov     p2m, a
b0mov     p4m, a
b0mov     p5m, a
b0bclr    p1m.5                 ;设置P1.5为输入模式
b0bset    p1m.5                 ;设置P1.5为输出模式
```

3. PnUR上拉电阻寄存器

SN8P2700系列单片机所有I/O引脚内部都有一个内置电阻,该电阻通过PnUR寄存器设置。用户可以通过这一电阻将引脚上拉至电源,从而在某些电路中达到正确输入高电平的目的。如果位置1,则该位对应的引脚上拉内置电阻;如果位清0,则该位对应的引脚不上拉内置电阻。复位后,PnUP各位初始化为0,即各引脚均不接上拉电阻。6个PnUP寄存器各位的定义如下(上拉电阻的典型值是:200 kΩ@3 V或100 kΩ@5 V)

Bit	7	6	5	4	3	2	1	0
P0UR	—	—	—	—	—	P02R	P01R	P00R
读/写	—	—	—	—	—	W	W	W
初始值	—	—	—	—	—	0	0	0

P0UR地址:0e0h

Bit	7	6	5	4	3	2	1	0
P1UR	P17R	P16R	P15R	P14R	P13R	P12R	P11R	P10R
读/写	W	W	W	W	W	W	W	W
初始值	0	0	0	0	0	0	0	0

P1UR地址:0e1h

Bit	7	6	5	4	3	2	1	0
P2UR	P27R	P26R	P25R	P24R	P23R	P22R	P21R	P20R
读/写	W	W	W	W	W	W	W	W
初始值	0	0	0	0	0	0	0	0

P2UR地址:0e2h

Bit	7	6	5	4	3	2	1	0
P3UR	—	—	—	—	—	—	—	P30R
读/写	—	—	—	—	—	—	—	W
初始值	—	—	—	—	—	—	—	0

P3UR地址:0e3h

Bit	7	6	5	4	3	2	1	0
P4UR	P47R	P46R	P45R	P44R	P43R	P42R	P41R	P40R
读/写	W	W	W	W	W	W	W	W
初始值	0	0	0	0	0	0	0	0

P4UR 地址：0e4h

Bit	7	6	5	4	3	2	1	0
P5UR	P57R	P56R	P55R	P54R	P53R	P52R	P51R	P50R
读/写	W	W	W	W	W	W	W	W
初始值	0	0	0	0	0	0	0	0

P5UR 地址：0e5h

【例 4－10】 I/O 口上拉电阻举例。

```
clr      p0ur          ;禁止 P0 的上拉电阻
mov      a, #01h
b0mov    p0ur, a       ;使能 P0.0 的上拉电阻
```

4. 漏极开路寄存器

当单片机的输出电压与片外接口电路的电压不一致时，则可使用 I/O 口的漏极开路输出功能。通过 P1OC 寄存器可以设置 P5.2、P1.1、P1.0 是否开漏输出。如果位置 1，则该位对应的引脚设为漏极开路模式；如果位清 0，则该位对应的引脚禁止漏极开路模式。注意，P5.2 开漏输出只能用在 SIO 功能中，而不能用于其他用途。复位后，P1OC 各位初始化为 0，即各引脚禁止漏极开路模式。P1OC 各位的定义如下：

Bit	7	6	5	4	3	2	1	0
P1OC	—	—	—	—	—	P52OC	P11OC	P10OC
读/写	—	—	—	—	—	R/W	R/W	R/W
初始值	—	—	—	—	—	0	0	0

P1OC 地址：0e9h

Bit 2　　P52OC：P.52 漏极开路控制位(用于某些 SIO 从动模式)。
0＝禁止漏极开路模式；
1＝使能漏极开路模式。

Bit [1:0]　　P11OC～P10OC：P1.1 和 P1.0 漏极开路控制位。
0＝禁止漏极开路模式；
1＝使能漏极开路模式。

第5章

SONIX开发工具及使用

单片机作为一种嵌入式系统的核心，不像通用PC机那样有自己的标准键盘和显示装置，它是根据应用系统的需求来设计人机接口的，因此应用系统从开发到调试成功并不那么简单，硬件的设计与制造以及软件的调试与修改都必须借助于开发工具才能完成。SONIX公司配备了完整的系统开发工具。本章重点介绍SONIX单片机开发系统的构成，集成开发环境的使用，应用程序的创建、链接、调试及代码的烧写方法、步骤等。

5.1 开发系统的构成

单片机的开发系统实际上也是一种计算机系统，是专门用来开发单片机应用系统的一种工具。它通常由1台PC机、1个通用在线仿真器、1个编程器(也称烧写器)等组成，如图5.1所示。

在单片机的开发系统中，对PC机的要求不高，只要能满足系统要求即可。仿真器和烧写器的型号取决于用户开发的应用系统中选用的单片机类型，对SONIX SN8P1000系列和SN8P2000系列单片机，其仿真器是不同的，不能互换。设计人员借助于PC机上运行的系统开发软件，就可以输入、删除、编辑用户程序，也可以把用户程序汇编成目标代码通过LPT口传送到仿真器，并通过仿真器在线运行和调试用户程序。编程器可以对单片机片内ROM进行编程和校验。

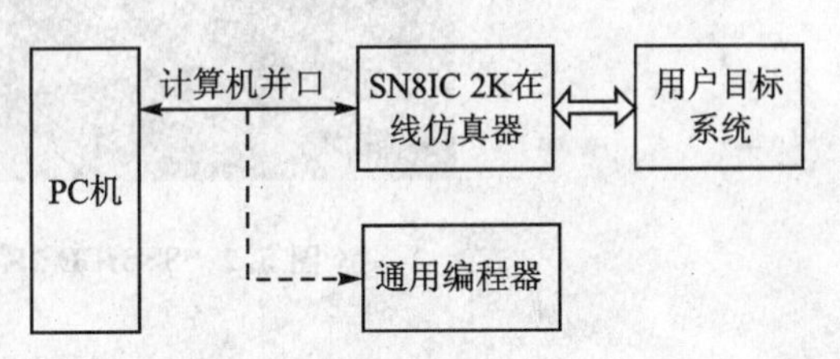

图5.1 SONIX单片机开发系统

作为单片机开发系统，最显著的功能特点就是在线仿真功能。所谓在线仿真是对目标系统而言的，是指仿真器将其硬件和软件资源通过仿真器插座暂时出让给目标系统，使之成为目标系统的硬件和软件中的一个组成部分或全部。这样，在开发系统上对仿真器的软硬件调试就好像对仿真器仿真插座上的目标系统调试一样。通过PC机运行的监控软件，可以观察和查看单片机内CPU资源和各种片内外设的状态，为系统开发提供帮助。因此，开发系统已成为单片机应用开发者中不可缺少的有力工具。

在SONIX 8位单片机中，SN8P2000系列开发系统采用的是SN8ICE 2K在线仿真器，而PC机上运行的软件是M2IDE。SN8ICE2K是SONIX公司新开发的一套完整开发工具，它提供强大而可靠的仿真环境，支持SN8P2000全系列单片机，其硬件不必为芯片改变而做任何改变。M2IDE是基于集成开发环境视窗系统，由编辑器、汇编器、调试器、芯片烧写等部分组成。

5.2　SN8ICE 2K在线仿真器

SONIX公司提供的仿真器有两个系列，即SN8P1XX系列和SN8P2XX系列。本书只介绍SN8P2XX系列的仿真器SN8ICE 2K。

5.2.1　仿真器的组成

SN8ICE 2K在线仿真器内部结构及外形如图5.2和图5.3所示。它由以下几部分组成：

- SN8ICE 2K在线仿真器：提供仿真功能的主要电路。
- 并口电缆：将仿真器与PC机通过并口线连接起来。
- 电源：为仿真器提供7.5 V直流电源。
- 60芯扁平电缆：仿真器与目标板连接线。

图5.2　SN8ICE 2K在线仿真器内部结构

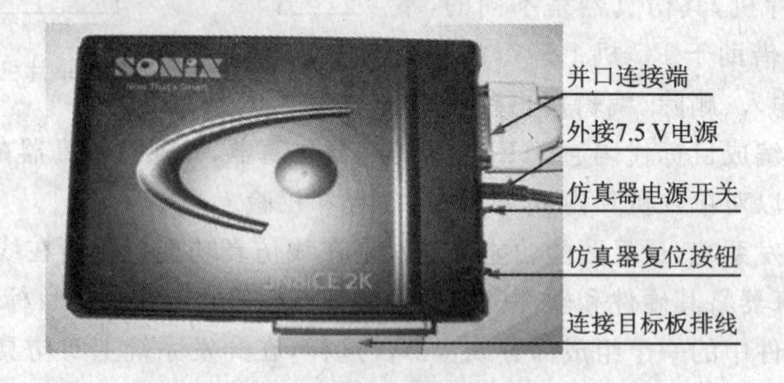

图5.3　SN8ICE 2K在线仿真器外形

5.2.2　仿真器插座引脚与按键跳线定义

SN8ICE 2K仿真器共有4个插座和多个开关、按键及跳线。下面分别对它们的功能进行说明。

(1) 在仿真器右侧有多个按键和跳线，使用前必须弄清其功能及设置方法。

如图5.4所示，5组跳线可以通过跳线帽短接或断开。其定义如下：

V_{DD}/5 V　　目标板电源选择。若短接此跳线，则目标板电源由仿真器提供；若断开此跳线，则目标板电源由外部提供。

AV_{REFL}/V_{SS}　　AV_{REFL} 为 ADC 的低参考电压端。若短接此跳线，则连接 AV_{REFL} 到 V_{SS}；若断开此跳线，则 AV_{REFL} 由目标板参考电压定义。

AV_{REFH}/V_{DD}　　ADC 定义的高参考电压端。若短接此跳线，则 AV_{REFH} 由 V_{CC} 提供；若断开此跳线，则 AV_{REFH} 由目标板定义。

EXT_TRIG1/2　　扩展预留。

V_{DD}/V_{SS}　　保留。

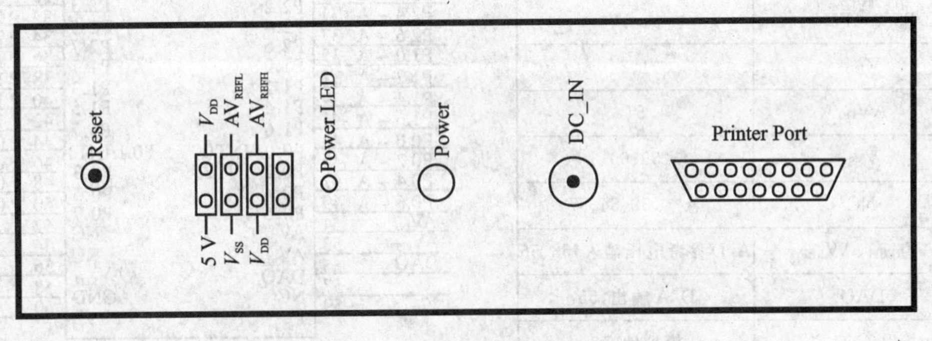

图 5.4　仿真器右侧结构

开关和按键定义如下：

Reset　　复位按键。

Power OFF/ON　　仿真器电源开关。

(2) 电源插座：仿真器电源输入端，使用专用电源，提供 7.5 V 直流电压。

(3) 并口插座：即 Printer Port，通过并口线与 PC 机连接。

(4) 仿真器 CON1口：CON1 是仿真器和 SN8P2000 系列目标板连接通用I/O口。CON1 各引脚排列如图 5.5 所示，各引脚定义如表 5.1 所列。SN8P2708A 各引脚与 CON1 引脚的对应关系如图 5.6 所示。

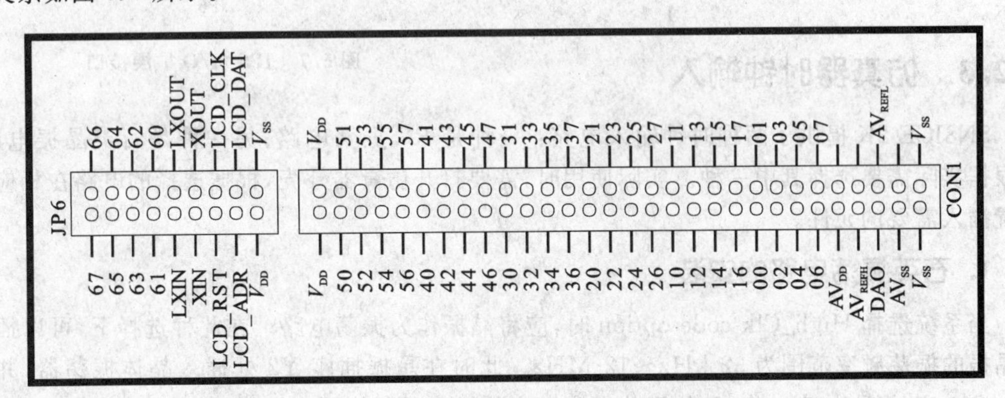

图 5.5　仿真器与目标板接口结构及各引脚排列

表 5.1　CON1 各引脚定义

I/O 口引脚	CON1 引脚编号
P0.0～P0.7	43～50
P1.0～P1.7	35～42
P2.0～P2.7	27～34
P3.0～P3.7	19～26
P4.0～P4.7	11～18
P5.0～P5.7	3～10
V_{DD}	1、2
AV_{DD}	51
V_{SS}	59、60
NC	悬空，52、54、57
AV_{REFH}、AV_{REFL}	A/D 参考电压输入，53、56
DAO	D/A 输出，55
AGNG	模拟地，58

图 5.6　SN8P2708A 引脚与 CON1 引脚对应关系

CON1 包括了 SN8P2000 系列单片机与外界信息交换的全部接口，因此可以仿真各种 SN8P2000 系列的单片机。在仿真 SN8P2708A 时，只用到 CON1 的部分引脚，例如：P3.0～P3.7 引脚只用到 P3.0 脚。

(5) 扩展接口：JP6 为扩展的 I/O 端口，保留为以后扩展使用。其各引脚的定义如图 5.7 所示。

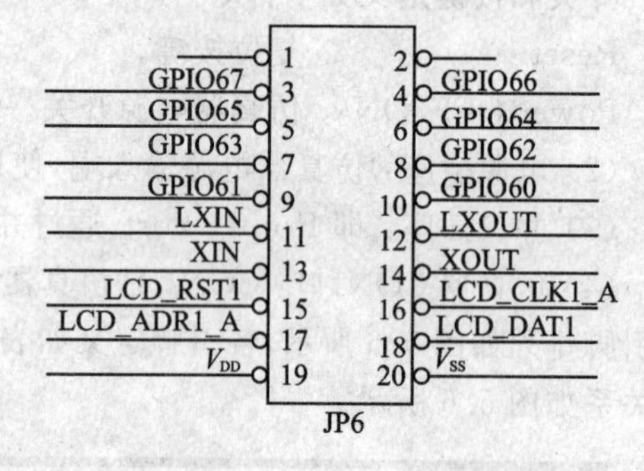

图 5.7　JP6：I/O 扩展接口

5.2.3　仿真器时钟输入

SN8ICE 2K 提供了两种时钟输入电路：一种是 RC 振荡电路；另一种是石英晶振电路。可根据实际需要选择其中一种。实际使用时，需要打开仿真器外壳，根据选择的电路在相应的位置插入需要的元件。

1. 石英振荡电路的安装

当系统选择 High_Clk code option 时，应将晶振作为振荡电路。在此种选择下，可以插入的晶振的振荡频率范围为 32 kHz～12 MHz。此时在晶振插座 Y2 处插入晶体振荡器，并在 C92、C93 座处插入 20～30 pF 的瓷片电容。安装振荡电路如图 5.8 所示。

2. RC 振荡电路的安装

当系统选择 Ext-RC code option 时，应将 RC 作为振荡电路。在此种选择下，振荡频率由电路中的电阻和电容决定，不同的 RC 对应不同的振荡频率，如表 5.2 所列。

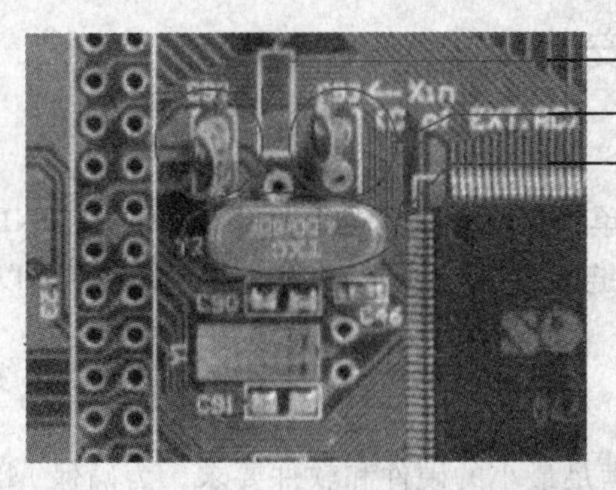

图 5.8　安装振荡电路

表 5.2　SN8ICE 2K RC 振荡频率表

电阻 R/kΩ 频率 电容 C/pF	3.3	5.1	10	100	备　注
20	3.333 MHz	2.275 MHz	1.190 MHz	125 kHz	V_{DD}=5 V
100	1.439 MHz	954 kHz	491 kHz	50 kHz	
300	735 kHz	487 kHz	247 kHz	25 kHz	
20	2.939 MHz	2.041 MHz	1.103 MHz	125 kHz	V_{DD}=3 V
100	1.322 MHz	899 kHz	472 kHz	50 kHz	
300	698 kHz	470 kHz	245 kHz	25 kHz	
300	698 kHz	470 kHz	245 kHz	24 kHz	

注意：仿真器只能安装一种振荡电路，当选择 RC 振荡电路时，必须在 Y2 位置取下石英晶振和相应的电容；反之亦然。

5.3　开发系统的安装

单片机开发系统在使用前必须正确地安装，才能有效地使用它进行目标系统的调试和开发。其中包括仿真器的安装，仿真器与 PC 机及目标板的正确连接，系统开发软件 M2IDE 的正确安装和设置等。

5.3.1　仿真器硬件安装

仿真器硬件安装按以下步骤进行：

① 将 SN8ICE 2K 在线仿真器与 PC 机 LPT 口通过并口线连接起来。

② 启动 PC 机。

③ 仿真器加上 DC 电源(必须使用专用的直流电源)。

④ 安装 M2IDE_Vxxx 软件。

5.3.2 开发软件M2IDE的安装

1. M2IDE简介

M2IDE是松翰科技公司针对8位单片机自行设计的开发环境，内嵌SONIX编译器，可以完成工程建立和管理、代码编写、编译、链接、目标代码生成和硬件仿真，并可以驱动烧写器来完成芯片的烧录。

2. 系统要求

安装M2IDE集成开发环境，必须满足最小的硬件和软件要求。为确保M2IDE能够正常工作，安装环境应满足以下条件：

- WindowsNT、Windows95、Windows98、Windows2000、WindowsME或WindowsXP操作系统；
- 至少32 MB的可用硬盘空间；
- 至少32 MB的内存空间。

3. 安装文件描述

安装文件名的格式：M2IDE_Vxxx.exe。其中：M2IDE为软件包的名称；Vxxx为该软件的版本，目前M2IDE的最新版本为M2IDE_V1.11。用户可以登陆www.sonix.com.tw下载最新版本的M2IDE安装文件。

4. M2IDE的安装步骤

用户可以按照以下步骤将M2IDE安装到自己的计算机上：

(1) 从SONIX公司官方网站下载最新版本的M2IDE安装软件，并进行系统的安装。下面以目前的最新版本M2IDE_V1.11来说明安装的过程。

(2) 双击安装文件M2IDE_V1.11.exe开始安装，弹出如图5.9所示的安装向导对话框，对话框中提示用户该开发环境适用的仿真器及芯片类型，并建议用户在安装的同时退出其他正在运行的程序，以保证安装的顺利进行。

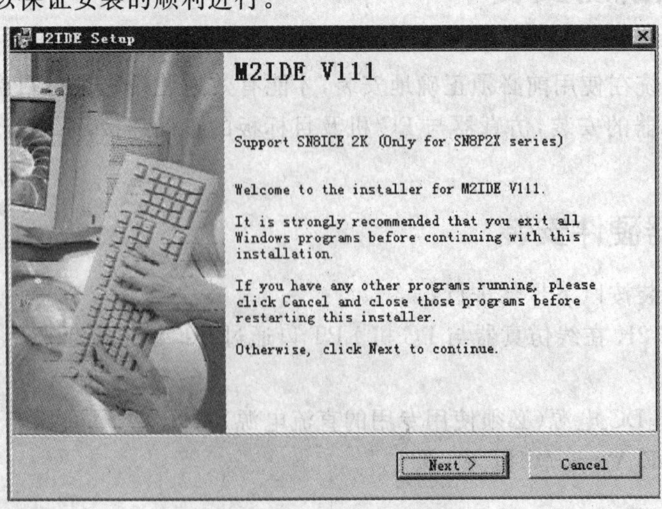

图5.9 M2IDE安装向导对话框

(3) 单击 Next 按钮，弹出如图 5.10 所示的安装协议对话框。要求用户仔细阅读软件使用的相关协议。要想继续安装该软件，必须选择 I agree to the terms of this license agreement 项。

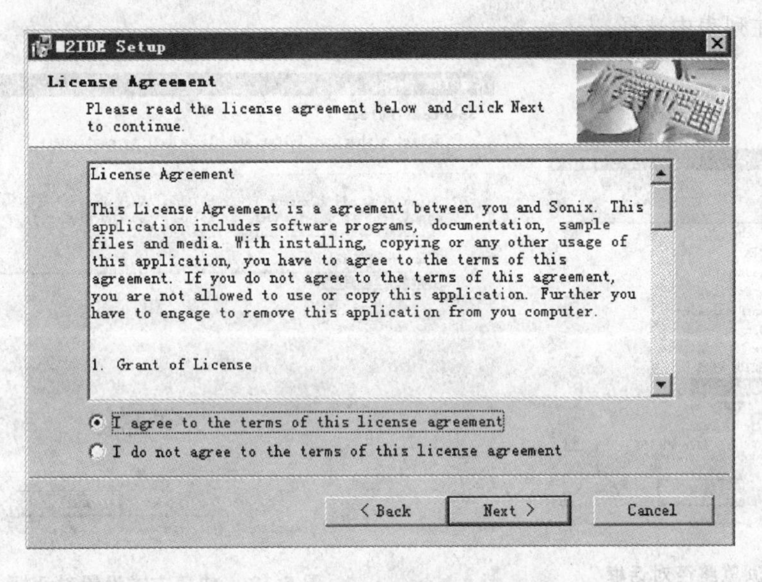

图 5.10 M2IDE 安装协议对话框

(4) 单击 Next 按钮，弹出如图 5.11 所示的安装路径选择对话框。默认的安装路径为 C:\Sonix\M2IDE_V111。用户也可以通过单击 Change 按钮来改变安装路径。图 5.12 为单击 Change 按钮后弹出的路径浏览对话框。当指定相应的路径后，单击"确定"按钮完成路径的选择。

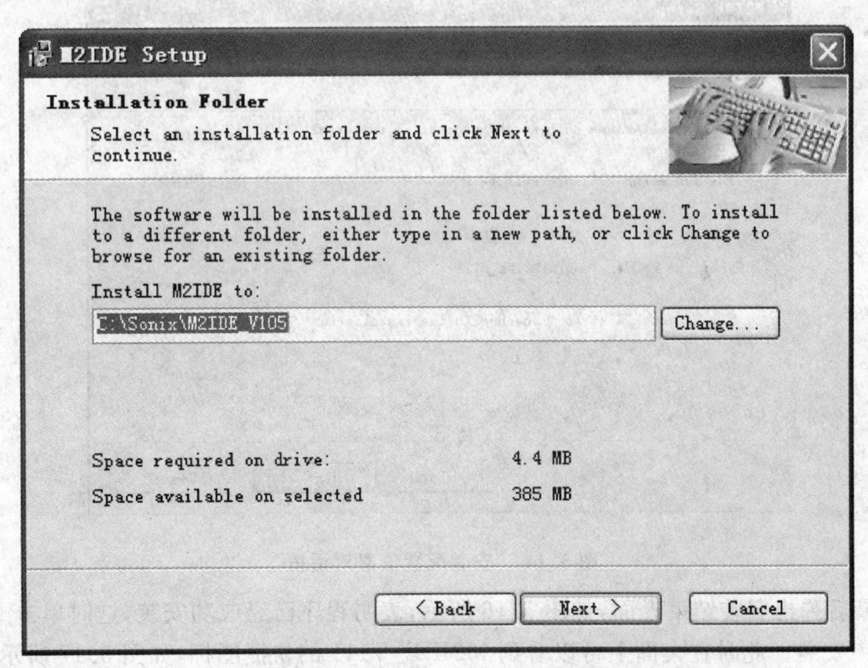

图 5.11 安装路径选择对话框

(5) 单击 Next 按钮，弹出快捷方式所指向的文件夹设置对话框，如图 5.13 所示。此时安装文件会创建一个快捷方式，用户可以使其指向默认的文件夹，也可以使其指向一个新文件夹，或者直接在列表中选择。

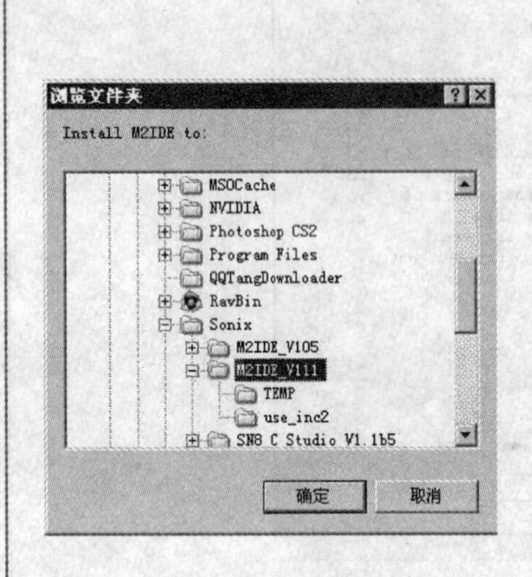

图 5.12　浏览路径对话框

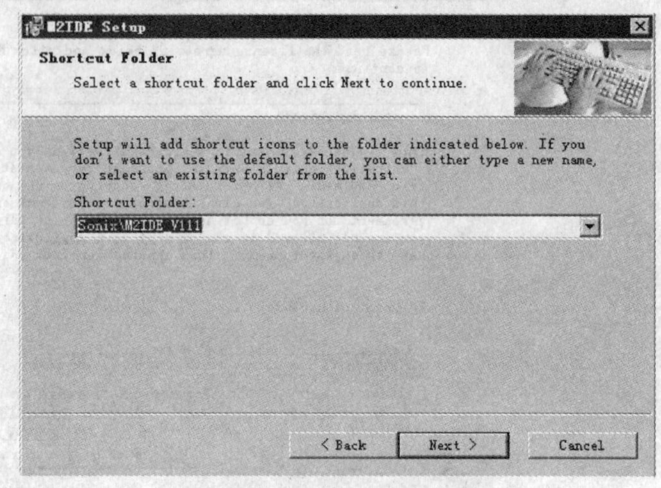

图 5.13　快捷方式设置对话框

(6) 单击 Next 按钮，弹出安装配置信息对话框，如图 5.14 所示。其中包含了安装路径和快捷方式指向的相关信息，如果确认无误，则可以单击 Next 按钮进入下一步安装，此时弹出安装进度界面，如图 5.15 所示。

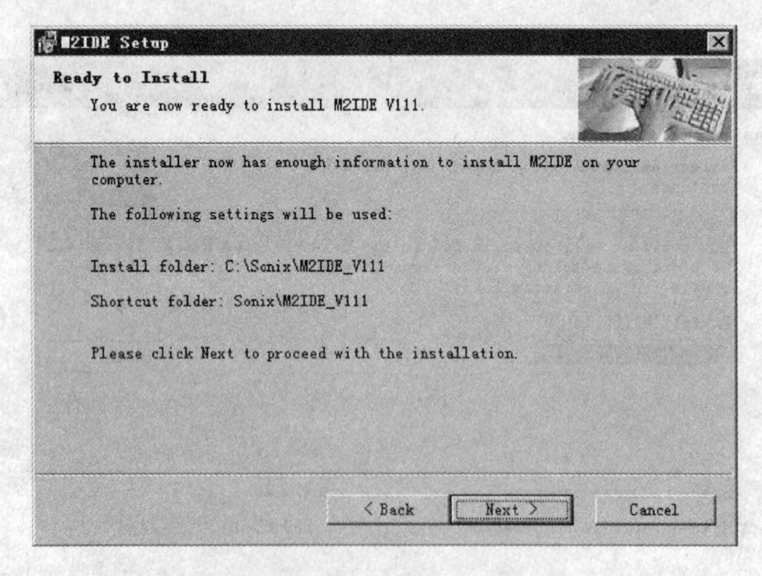

图 5.14　安装配置信息对话框

(7) 最后弹出安装结束界面，如图 5.16 所示，表明程序已经成功安装，这时单击 Finish 命令按钮结束安装。此时在桌面上可以看到 M2IDE_V111 的快捷图标，如图 5.17 所示，通过双击它就可以进入集成开发环境。

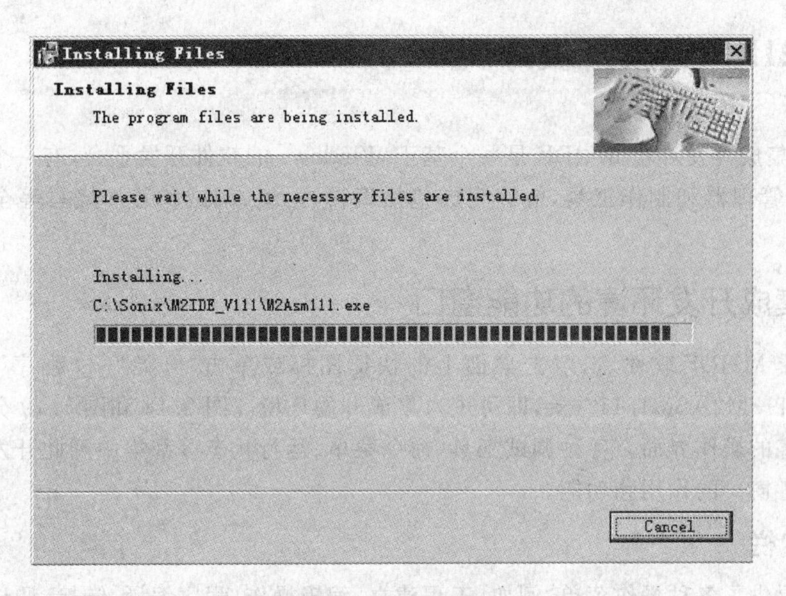

图 5.15　安装进度界面

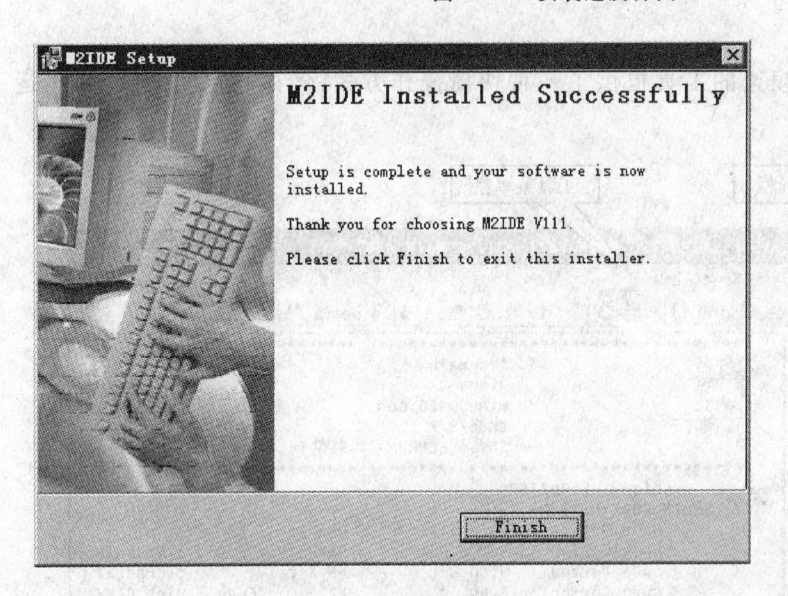

图 5.16　安装结束界面

图 5.17　快捷图标

5.3.3　SN8ICE 2K 仿真器与目标板的连接

一般应用系统开发时，首先设计好硬件电路并制成电路板，然后通过仿真器的 CON1 口连接到仿真器上进行调试。应用系统电路称为调试目标板，简称目标板。

目标板与仿真器的连接可以有两种方式：一种是目标板上有 60 芯的 IDE 插座，通过 60 芯排线和仿真器的 CON1 插座连接；另一种就是通过转接板直接插到单片机芯片位置上。

5.4　M2IDE集成开发环境

SONIX集成开发环境M2IDE是一个基于Windows的软件开发平台，有一个功能强大的编辑器、项目管理器和制作工具，能够完成包括编辑、汇编、调试和芯片烧写等全部系统开发工作。

5.4.1　集成开发环境的功能窗口

安装完成M2IDE软件后，双击桌面上的快捷图标或单击“开始”→“程序”→SONIX→M2IDEV1.11→M2ASM1.11.exe，即可进入集成开发环境。图5.18和图5.19分别为编辑状态和调试状态的操作界面。各种调试工具、命令菜单、运行状态等都集中到此开发环境中。下面简要说明各窗口的作用和功能。

1. 菜单栏

菜单栏提供了各种操作菜单，例如，工程建立、编辑操作、程序编译、链接、调试等。

2. 快捷图标栏

快捷图标栏为使用较频繁的工具提供了一种快捷操作方式，例如，新建文件、编译、运行等。

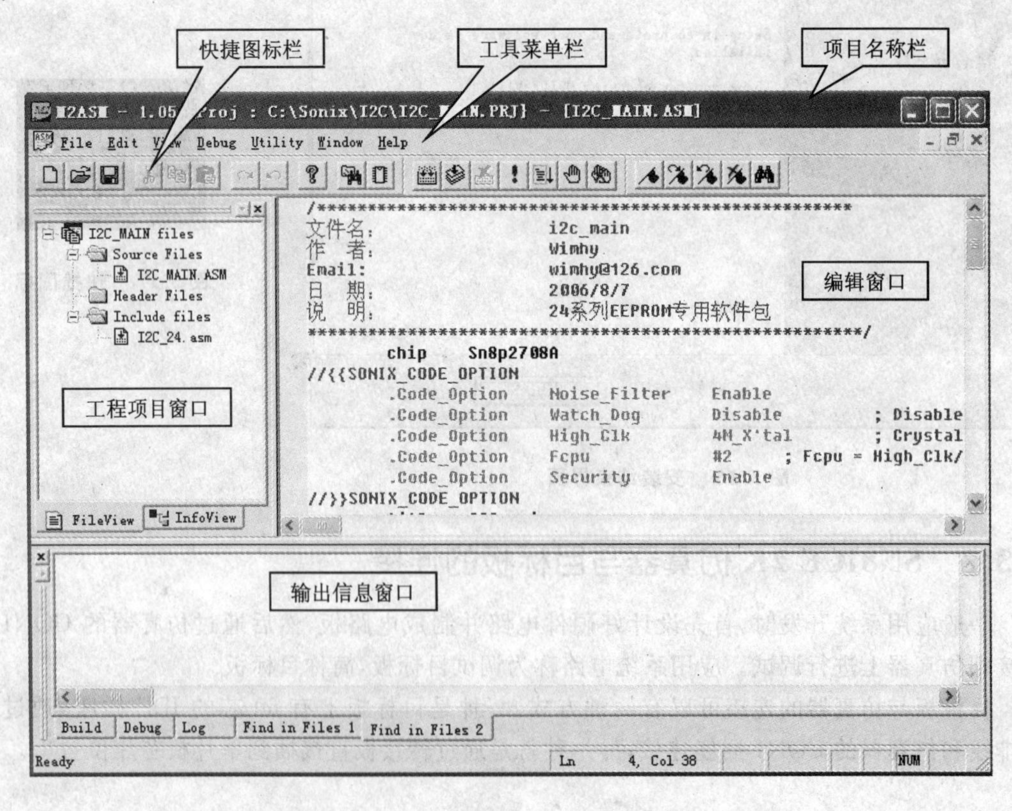

图5.18　编辑状态的操作界面

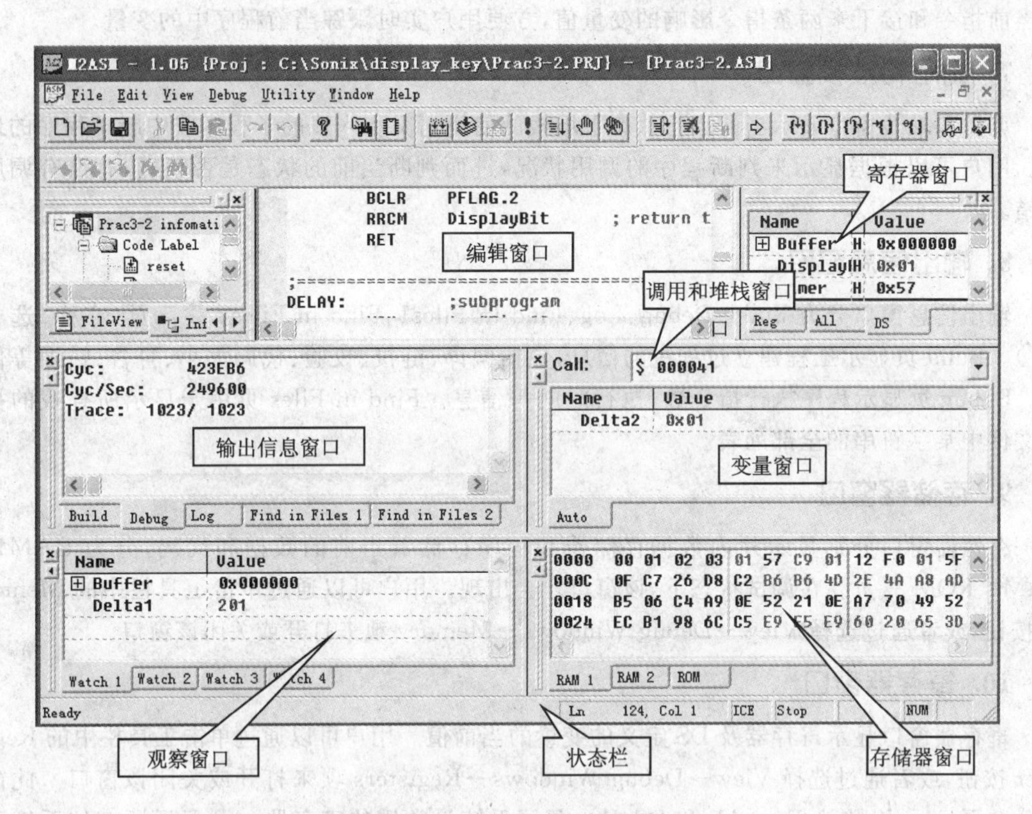

图5.19 调试状态的操作界面

3. 项目名称栏

项目名称栏显示当前项目的名称及存储路径。

4. 编辑窗口

编辑窗口用于程序的输入和修改。

5. 观察窗口

观察窗口用于监视用户定义的变量。为方便观察，可以将变量分类放入4个不同的观察页Watch1、Watch2、Watch3和Watch4中。可使用以下两种方法添加要监视的变量：第一种方法是单击观察窗口的Watch页Name下的空白处并等一会儿，再单击即进入编辑状态，此时可以添加变量；第二种方法是在编辑窗口中双击要监视的变量，然后将其拖放到观察窗口中，就可以看到变量的当前值。

6. 变量窗口

变量窗口是以AUTO的状态来显示运行过程中被改变的当前变量的。它与观察窗口一样，都显示变量的当前值，其显示格式也完全相同，但是变量窗口中无法自己设定。在调试状态下，该窗口才会出现。用户可以通过单击工具栏中的按钮，或者通过选择View→Debug Windows→Variables项来打开或者关闭该窗口（若原来没有打开该窗口，执行该命令可以打开该窗口；若原来已经打开该窗口，执行该命令就可以关闭该窗口）。一般地，该窗口中自动显示当前指令和接下来两条指令影响的变量值，方便用户实时跟踪当前程序中的变量。

7. 调用和堆栈窗口

调用和堆栈窗口显示当前运行状态下堆栈的使用情况和入栈的子程序或中断子程序的地址。用户可以根据显示来判断程序的调用状况，进而判断当前的状态是否正确，有没有调用出错。

8. 输出信息窗口

输出信息窗口分为Build、Debug、Log、Find in Files1、Find in Files2共5页（亦称“选项卡”）。Build页显示工程建立过程中的信息，包括编译、链接、校验、代码大小、警告、错误等信息。Debug页显示程序执行指令数，执行时间等信息。Find in Files页用于显示所查找的指定文件中某字符串的全部列表。

9. 存储器窗口

存储器窗口分别显示片内数据存储器和程序存储器当前的数据和代码，分为RAM1、RAM2、ROM三页。在调试状态下，该窗口才会出现。用户可以通过单击工具栏中的Memory按钮，或者通过选择View→Debug Windows→Memory项来打开或关闭该窗口。

10. 寄存器窗口

寄存器窗口显示寄存器及DS定义的变量的当前值。用户可以通过单击工具栏中的Register按钮，或者通过选择View→Debug Windows→Registers项来打开或关闭该窗口。此窗口分3页显示，分别为Reg、All和DS，Reg显示系统最常用的寄存器，All显示所有的系统寄存器，DS显示用户定义的寄存器变量，如图5.20所示。

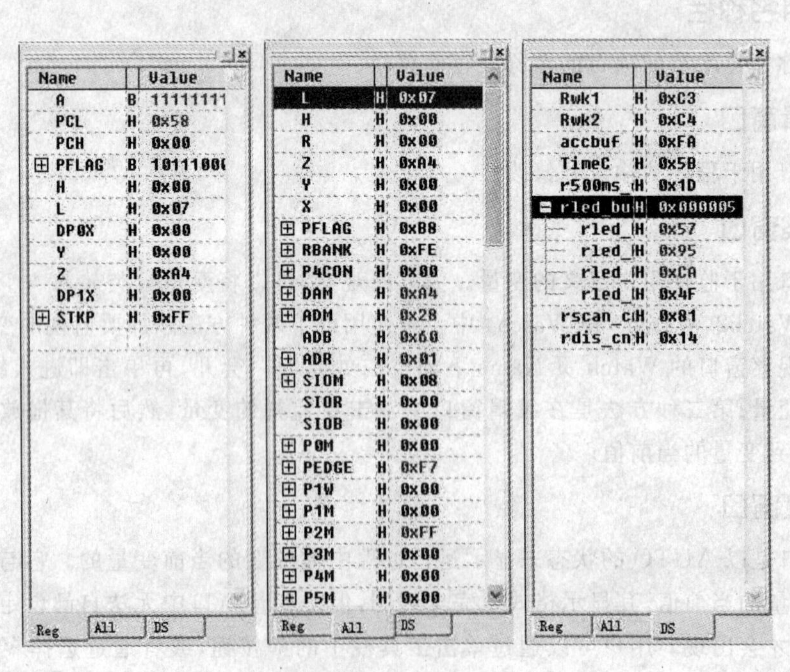

图5.20　寄存器窗口

11. 工程项目窗口

工程项目窗口分为两页：Fileview页显示当前项目组的信息；Infoview页显示当前工程中的全部标号，并可定标所在的程序行，方便用户调试程序。

12. 状态栏

状态栏显示当前调试状态，包括运行、停止状态，程序当前所在的行等信息。

5.4.2 菜单栏命令

下面列出了M2IDE集成开发环境下的各菜单项命令、工具栏图标、默认快捷键以及它们的说明。

1. 文件菜单和文件命令

文件菜单和文件命令(File)的说明如表5.3所列。

表5.3 文件菜单和文件命令

File菜单	工具栏	快捷键	描 述
New		Ctrl+N	创建一个新的源文件或文本文件
Open		Ctrl+O	打开已有文件
Close	—	—	关闭当前的文件
Save		Ctrl+S	保存当前的文件
Save As	—	—	保存并重新命名当前文件
New Project	—	—	新建一个工程
Open Project	—	—	打开一个已有的工程
Close Project	—	—	关闭当前的工程
Recent Project	—	—	指明当前工程
1～9	—	—	打开最近使用的源文件或文本文件
Exit	—	—	推出并提示保存文件

2. 编辑菜单和编辑命令

编辑菜单和编辑命令(Edit)的说明如表5.4所列。

表5.4 编辑菜单与编辑命令

Edit 菜单	工具栏	快捷键	描 述
Undo		Ctrl+Z	撤销上一次操作
Redo		Ctrl+Y	重做上一次撤销的命令
Cut		Ctrl+X	将选中的文字剪切到剪贴板
Copy		Ctrl+C	将选中的文字复制到剪贴板
Paste		Ctrl+V	粘贴剪贴板的文字
Select All	—	Ctrl+A	全选
Find		Ctrl+F	在当前文件中查找文字
Find in Files		—	在几个文件中查找文件
Replace	—	Ctrl+H	替换特定文字
Prev BookMark		F2	将光标移到上一个书签
Next BookMark		Shift+F2	将光标移到下一个书签
Toggle BookMark		Ctrl+F2	在当前行放置书签
Clear BookMarks		Ctrl+Shift+F2	清除当前文件中的所有书签

3. 视图菜单

视图菜单(View)的说明如表5.5所列。

表5.5 视图菜单

View 菜单		工具栏	快捷键	描 述
Workspace		—	Alt+0	打开工作区窗口
Output		—	Alt+2	打开输出窗口
Debug Windows	Watch		Alt+3	打开 Watch 窗口
	Call Stack	—	Alt+7	打开 CallStack 窗口
	Memory		Alt+6	打开 Memory 窗口
	Variables		Alt+4	打开 Variables 窗口
	Registers		Alt+5	打开 Registers 窗口
	Disassembly	—	Alt+8	打开 Disassembly 窗口
Prev Error		—	Shift+F4	跳至前一个错误
Next Error		—	F4	跳至下一个错误

4. 调试菜单和调试命令

调试菜单和调试命令(Debug)的说明如表5.6所列。

表5.6 调试菜单和调试命令

Debug菜单	工具栏	快捷键	描述
Build		F7	创建一个工程
Rebuild All		—	重建整个工程,忽略independencies
Download		F8	下载.bin到rom-emulate
Reset		Ctrl+F5	重新开始程序运行
Go		F5	开始或继续程序运行
Break	—	F5	停止程序运行,插入调试
Stop Debugging		Shift+F5	停止调试程序
Single		F11	单步执行到下一句
Step Over		F10	执行单步越过函数
Step Out		Shift+F11	执行单步跳出当前函数
Run to Cursor		Ctrl+F10	运行程序到指针所在行
PC to Cursor		F12	运行到鼠标所指行
Remove all Breakpoints		Ctrl+Shift+F9	删除所有断点
Breakpoint		F9	插入或删除断点
Breakpoints	—	Alt+F9	编辑程序中的断点
Show Next Statement		—	显示指令指针所在行
Fill RAM	—	—	通过数据填充RAM
Animate Single	—	—	连续执行单步进入函数
Animate StepOver	—	—	连续执行单步越过函数
Prov Trace	—	Ctrl+Shift+F3	跟踪到前一句
Next Trace	—	Ctrl+F3	跟踪到下一句

5. 应用菜单

应用菜单与应用命令(Utility)的说明如表5.7所列。

表5.7 应用菜单与应用命令

Utility菜单	工具栏	快捷键	描述
Report	—	—	将.SN8/.BIN文件翻译为.RPT文件
Output.HEX	—	—	将.SN8/.BIN文件翻译为.HEX文件
Add Print Port	—	—	给ICE应用添加打印端口
Code Generator	—	—	生成代码

6. 视窗菜单

视窗菜单(Windows)的说明如表5.8所列。

表5.8 视窗菜单

Windows菜单	工具栏	快捷键	描 述
Cascade	—	—	设置窗口层叠
Tile	—	—	设置窗口为非层叠
Arrange Icons	—	—	在窗口底部排列图标
1～9	—	—	激活选中的窗口对象
Windows	—	—	当前窗口操作

7. 帮助菜单

帮助菜单(Help)的说明如表5.9所列。

表5.9 帮助菜单

Help菜单	工具栏	快捷键	描 述
AboutAssembly	?	—	显示程序信息、版本号及版权

5.5 创建和调试应用程序举例

为了使读者能轻松地掌握开发环境的使用方法，下面通过实例来介绍开发环境的应用及相关注意事项。本例是在集成开发环境下编写Hello程序，程序的功能是在实验板的数码管上循环显示问候语HELLO。

5.5.1 创建SONIX应用程序

在M2IDE集成开发环境下，是采用工程的方式来管理文件的，而不是单一的文件模式。所有的文件包括源程序(包括主程序和包含文件)、头文件以及说明性的文档，都可以放到同一个工程项目文件中统一管理。在实践中，应该习惯这种工程的管理方式。创建一个应用程序的一般步骤如下：

① 新建一个工程项目文件；

② 创建一个源文件并输入程序代码；

③ 保存创建的源码文件至项目文件夹中；

④ 将源程序添加到项目中。

下面以创建一个新的工程文件Hello.PRJ为例，具体说明如何建立一个应用程序。

(1) 双击桌面上的M2ASM111快捷图标，打开开发环境。如果是第一次使用M2ASM，M2ASM会自动打开SN8Readme.txt，并显示欢迎对话框，如图5.21所示。选中对话框中的Don't show SN8Readme.txt at next time并单击OK按钮，这样在下次打开M2ASM时就不会再显示SN8Readme.txt了。如果不是第一次使用M2ASM，则在M2ASM启动的同时将打开前一次正确处理的工程。

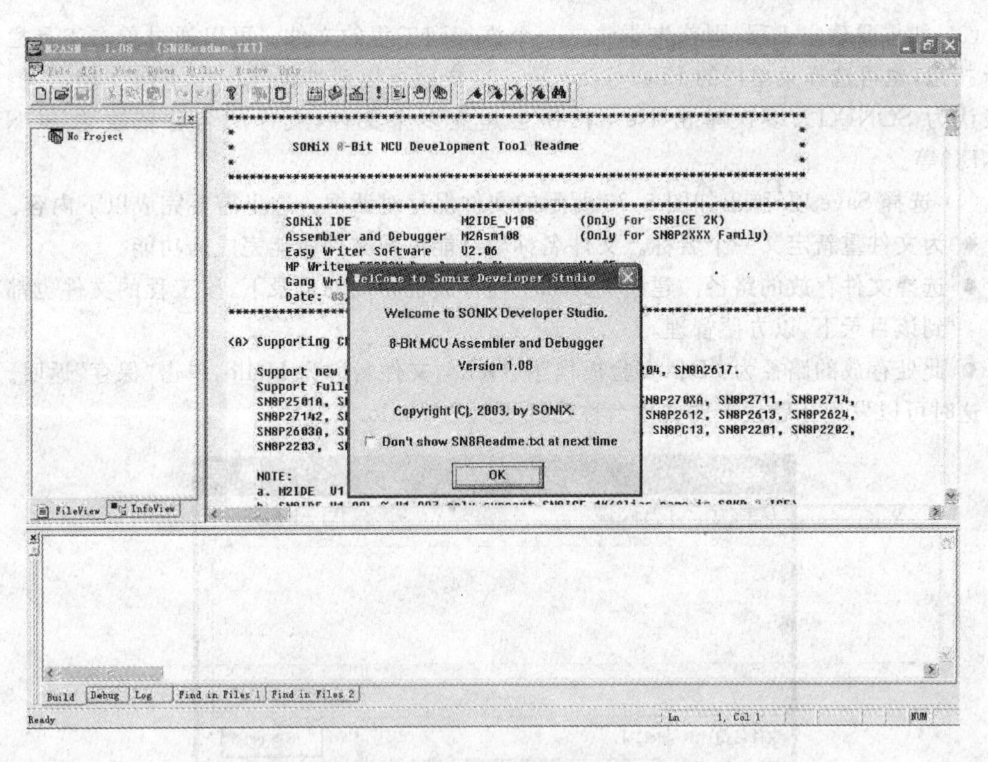

图 5.21　首次打开 M2ASM 界面

(2) 关闭所有文件和工程，M2ASM 的界面如图 5.22 所示。从图中可见，工程窗口、编辑区和编译消息栏均为空，工具栏上很多按钮均处在灰色锁定状态。

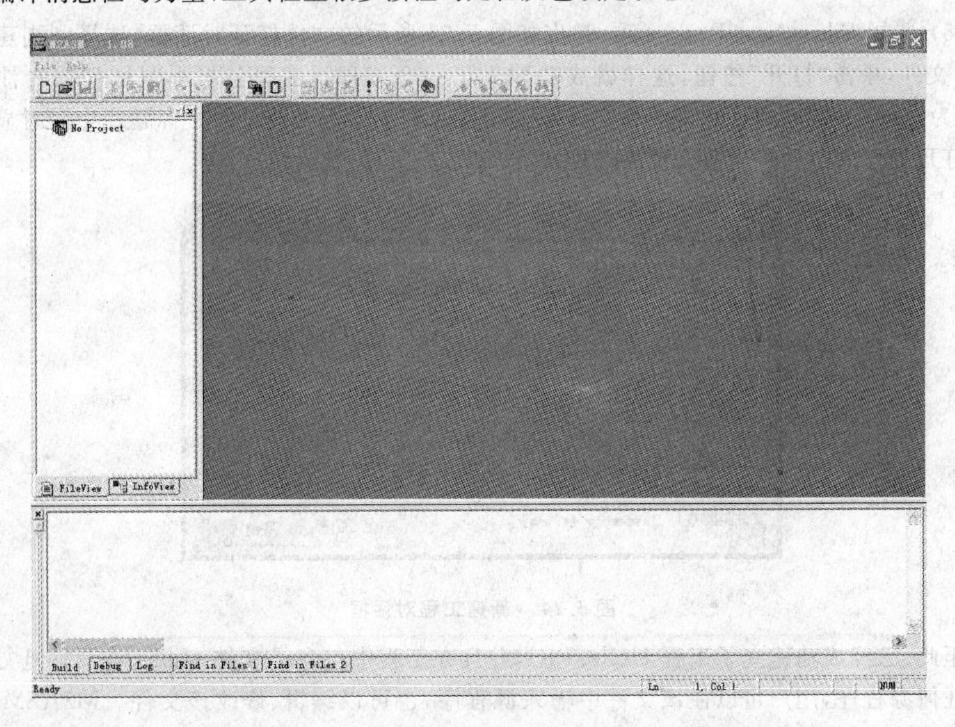

图 5.22　M2ASM 没有工程和文件打开状态下的界面

(3) 如果要建立工程，则首先要建立一个添加到工程的文件。可以通过单击工具栏中的New按钮，也可选择菜单栏的File→New项。这样就可以成功创建一个空白文档，文档的名称默认为SONIX1。多次单击New按钮会建立多个文件，文件的名称依次为SONIX2、SONIX3等。

(4) 选择Save项，弹出如图5.23所示的文件保存对话框。这里需要完成以下内容：

- 为文件重新定义一个名称。文件名称尽可能体现文件所能完成的功能。
- 选择文件存放的路径。建议文件和工程存放在相同的目录下，该工程的文件也都存放到该目录下，以方便管理。
- 此处存放的路径为：D:\实验板程序\Hello，文件名称为Hello，单击"保存"返回。

这时可以发现标题栏上的文件名称已经更改为Hello.ASM。

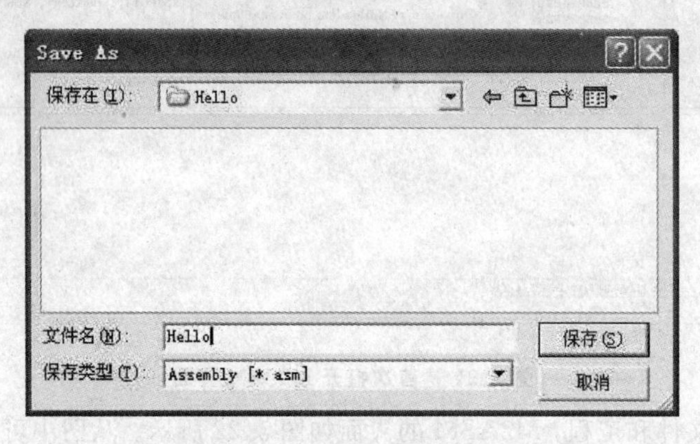

图5.23 文件保存对话框

(5) 选择File→New Project项，弹出如图5.24所示的文件打开对话框，选择刚刚建立的Hello文件，单击"打开"按钮，这样就成功建立了一个工程。工程名与刚刚打开的文件名相同，均为Hello。同时，Hello.ASM文件被自动包含到了工程文件之中。标题栏中同时显示了当前打开工程的路径和当前文件的名称。

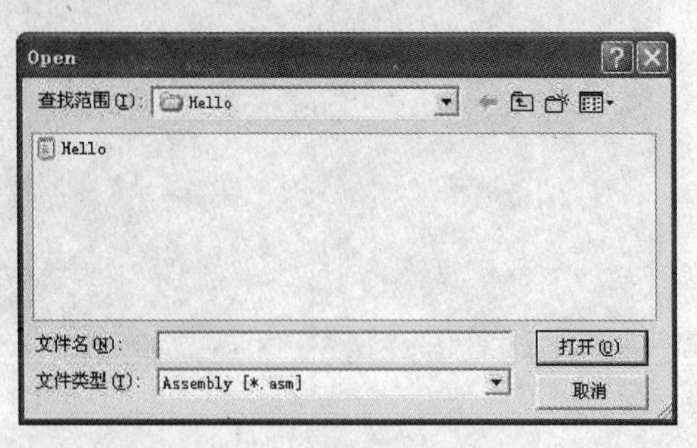

图5.24 新建工程对话框

至此，已经成功建立了工程Hello.PRJ，并且在工程中包含了文件Hello.ASM，但文件中没有任何源程序，用户可以往该文件中输入源程序，也可以编辑、修改该文件。M2ASM中的文本输入方法与其他的文本编辑器基本相同，可以执行输入、删除、选择、复制和粘贴等基本的文字处理命令，不同的是汇编文件的编辑框内不同的内容用不同的颜色来显示(例如伪指令使用蓝色，注释使用绿色)。

以下给出一个完整的 Hello. ASM 源程序代码，读者可自行输入到文件中。该程序已经通过了测试。需要说明的是，在程序的开始需要使用 CHIP 伪指令定义所用芯片的型号，这样在编译的过程中编译器会弹出不同的配置对话框。该内容将在 5.5.2、5.5.3 小节中详细介绍。

```
/*************************************************
;程序名称：Hello 程序
;功能描述：实验板的数码管上循环显示问候语 HELLO
*************************************************/
    CHIP SN8P2708A
    .NOLIST                                         ;包含文件
            INLUDESTD   MACRO1.H
            INLUDESTD   MACRO2.H
            INLUDESTD   MACRO3.H
    .CONST
    ;LED 控制端口
        pmled_seg       EQU         p2m             ;LED 段码端口模式寄存器
        pled_seg        EQU         p2              ;LED 段码端口寄存器
        pmled_bit       EQU         p5m             ;LED 位选端口模式寄存器
        pmled_bit1      EQU         p5m.7
        pmled_bit2      EQU         p5m.6
        pmled_bit3      EQU         p5m.5
        pmled_bit4      EQU         p5m.4
        pled_bit        EQU         p5              ;LED 位选端口寄存器
        pled_bit1       EQU         p5.7
        pled_bit2       EQU         p5.6
        pled_bit3       EQU         p5.5
        pled_bit4       EQU         p5.4
    ;RAM 变量定义
    .DATA
    ;变量定义区(bank0)
        ORG             00h
    ;通用寄存器
        rwk1            DS          1
        rwk2            DS          1
        accbuf          DS          1               ;累加器暂存
        TimeC           DS          1               ;定时时间变量
        r500ms_cnt      DS          1               ;500 ms 计数
    ;LED 显示
        rled_buf        DS          4               ;显示缓冲区
        rscan_cnt       DS          1               ;显示扫描和键扫描计数
        rdis_cnt        DS          1               ;显示字符计数
    ;程序代码开始
    .CODE
        ORG             00h
```

```
    jmp         reset
    ORG         08h
    jmp         isr
    ORG         10h
;中断处理程序
isr:
    b0xch       a,accbuf                    ;保存累加器ACC的数据
    push                                    ;压栈,保存80h～87h的数据,包括PFLAG
isr10:
    b0bts1      ft0ien
    jmp         isr90
    b0bts1      ft0irq
    jmp         isr90
    bclr        ft0irq                      ;清中断标志位
    call        t0int_sev                   ;T0中断程序入口
    jmp         isr90
isr90:
    pop
    b0xch       a,accbuf
    reti
;T0中断服务程序
T0int_sev:
    mov         a,#64h
    mov         t0c,a                       ;重装时间常数
    incms       r500ms_cnt
    nop
    mov         a,#50
    cjne        a,r500ms_cnt,T0int_sev90    ;判断是否到达0.5 s
    clr         r500ms_cnt
    b0mov       y,#Dis_Table$m              ;取显示表首地址
    b0mov       z,#Dis_Table$l
    mov         a,rdis_cnt
    add         z,a                         ;计算开始显示的地址
    bts1        fc
    jmp         T0int_sev10
    incms       y
    nop
T0int_sev10:
    movc
    mov         rled_buf+3,a                ;显示第一位
    incms       z                           ;修改表地址
    jmp         T0int_sev20
    incms       y
    nop
T0int_sev20:
    movc
```

```
    mov         rled_buf + 2,a                          ;显示第二位
    incms       z                                       ;修改表地址
    jmp         T0int_sev30
    incms       y
    nop
T0int_sev30:
    movc
    mov         rled_buf + 1,a                          ;显示第三位
    incms       z                                       ;修改表地址
    jmp         T0int_sev40
    incms       y
    nop
T0int_sev40:
    movc
    mov         rled_buf,a                              ;显示第四位
;修改下次显示开始地址
    incms       rdis_cnt
    nop
    mov         a,#9
    cjne        a,rdis_cnt,T0int_sev90
    clr         rdis_cnt
T0int_sev90:
    ret
reset:
;中断初始化
    clr         INTEN                                   ;禁止所有中断
    clr         INTRQ                                   ;清所有中断标志
    b0bclr      FGIE                                    ;禁止全局中断
;T0初始化
    mov_        T0M,#20h                                ;设置 fTC0 = fCPU/64
    mov_        T0C,#64h                                ;给定时初值,定时时间为10 ms
    b0bclr      FT0IRQ                                  ;清TC0中断标志位
    b0bset      FT0IEN                                  ;使能中断
    b0bset      FGIE                                    ;打开全局中断
    b0bset      FT0ENB                                  ;打开定时器
;I/O口初始化
    mov_        pmled_seg,#0ffh                         ;LED段码口设置为输出口
    mov_        pled_seg,#0h                            ;关段码输出
    mov_        pled_bit,#0ffh                          ;关所有位选
    mov_        pmled_bit,#0h                           ;片选线设置为输入口
;变量初始化
    clr         rdis_cnt                                ;清显示计数
    mov_        rled_buf,#23                            ;复位后不显示任何内容
    mov_        rled_buf + 1,#23
    mov_        rled_buf + 2,#23
    mov_        rled_buf + 3,#23
```

```
        clr         rwk1
        clr         rwk2
        mov         a,#10h
main:
        call        mnled
        jmp         main
;LED 显示程序
mnled:
        mov         a,rscan_cnt
        sub         a,#4
        jnz         mnled05
        clr         rscan_cnt
mnled05:
        mov         a,#11110000b
        or          pled_bit,a                          ;关闭显示
        mov         a,#00001111b
        and         pmled_bit,a                         ;设置位选口为输入口
        mov_        y,#LED_Table$m                      ;取码表首地址
        mov_        z,#LED_Table$l
        clr         h                                   ;取显示缓冲区首地址
        mov_        l,#rled_buf$l
        mov         a,rscan_cnt
        add         l,a
        mov         a,@hl                               ;取出显示码
        add         z,a                                 ;加偏移地址
        bts1        fc
        jmp         mnled10
;发生进位
        incms       y
        nop
mnled10:
        movc
        mov         pled_seg,a                          ;送段码
;分析应该选中哪一位
        mov         a,rscan_cnt                         ;分析键计数
        @jmp_a      4
        jmp         bit_select01
        jmp         bit_select02
        jmp         bit_select03
        jmp         bit_select04
bit_select01:
        bset        pmled_bit1
        bclr        pled_bit1
        jmp         mnled80
bit_select02:
        bset        pmled_bit2
```

```
    bclr        pled_bit2
    jmp         mnled80
bit_select03:
    bset        pmled_bit3
    bclr        pled_bit3
    jmp         mnled80
bit_select04:
    bset        pmled_bit4
    bclr        pled_bit4
    jmp         mnled80
mnled80:
    incms       rscan_cnt
    nop
mnled90:
    ret
;显示内容表格
Dis_table:
;        灭     灭     灭     灭
    DW   23     23     23     23
;        H      E      L      L
    DW   21     14     20     20
;        O      灭     灭     灭
    DW   0      23     23     23
;LED 码表(共阳)
LED_Table:
;        0      1      2      3
    DW   0x3f   0x06   0x5b   0x4f
;        4      5      6      7
    DW   0x66   0x6d   0x7d   0x07
;        8      9      A      b
    DW   0x7f   0x6f   0x77   0x7c
;        C      d      E      F
    DW   0x39   0x5e   0x79   0x71
;        P      U      T      Y
    DW   0x73   0x3e   0x31   0x6e
;        L      H      全     灭
    DW   0x38   0x76   0xff   0x00
    ENDP
```

实际应用中,一个工程往往包含多个程序文件,可以使用 INCLUDE 伪指令将它们包含到项目中来,在下次编译的过程中,被包含的文件将自动加入工程中。需要注意的是,包含文件应该尽可能和工程放在同一个目录中;否则在使用 INCLUDE 时还需要指定被包含文件的路径。

如果工程中还需要添加头文件,可以在文件浏览窗口中的 Header Files 文件夹上右击,弹出如图 5.25 所示的菜单。选择 Add Files to Folder 后,将出现文件选择对话框,如图 5.26 所示。选择要添加的头文件,单击“打开”按钮,即可完成头文件的添加。

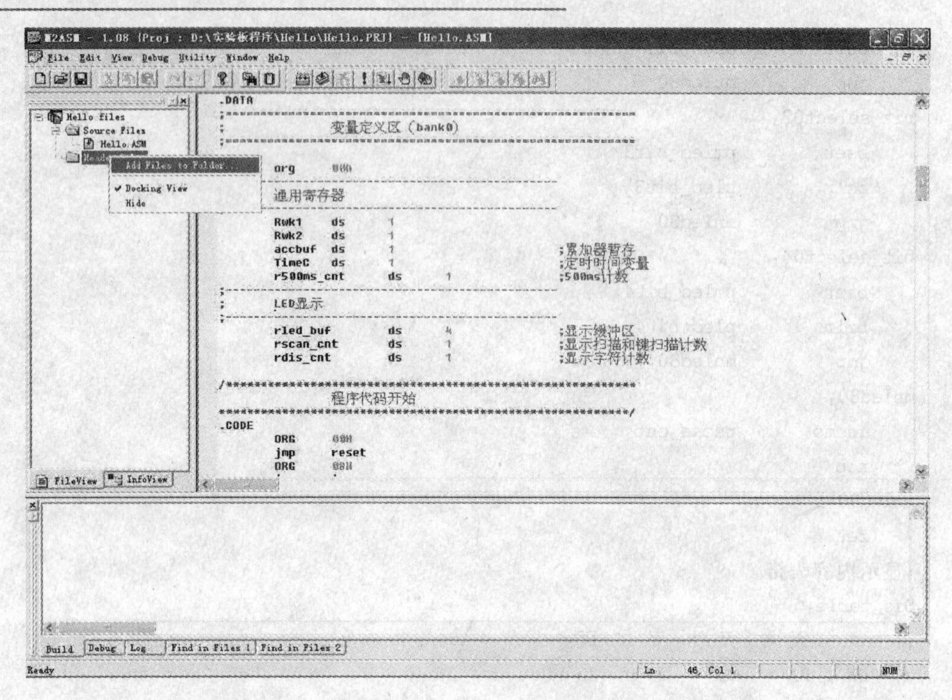

图 5.25 头文件添加菜单

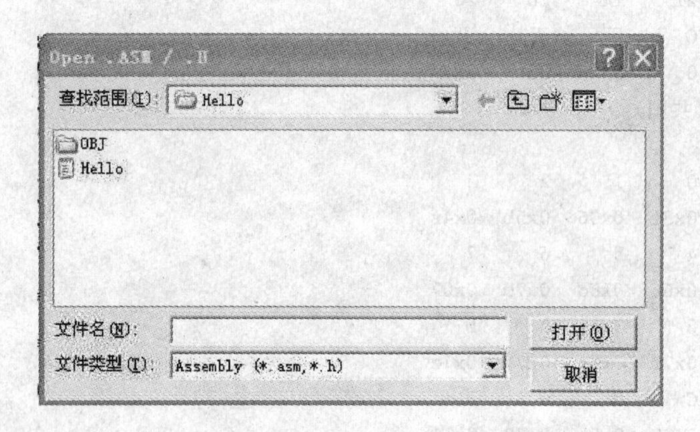

图 5.26 头文件选择对话框

5.5.2 程序的编译、链接

5.5.1小节已经建立了一个工程并添加了代码，下面可以开始对程序进行编译、链接了。使用M2ASM可以方便地对程序进行编译，一般分为以下几个步骤：

(1) 单击工具栏中的Build按钮或选择菜单栏Debug→Build项，也可直接使用快捷键F7开始对工程进行编译、链接，此时弹出编译配置对话框，如图5.27所示。

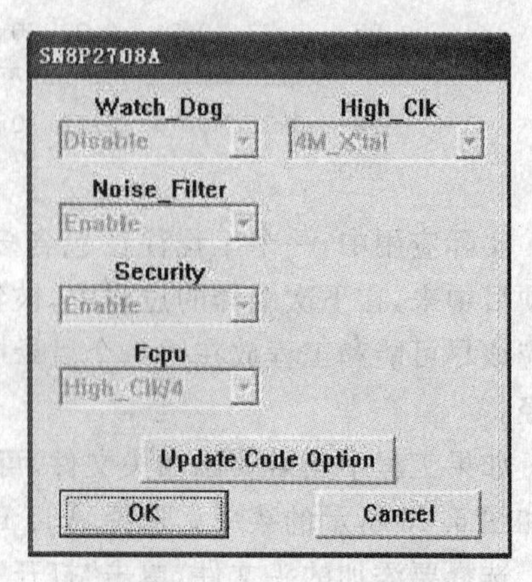

图 5.27 编译配置对话框

(2) M2ASM通过在程序中使用CHIP伪指令

来定义芯片类型，并通过弹出不同的配置对话框来对芯片相关属性进行配置。图 5.27 为 SN8P2708A 系列芯片的配置对话框，但是各个选项均处于灰色锁定状态。通过单击 Updata Code Option 按钮，可以激活各个选项，如图 5.28 所示，这时可以修改各个配置选项。表 5.10 给出了它们的功能说明（其他类型芯片参见相应的规格书）：

表 5.10　编译配置选项

配置项目	功能说明
Watch_Dog（看门狗）	Always_ON：始终打开 Enable：在睡眠（省电）模式下停止，在普通模式和绿色模式下使能 Disable：禁止使用
High_Clk（高速时钟）	RC：使用外部 RC 振荡电路 12M_X'tal：适用于 10～16 MHz 的晶体振荡器 4M_X'tal：适用于 2～10 MHz 的晶体振荡器
Noise_Filter（噪声滤波）	Enable：使能（使用该功能后，CPU 至少要 4 分频） Disable：禁止使用
Security（安全设置）	Enable：使能 Disable：禁止使用
Fcpu（CPU 时钟）	High_CLK/4：$f_{CPU}=f_{OSC}/4$ High_CLK/8：$f_{CPU}=f_{OSC}/8$ High_CLK/16：$f_{CPU}=f_{OSC}/16$ High_CLK/32：$f_{CPU}=f_{OSC}/32$ High_CLK/64：$f_{CPU}=f_{OSC}/64$ High_CLK/128：$f_{CPU}=f_{OSC}/128$

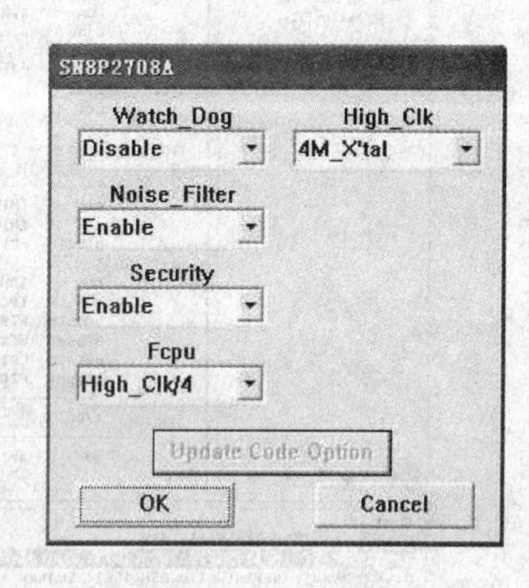

图 5.28　激活状态下的配置对话框

配置完毕后，单击 OK 完成编译配置。如果程序没有错误，则代码中定义芯片类型语句之后将出现图 5.29 所示的配置信息。

```
*************************************************************/
CHIP     SN8P2708A
//{{SONIX_CODE_OPTION
        .Code_Option    Noise_Filter    Enable
        .Code_Option    Watch_Dog       Disable         ; Disable Watchdog
        .Code_Option    High_Clk        4M_X'tal        ; Crystal/Resonator: 2Mhz~10Mhz
        .Code_Option    Fcpu            #2              ; Fcpu = High_Clk/4
        .Code_Option    Security        Enable
//}}SONIX_CODE_OPTION
```

图 5.29　编译配置信息

（3）在实际情况中，能够一次性通过编译是很难做到的，代码中时常会出现一些错误而不能通过编译。以 5.5.1 小节 Hello 程序为例，当执行编译指令后，M2ASM 弹出如图 5.30 所示错误信息提示框。其中显示了出错的行、警告个数和错误个数。

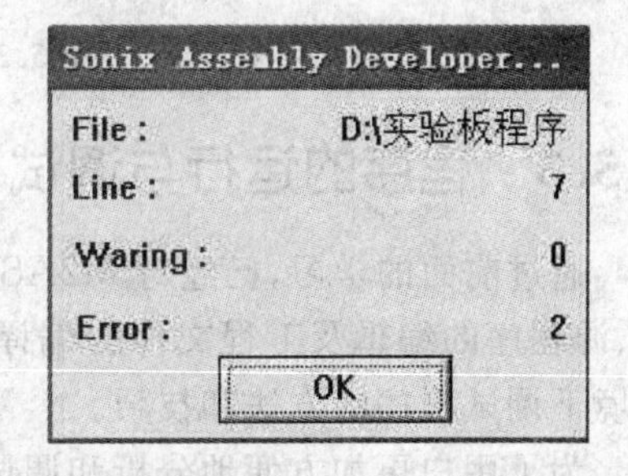

图 5.30　编译错误信息提示框

（4）单击 OK 按钮，将错误信息框关闭，此时界面如图 5.31 所示。从图中可以发现，在编辑框中出错的语句前有一个蓝色箭头标记。在编译信息窗口中，编译错误的信息被罗列出来，并包含了错误的类型和位置，蓝色泛白显示的信息为当前编辑框中所指的错误信息。本例中的错误信息为程序文件的第157行出现了语法错误。用户可以通过双击错误信息的方法来显示当前的错误行，例如双击第二条错误信息时，其被蓝色反白显示，编辑框中蓝色箭头指向第二条错误语句。

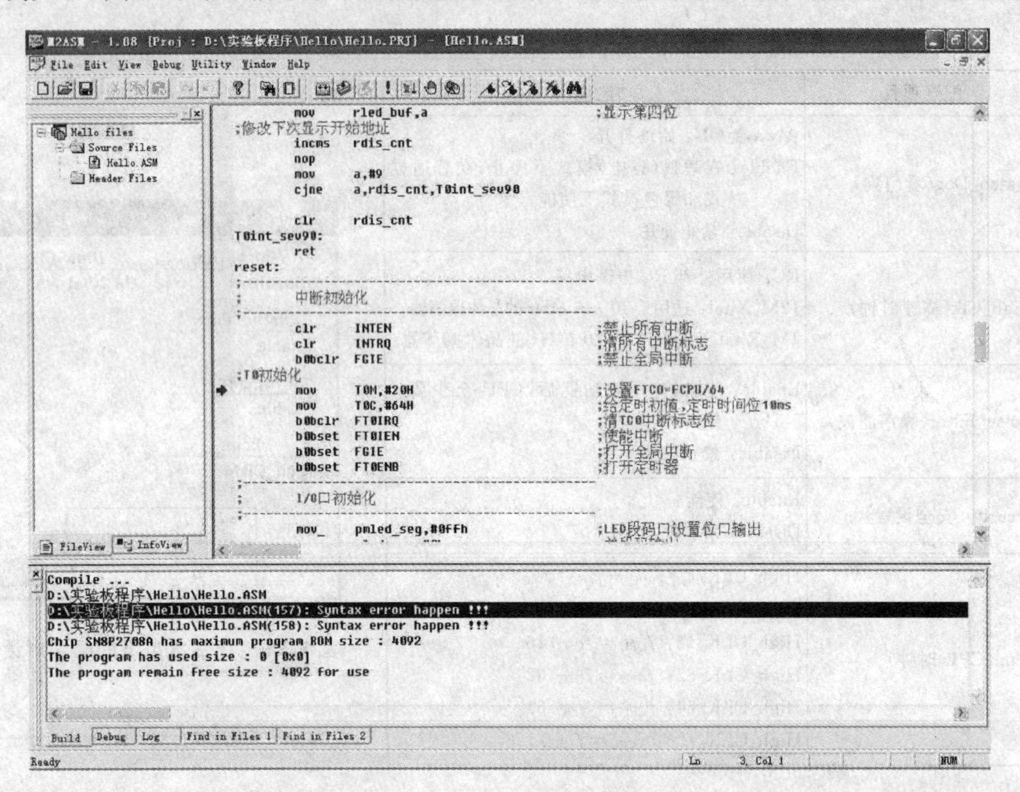

图5.31 编译出错界面

(5) 修改错误后，重新编译。成功编译后，编译信息框中的内容如图5.32所示。其中显示了校验和、所选芯片的程序存储空间、代码占用空间和剩余空间。

```
Compile ...
D:\实验板程序\Hello\Hello.ASM
Link ...
EPROM Check Sum is 5EDF.
Security Check Sum is 2D2F.
Chip SN8P2708A has maximum program ROM size : 4092
The program has used size : 188 [0xBC]
The program remain free size : 3904 for use
Build | Debug | Log | Find in Files 1 | Find in Files 2
```

图5.32 成功编译后的编译信息框

5.5.3 程序的运行与调试

通过前面的学习，已经对M2ASM软件有了基本的了解，能够使用M2ASM进行创建工程、源程序的编辑及工程文件的编译、链接等基本技能和使用方法。本小节将介绍M2ASM环境下调试程序的方法和技巧。

为了用户更加方便地分析和调试程序，M2ASM集成开发环境提供了很多调试命令和观察窗口。在调试过程中,善于使用开发环境中的各种窗口,对程序运行的状态、变量的变化情况等的观察,可以做到事半功倍的效果。下面首先介绍常用的调试命令,然后用一个实例来说明调试过程。应该注意,调试命令和调试窗口只有在调试状态下才是有效的。

1. 调试命令

在 M2ASM 环境下,有 3 种方法可用来执行 M2ASM 提供的调试命令。

(1) 方法 1:在调试状态下,单击 M2ASM 菜单栏的调试工具菜单 Debug,弹出如图 5.33 所示的菜单,再选择相应的调试命令,即可执行该命令。

(2) 方法 2:在调试状态下,单击 M2ASM 工具栏中的快捷命令图标,如图 5.34 所示,也可执行相应的命令。

(3) 方法 3:使用快捷键,快捷键的功能如表 5.11 所列。熟练地使用快捷键,可以大大提高程序调试速度。

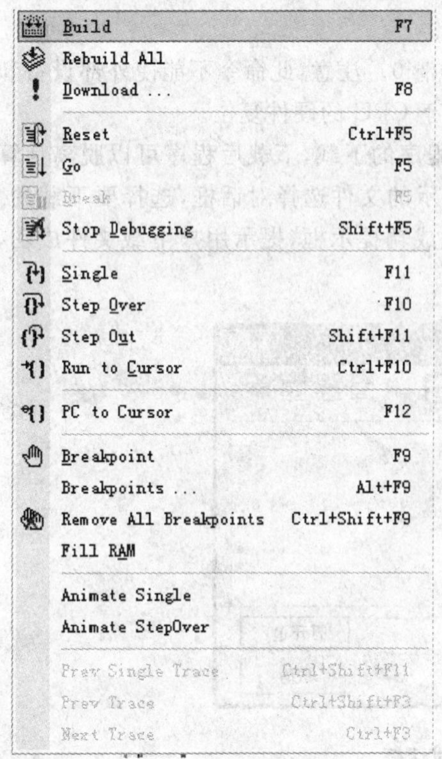

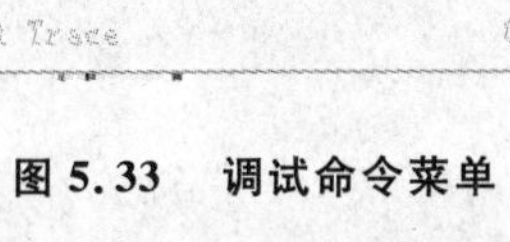

图 5.33 调试命令菜单

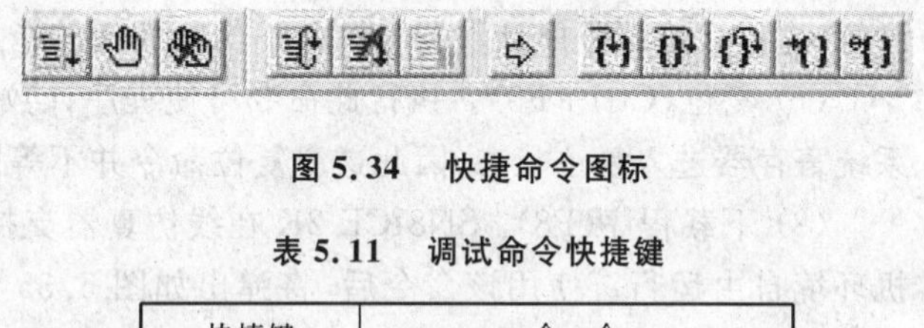

图 5.34 快捷命令图标

表 5.11 调试命令快捷键

快捷键	命 令
F5	启动/停止运行
Ctrl+F5	复位
Shift+F5	退出调试状态
F7	编译程序
F8	下载程序至仿真器
F9	设置断点
Ctrl+Shift+F9	清除所有断点
F10	跳过函数
Ctrl+F10	运行到光标处
F11	单步运行
Shift+F11	跳出函数
F12	程序计数器指向光标所在处

在集成开发环境下,系统为用户提供了多种运行程序的方法,用户可通过相应的命令来实现全速、单步等多种方法运行程序。常用的运行方式有以下几种:

(1) 全速运行/暂停运行(F5)。在停止或暂停状态下,执行此命令将全速运行用户的应用程序,在这种方式下,可以查看程序的功能实现情况。实际中,该命令一般与断点一起使用,如果已经在程序的关键部分设置了断点,则执行该命令后程序将执行到断点处,且运行指针指向该程序行,并等待执行其他命令。在运行过程中执行该命令,程序将停止在当前指令行。

(2) 单步运行(F11)。此命令执行当前光标所指向的命令语句,执行之后PC指向下一条指令。如果执行的行为调用的子程序(或称函数),则会跳入子程序内部。该命令方便用户精确地查看每条指令的执行情况,结合各观察窗口,用户也可以查看程序的执行对寄存器的影响。

(3) 跳过函数(F10)。此命令的功能也是执行当前行指令,与单步运行不同的是,如果执行的语句为函数调用语句,则该命令将一次执行完该函数,而不进入函数的内部。如果执行的语句为一般汇编语句,则功能与单步运行相同。

(4) 跳出函数(Shift+F11)。此命令用于跳出当前所在的子程序。如果希望快速地执行完当前所处的子程序,并回到函数被调用的位置,则可以使用该命令。需要特别注意的是,如果当前没有处在任何子程序中,则尽量不要使用该命令;否则可能会导致仿真的失败。

(5) 运行到光标处(Ctrl+F10)。执行此命令可使程序执行到代码窗口中光标所在的位置。这相当于把光标所在的位置作为一个临时的断点。

(6) 程序计数器指向光标(F12)。执行此命令可使程序计数器指向当前光标所在的行。注意,这里只修改程序计数器PC,并不执行任何的指令。

(7) 复位(Ctrl+F5)。执行此命令可使程序计数器清0。注意,此命令不能使外部设备和系统寄存器进入复位状态,因此这个复位命令并不等同于CPU的硬件复位。

(8) 下载程序(F8)。SN8ICE 2K在线仿真器支持程序的下载,下载后程序可以脱离计算机环境自由运行。使用该命令后,将弹出如图5.35所示的文件选择对话框,选择要下载的.SN8文件,单击“打开”按钮,弹出如图5.36所示的下载成功提示框,提示用户下载文件成功,单片机正在自由运行。

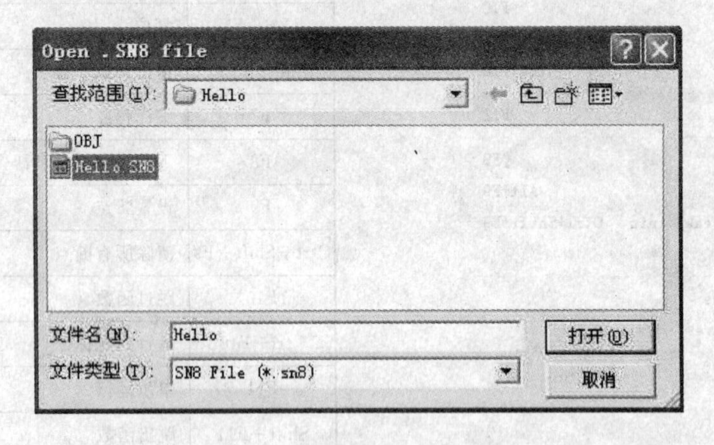

图5.35 下载文件选择对话框

2. 调试实例

下面以前面编译成功的Hello工程为例,说明M2ASM调试程序的过程。

(1) 在编译成功的条件下,执行Go(运行)命令,进入如图5.37所示的调试环境,可以看到开发环境的工具栏出现了一些之前没有显示的调试命令按钮,并且各个观察窗口也显示出来。此时程序的指针指向第一条跳转指令“jmp reset”,程

图5.36 下载成功提示框

序也将从此处开始执行。这里有两点需要特别说明：

① M2ASM 没有提供软件模拟仿真的功能，故在进入调试环境之前必须要将仿真器连接到计算机上；否则将不能进入仿真环境，并出现如图 5.38 所示的提示框。

② 如果在没有编译之前直接使用 Go(运行)命令，M2ASM 将首先执行编译动作，然后直接进入调试状态。

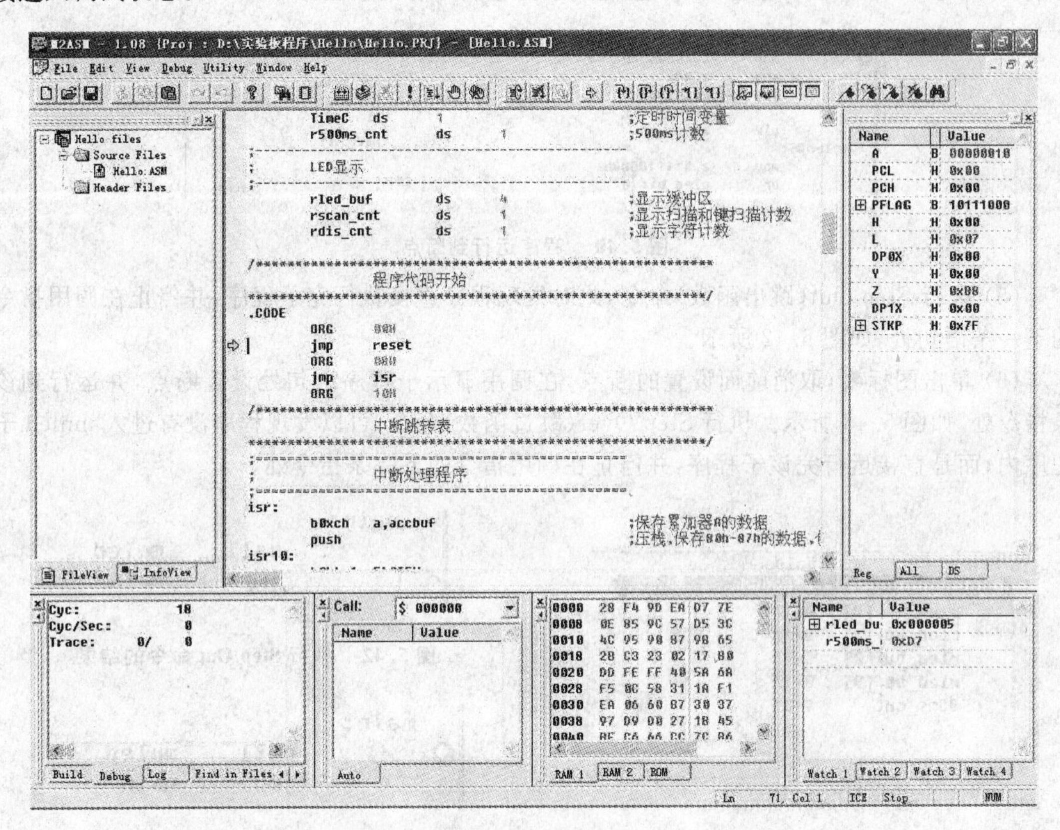

图 5.37　调试界面

(2) 连续执行 Step Into(单步运行)命令，可以看到当前变量观察窗口中的变量不断变化，并显示出了各自的值，当寄存器或用户定义变量发生改变时，寄存器窗口中寄存器或变量值变成红色显示。寄存器窗口中的数组在程序运行前只显示该数组所占用的地址单元，数组成员的具体信息需要单击该数组前的"+"号即可展开该数组，如图 5.39 所示。可以看出，数组 rled_buf 共有 4 个成员，它们的值均为 0x17。

图 5.38　未找到仿真器提示框

图 5.39　观察窗口中展开的数组

(3) 将光标移动到子程序 mnled 的开始处，单击图标，此时在 mnled 的第一条指令前面出现一红色的圆点，表示在本指令处设置了一个断点。

(4) 执行 Go(运行)命令，程序直接运行到了所设置的断点处，如图 5.40 所示。在观察窗口中可以发现，刚才的程序段中被改变的值呈红色显示。在观察窗口中输入两个变量的名称，分别为 rled_buf 和 r500ms_cnt，可以直接观察到它们当前的数值，如图 5.41 所示。

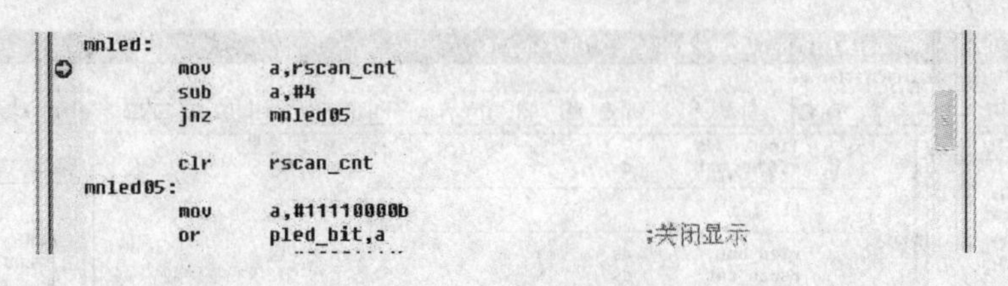

图 5.40 程序运行到断点

(5) 执行 Step Out(跳出函数)命令，此时发现程序直接执行完子程序，并停止在调用指令的下一条语句处，如图 5.42 所示。

(6) 单击图标，取消前面设置的断点，在调用显示子程序语句处设置断点，并运行到该条指令处，如图 5.43 所示。执行 Step Over(跳过函数)命令，可以发现程序没有进入 mnled 子程序内，而是直接运行完该子程序，并停止在调用指令的下一条指令处。

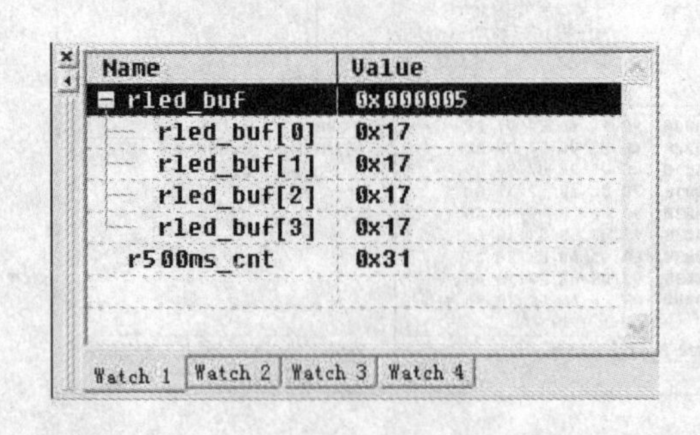

Name	Value
rled_buf	0x000005
rled_buf[0]	0x17
rled_buf[1]	0x17
rled_buf[2]	0x17
rled_buf[3]	0x17
r500ms_cnt	0x31

图 5.41 在变量观察窗口直接观察变量的值

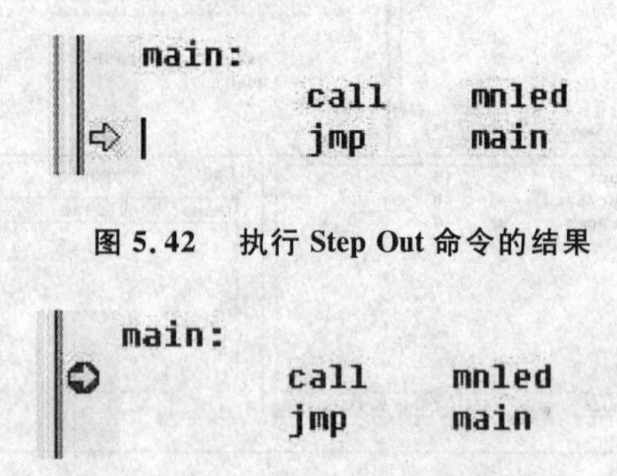

图 5.42 执行 Step Out 命令的结果

图 5.43 执行 Step Over 前的状态

(7) 执行 Remove All Breakpoints(清除所有断点)命令，可以看到所有的断点被清除掉了。

(8) 再次执行 Go(运行)命令，使程序全速运行，其界面如图 5.44 所示。这时，可以观察实验板上的显示情况，发现 4 位数码管正在滚动显示问候语 HELLO。可以通过再次执行 Go(运行)命令来暂停程序的运行。

(9) 停止程序运行，使用 Download(下载)命令将程序下载到仿真器中，此时关闭 M2ASM 开发环境，可以发现实验板上 4 位数码管继续滚动显示问候语 HELLO，说明程序已经在仿真器中自由运行了。

以上详细地介绍了在 M2ASM 集成开发环境下调试程序的常用方法，用户在使用时可以灵活地运用开发环境提供的各种工具和调试命令，只有这样，才能更快、更好地编写出高质量的程序。

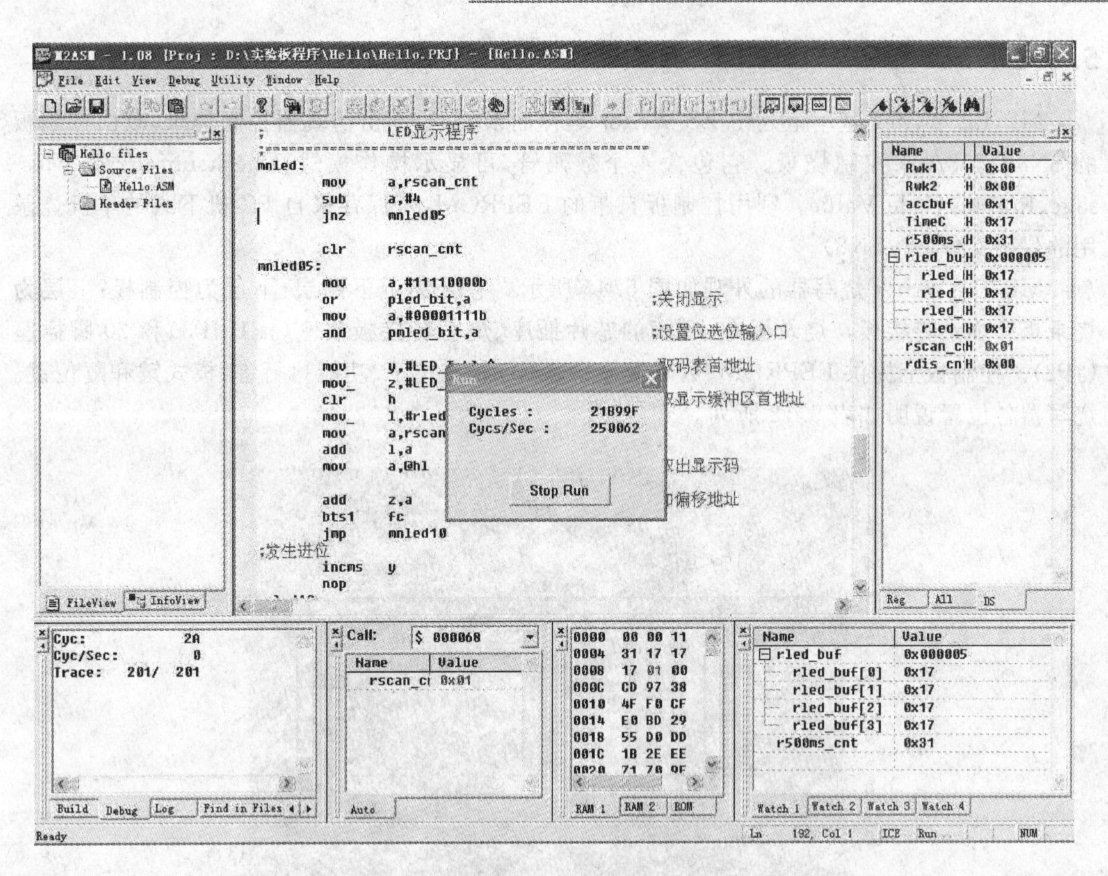

图 5.44 全速运行界面

5.6 芯片的烧写

利用开发环境开发完成应用软件，程序并没有脱离仿真器而运行，还需要借助于烧写工具把编译生成的二进制代码写入到单片机的片内程序存储器内，这样目标板才能脱离开发环境而独立运行。下面介绍单片机写入程序使用的烧写工具、烧写软件的使用方法和烧写步骤。

5.6.1 烧写工具

SONIX 公司的烧写工具包含两部分：第一部分是 PC 机端的下载工具，该部分主要完成代码下载，为烧录做准备；第二部分就是烧写器，完成对芯片内 ROM 的烧录工作。

目前，SONIX 单片机有 Easy Writer 和 MP_EZ Writer 两种烧写器，它们均支持对 SONIX 全系列单片机的烧录。SONIX 公司的 Easy Writer 由仿真器控制烧录动作，但烧录时需要借助于计算机和仿真器辅助操作，不适合大量生产的烧录。为此，SONIX 公司又提供了另一种适合于大量生产的烧录器 MP_EZ Writer。它在 Easy Writer 的基础上，增加了 EEPROM 和七段显示器，可以脱离仿真器而工作。

下面主要介绍 MP_EZ Writer 烧写器及 PC 机端代码下载软件的使用。

5.6.2 MP_EZ Writer介绍

MP_EZ Writer基本上是由EZ Writer延伸而来的，原本由仿真器控制烧录，改由控制板的SN8P2708A来控制烧录。它包含4个数码管，可显示操作模式、Checksum、Error Message、Rolling Code Value。利用控制板自带的EEPROM，可保存来自PC机下载的单机烧录用的代码文件(*.SN8)。

MP_EZ Writer烧写器的外观如图5.45所示。它分为上下两层：下层为控制板；上层为烧录板和烧录转接板。烧录板有48脚的芯片插座、烧写转接板插座(JP1、JP3)和20脚插座(JP2)。控制板上提供EEPROM、数码管显示、LED状态指示、功能执行键、模式键和复位键。烧写器各位置说明如表5.12所列。

图5.45 MP_EZ Write烧写器

表5.12 烧写器各位置说明

指示号	位 置	意 义
(1)	Label	标签，可写明烧写器支持的芯片烧录类型
(2)	U4	EEPROM 24LC256，存放编译生成的源代码文件
(3)	S1	复位键
(4)	S2	模式选择键
(5)	VXX	工作电压测量点(正常值为5 V)
(6)	D7	数码管
(7)	VPP	编程电压测量点(正常值为12.7 V)
(8)	D3～D5	状态指示
(9)	S3	功能执行按键
(10)	VR1	调整编程电压电位器
(11)	JP1 & JP3	烧写板
(12)	Text tool	烧录芯片插座
(13)	JP2	20脚插座

MP_EZ Writer烧写器使用与仿真器相同的7.5 V、2.5 A直流电源，支持Auto1、Blank Check、Program、Verify、Read OTP、Read EEPROM、Auto2、显示Rolling Code 9种操作功能。各功能的含义如表5.13所列。

为了增加烧录的稳定度，MP_EZ Writer烧写器烧录不同型号OTP单片机时，需要配以不同的烧录控制程序(更换控制板上的SN8P2708A烧录控制芯片)，因此，控制板上单片机片内的控制程序是针对某一类芯片而设计的，不同类型的SONIX芯片，需要不同的控制程序来控制烧录的过程。为了避免加载烧录控制芯片不支持型号的烧录文件(*.SN8)而导致烧录错误，开机后系统会自动判断下载到EERPOM内烧录文件的单片机型号是否与烧录控制程序支持的型号相匹配，如果不匹配，则会产生告警输出。此时按下功能执行按键S3后，会显示烧录控制程序的名称和版本供使用者识别。例如：16B－XXXX，其中16B表示firmware版本，而XXXX表示firmware的校验和。

表5.13 MP_EZ Write烧写器功能表

模 式	功能含义
Fun0	Auto1(查空＋编程＋校验)
Fun1	Blank Check(查空)
Fun2	Program(编程)
Fun3	Verify(校验)
Fun4	Read OTP(读出芯片的校验码)
Fun5	Read EEPROM(读出EEPROM中烧录数据的校验码)
Fun6	Auto2(编程＋校验)
Fun7	显示Rolling Code
Fun8	显示烧录控制程序的版本及名称

另外，上电或按Reset键后会先显示烧录控制程序（Firmware）版本及其校验和(注意，不是EEPROM内待烧录SN8文件的校验和)，此时按键是无效的，接下来显示储存在EEPROM内烧录文件的单片机型号，同时恢复按键功能。如果显示“----”，并发出“吱吱吡”3声，则表示Firmware不支持EEPROM内的待烧录文件(不支持此单片机型号或数据错误)，此时应该重新下载正确SN8文件。例如：2708A－BBEE，其中2708A表示要烧录单片机的型号，而BBEE表示烧录文件的校验和。

当待烧写芯片的引脚数目少于48时，可直接将芯片插在MP_EZ Writer烧写器的烧录芯片插座上进行烧写。烧写时应注意OTP单片机的放置方向，正确的放置方向如图5.46所示。

当待烧写芯片的引脚数目大于48时，将转接板通过20引脚的排线接到MP_EZ Writer上，再将OTP放置于Writer烧录转接板上的插座进行烧录。其连接方式如图5.47所示。

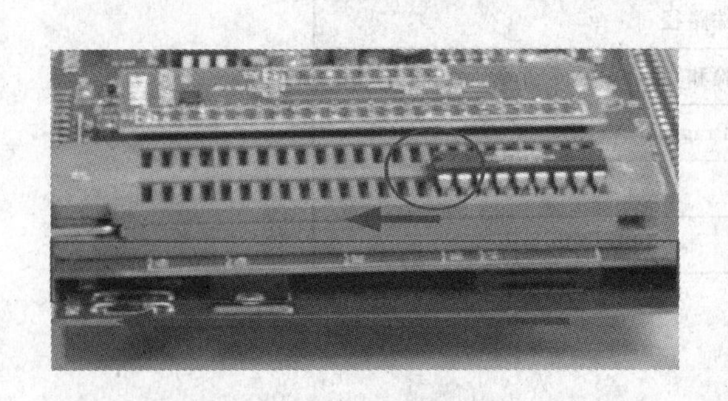

图5.46 OTP的放置方向

图5.47 IC引脚超过48时与MP_EZ Writer的连接方式

5.6.3 烧写软件

MP_EZ_WtVxx.exe是一个下载工具。它可以将编译器生成的二进制文件*.SN8下载到MP_EZ Writer的EEPROM中。当安装了SONIX公司的编译器时,该烧写软件便会自动安装完成,并在其快捷图标栏出现图标。以最新版的M2IDE_V111编译器为例,在安装文件夹下会有MP_EZ_WtV107.exe文件,双击图标,即可进入烧写代码下载界面,如图5.48所示。表5.14是功能界面各部分的说明。

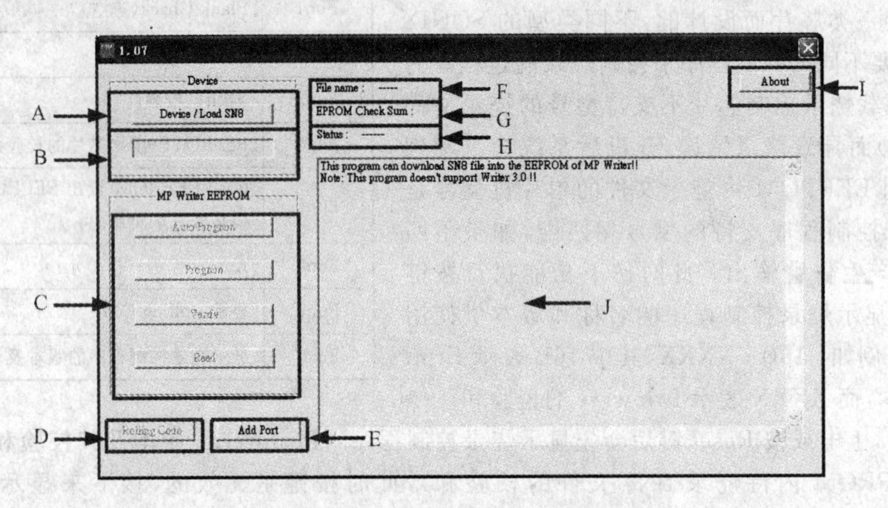

图5.48 烧写数据下载界面

表5.14 烧写功能界面各部分的说明

标 注	含 义
A	选择单片机型号及烧录文件*.SN8
B	显示所选择的单片机型号
C	下载数据功能选择区
D	Rolling Code设定
E	设置打印端口地址
F	显示打开的*.SN8文件路径
G	显示*.SN8文件的校验和,且会显示是否Secutity Enable
H	显示当前操作状态,如Pragram、Verify
I	显示该软件的用途
J	信息框

5.6.4 烧写步骤与过程

整个芯片的烧写过程分两步完成,首先将*.SN8文件下载到MP_EZ Writer的EEPROM中,然后对具体的芯片进行烧录。由于不当的操作可能会使芯片损坏,因此烧写过程应严格按照步骤进行。下面以烧写 SN8P2708A 为例，说明如何完成一次烧写过程及烧写过程中应注意的问题。

(1) 首先应该检查控制板上的烧录控制芯片是否支持要烧写的芯片型号。如果不支持，则更换控制芯片。

(2) 将 MP_EZ Write 与 PC 机通过并口线连接起来。

(3) 给 MP_EZ Write 接上 7.5 V、2.5 A 直流电源。

(4) 在集成开发环境下，单击MP，打开烧写工具 MP_WtVxx.exe。单击 Device/Load SN8 按钮，选择要烧录的芯片型号及 SN8 文件，如图 5.49 所示。这里选择的是 SN8P2708A。

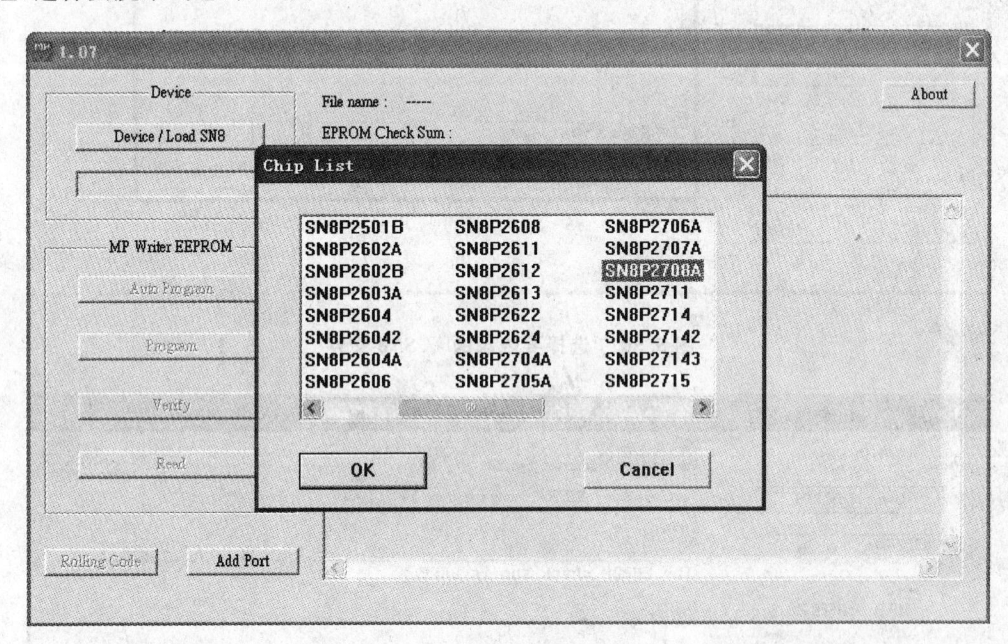

图 5.49 选择要烧录的芯片

选择芯片型号并单击 OK 按钮后会弹出加载 *.SN8 文件选择对话框，如图 5.50 所示。

单击“打开”按钮，加载 *.SN8 文件到缓冲区之后会出现如图 5.51 所示的烧录界面。

下载数据功能选择区有 4 个按钮，这 4 个按钮是 Auto Program、Program、Verify 和 Read。它们的作用和功能如下：

Auto Program	将加载到缓冲区的 *.SN8 文件下载到 EEPROM 中，并校验下载到 EEPROM的代码是否正确。
Program	将加载到缓冲区的 *.SN8 文件下载到 EEPROM 中。
Verify	校验 EEPROM 中的数据与缓冲区中的数据是否一致。如果不同，则信息框中将会给出相应的错误提示信息。
Read	将 EEPROM 中的数据全部读出，并显示在信息框中。

为了保证下载数据的正确性，一般选择 Auto Program 下载数据。在下载了程序代码之后，即可进行下一个步骤。

(5) 按 Reset 键复位 MP_EZ Writer，使烧录控制芯片程序重新开始运行，数码管在显示完烧录控制芯片程序版本号之后，将滚动循环显示要烧录的芯片型号及 EEPROM 中数据的

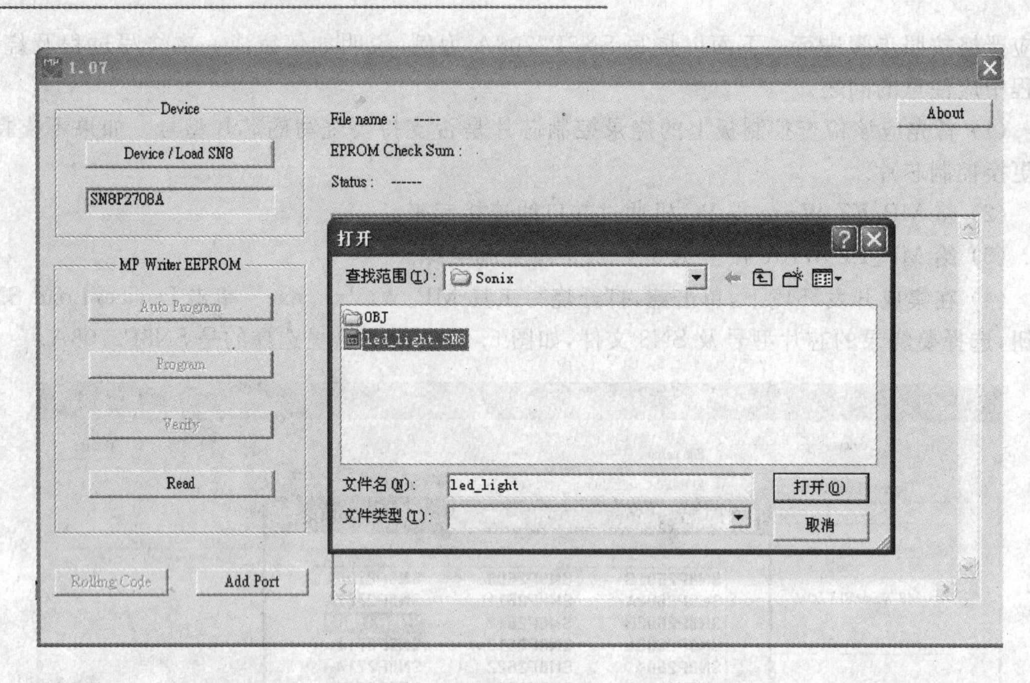

图5.50 选择要烧录的*.SN8文件

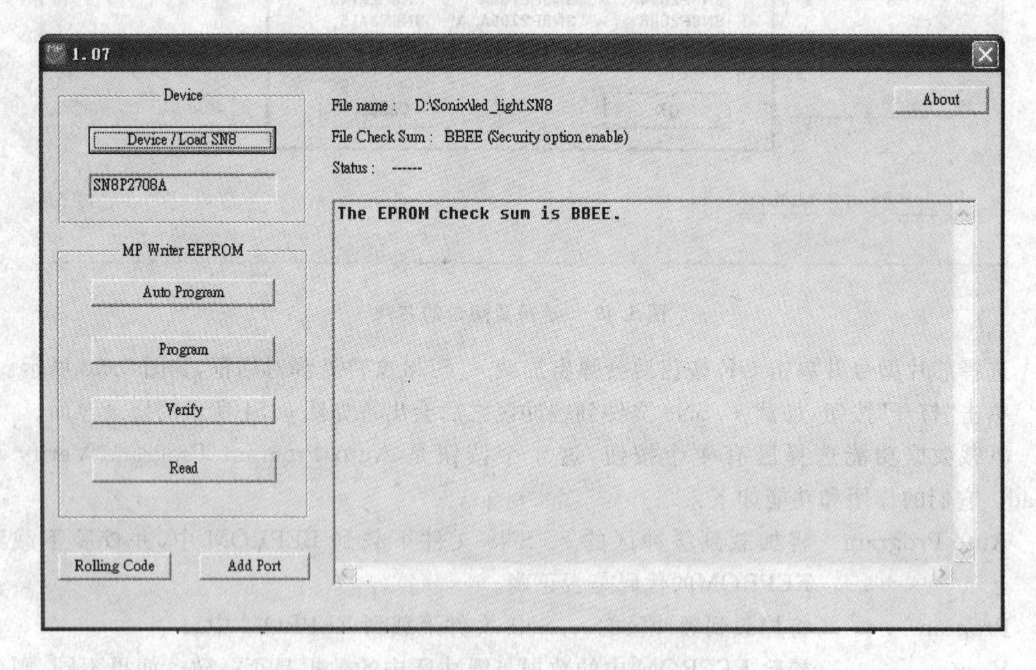

图5.51 加载*.SN8文件之后的操作界面

校验和，通过对比数码管显示的校验和与图5.55中的File Check Sum处的值是否相同，即可判断下载的数据是否正确。如果不正确，应从第(3)步开始重新下载数据。

(6) 断开MP_EZ Writer上的7.5 V、2.5 A直流电源。

(7) 拔除MP_EZ Writer的并口线。注意，在正式烧录芯片前，一定要将并口线从MP_EZ Write中移去，这样可避免控制板控制的单片机与计算机的并口信号相冲突，在移去并口线前按执行键，蜂鸣器会发出告警声，同时七段显示器会显示 PC onLInE 字样。

(8) 根据要烧录芯片的具体型号在 MP_EZ Write 上插上相应的烧录转接板。注意，烧写转接板是针对不同芯片而设计的，不同类的芯片有不同的转接板，它插在烧写板的插座 JP1 和 JP3 上，如图 5.52 所示。

(9) 重新给 MP_EZ Writer 接上 7.5 V、2.5 A 直流电源。

(10) 待数码管滚动显示要烧录芯片的型号及校验和之后，在插座上插入要烧录的单片机并锁紧。

(11) 由于 MP_EZ Writer 开机后操作模式就是 Fun0 (Auto 1)，所以按功能执行键 S3 就可开始进行烧录。如果烧录过程出现错误，那么七段显示器就会显示错误信息，这时蜂鸣器会有告警声。按 S3 停告警声，同时七段显示器会显示 Fun0。使用者可利用 MODE 键来选择要执行的功能，在电路板字符面，可查询到对应的功能。而 S3 就是所有 MODE 下的执行键。

图 5.52 插上烧录转板

(12) 在烧录过程中，数码管关闭显示，按键也会暂时失效，蜂鸣器发出“吱吱”声，黄色的发光二极管闪烁。烧录动作完成后，数码管会输出相对应的信息，同时恢复按键功能。如果烧录成功，则绿色发光二极管点亮；如果烧录失败，则红色的发光二极管点亮。

如果烧录失败，则可根据数码管上显示的信息查找错误原因，可能的错误提示及相应的查错办法，如表 5.15 所列。

表 5.15 烧录失败后显示信息的说明

显示码	含 义
Err0	V_{PP}或V_{XX}电源有误。检查单片机是否位置错误、上下颠倒或转接板和 OTP 型号不符
Err1	Blank Check Fail。请确认此单片机没有烧录过或检查转接板和单片机放置的方向
Err2	Program Fail。请确认单片机型号是否正确或检查转接板和单片机放置的方向
Err3	Verify Fail。请检查转接板和单片机放置的方向
Err4	EEPROM 读取错误。可按 Reset 键重新启动，看是否能排除，若仍有错误，请更换 EEPROM
Err5	V_{PP}受到噪声干扰。请检查工作环境，或此颗 IC 可用 FUN6 重烧

(13) 烧写成功后，松开烧写插座，取出单片机芯片。

(14) 重复第(10)～(13)步，可完成多个芯片的烧写过程。

第6章

基本模块设计与实践

本章针对 SN8P2708A 的片内资源和结构特点，设计了一些基本模块电路，包括基本 I/O 口的应用、数码管显示模块、中断功能、键盘电路、定时器/计数器的应用、WDT 应用、系统模式切换。通过这些基本模块的学习，使读者掌握 SN8P2708A 片内资源和接口电路的使用方法，为系统设计打下坚实的基础。这些基本模块的硬件电路采用了作者设计的 SN8P2708A 目标板。有关目标板的电路原理图和 PCB 板图在附录 D 和附录 E 中。

6.1 标板硬件电路介绍

下面对 SN8P2708A 目标板各模块电路作简单介绍，在后面的章节中使用这些电路时将不再进行硬件介绍。

1. 电源电路

电源电路如图 6.1 所示。它采用三端稳压器 7805 及外围电路组成的稳压电路，从 J9 输入一个 8～12 V 的直流电压，在输出端产生 5 V 的稳压输出。图中的发光二极管作电源指示用。

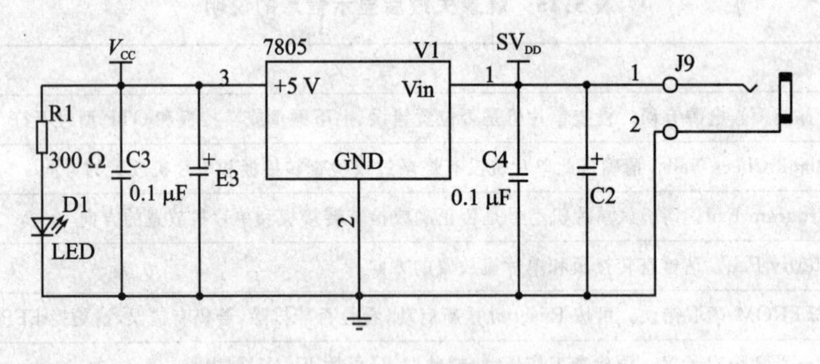

图 6.1　电源电路

2. 复位电路

目标板上提供单片机上电复位和按键复位两种复位形式，RST 接单片机 SN8P2708A 的复位输入引脚。复位电路如图 6.2 所示。

3. 时钟电路

目标板上提供两种振荡器时钟电路：晶体振荡电路和 RC 振荡电路，可以选择其中之一。振荡电路如图 6.3 所示。

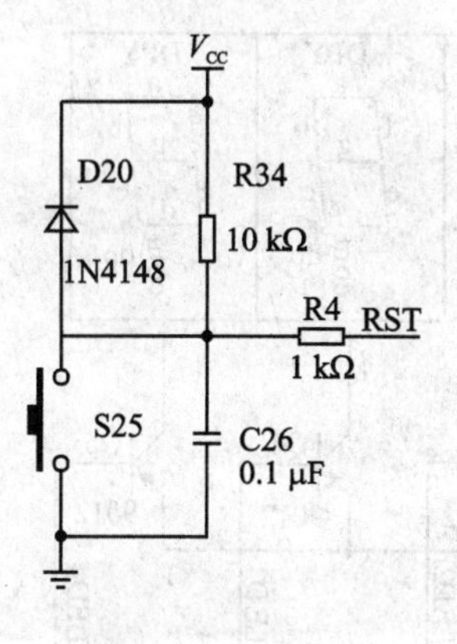

图 6.2　复位电路

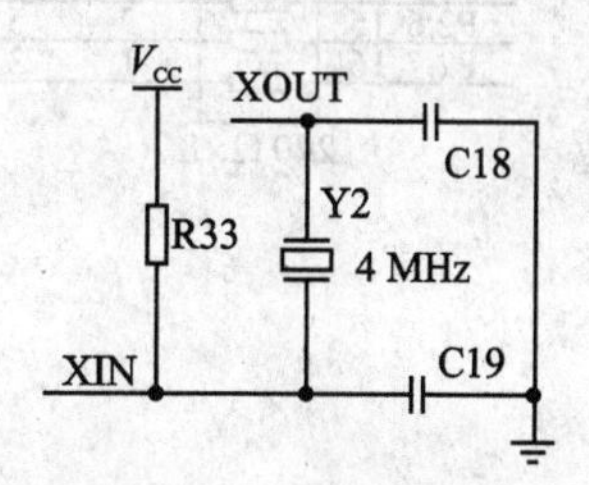

图 6.3　振荡电路

4. 流水灯电路

如图 6.4 所示，P4[7:4]外接 4 个发光二极管、P3.0 经三极管 9012 驱动接发光二极管，5 个发光二极管组成一个流水灯电路。

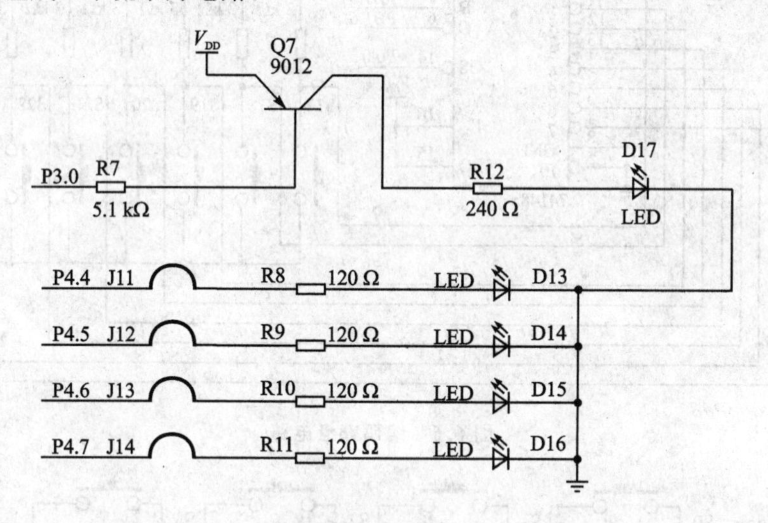

图 6.4　流水灯电路

5. 数码管显示电路

数码管显示电路如图 6.5 所示。

6. 键盘电路

目标板上有两种键盘电路，图 6.6 是编码键盘电路，图 6.7 是行列式非编码式键盘电路。

7. I^2C 总线接口电路

目标板上有两块 I^2C 总线接口电路，图 6.8(a)是具有串行接口的 EEPROM 存储器 CAT24WC128 接口电路。图 6.8(b)是具有串行接口的时钟芯片 PCF8563T 接口电路。其中 J4、J5 选择跳线，1、2 短接，选择 I^2C 芯片接口。

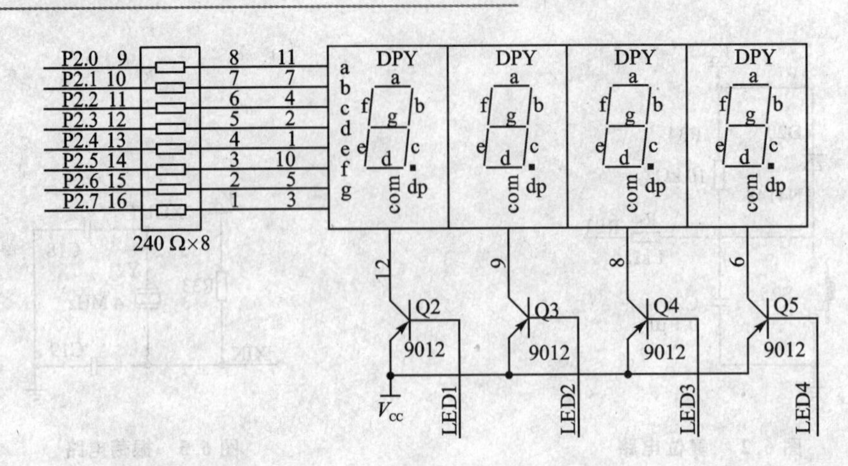

图 6.5 数码管显示电路

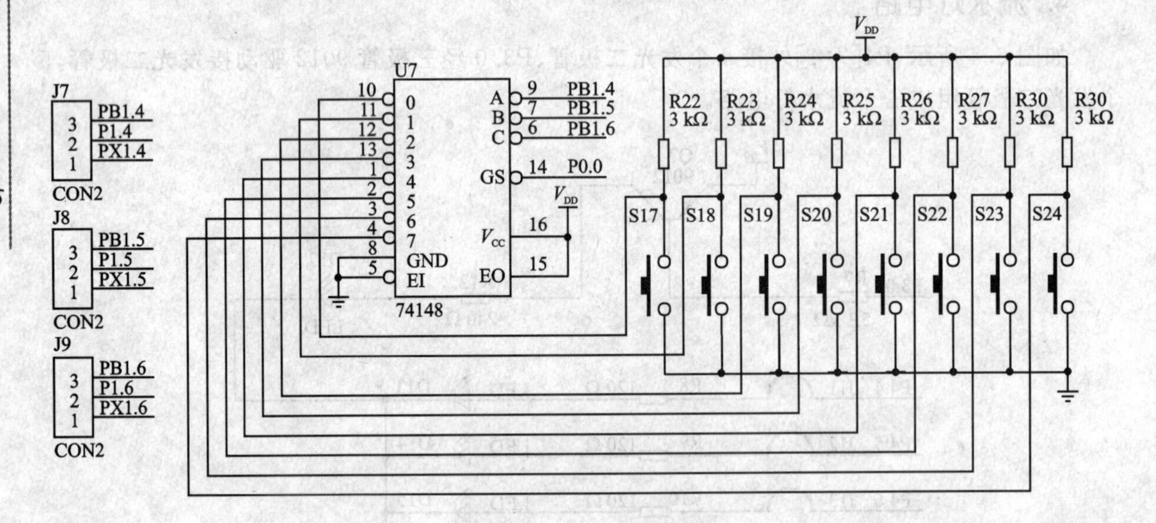

图 6.6 编码键盘电路

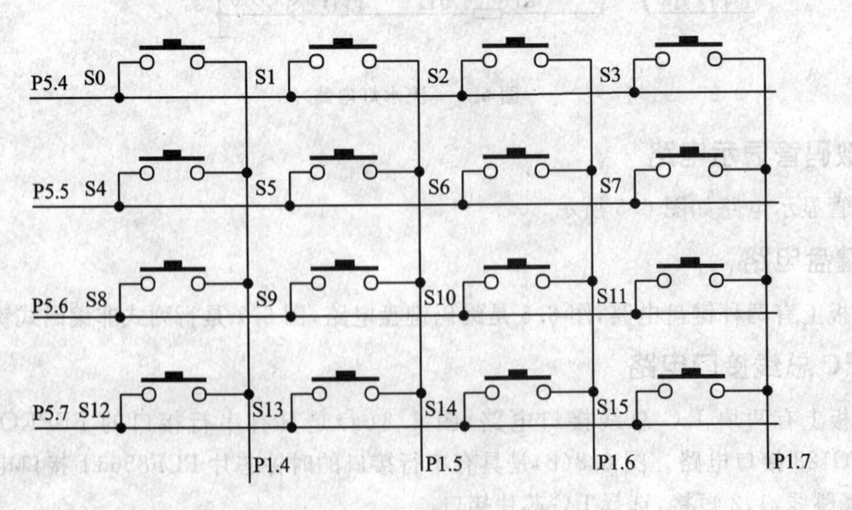

图 6.7 行列式非编码式键盘电路

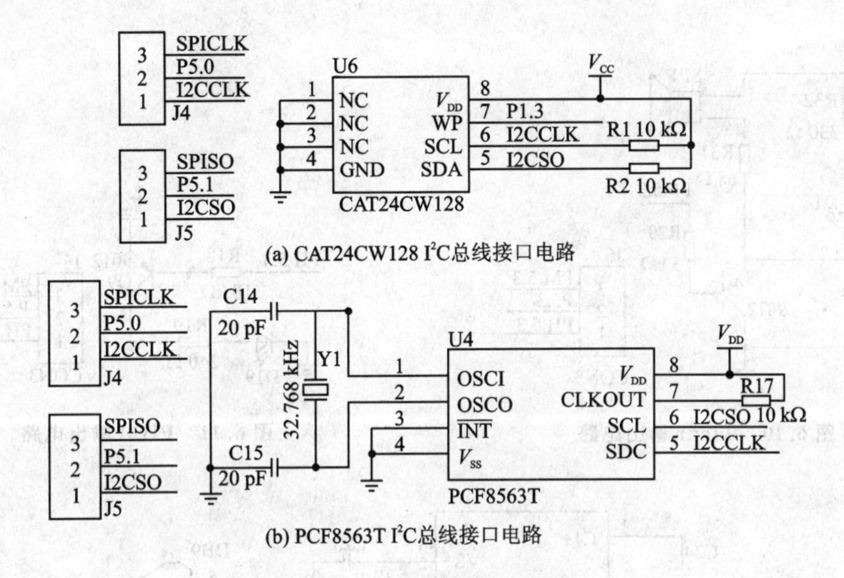

(a) CAT24CW128 I²C总线接口电路

(b) PCF8563T I²C总线接口电路

图 6.8 I²C 总线接口电路

8. SIO 接口电路

如图 6.9 所示，SN8P2708A 的 SIO 与同步串/并转换芯片 74HC595 的接口电路，通过 74HC595 的输出端控制 8 个发光二极管的亮/灭。其中 J4、J5 选择跳线，2、3 短接，选择 SIO 接口芯片 74HC595 接口。

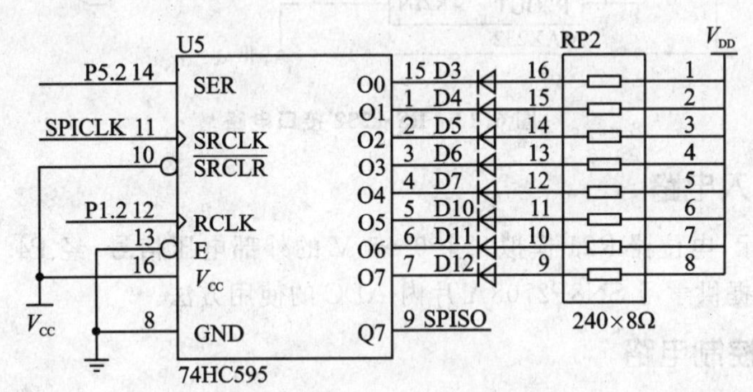

图 6.9 SIO 接口电路

9. Buzzer 输出电路

SN8P2708A 通过定时器能提供方波信号，这个信号常用作蜂鸣器输出。图 6.10 为Buzzer输出驱动蜂鸣器电路。其中 J6 输出控制选择跳线，短接 2、3 脚，P5.3 接 Buzzer 输出电路。

10. PWM 输出电路

SN8P2708A 提供 PWM 输出功能，图 6.11 为 PWM 输出控制电路，通过 PWM 输出可以控制发光二极管的亮度。其中 J6 输出控制选择跳线，短接 1、2 脚，P5.3 接 PWM 输出电路。

11. RS－232 接口电路

图 6.12 是 RS－232 接口电路，通过 MAX232 芯片完成 TTL 电平到 RS－232 电平的转换。

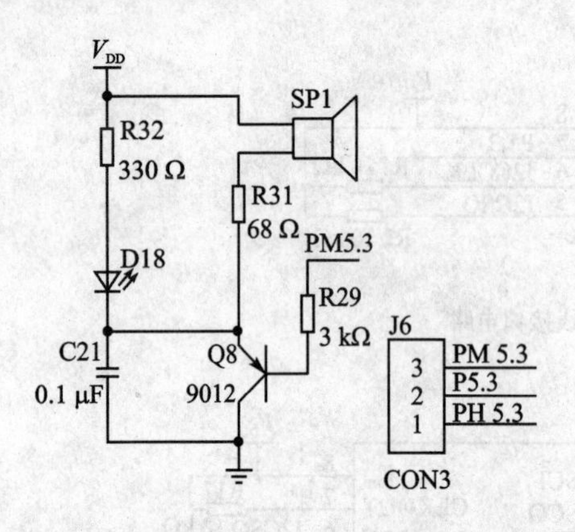

图 6.10　Buzzer 输出电路

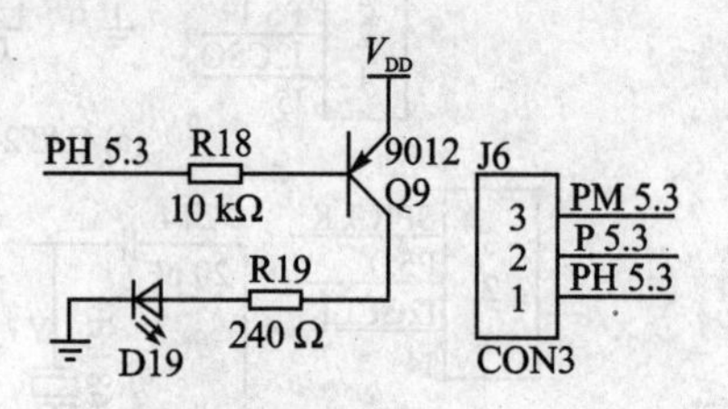

图 6.11　PWM 输出电路

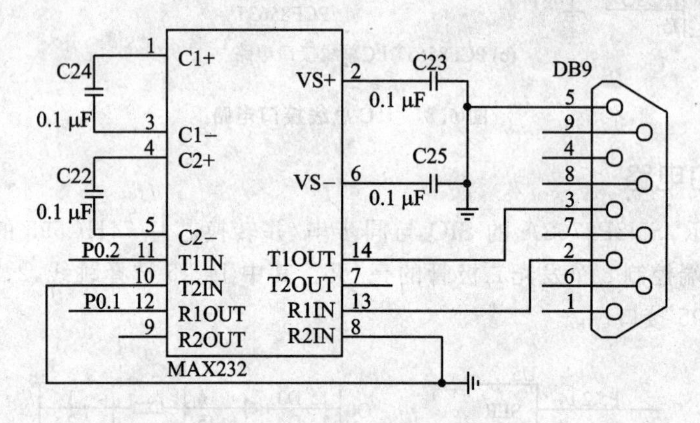

图 6.12　RS-232 接口电路

12. ADC 输入电路

如图 6.13 所示，电位器 R21 模拟一个 0～5 V 的外部电压信号，经 P4.0 送入 ADC 的通道 0。本电路主要提供学习 SN8P2708A 片内 ADC 的使用方法。

13. 继电器控制电路

如图 6.14 所示，P1.0 引脚经三极管 9012 驱动继电器 K。图中，J3 为继电器输入/输出端。

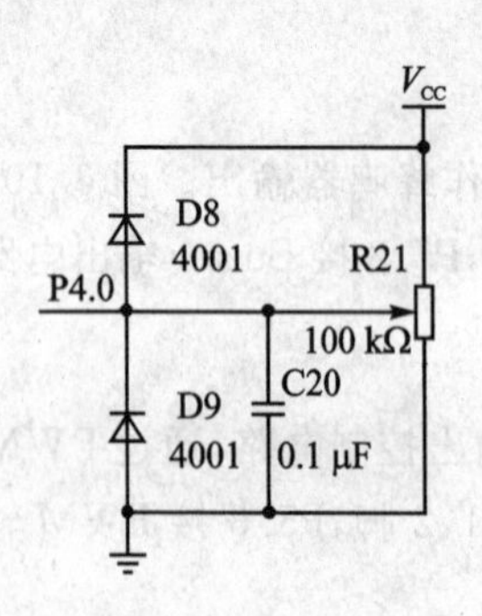

图 6.13　ADC 输入电路

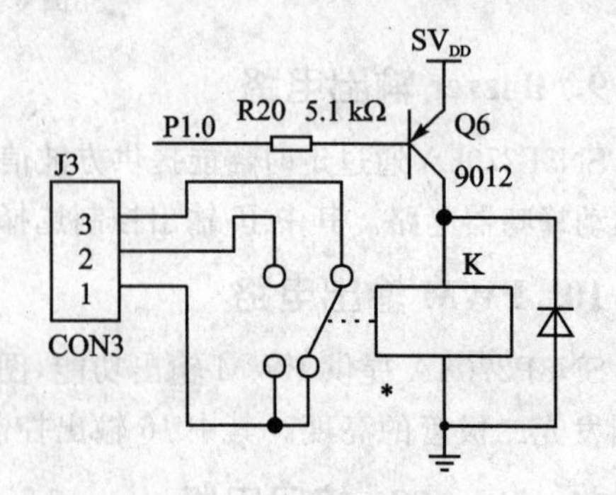

图 6.14　继电器控制电路

6.2　振荡电路模块

SN8P2708A 单片机提供了多种振荡电路供用户选择，包括 4～16 MHz 高速晶体振荡器、100 kHz～4 MHz 中速晶体振荡器、20～100 kHz 低速 RC 振荡器、片内 RC 振荡器和外部时钟输入等。在编程时通过配置 OSCM 和在编译时通过 Option 的相关选项来选择振荡器。

用户可通过 Option 的 F_{CPU} 选项，对振荡时钟进行分频，降低时钟频率，从而降低 CPU 的活动功耗。用户可以使用芯片内部的 RC 振荡器，也可以使用外部高速振荡电路，还可以在运行中进行外部振荡器和内部振荡器之间的时钟切换。这就给系统设计提供了更大的灵活性，也为进一步降低系统功耗提供了一条路径。

1. 使用外部高速振荡电路

使用外部晶体振荡器，频率为 4 MHz。首先编译并运行以下程序，编译时 Option 的 F_{CPU} 选项取 4 分频，该程序循环需要 6 个时钟周期，因此，计算方波输出频率为 1/6 MHz。然后用示波器观察并记录 P1.0 引脚的输出方波频率。

```
          ORG       0h
          jmp       reset
          ORG       10h
reset:
          b0bset    p1m.0               ;设置 P1.0 为输出模式
@@:
          b0bset    p1.0                ;使用外部晶体振荡器，输出频率信号
          nop
          nop
          b0bclr    p1.0
          jmp       @b
          ENDP
```

用示波器观察的方波频率正好是 166.7 kHz，与计算的结果相同。

重新编译程序，Option 的 F_{CPU} 选项取 64 分频，用示波器观察并记录 P1.0 引脚的输出方波频率。可以看到，P1.0 引脚的输出方波频率为 10.42 kHz，是原来的 1/16。

2. 使用外部 RC 振荡电路

在目标板上使用 RC 振荡器。编译上述程序，并使用烧写器将程序烧写到 SN8P2708A 芯片内的 ROM 中。然后将芯片插入实验板，上电后用示波器观察得到的 XOUT 引脚上的输出波形和信号频率如图 6.15 所示。

由于 XOUT 引脚上输出信号的频率就是 CPU 的时钟频率，而在 RC 振荡器模式下，外部 RC 振荡器的频率等于 4 倍的 f_{CPU}，所以通过外部测试 XOUT 引脚上输出信号频率，就可以推算出 RC 的振荡频率 f_{OSC}，并与实际计算的 f_{OSC} 比较。

设外部 RC 振荡电路中，$R=100\ k\Omega$，$C=100\ pF$，计算得 $f_{XRC}=89\ kHz$，经 4 分频 $f_{CPU}=22.25\ kHz$，用示波器测量 XOUT 脚的输出频率实际为 19.40 kHz，与计算的结果相比偏小。

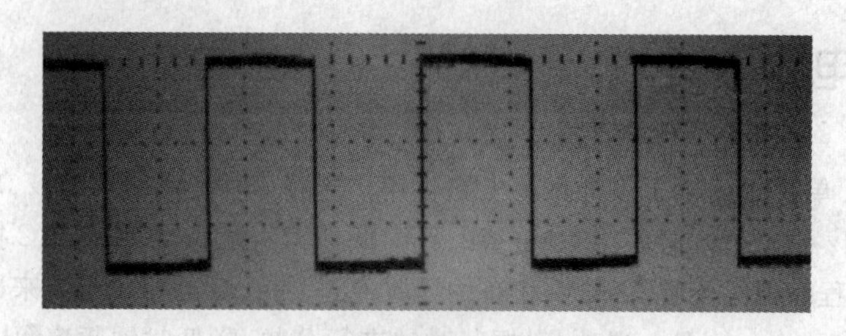

图 6.15　XOUT 引脚上输出的波形

3. 内部和外部时钟的切换

内部和外部时钟的切换，是通过 OSCM 寄存器的 CLKMD 位来实现的。下面的程序功能是利用按键控制内外时钟切换，并通过 LED 的闪烁速度来观察时钟切换前后的频率变化。按键使用编码键盘上的键 S17～S24，当其中任一键按下时，内外时钟切换一次。其程序清单如下：

```
;*****************************************************
;程序名称：ChClk
;程序功能：按键控制内外时钟切换实验
;*****************************************************
    CHIP          SN8P2708A
;*****************包含系统自定义宏文件*****************
.NOLIST
    includestd          macro1.h
    includestd          macro2.h
    includestd          macro3.h
.LIST
;**********************常量定义**********************
.CONST
    pkeychkm     EQU     FP00M          ;编码键盘端口方向
    pkeychk      EQU     FP00           ;编码键盘读入口
;**********************变量定义**********************
.DATA
    wk00         DS      1              ;延时计数单元 0
    wk01         DS      1              ;延时计数单元 1
    accbuf       DS      1
.CODE
;****************程序上电/复位入口地址****************
    ORG          0000h
    jmp          start
;*******************中断入口地址*********************
    ORG          0008h
    jmp          isr
;******************程序代码开始地址******************
    ORG          0010h
```

```
;********************系统初始化********************
start:
;初始化选择外部高速时钟
    bclr      fstphx              ;高速时钟运行(OSCM 寄存器的第一位)
    bclr      fclkmd              ;选择外部时钟(OSCM 寄存器的第二位)
    bset      p3m.0               ;P3.0 口输出口

    mov       a,#10h
    mov       pedge,a             ;下降沿触发
    clr       intrq               ;清除中断请求寄存器中值
    bset      inten.0             ;允许外部中断 0
    bset      stkp.7              ;开总中断
main:
    bclr      p3.0                ;发光管亮
    call      dlY                 ;延时
    bset      p3.0                ;发光管灭
    call      dlY                 ;延时
    jmp       main
;**********************************************
子程序名称:dlY
子程序功能:软件延时
;**********************************************
dlY:
    mov       a,#00h
    mov       wk00,a
    mov       a,#50
    mov       wk01,a
dlY10:
    decms     wk00
    jmp       $ -1
    decms     wk01
    jmp       dlY10
    ret
;**********************************************
子程序名称:mnkey
子程序功能:编码键盘扫描程序
;**********************************************
mnkey:
    bclr      pkeychkm            ;按键检测引脚输入
    bts0      pkeychk             ;是否有键按下
    jmp       mnkey90             ;没有键就退出

    bts1      fclkmd              ;检测当前时钟类型
    jmp       mnkey10
;切换至外部高速时钟
    bclr      fstphx              ;高速时钟运行(OSCM 寄存器的第一位)
    bclr      fclkmd              ;选择外部时钟(OSCM 寄存器的第二位)
```

```
    jmp         mnkey90
mnkey10:
;选择内部时钟
    bset        fclkmd                    ;选择内部时钟(OSCM寄存器的第二位)(5 V下 fosc = 32 kHz)
    bset        fstphx                    ;高速时钟停止(OSCM寄存器的第一位)
mnkey90:
    ret
;*************************************************
子程序名称:isr
子程序功能:外部中断0服务程序
;*************************************************
isr:
    xch         a,accbuf                  ;保护累加器ACC中的数据
    b0bts1      inten.0                   ;是否开外部中断0
    jmp         isr90
    b0bts1      intrq.0                   ;是否是外部中断0请求
    jmp         isr90
    call        mnkey                     ;键盘处理
isr90:
    clr         intrq                     ;执行完毕清除所有中断请求
    xch         a,accbuf                  ;还原累加器ACC中的数据
    reti
    ENDP                                  ;结束编译
```

运行上述程序，按下编码键盘上的任一按键，观察LED闪烁的速度变化，并比较内外部振荡频率的差别和切换过程。

注意：当外部振荡器停止工作时，从内部低速模式切换到外部高速模式，程序中需要提供10 ms延迟，以等待外部时钟稳定。

6.3　基本I/O口的应用

6.3.1　SONIX单片机I/O口

SN8P2708A单片机有6组I/O口，分别为P0、P1、P2、P3、P4、P5。每个I/O均可配置为输入或输出模式，输入/输出的方向由PnM寄存器控制，用户可以用PnUR寄存器设置上拉电阻。系统复位后，所有端口都默认为无上拉电阻的输入模式。在第4章中已详细地介绍了各I/O口的功能，这里不再重复。多数I/O口都具有复用功能，其中P5.1、P5.2为串行复用口，P4为ADC复用口，P0为外部中断复用口。另外，P1.0、P1.1、P5.2可设置为漏极开路输出。P0.0、P0.1分别为TC0、TC1计数器脉冲输入复用口。

6.3.2　I/O口作输出口使用

下面以I/O口对发光二极管闪烁控制实例来说明SONIX单片机I/O口使用方法。

图6.4中给出了目标板中I/O控制发光二极管的原理图，由图中可知，控制器的P3.0引

脚经三极管驱动后控制发光二极管 D17,P4 口的 P4.4～P4.7 引脚各通过一限流电阻直接驱动发光二极管,控制发光二极管点亮或熄灭。

I/O 口作为输出口的操作步骤如下:

① 设置 I/O 的输入/输出模式寄存器,将对应的 I/O 口设置为输出模式;

② 向 I/O 口的数据寄存器送数据。

本例中,将 P3.0、P4.4～P4.7 设置为输出模式。

以下为利用 I/O 输出功能设计的程序 led_light1.asm,其功能是 D17 闪烁,闪烁频率约为 4 Hz,D13～D16 依次点亮,交替时间间隔为 0.125 s。程序中使用了软件延时。其程序清单如下:

```
/**************************************************
;程序名称:led_light1.asm
;功能描述:I/O 输出实验,用 I/O 输出控制 LED 发光
/**************************************************
CHIP    SN8P2708A
;包含文件区
.NOLIST
    includestd    macro1.h
    includestd    macro2.h
    includestd    macro3.h
;RAM 变量定义
.DATA
;变量定义区(bank0)
    ORG         00h
;通用寄存器
    rwk1        DS     1
    rwk2        DS     1
    rwk3        DS     1
    TimeC       DS     1                ;定时时间变量
;程序代码开始
.CODE
    ORG         00h
    jmp         init

    ORG         10h
init:
    mov_        rwk3,#10h               ;初始化显示
    bset        p3m.0
    bset        p4m.4
    bset        p4m.5
    bset        p4m.6
    bset        p4m.7
    bclr        p3.0
main:
```

```
        mov_      p4,rwk3
        bts0      p3.0                ;取反 D17
        jmp       main10
        bset      p3.0
        jmp       main20
main10:
        bclr      p3.0
main20:
        mov       a,#160
        call      delay_125ms         ;调用 125 ms 延迟子程序
        bclr      fc                  ;清进位标志
        rlcm      rwk3
        jnc       main
        mov_      rwk3,#10h           ;重新滚动
        jmp       main
delay_125ms:
;       mov       a,TimeC
        mov       rwk1,a              ;定时时间
        clr       rwk2                ;内层延时
        decms     rwk2
        jmp       $ - 1
        decms     rwk1                ;外层延时
        jmp       $ - 3
        ret
        ENDP
```

建立一个新工程，将以上文件加入工程，编译、链接通过后，运行并观察运行结果。

6.3.3 I/O 口作输入口使用

SONIX 单片机的 I/O 口也可以用作输入口来使用，但在使用之前要做好相应的初始化工作，通过 I/O 模式寄存器设置 I/O 为输入模式。如果需要设置为上拉输入口，则还需要将上拉电阻寄存器设置为使能。

I/O 口作为输入口的操作步骤如下：

① 设置上拉电阻使能寄存器；

② 设置 I/O 的输入/输出模式寄存器，将对应的 I/O 口设置为输入模式；

③ 从 I/O 口读数据。

下面以编码键盘输入为例，说明 I/O 口作为输入口的使用方法。

1. 设计任务

将按键的编码值以二进制方式显示在发光二极管 D13、D14 和 D15 上。

2. 实现方法

采用目标板上的编码键盘电路，其电路如图 6.6 所示。电路中使用了一款 8-3 编码芯片 74LS148，可将按键的号码编码后通过 A2、A1、A0 三个引脚输入单片机内。74LS148 的真值

表如表6.1所列。从真值表可以看出,74LS148为低电位输入,因此,74LS148的输入引脚必须有外部上拉电阻,即平常要保持高电平,有键压下时,则对应的引脚就变成低电平。经编码后,输出二进制编码信号(当有两个或两个以上键按下时输出优先级高的按键的编码),并从GS端输出一个低电平脉冲,该脉冲可用作键盘输入请求信号。

表6.1　74LS148优先译码器的真值表

输入									输出				
EI	0	1	2	3	4	5	6	7	A2	A1	A0	GS	EO
H	X	X	X	X	X	X	X	X	H	H	H	H	H
L	H	H	H	H	H	H	H	H	H	H	H	H	L
L	X	X	X	X	X	X	X	L	L	L	L	L	H
L	X	X	X	X	X	X	L	H	L	L	H	L	H
L	X	X	X	X	X	L	H	H	L	H	L	L	H
L	X	X	X	X	L	H	H	H	L	H	H	L	H
L	X	X	X	L	H	H	H	H	H	L	L	L	H
L	X	X	L	H	H	H	H	H	H	L	H	L	H
L	X	L	H	H	H	H	H	H	H	H	L	L	H
L	L	H	H	H	H	H	H	H	H	H	H	L	H

电路中,编码器74LS148的编码输出端接单片机的P1.4～P1.6口,编码器的GS端接P0.0口。因此P0.0、P1.4～P1.6作为输入口,设置为输入模式。P4.4、P4.5、P4.6作为输出口,设置为输入模式,驱动发光二极管D13、D14和D15点亮。

3. 程序设计

程序命名为read_key.asm,通过查询P0.0的电平变化来确定是否有键按下,当确认有键按下时,读P1.4～P1.6得到键值,并送P4口输出显示。程序开始首先将P0.0、P1.4～P1.6初始化为输入口,并将P0.0上拉;P4初始化为输出口。

```
/*************************************************************
;程序名称：read_key.asm
;功能描述：I/O输入实验程序。将独立式编码键盘的编码值以二进制方式显示在发光二极管上
*************************************************************/
CHIP    SN8P2708A
;包含文件区
.NOLIST
    includestd    macro1.h
    includestd    macro2.h
    includestd    macro3.h
;常量及I/O定义
.CONST
;编码器GS端控制端口
    pkey_GS            EQU        p0.0            ;编码器的GS端
```

```
    pmkey_GS            EQU         p0m.0
;独立式编码键盘接口
    pcoding_key         EQU         p1              ;键码读入端口
    pmcoding_key        EQU         p1m
;RAM 变量定义
.DATA
;变量定义区(bank0)
    ORG         00h
;通用寄存器
    rwk1        DS      1
    rwk2        DS      1
    rwk3        DS      1
    accbuf      DS      1                           ;ACC 压栈存储器
;按键
    rkey_val    DS      1                           ;键值寄存器
;程序代码开始
.CODE
    ORG         0h
    jmp         reset                               ;跳转至复位
    ORG         10h
;系统复位
reset:
;寄存器初始化
    clr         rkey_val
;I/O 口初始化
    mov         a,#0ffh
    mov         p0ur,a                              ;使能 P0 口上拉电阻
    bset        pkey_gs                             ;先输出高电平
    bclr        pmkey_gs                            ;再设置为上拉输入口
    mov         a,#10001111b                        ;设置键值读入为输入口
    and         pmcoding_key,a
    bset        p3m.0
    bset        p4m.4
    bset        p4m.5
    bset        p4m.6
    bset        p4m.7
    bset        p3.0
    mov_        p4,#0                               ;关闭所有 LED
;系统主程序
main:
    call        mnkey_app
    jmp         main
;按键编码显示处理
mnkey_app:
    jb1         pkey_gs,mnkey_app90                 ;是否有键按下
```

```
    mov         a,pcoding_key                   ;读入键盘编码
    and         a,#01110000b                    ;处理
    cje         a,rkey_val,mnkey_app90          ;判断按键变化情况
    mov         rkey_val,a                      ;保存键盘编码
    mov         p4,a                            ;键盘编码送显示
mnkey_app90:
    ret
    ENDP
```


6.3.4 开漏输出

对SN8P2708A单片机,P1.0、P1.1、P5.2可设置为漏极开路输出。当使用I/O开漏输出方式时,若不接上拉电阻,则可以输出高阻或低电平两种状态。采用这种驱动方式,可以达到降低功耗的目的。

图6.14为利用P1.0开漏输出控制继电器的电路。由于SN8P2708A为5 V供电,而继电器要求12 V供电,所以若P1.0不设置为开漏输出方式,将不能对继电器进行有效控制。这也是开漏输出方式的又一个优点。下面的实验例程使用I/O口开漏方式来驱动继电器,并通过键盘控制继电器的开关,当S23键按下时,继电器吸合,当S24键按下时,继电器断开。程序命名为relay_control.asm。

```
;********************************************************************
;程序名称：relay_control.asm
;程序功能：开漏输出实验。当编码键盘 S24 键按下时,继电器断开;当 S23 键按下时,继电器吸合
;********************************************************************
    CHIP    SN8P2708A
;**********************常量定义**********************
.CONST
    pkeym1          EQU     fp14m                   ;编码键盘端口方向
    pkeym2          EQU     fp15m
    pkeym3          EQU     fp16m
    pkeychkm        EQU     fp00m
    pkey1           EQU     fp14                    ;编码键盘读入口
    pkey2           EQU     fp15
    pkey3           EQU     fp16
    pkeychk         EQU     fp00
;****************程序上电/复位入口地址****************
    ORG             0000h
    jmp             start
;******************程序代码开始地址******************
    ORG             0010h
;*********************系统初始化*********************
start:
    mov             a,#01h
    mov             p1oc,a                          ;使能 P1.0 口的漏极开路模式
    bset            p1m.0                           ;使 P1.0 作为输出口
```

```
;********************** 主循环程序 **********************
main:
    call        mnkey               ;扫描按键
    jmp         main
;*************************************************************
子程序名称: mnkey
子程序功能: 编码键盘查询处理程序
;*************************************************************
mnkey:
    mov         a,#00h              ;键信息存储单元清0
    bclr        pkeychkm            ;按键检测引脚输入
    bclr        pkeym1
    bclr        pkeym2
    bclr        pkeym3              ;键信息读入引脚输入
    bts0        pkeychk             ;是否有键按下
    jmp         mnkey90             ;没有键按下就退出
    bts0        pkey1
    or          a,#01h
    bts0        pkey2
    or          a,#02h
    bts0        pkey3
    or          a,#04h              ;读入按键信息至累加器
    cmprs       a,#7
    jmp         mnkey10
    bset        p1.0                ;继电器断开
    jmp         mnkey90
mnkey10:
    cmprs       a,#6
    jmp         mnkey90
    bclr        p1.0                ;继电器吸合
mnkey90:
    ret
    ENDP
```

运行以上程序,操作S23、S24键,观察继电器输出情况。

6.4　数码管显示模块

6.4.1　数码管显示原理

LED数码管由于其结构简单,价格低廉,而得到广泛的应用。其外形及内部结构如图6.16所示。由图可知,数码管可分为共阳型和共阴型两种,共阳型数码管是将8个发光二极管的阳极连接在一起作为公共端,而共阴数码管则是将8个发光二极管的阴极连接在一起作为公共端。8个发光二极管的编号依次为a、b、c、d、e、f、g和dp,除了与公共端相连之外的8个引脚分别与数码管的同名引脚相连。公共端称为位选线,而其他的8位称为段选线。

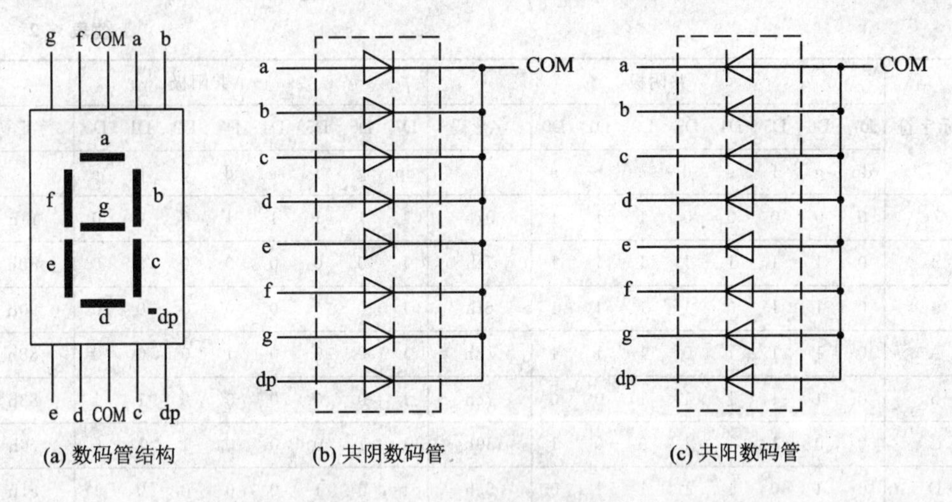

(a) 数码管结构　　(b) 共阴数码管　　(c) 共阳数码管

图 6.16　八段数码管的原理结构图

数码管的显示原理很简单，是通过同名引脚上所加电平的高低来控制发光二极管是否点亮，从而显示不同的字形。假定共阳数码管(内部结构见图 6.16(c))dp、g、f、e、d、c、b 和 a 分别对应1字节数据中的 Bit7、Bit6、Bit5、Bit4、Bit3、Bit2、Bit1 和 Bit0，则数据为1的位(TTL 高电平)对应段不亮，数据为0的位(TTL 低电平)对应段点亮。如果将这个字节数据用十六进制表示，则每一个字形将对应唯一的数值，该数值被称为字形码。8段共阳数码管能显示的常用字符及相应的字形码如表 6.2 所列。该表一般存放在程序存储器中，Seg_Table 为表的起始地址，各地址的偏移量为相应字形码对表起始的项数。当然也可以根据需要来设计特殊的字形码，这时只需要修改码表即可。

共阴数码管(内部结构见图 6.16(b))的操作方法与共阳数码管基本相同，但是因为公用阴极，数据为1的位(TTL 高电平)对应段点亮，数据为0的位(TTL 低电平)对应段不亮。因此共阴数码管与共阳数码管字形码正好相反。

表 6.2　常用的数字和字符共阴极和共阳级的字段码

显示字符	共阴极									共阳极								
	D7	D6	D5	D4	D3	D2	D1	D0	字形码	D7	D6	D5	D4	D3	D2	D1	D0	字形码
	dp	g	f	e	d	c	b	a		dp	g	f	e	d	c	b	a	
0	0	0	1	1	1	1	1	1	3fh	1	1	0	0	0	0	0	0	c0h
1	0	0	0	0	0	1	1	0	06h	1	1	1	1	1	0	0	1	f9h
2	0	1	0	1	1	0	1	1	5bh	1	0	1	0	0	1	0	0	a4h
3	0	1	0	0	1	1	1	1	4fh	1	0	1	1	0	0	0	0	b0h
4	0	1	1	0	0	1	1	0	66h	1	0	0	1	1	0	0	1	99h
5	0	1	1	0	1	1	0	1	6dh	1	0	0	1	0	0	1	0	92h
6	0	1	1	1	1	1	0	1	7dh	1	0	0	0	0	0	1	0	82h

续表 6.2

显示字符	共阴极									共阳极								
	D7	D6	D5	D4	D3	D2	D1	D0	字形码	D7	D6	D5	D4	D3	D2	D1	D0	字形码
	dp	g	f	e	d	c	b	a		dp	g	f	e	d	c	b	a	
7	0	0	0	0	0	1	1	1	07h	1	1	1	1	1	0	0	0	f8h
8	0	1	1	1	1	1	1	1	7fh	1	0	0	0	0	0	0	0	80h
9	0	1	1	0	1	1	1	1	6fh	1	0	0	0	0	0	0	0	90h
A	0	1	1	1	0	1	1	1	77h	1	0	0	0	1	0	0	0	88h
b	0	1	1	1	1	1	0	0	7ch	1	0	0	0	0	0	1	1	83h
C	0	0	1	1	1	0	0	1	39h	1	1	0	0	0	1	1	0	c6h
D	0	1	0	1	1	1	1	0	5eh	1	0	1	0	0	0	0	1	a1h
E	0	1	1	1	1	0	0	1	79h	1	0	0	0	0	1	1	0	86h
F	0	1	1	1	0	0	0	1	71h	1	0	0	0	1	1	1	0	8eh
空格	0	0	0	0	0	0	0	0	00h	1	1	1	1	1	1	1	1	ffh
P	0	1	1	1	0	0	1	1	73h	1	0	0	0	1	1	0	0	8ch
H	0	1	1	1	0	1	1	0	76h	1	0	0	0	1	0	0	1	89h
.	1	0	0	0	0	0	0	0	80h	0	1	1	1	1	1	1	1	7fh
—	0	1	0	0	0	0	0	0	40h	1	0	1	1	1	1	1	1	Bfh

6.4.2 单片机与数码管的接口

单片机与数码管的接口按显示方式可分为静态显示方式和动态显示方式，按译码方式又可分为硬件译码和软件译码方式。下面分别说明。

1. 数码管显示方式

数码管在显示时，通常有两种显示方式：静态显示方式和动态显示方式。

1) 静态显示方式

静态显示是指各位数码管都能稳定地同时显示各自的字形，使用静态显示方式时，其公共端直接接地（共阴极）或电源（共阳极），各段选线与控制器的 I/O 端口相连。如果要显示字符，则只要直接在 I/O 线发送相应的字段码即可，如图 6.17 所示。

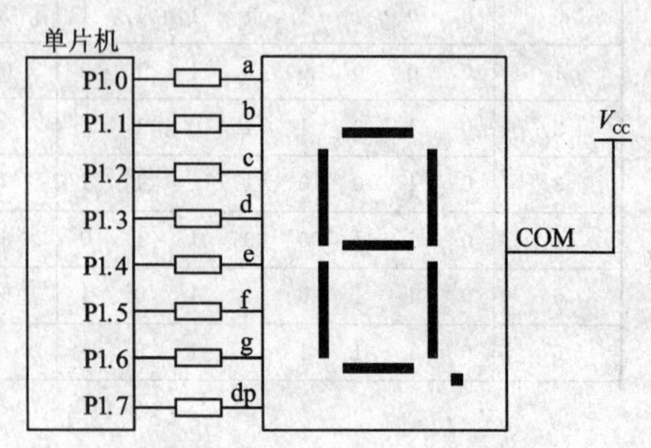

图 6.17　数码管静态方式连接图

静态显示的结构简单，显示方便，如果要显示某个字符，则只要在相应的 I/O 端口发送相应的字段码即可，但是一个数码管需要 8 根 I/O线，如果显示的位数少，使用起来还比较方便，但如果使用的位数很多，这是就要占用很多 I/O 资源，对于资源相对有限的单片机来说是不允许的，甚至无法实现。

2）动态显示方式

动态显示是指各个数码管轮流显示各个字符，每次只有一位显示，并一遍一遍地不断刷新，由于人们的视觉惰性，从而看到各个数码管似乎是同时显示的。使用动态显示方式时，将所有数码管的段选线并接在一起，用一个 I/O 口控制，公共端也不是直接接地（共阴极）或电源（共阳极），而是通过相应的 I/O 接口线来控制。

图 6.5 是一个数码管动态扫描显示电路，从图中可以看出，4 个共阳数码管的段选线并接在一起并与单片机的 P2 口连接，数码管的公共端分别与 P5.4、P5.5、P5.6、P5.7 相连。P2 为段码线，P5 高 4 位为位码线，由它们发送扫描线，低电平有效。任何时候，位选码仅有一位输出低电平。由于 P5 口的驱动能力有限，因此这里采用 9012 三极管来增加其驱动能力。

动态扫描的工作过程为：首先通过 P2 向数码管段码端发送一 8 位数据，这时发送位码数据 7fh 到 P2 口，此时由于 P5.7 为低电平而其他位选线都为高电平，因此只有左边第一个数码管显示该数据。当发送第二个数据时，同样应是其对应的 P5.6 为低电平且保持其他位为高电平。依次类推，对各数码管进行扫描，数码管分时轮流工作。虽然每次只有一个数码管显示，但由于人的视觉暂留现象，仍会感觉到所有的数码管都在显示。

动态显示所用的 I/O 接口线少，电路简单，但软件开销大，需要 CPU 周期性地刷新，因此会占用 CPU 大量的时间。

2. 译码方式

在数码管上要显示某一数据或字符，必须把数据或字符转换为字形码，而这一转换的过程称为译码。译码方式可分为硬件译码和软件译码。

1）硬件译码

硬件译码方式是指运用专用的译码芯片（如 MC14495、7447 等译码器）来发送数码管的段码，控制器只需要使用 4 根信号线将要显示字符的十六进制数传送给译码芯片，则译码器自动将十六进制的数据转换成相应的段码。使用这种方式可简化软件编程，节省 I/O 资源，但会增加系统设计的成本。

2）软件译码

软件译码是指使用控制器的 I/O 口直接控制数码管的各段，事先将数码管的段码设计好存放在系统程序存储器中，使用时系统需要通过查表的方式将要显示的段码取出，并送到段选 I/O 口上。使用这种方式可以降低设计成本，所以一般常被采用。

6.4.3　数码管显示模块设计

为了节约硬件资源，降低系统的设计成本，单片机普遍采用动态扫描、软件译码的方式来实现数码管显示。图 6.5 是目标板上 SN8P2708A 与 4 位数码管的接口电路图，这是一个典型的动态扫描、软件译码数码管显示电路。

6.4.4　显示程序设计

下面通过以下实验分别说明静态显示程序、动态显示程序设计的设计方法。实验中的硬件使用图 6.5 所示的 4 位数码管的接口电路。

1. 静态显示程序设计

程序 one_display.asm 的功能是单独在最右端数码管上轮流显示 0～9 数字。

```
;********************************************************************
;程序名称：one_display.asm.
;程序功能：在 1 个数码管上轮流显示 0～9(延时方式).
;********************************************************************
    CHIP    SN8P2708A
;****************** 包含系统自定义宏文件 ******************************
.NOLIST
    includestd     macro1.h
    includestd     macro2.h
    includestd     macro3.h
;********************************************************************
.LIST
;************************** 常量定义 *********************************
.CONST
    pledsegm          EQU     P2M
    pledseg           EQU     P2              ;数码管显示段端口
pkledm                EQU     P5M
    pkledm4           EQU     P5M.7
    pkled4            EQU     P5.7            ;数码管位选端口(P5.7)
;************************** 变量定义 *********************************
.DATA
    ledbuf            DS      1
    wk00              DS      1
    wk01              DS      1
.CODE
;******************** 程序上电/复位入口地址 **************************
    ORG               0000h
    jmp               reset
;************************ 中断入口地址 ********************************
    ORG               0008h
;*********************** 程序代码开始地址 *****************************
    ORG               0010h
;************************ 系统初始化 **********************************
reset:
    mov               a,#10000000b
    mov               pkledm,a              ;仅数码管位选端口(P5.7)输出
    bclr              pkled4                ;位选码输出低电平
    mov               a,#0ffh
    mov               pledsegm,a            ;数码管段码输出口设置成输出
;************************ 主循环程序 **********************************
main:
    call              mnled
```

```
    jmp             main
;****************************************************************
子程序名称：mnled
子程序功能：在 1 个数码管上轮流显示 0～9(延时方式)
;****************************************************************
mnled：
    clr             ledbuf              ;显示数据初始化
mnled10：
    b0mov           y,#ledcode$M
    b0mov           z,#ledcode$L        ;显示码表首地址
    mov             a,ledbuf            ;取显示数据
    add             z,a
    bts1            fc
    jmp             mnled20
    incms           y                   ;调整显示数据在码表中的地址
    nop
mnled20：
    movc                                ;查表
    mov             pledseg,a           ;显示段码送数码管段选择口
    call            DlYXMS              ;延时
    incms           ledbuf              ;显示数据加 1
    mov             a,ledbuf
    cmprs           a,#10               ;等于 10 退出
    jmp             mnled10
mnled90：
    ret
;****************************************************************
子程序名称：DlYXMS
子程序功能：软件延时处理程序(fCPU = 1 MHz)
;****************************************************************
DlYXMS：
    mov             a, #255
    mov             wk00,a
    mov             a,#255
    mov             wk01,a
    decms           wk00
    jmp             $ -1
    decms           wk01
    jmp             $ -3
    ret
;************************七段显示码表(共阳极)************************
ledcode：
    ;               0        1        2        3
        DW          0xd0     0xf9     0xa4     0xb0
    ;               4        5        6        7
```

```
        DW      0x99    0x92    0x82    0xf8
;               8       9       A       b
        DW      0x80    0x90    0x88    0x83
;               C       d       E       F
        DW      0xc6    0xa1    0x86    0x8e
;               P       U       T       Y
        DW      0x8c    0xc1    0xce    0x91
;               L       全      灭
        DW      0xc7    0x00    0xff
```

2. ENPP动态显示程序

设计动态程序,用动态扫描法在4个数码管上显示数字1234。

动态显示采用软件法把要显示的十六进制数(或BCD码)转换为相应的字形码,因此它通常在数据存储区建立一个显示缓冲区。显示缓冲区内包含的存储单元的个数一般与系统中数码管个数相等。以下是一个动态显示4个数码管的程序dy_display1.asm。其中显示缓冲区是以dis_buf开始的连续4个单元。其软件流程图如图6.18所示。

```
;*************************************************************
;程序名称:dy_display1.asm
;程序功能:在4位数码管上显示字符数据(延时方式).
;*************************************************************
    CHIP    SN8P2708A
;****************包含系统自定义宏文件****************
.NOLIST
    includestd    macro1.h
    includestd    macro2.h
    includestd    macro3.h
;*************************************************************
.LIST
;************************ 常量定义 ************************
.const
    pledsegm    EQU    p2m
    pledseg     EQU    p2              ;数码管显示段端口
    pkledm      EQU    P5M
    pkled       EQU    P5              ;数码管位选端口(P5.4~P5.7)
;************************变量定义************************
.DATA
    ledcnt      DS     1               ;数码管位选码地址
    ledbuf      DS     4               ;数码管显示缓冲区
    wk00        DS     1
    wk01        DS     1               ;临时变量
.CODE
;********************程序上电/复位入口地址 ********************
    ORG         0000h
    jmp         reset
```

```
;*************************中断入口地址*************************
    ORG         0008h
;*************************程序代码开始地址*************************
    ORG         0010h
;*************************系统初始化 *************************
reset:
    mov_        ledbuf[0],#1
    mov_        ledbuf[1],#2
    mov_        ledbuf[2],#3
    mov_        ledbuf[3],#4                ;初始化显示缓冲区
    mov         a,pkledm
    or          a,#0f0h
    mov         pkledm,a                    ;P5 口高 4 位输出,低 4 位保持不变
    mov_        pkled,#0f0h                 ;P5 口高 4 位输出高电平,关闭数码管位选码
    mov         a,#0ffh
    mov         pledsegm,a                  ;数码管段码输出口设置成输出
;*************************主循环程序*****************************
main:
    call        mnled
    jmp         main
/;*********************************************************************
子程序名称:mnled
子程序功能:动态扫描点亮 4 个数码管(延时方式)
输 入 参 数:leddot、ledbuf 中显示数据
/;*********************************************************************/
mnled:
    b0mov       h,#ledbuf$m
    b0mov       l,#ledbuf$l                 ;显示数据地址
    mov         a,#11101111b
    mov         ledcnt,a                    ;初始化数码管位选码地址
mnled10:
    mov         a,@hl                       ;取显示数据
    b0mov       y,#ledcode$m
    b0mov       z,#ledcode$l                ;显示码表地址
    add         z,a
    bts0        fc
    incms       y
    movc                                    ;取显示数据码
    mov         pledseg,a                   ;段码输出
    mov         a,ledcnt                    ;取显示位码
    mov         pkled,a                     ;送显示位码
    call        DlY1MS                      ;延时 1 ms
    rlcm        ledcnt                      ;数码管位选码地址调整
    bts1        fc                          ;判断是否一轮扫描完成
    jmp         mnled90
```

```
mnled20:
    mov         a,#01h
    add         l,a
    bts1        fc
    jmp         mnled10
    incms       h                               ;显示数据地址加1
    nop
    jmp         mnled10
mnled90:
    ret
;*************************************************************
子程序名称：DlY1MS
子程序功能：软件延时1 ms处理程序(fCPU = 1 MHz)
;*************************************************************
DlY1MS:
    mov         a, #255
    mov         wk00,a
    mov         a,#77
    mov         wk01,a
    decms       wk00
    jmp         $ -1
    decms       wk01
    jmp         $ -1
    ret
;********************** 七段显示码表(共阳极) **********************
ledcode:
    ;           0       1       2       3
        DW      0xd0    0xf9    0xa4    0xb0
    ;           4       5       6       7
        DW      0x99    0x92    0x82    0xf8
    ;           8       9       A       b
        DW      0x80    0x90    0x88    0x83
    ;           C       d       E       F
        DW      0xc6    0xa1    0x86    0x8e
    ;           P       U       T       Y
        DW      0x8c    0xc1    0xce    0x91
    ;           L       全      灭
        DW      0xc7    0x00    0xff
ENDP
```

上述程序是将所有位的数码管扫描一遍，在每位送显示后加入了1 ms延时程序，以达到稳定显示并提高显示亮度的目的。这种编程思想虽然简单，但也存在以下缺点：当加入软件延时程序后，在执行显示程序期间，CPU大部分时间都去执行延时程序而不能处理其他事件。本例中，程序运行时间至少4 ms，如果再增加4个数码管，则程序执行时间就更长了。这种编程方式，不仅消耗了大量的CPU时间，降低了系统的效率，同时也无法保证系统实时性。

为了克服上述缺点,可以考虑将延时用其他任务代替,而在每次执行显示任务时,只进行一个数码管显示。例如在第一次调用显示子程序时,第一位数码管被点亮,当下一次再调用显示子程序时,显示第二位数码管,依此类推,直至最后一位数码管被点亮后再跳回显示第一位数码管。这样,当每次退出数码管显示子程序后,由于 I/O 口的锁存作用,相应位的数码管一直点亮,而这时系统就可以去执行其他的任务。因此,延时程序不再需要了。

按上述方式设计程序 dy_display2.asm,需要一个指示显示数码管显示位的位指针 dis_point,显示缓冲区与上例相同,程序流程图如图 6.19 所示。

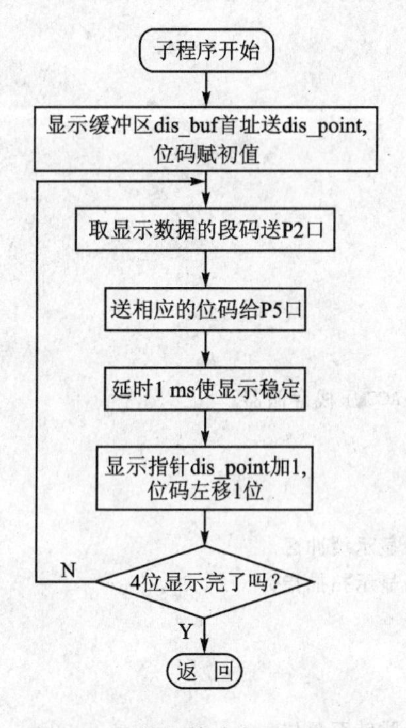

图 6.18　数码管动态显示流程图

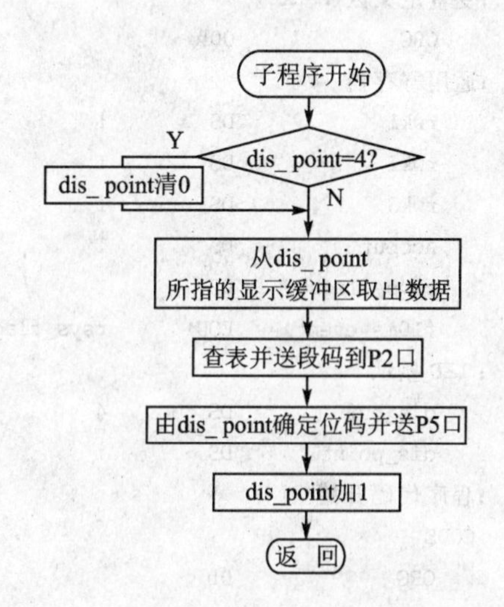

图 6.19　动态显示的另一种编程方法流程图

其完整的程序如下:

```
;*****************************************************************
;程序名称: dy_display2.asm
;功能描述: 在 4 位 LED 数码管上显示指定的字符,每次调用显示子程序时,只点亮一个数码管
;*****************************************************************
CHIP SN8P2708A
;包含文件区
.NOLIST
    includestd  macro1.h
    includestd  macro2.h
    includestd  macro3.h
;常量及 I/O 定义
.CONST
; LED 控制端口
    pmled_seg       EQU       p2m                     ;LED 段码端口模式寄存器
    pled_seg        EQU       p2                      ;LED 段码端口寄存器
```

```
    pmled_bit       EQU     p5m             ;LED 位选端口模式寄存器
    pmled_bit1      EQU     p5m.7
    pmled_bit2      EQU     p5m.6
    pmled_bit3      EQU     p5m.5
    pmled_bit4      EQU     p5m.4

    pled_bit        EQU     p5              ;LED 位选端口寄存器
    pled_bit1       EQU     p5.7
    pled_bit2       EQU     p5.6
    pled_bit3       EQU     p5.5
    pled_bit4       EQU     p5.4
;RAM 变量定义
.DATA
;变量定义区(bank0)
    ORG             00h
;通用寄存器
    rwk1            DS      1
    rwk2            DS      1
    rwk3            DS      1
    Accbuf          DS      1               ;ACC 压栈存储器
    rsys_flags      DS      1
    f10ms_event     EQU     rsys_flags.0
; LED 显示
    dis_buf         DS      4               ;显示缓冲区
    dis_point       DS      1               ;显示扫描指针
;程序代码开始
.CODE
    ORG             0h
    jmp             reset                   ;跳转至复位
    ORG             08h
    jmp             reset                   ;跳转至中断处理程序

    ORG             10h
;系统复位
reset:
;寄存器初始化
    clr             dis_buf                 ;显示缓冲区清 0
    clr             dis_buf + 1
    clr             dis_buf + 2
    clr             dis_buf + 3
    clr             dis_point
;中断初始化
    clr             INTEN                   ;禁止所有中断
    clr             INTRQ                   ;清所有中断标志
    b0bclr          FGIE                    ;禁止全局中断
;I/O 口初始化
    mov_            pmled_seg, #0ffh        ;LED 段码口设置为输出口
```

```
    mov_            pled_seg,#0h                ;关段码输出
    mov_            pled_bit,#0ffh              ;关所有位选
    mov_            pmled_bit,#0h               ;片选线设置为输入口
;显示缓冲区赋显示值
    mov_            dis_buf,#6
    mov_            dis_buf+1,#0
    mov_            dis_buf+2,#0
    mov_            dis_buf+3,#2
;系统主程序
main:
    call            mnled
     ⋮                                          ;其他任务
    jmp             main
;LED显示程序
mnled:
    mov             a,dis_point
    sub             a,#4
    jnz             mnled05
    clr             dis_point
mnled05:
    mov             a,#11110000b
    or              pled_bit,a                  ;关闭显示
    mov             a,#00001111b
    and             pmled_bit,a                 ;设置位选位为输入口
    mov_            y,#LED_Table$m              ;取码表首地址
    mov_            z,#LED_Table$l
    clr             h                           ;取显示缓冲区首地址
    mov_            l,#dis_buf$l
    mov             a,dis_point
    add             l,a
    mov             a,@hl                       ;取出显示码
    add             z,a                         ;加偏移地址
    bts1            fc
    jmp             mnled10
;发生进位
    incms           y
    nop
mnled10:
    movc
    mov             pled_seg,a                  ;送段码
;分析应该选中哪一位
    mov             a,dis_point                 ;分析哪一位数码管
    @jmp_a          4
    jmp             bit_select01
    jmp             bit_select02
```

```
        jmp             bit_select03
        jmp             bit_select04
bit_select01:                                               ;显示第一位(最右边为第一位)
        bset            pmled_bit1
        bclr            pled_bit1
        jmp             mnled80
bit_select02:                                               ;显示第二位
        bset            pmled_bit2
        bclr            pled_bit2
        jmp             mnled80
bit_select03:                                               ;显示第三位
        bset            pmled_bit3
        bclr            pled_bit3
        jmp             mnled80
bit_select04:                                               ;显示第四位
        bset            pmled_bit4
        bclr            pled_bit4
        jmp             mnled80
mnled80:
        incms           dis_point
        nop
mnled90:
        ret
;LED码表(共阳)
LED_Table:
        ;               0       1       2       3
                DW      0xd0    0xf9    0xa4    0xb0
        ;               4       5       6       7
                DW      0x99    0x92    0x82    0xf8
        ;               8       9       A       b
                DW      0x80    0x90    0x88    0x83
        ;               C       d       E       F
                DW      0xc6    0xa1    0x86    0x8e
        ;               P       U       T       Y
                DW      0x8c    0xc1    0xce    0x91
        ;               L       全      灭
                DW      0xc7    0x00    0xff
ENDP
```

6.5　中断功能

SN8P2708A有8个中断源,其中任何一个中断源均可通过INTEN中的相应位置位或清0,实现单独的使能或禁止。SN8P2708A单片机的中断入口地址只有一个,中断优先级是通过程序对中断标志位判断的先后次序来确定的。

6.5.1　定时器中断应用

1. 设计任务

设计一个控制 LED 闪烁的程序，要求闪烁频率为 10 Hz。

2. 实现方法

使用目标板上 LED 电路，通过 P3.0 输出高/低电平来控制发光二极管 D17 的闪烁。闪烁频率由两种方法控制：一种是通过软件延时控制；另一种是使用定时器中断方式控制。作为定时器中断应用，这里采用定时器 T0 中断方式实现。

LED 闪烁频率为 10 Hz，要求定时时间 50 ms，已知单片机的 $f_{OSC}=4$ MHz，系统工作于高速模式下，$f_{CPU}=f_{SOC}/4$，设定时器 T0 时钟由 f_{CPU} 256 分频后得到，则定时器初值计算如下：

$$f_{T0}=\frac{1}{256}\times f_{CPU}=\frac{1}{958}\times f_{OSC}$$

$$TC=256-T\times f_{T0}=256-50\text{ ms}\times\frac{f_{OSC}}{958}=3eh$$

3. 程序设计

利用 T0 定时器中断，实现发光二极管 D17 以 10 Hz 闪烁的程序 led_light.asm 的清单如下：

```
;************************************************************************
;名称：led_light.asm
;功能：定时器中断应用，定时器 T0 中断产生一方波，控制 D17 的闪烁
;说明：定时器 T0 定时时间为 50 ms，在 P3.0 引脚产生 10 Hz 的方波输出，控制 D17 的闪烁
;************************************************************************
    CHIP    SN8P2708A
;*****************包含系统自定义宏文件*****************
    .NOLIST
    includestd     macro1.h
    includestd     macro2.h
    includestd     macro3.h
.LIST
;*********************常量定义*********************
    .CONST
    ledm        EQU    P3M.0
    led         EQU    P3.0
;*********************变量定义*********************
.DATA
    accbuf      DS        1
.CODE
;****************程序上电/复位入口地址****************
    ORG         0000h
    jmp         start
```

```
;*************************中断入口地址*************************
    ORG       0008h
    jmp       isr
;*************************程序代码开始地址*************************
    ORG       0010h
;*************************系统初始化 *************************
start:
    bset      ledm                    ;P3.0 口作为输出口
    clr       intrq                   ;清中断请求
    mov_      t0c, #3eh               ;计数初值(50 ms)
    mov_      t0m, #00h               ;fCPU/256
    bset      inten.4                 ;使能 T0 中断
    bset      stkp.7                  ;开总中断
    bset      t0m.7                   ;启动定时器 T0
;*************************主循环程序 *************************
main:
    jmp       $                       ;等待定时器中断
/************************************************************
子程序名称:isr
子程序功能:定时器 T0 中断服务程序
************************************************************/
isr:
    xch       a,accbuf                ;保护累加器 ACC 中的数据
    b0bts1    inten.4                 ;判断 T0 中断是否开
    jmp       isr90
    b0bts1    intrq.4                 ;是否是 T0 中断请求
    jmp       isr90

    mov       a,#00h
    mov       t0C,a                   ;重装计数初值(50 ms)

    jb0       Led,isr10
    bclr      led                     ;若上次 LED 引脚为高电平,则这次输出为低电平
    jmp       isr90
isr10:
    bset      led                     ;若上次 LED 引脚为低电平,则这次输出为高电平
isr90:
    clr       intrq                   ;执行完后,清除所有中断请求
    xch       a,accbuf                ;还原累加器 ACC 中的数据
    reti
    ENDP                              ;结束编译
```

6.5.2　键盘中断

1. 设计任务

利用目标板上的编码键盘和数码管显示电路,设计一个将键盘输入的键值显示在数码管

上的程序。

2. 实现方法

在目标板上，当编码键盘 S17～S24 中任一键按下时，GS 引脚均变为低电平输出，产生一下降沿信号，所以 GS 引脚的输出可当作中断信号源。在目标板上，GS 就连接到 SN8P2708A 单片机的外部中断 INT0 输入引脚 P0.0 上，如图 6.6 所示。显示电路仍然采用图 6.5 所示 4 位数码管动态扫描电路。目标板上按键与键值的对应关系如表 6.3 所列。

表 6.3 按键与键值对应关系表

按 键	S17	S18	S19	S20	S21	S22	S23	S24
键 值	0	1	2	3	4	5	6	7

3. 程序设计

键值通过中断方式读入，并将读入的键值存入显示缓冲区；显示采用 6.4.4 小节中的动态显示子程序 dy_display2.asm。程序设计时，需要设置 1 个键值缓冲区 rkey_val、4 个显示缓冲区 rled_buf。rkey_val 用来存放输入的的键值，rled_buf 区开始的连续 4 个单元用来存放要显示的数据。本程序命名为 key_display.asm。其程序清单如下：

```
/*************************************************************
;名称：编码键盘实验程序
;功能：将编码键盘的输入值依次显示到数码管上
*************************************************************/
CHIP SN8P2708A
;包含文件区
.NOLIST
    includestd  macro1.h
    includestd  macro2.h
    includestd  macro3.h
;常量及 I/O 定义
.CONST
; LED 控制端口
    pmled_seg       EQU     p2m             ;LED 段码端口模式寄存器
    pled_seg        EQU     p2              ;LED 段码端口寄存器
    pmled_bit       EQU     p5m             ;LED 位选端口模式寄存器
    pmled_bit1      EQU     p5m.7
    pmled_bit2      EQU     p5m.6
    pmled_bit3      EQU     p5m.5
    pmled_bit4      EQU     p5m.4
    pled_bit        EQU     p5              ;LED 位选端口寄存器
    pled_bit1       EQU     p5.7
    pled_bit2       EQU     p5.6
    pled_bit3       EQU     p5.5
    pled_bit4       EQU     p5.4
;独立式编码键盘接口
```

```
    pcoding_key        EQU     p1              ;键码读入端口
    pmcoding_key       EQU     p1m
;RAM 变量定义
.DATA
;变量定义区(bank0)
    ORG                00h
;通用寄存器
    rwk1               ds      1
    accbuf             ds      1               ;ACC 压栈存储器
; LED 显示
    rled_buf           ds      4               ;显示缓冲区
    rscan_cnt          ds      1               ;显示扫描和键扫描计数
;按键
    rkey_val           ds      1               ;键值寄存器
;程序代码开始
.CODE
    ORG                0h
    jmp                reset                   ;跳转至复位
    ORG                08h
    jmp                isr                     ;跳转至中断处理程序
    ORG                10h
;中断跳转表
;中断处理程序
isr:
    b0xch              a,accbuf                ;保存累加器 ACC 的数据
    push                                       ;压栈,保存 80h～87h 的数据,包括 PFLAG
isr10:
    b0bts1             fp00ien
    jmp                isr90
    b0bts1             fp00irq
    jmp                isr90
    bclr               fp00irq                 ;清中断标志位
    call               p00int_sev              ;P0.0 中断程序入口
    jmp                isr90
isr90:
    pop
    b0xch              a,accbuf
    reti
;P0.0 中断服务程序
p00int_sev:
    mov                a,pcoding_key           ;读入编码
    mov                rkey_val,a
    swapm              rkey_val
    mov                a,#00000111b
    and                rkey_val,a              ;处理键值
```

```
    mov_        rled_buf + 3,rled_buf + 2    ;新值写入显示缓冲区
    mov_        rled_buf + 2,rled_buf + 1
    mov_        rled_buf + 1,rled_buf
    mov_        rled_buf,rkey_val
p00int_sev90:
    ret
;系统复位
reset:
;寄存器初始化
    clr         rled_buf                     ;变量清 0
    clr         rled_buf + 1
    clr         rled_buf + 2
    clr         rled_buf + 3
    clr         rscan_cnt
    clr         rkey_val
;中断初始化
    clr         INTEN                        ;禁止所有中断
    clr         INTRQ                        ;清所有中断标志
    b0bclr      fgie                         ;禁止全局中断
    bset        fp00ien                      ;允许 P0.0 中断
    bset        fgie                         ;开全局中断
;I/O 口初始化
    mov_        pmled_seg,#0ffh              ;LED 段码口设置为输出口
    mov_        pled_seg,#0h                 ;关段码输出
    mov_        pled_bit,#0ffh               ;关所有位选
    mov_        pmled_bit,#0h                ;片选线设置为输入口
    mov         a,#10001111b                 ;设置键值读入为输入端口
    and         pmcoding_key,a
;显示缓冲区赋显示值,开机使所有数码管全灭
    mov_        rled_buf,#22
    mov_        rled_buf + 1,#22
    mov_        rled_buf + 2,#22
    mov_        rled_buf + 3,#22
;系统主程序
main:
    call        mnled
    jmp         main
;LED 显示子程序
mnled:
    mov         a,rscan_cnt
    sub         a,#4
    jnz         mnled05
    clr         rscan_cnt
mnled05:
    mov         a,#11110000b
```

```
    or          pled_bit,a              ;关闭显示
    mov         a,#00001111b
    and         pmled_bit,a             ;设置位选位为输入口
    mov_        y,#LED_Table$m          ;取码表首地址
    mov_        z,#LED_Table$l
    clr         h                       ;取显示缓冲区首地址
    mov_        l,#rled_buf$l
    mov         a,rscan_cnt
    add         l,a
    mov         a,@hl                   ;取出显示码
    add         z,a                     ;加偏移地址
    bts1        fc
    jmp         mnled10
;发生进位
    incms       y
    nop
mnled10:
    movc
    mov         pled_seg,a              ;送段码
;分析应该选中哪一位
    mov         a,rscan_cnt             ;分析键计数
    @jmp_a      4
    jmp         bit_select01
    jmp         bit_select02
    jmp         bit_select03
    jmp         bit_select04
bit_select01:
    bset        pmled_bit1
    bclr        pled_bit1
    jmp         mnled80
bit_select02:
    bset        pmled_bit2
    bclr        pled_bit2
    jmp         mnled80
bit_select03:
    bset        pmled_bit3
    bclr        pled_bit3
    jmp         mnled80
bit_select04:
    bset        pmled_bit4
    bclr        pled_bit4
    jmp         mnled80
mnled80:
    incms       rscan_cnt
    nop
```

```
mnled90:
    ret
;LED码表(共阳)
LED_Table:
    ;         0        1        2        3
        DW    0xd0     0xf9     0xa4     0xb0
    ;         4        5        6        7
        DW    0x99     0x92     0x82     0xf8
    ;         8        9        A        b
        DW    0x80     0x90     0x88     0x83
    ;         C        d        E        F
        DW    0xc6     0xa1     0x86     0x8e
    ;         P        U        T        Y
        DW    0x8c     0xc1     0xce     0x91
    ;         L        全       灭
        DW    0xc7     0x00     0xff
ENDP
```

6.6 键盘电路

键盘是实现人机交互的主要设备，是应用系统不可缺少的部件。在微机系统应用中，操作人员可通过键盘输入指令或数据，实现人机对话。键盘可分为独立式和行列(矩阵)式两类，每一类又可根据对按键的译码方式分为编码键盘和非编码式键盘两种类型。

编码键盘通过硬件电路产生按键的键码和一个选通信号，选通信号常用作CPU的中断请求信号，用来通知CPU以中断的方式接收被按按键的键码。这种键盘使用方便，编程简单，但硬件电路复杂，同时会增加硬件成本。

非编码式键盘常用一些按键排列成行列矩阵。其按键的作用只是使电路中相应接触点接通或断开，在相应程序的配合下也可产生按键的编码。非编码式键盘的硬件极为简单，在微型计算机中被广泛采用，但是非编码式键盘的按键键码是通过软件来获得，需要占用一定的CPU时间。

在6.3节和6.5节中已经介绍了编码键盘的硬件电路及软件编程，本节主要讨论非编码键盘的硬件结构和编程方法。

6.6.1 SONIX单片机与非编码式键盘的接口

SONIX单片机与行列式非编码式键盘的接口电路如图6.7所示。该键盘为4×4行列式键盘，共有16个键，分成4行(R3～R0)、4列(L3～L0)，行线分别与控制器的P5.7～P5.4相连，列线分别与控制线的P1.7～P1.4相连。只有当某个键被按下时，相应的行、列才会被接通；否则处于断开状态。键盘按其功能分可分为数字键和功能键，使用前必须进行定义。本例中16个键定义为数字键0～F，如表6.4所列。这些数字称为键值。

表6.4　行列式非编码式键盘的键值表

键　名	S0	S1	S2	S3	S4	S5	S6	S7	S8	S9	S10	S11	S12	S13	S14	S15
键　值	0	1	2	3	4	5	6	7	8	9	A	B	C	D	E	F

以下结合非编码式键盘电路，对行列式非编码式键盘的工作原理和按键处理程序进行分析和讨论。

采用非编码式键盘，CPU必须对所有按键进行监视。一旦发现有键按下，则CPU应通过程序加以识别，并计算键值，然后转去执行相应的键功能。图6.20是一个按键扫描程序的流程图。由图可以看出，监视过程可分为以下3个步骤：

(1) 判断是否有键按下。CPU监视键盘中是否有键按下的原理很简单，行线只要输出低电平，然后读入列值4位，判断是否全为1，就可知道是否有键按下。也可以采用按行分别输出低电平，即逐行扫描的方式进行判断。图6.21所示为理想情况下一般键盘检测示意图。

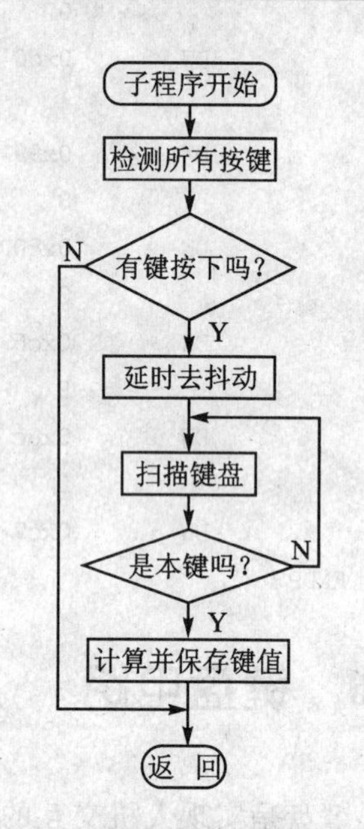

图6.20　按键扫描程序流程图

(2) 按键消抖处理。在按键按下和松开时，由于金属触片的接触过程，会产生抖动，抖动的时间一般为10 ms左右，键的抖动会引起一次按键被误读多次，显然这是不允许的。按键消抖处理一般是采用通过延时后再进行扫描的方法进行处理的。键盘消抖处理的做法是：当检测到有键按下时，利用软件延时一段时间后(例如20 ms)再检测，如果发现仍有键按下，则认为确有键按下。图6.20就是通过软件延时去抖的键盘处理程序的流程图。这种程序设计有以下缺点：第一，由于使用了软件延时，造成程序浪费大量的时间而不能执行其他的任务，大大地降低了系统的实时性，同时也降低了系统的效率；第二，如果在电源不理想或噪声较大的情况下，很有可能刚好两次检测的都为抖动信号，如图6.22所示，就会造成误判。

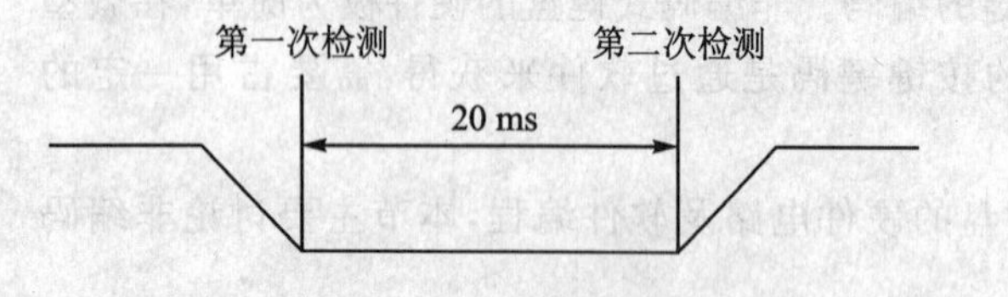

图6.21　理想情况下一般键盘检测示意图

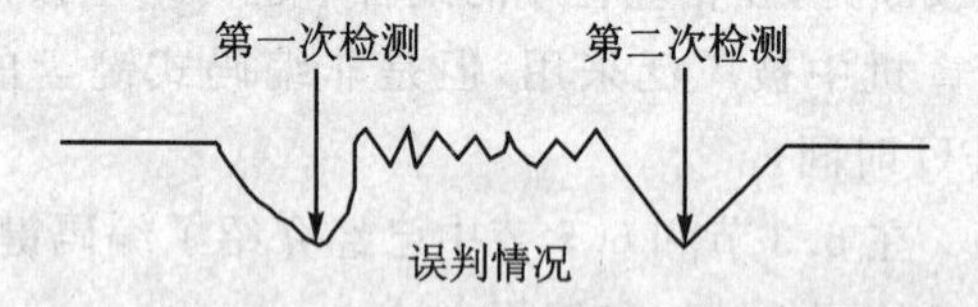

图6.22　有噪声时造成的键盘误判情况示意图

(3) 求键值。求键值就是确定是哪一个键按下后，按照键的定义赋给相应的数值。这是通过程序判断和处理来完成的。

6.6.2　键盘扫描的另一种设计方法

针对上述键盘扫描程序实时性差，程序运行的效率低，键盘的可靠性不高等问题，下面介绍一种新的键盘扫描程序设计方法。将键盘扫描程序按功能划分为按键扫描(keyin)、消抖处理(keychk)和计算键值(keycvt) 3个子程序来分别处理。

1. 按键扫描子程序

按键扫描子程序任务很简单，专门负责将外部按键信息读入到内部缓冲器中。其方法是在RAM中创建一个按键信息缓冲区，将每个键的状态读入到缓冲区中。在本例中，有16个键，建立了2字节的键盘状态缓冲区 rkeybuffer 和 rkeybuffer+1。缓冲区各位与每个键的对应关系如表6.5所列。

表6.5 缓冲区各位与每个键对应的关系

键 名	S15	S14	S13	S12	S11	S10	S9	S8	S7	S6	S5	S4	S3	S2	S1	S0
按键信息缓冲区	rkeybuffer+1								rkeybuffer							
键更新缓冲区	rkeychkbuffer+1								rkeychkbuffer							
上一次确认按键缓冲区	rkeyoldbuf+1								rkeyoldbuf							

程序设计为逐行扫描，且每调用一次子程序只扫描一行。由于单片机内部有上拉电阻，因此外接上拉电阻可以省略，但在编程时应注意以下三点：

第一，初始化时，行、列扫描线 P5.4～P5.7、P1.4～P1.7 均设为上拉输入口。

第二，键扫描时，如果将 P5. 7～P5. 4 均设为输出，则采用逐行拉低的方式，即：

1110→1101→1011→0111

P5.4～P5.7 依序送出低电平，然后通过输入口 P1.4～P1.7 读取信息。但此时当用户同时按下同一列两个按键时，会有短路现象发生。例如，P5.7～P5.4 输出 1110，当同时按下 S1、S5 时，将使 P5.5 输出的高电平短路。解决这一问题的方法一般是在键盘与列的连接点加入二极管来保护，但这将增加系统的成本。也可以采用软件方法来解决，即将 P5 输出高电平的端口改为输入上拉端口，就可以避免输出短路现象。

第三，将 P5 输出高电平的端口改为输入上拉端口，在逐行拉低切换时，若某一端口由输出低电平切换为输入上拉时，需要一个较长的上升时间，会导致键盘扫描的误判。解决这一问题的方法是，编程时将端口输出低电平切换为输出高电平，再切换为输入上拉方式。例如，P5.7 ～P5.4 由 1110→1101 切换扫描时，对于 P5.4＝output 0→input pull-up 1，必须经过 P5.4＝ output 0→output 1→input pull-up 两次切换，中间必须经过 output 1 的动作。

2. 消抖处理子程序

新的消抖程序设计的思路是：当第一次检测到有键按下时，程序首先置有键按下标志 fkeyin=1，并打开计时器开始计时，然后转去执行其他任务。之后，每运行到键盘操作，程序都会检测对应的键的状态，当计时时间到时，键盘消抖处理程序已运行了 n 次，进行了 n 次键的状态检测。如图6.23所示，当 n 次检测键的状态都没有发生变化时，消抖处理结束，确认本次是一次有效的按键；在这一过程中，若有一次检测到对应的键的状态发生了变化，则认为此键操作无效，应重置键的状态，并重新开始一次新的计时。

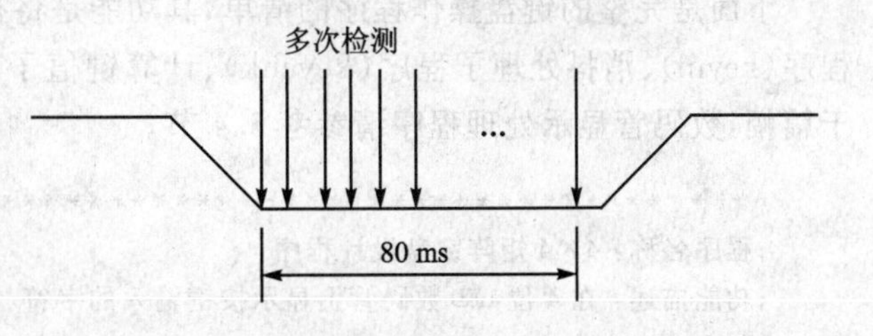

图6.23 新的消抖处的示意图

消抖处理需要设一键盘检查缓冲区 rkeychkbuf、rkeychkbuf+1,使每一键与缓冲区各位对应,用来存放更新了的键状态,如表6.5所列。同时设一有键按下的标志位 fkeyin,若 fkeyin=1,说明有键按下;若 fkeyin=0,说明没有键按下。消抖处理时间是采用定时器中断实现的,在实际应用中,一般设一单元 rkeychar,并在检测到有一次新的键操作时对 rkeychar 赋一初值。在定时器中断服务程序中,对 rkeychar 进行减1操作。键盘检查程序通过检查 rkeychar 的值来判断消抖时间是否到。其程序的流程图如图6.24、图6.25所示。

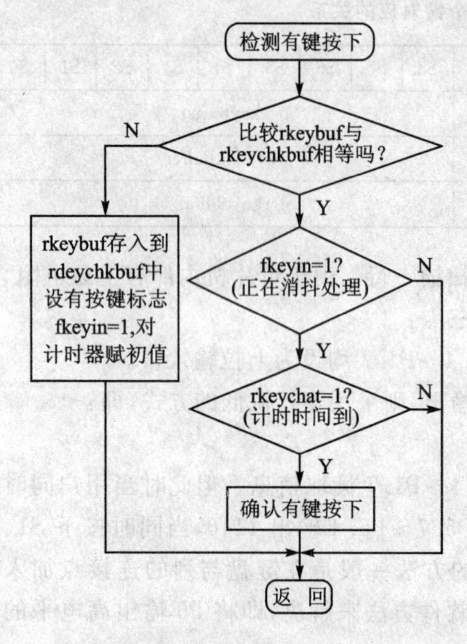

图6.24 新的键盘扫描程序流程图

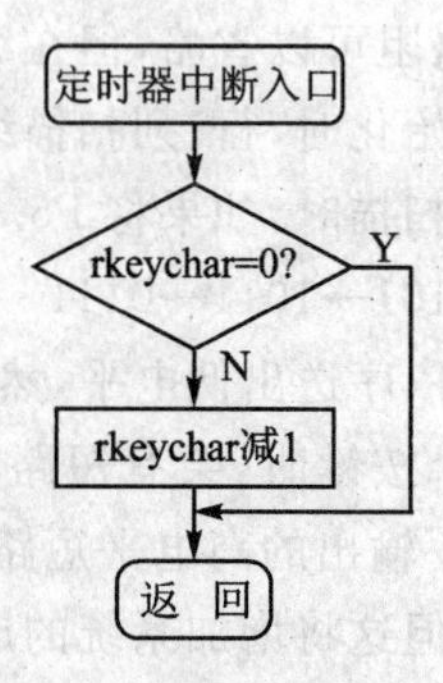

图6.25 定时器中断服务程序流程图

3. 计算键值

通过按键扫描和消抖处理,16个键的状态存入指定的 rkeychkbuf 缓冲区中,但按键状态值不具有实际的意义,不能直接用作系统的命令或数据。因此本程序的主要任务是将确认键的键值计算出来,并将其存储到键值缓冲区中。具体计算时可采用逐位分析的方法,即从低位向高位依次分析各位的值,如果发现值为0的位,则说明相应的键被按下,并将对应键的键值送到键值缓冲区中。在程序中,设上一次确认按键缓冲区 rkeyoldbuf 和 rkeyoldbuf+1 用来存放上一次确认操作的按键信息,如表6.5所列。键值缓冲区是以 rkeyval 单元为起始地址的16个存储单元。

下面是完整的键盘操作程序的清单,其功能是将扫描的键值送数码管显示,包括键扫描子程序(keyin)、消抖处理子程序(keychk)、计算键值子程序(keycvt)和数码管显示子程序。限于篇幅,数码管显示处理程序请参考6.4节。

```
/*********************************************************************
;程序名称:4×4 矩阵键盘设计程序
;功能描述:在4位LED数码管上显示按键输入的字符
*********************************************************************/
```

```
CHIP    SN8P2708A
;******************包含系统自定义宏文件*****************
.NOLIST
    includestd    macro1.h
    includestd    macro2.h
    includestd    macro3.h
;*********************变量定义*********************
.DATA
    ledbuf        DS        4        ;数码管显示缓冲区
    ledcnt        DS        1        ;扫描数码管位置个数单元
    Rledcnt       DS        1        ;更新数码管显示记录单元
    keyFIFO       DS        4
    KeyFIFOC      DS        1        ;键值保存地址指针
    keyinbuf      DS        2        ;读入键
    keychkbuf     DS        2        ;待确认的键
    keycvtbuf     DS        2        ;确认后键
    keyoldbuf     DS        2        ;旧键状态缓冲区
    keychat       DS        1        ;防抖动时间处理单元
    accbuf        DS        1
    SYSFlag       DS        1        ;系统标志位
    FBtmint       EQU       SYSFlag.0    ;系统最小时间标志
    Fkeydown      EQU       SYSFlag.1    ;键按下标志位
.CODE
;*****************程序上电/复位入口地址*****************
    ORG           0000h
    jmp           start
;*********************中断入口地址*********************
    ORG           0008h
    jmp           isr
;*******************程序代码开始地址*******************
    ORG           0010h
reset:
    clr           SYSFlag                ;系统标志位清0
    clr           ledcnt                 ;扫描数码管位置个数清0
    clr           KeyFIFOC
    clr           keyinbuf
    clr           keyinbuf[1]
    clr           keychkbuf
    clr           keychkbuf[1]
    clr           keycvtbuf
    clr           keycvtbuf[1]
    clr           keyoldbuf
    clr           keyoldbuf[1]
    clr           keychat
    mov_          ledbuf[0],#1
```

```
        mov_        ledbuf[1],#2
        mov_        ledbuf[2],#3
        mov_        ledbuf[3],#4                ;系统上电时,数码管显示 1234
        clr         intrq                       ;清中断请求
        mov_        t0c, #0B1h                  ;计数初值(10 ms)
        mov_        t0m, #10h                   ;fCPU/128
        bset        inten.4                     ;使能 T0 中断
        bset        stkp.7                      ;开总中断
        bset        t0m.7                       ;启动定时器 T0
        call        init_key                    ;初始化按键扫描各 I/O 口
main:
        call        mnintgnd                    ;系统时间处理程序
        call        mnled                       ;数码管动态扫描
        call        mnkey                       ;键盘扫描
        call        mnapp                       ;键值应用
        jmp         main
/*******************************************************************
子程序名称:isr
子程序功能:外部中断 0 服务程序
*******************************************************************/
isr:
        xch         a,accbuf                    ;保护累加器 ACC 中的数据
        b0bts1      inten.4                     ;是否开 T0 中断
        jmp         isr90
        b0bts1      intrq.4                     ;是否是 T0 中断请求
        jmp         isr90
        mov_        t0c, #0B1h                  ;重装计数初值(10 ms)
        bset        FBtmint                     ;置系统最小时间到标志
isr90:
        clr         intrq                       ;执行完毕后,清除所有中断请求
        xch         a,accbuf                    ;还原累加器 ACC 中的数据
        reti
/*******************************************************************
子程序名称:mnintgnd
子程序功能:系统时间处理程序
*******************************************************************/
mnintgnd:
        bts1        FBtmint
        jmp         mnintgnd90
        bclr        FBtmint                     ;清除系统基准时间标志
        call        dekeychat                   ;键盘消抖动
mnintgnd90:
        ret
/*******************************************************************
子程序名称:mnapp
```

```
子程序功能：键值应用处理(将键值缓冲器数据搬移至数码管显示缓冲器)
*****************************************************************/
mnapp:
    b0mov       h,#keyFIFO$m
    b0mov       l,#keyFIFO$l
    b0mov       y,#ledbuf$m
    b0mov       z,#ledbuf$l
    b0mov       r,#4
mnapp10:
    b0mov       a,@hl
    b0mov       @yz,a                   ;copy
    incms       l                       ;L++
    incms       z                       ;Z++
    nop
    decms       r
    jmp         mnapp10                 ;No
    ret
;******************** 按键处理文件 ********************
.CONST
;键盘扫描引脚定义
    koutprt         EQU     p5          ;键盘扫描输出口
    koutprt1        EQU     P5.4
    koutprt2        EQU     p5.5
    koutprt3        EQU     p5.6
    koutprt4        EQU     p5.7
    koutprtM        EQU     p5M         ;输出口方向
    koutprtM1       EQU     p5M.4
    koutprtM2       EQU     p5M.5
    koutprtM3       EQU     p5M.6
    koutprtM4       EQU     p5M.7
    KoutprtUr       EQU     p5UR        ;扫描输出口上拉
    kinprt          EQU     p1          ;键盘扫描输入口
    kinprtM         EQU     p1M         ;输入口方向
    kinprtUr        EQU     p1UR        ;输入口上拉.
;--------------------------------------------------------
;文件中常量定义
    KeyFIFONUM      EQU     4           ;KeyFIFO缓冲区大小
;--------------------------------------------------------
;文件中的临时变量定义
.DATA
;键盘
    keyinbuf        DS      2           ;读入键
    keychkbuf       DS      2           ;待确认的键
    keycvtbuf       DS      2           ;确认后键
    keyoldbuf       DS      2           ;旧键状态缓冲区
```

```
    keychat         DS      1               ;防抖动时间处理单元
    KeyFIFOC        DS      1               ;键值保存地址指针
.CODE
/**************************************************************
子程序名称：init_key
子程序功能：键盘扫描各I/O口初始化
**************************************************************/
init_key:
;键盘输入口初始化
    mov_            kinprt,#0ffh            ;kinprtur高电平状态
    mov_            kinprtM,#0fh            ;kinprtur高4位输入
    mov_            kinprtur,#0f0h          ;kinprtur高4位上拉电阻
;键盘输出口初始化
    mov_            koutprt,#0ffh           ;koutprt高电平状态
    mov_            koutprtM,#00h           ;koutprt输入
    mov_            koutprtUr,#0ffh         ;koutprt高4位上拉电阻
    ret
/**************************************************************
子程序名称：mnkey
子程序功能：供主循环程序调用
**************************************************************/
mnkey:
    call            keyin
    call            keychk
    call            keycvt
    ret
/**************************************************************
子程序名称：keyin
子程序功能：扫描按键信息
**************************************************************/
keyin:
    mov             a,ledcnt
    @jmp_a          4
    jmp             keyin40                 ;扫描P5.7所在行
    jmp             keyin10                 ;扫描P5.4所在行
    jmp             keyin20                 ;扫描P5.5所在行
    jmp             keyin30                 ;扫描P5.6所在行
keyin10:
;扫描第一行
    mov_            keyinbuf,kinprt         ;读入键信息
    swapm           keyinbuf
    mov             a,#0fh
    and             keyinbuf,a              ;第一行键信息放入低4位
    jmp             keyin90
keyin20:
```

```
;扫描第二行
    mov        a,kinprt              ;读入键信息
    and        a,#0f0h               ;取高 4 位
    or         keyinbuf,a            ;第二行键信息放入高 4 位
    jmp        keyin90
keyin30:
;扫描第三行
    mov_       keyinbuf+1,kinprt     ;读入键信息
    swapm      keyinbuf+1
    mov        a,#0fh
    and        keyinbuf+1,a          ;第三行键信息放入低 4 位
    jmp        keyin90
keyin40:
;扫描第四行
    mov        a,kinprt              ;读入键信息
    and        a,#0f0h               ;取高 4 位
    or         keyinbuf+1,a          ;第四行键信息放入低 4 位
    jmp        keyin50
keyin50:
;读入键信息取反
    mov        a,#0ffh
    xor        keyinbuf,a            ;kinbuf 中数据取反
    xor        keyinbuf+1,a          ;kinbuf+1 中数据取反
keyin90:
    ret
/**********************************************************************
子程序名称:cpbuf
子程序功能:将数据块从一个缓冲区复制到另一个缓冲区
**********************************************************************/
cpbuf:
    b0mov      a,@hl
    b0mov      @yz,a                 ;复制一个数据
    incms      l                     ;源地址加 1
    incms      z                     ;目的地址加 1
    nop
    decms      r
    jmp        cpbuf                 ;判断为复制未完成,继续复制
    ret
/**********************************************************************
子程序名称:pagecmp
子程序功能:比较两个数据块中数据是否相等
**********************************************************************/
pagecmp:
    mov        a,@hl
    cmprs      a,@yz                 ;比较两个数据
```

```
    jmp         pagecmp90           ;若不相等,则结束比较
    incms       l                   ;源地址加1
    incms       z                   ;目的地址加1
    nop
    decms       r                   ;比较次数减1
    jmp         pagecmp             ;未完成比较,继续比较
pagecmp90:
    ret
/************************************************************************
子程序名称:keychk
子程序功能;如果有键按下,则设定键按下判定时间(防抖动)
************************************************************************/
keychk:
    mov         a,ledcnt
    bts1        fz
    jmp         keychk90
;若ledcnt单元为0,则进行下面处理
    b0mov       h,#keyinbuf$M       ;keyinbuf与keychk数据比较
    b0mov       l,#keyinbuf$L       ;比较源地址
    b0mov       y,#keychkbuf$M      ;比较目的地址
    b0mov       z,#keychkbuf$L
    b0mov       r,#2                ;比较数据块长度
    call        pagecmp
    jnz         keychk10            ;若不同,表示有键按下
    bts1        Fkeydown
    jmp         keychk90            ;键按下标志为0,退出
;wait
    mov         a,keychat           ;键按下有效时间内是否稳定
    jnz         keychk90
;key bounce
    b0mov       h,#keychkbuf$M      ;keychkbuf向keycvtbuf搬移
    b0mov       l,#keychkbuf$L      ;搬移源地址
    b0mov       y,#keycvtbuf$M      ;搬移目的地址
    b0mov       z,#keycvtbuf$L
    b0mov       r,#2                ;搬移数据长度
    call        cpbuf               ;键按下有效时间内稳定,搬移
    bclr        Fkeydown            ;清除有键按下标志
    jmp         keychk90
keychk10:
    b0mov       h,#keyinbuf$M       ;keyinbuf向keychebuf搬移
    b0mov       l,#keyinbuf$L       ;搬移源地址
    b0mov       y,#keychkbuf$M      ;搬移目的地址
    b0mov       z,#keychkbuf$L
    b0mov       r,#2                ;搬移数据长度
    call        cpbuf
```

```
    bset        Fkeydown                ;置有键按下标志
    mov_        keychat,#6              ;设置键判定有效时间为 60 ms
keychk90:
    ret
/*****************************************************************
子程序名称：keycvt
子程序功能：如果有键按下，则获取按下键键值并存入 KeyFIFO 中
*****************************************************************/
keycvt:
    mov         a,ledcnt
    bts1        fz
    jmp         keychk90
;若 ledcnt 单元为 0,则进行下面处理
    b0mov       h,#keycvtbuf$M
    b0mov       l,#keycvtbuf$L          ;比较源地址
    b0mov       y,#keyoldbuf$M
    b0mov       z,#keyoldbuf$L          ;比较目的地址
    b0mov       r,#2
    call        pagecmp
    jz          keycvt90                ;若相同,则退出
;对键弹起还是有新的按键按下的判断
keycvt10:
    mov         a,keyoldbuf
    xor         a,#0ffh                 ;屏蔽掉原来按键所在位
    and         a,keycvtbuf             ;取出新按下键所在位
    mov         keyoldbuf,a             ;将新按下键所在位放入 keyoldbuf 中,待后续程序处理
                                        ;得键值
    mov         a,keyoldbuf+1           ;处理同上
    xor         a,#0ffh
    and         a,keycvtbuf+1
    mov         keyoldbuf+1,a
;寻找按键并取键值处理
keycvt20:
    mov_        r,#1                    ;键初值
    mov_        x,#01h                  ;移位判断初值
    b0mov       h,#keyoldbuf$M          ;取待处理的按键位置信息
    b0mov       l,#keyoldbuf$L          ;所在地址
keycvt30:
    mov         a,x
    and         a,@hl                   ;检测相应的位是否有键按下
    jz          keycvt40                ;如果有键按下,则存储;否则检测下一位
    call        Wr_KeyFIFO              ;如果匹配,则转取执行键值存储(本例中数码管显示
                                        ;程序从这里取值显示)
keycvt40:
    incms       r                       ;如果上次没有匹配,则键值加 1
```

```
    nop
    bclr        fc
    rlcm        x                           ;左移匹配值
    mov         a,x                         ;是否一轮 8 位比较完成
    jnz         keycvt30
    b0mov       x,#01h                      ;一轮完成,重装移位判断初值
    incms       l                           ;调整“@hl”指向的数据
    mov         a,#17                       ;判断 17 个键是否匹配完成
    cmprs       a,r                         ;判断是否 keyinbuf 已经比较完毕
    jmp         keycvt30                    ;如果没有结束,则继续比较
;处理完成
keycvt50:
    mov_        keyoldbuf,keycvtbuf
    mov_        keyoldbuf+1,keycvtbuf+1     ;存转换值
keycvt90:
    ret
/*********************************************************************
子程序名称:Wr_KeyFIFO
子程序功能:将键值写入 KeyFIFO 中
*********************************************************************/
Wr_KeyFIFO:
    b0mov       y,#KeyFIFO$M
    b0mov       z,#KeyFIFO$L                ;KeyFIFO 首地址
    mov         a,KeyFIFOC
    cmprs       a,#KeyFIFONUM               ;键值保存地址指针
    jmp         Wr_keyfifo10                ;指向缓冲区的末尾
    mov_        KeyFIFOC,#00                ;重新指向开头
Wr_KeyFIFO10:
    mov         a,KeyFIFOC
    add         z,a                         ;调整存入 KeyFIFO 的地址
    mov_        @yz,r                       ;存键值
    incms       KeyFIFOC                    ;键值保存地址指针递增
    nop
    ret
/*********************************************************************
子程序名称:dekeychat
子程序功能:键盘防抖处理程序(在 mnintgnd 中调用)
*********************************************************************/
dekeychat:
    bts1        Fkeydown                    ;检查键按下标志位
    jmp         dekeychat90
    mov         a,keychat
    jz          dekeychat90
    decms       keychat                     ;不为 0,防抖处理单元减 1
    nop
```

```
dekeychat90:
    ret
    ENDP
```

6.6.3 按键处理的其他问题

在按键扫描处理中，除消抖处理外，还有不少问题，例如连击、长按、串键、三角按键等需要妥善解决；否则会引起误操作和失控等现象。

1. 连击处理

连击指的是当确认某个键按下后，如果操作者还没有释放按键，则对应的功能将被反复执行。连击在很多情况下是不允许的，因为它会使操作者很难把握，容易造成错误操作。解决连击问题就需要对每次按键都执行一次功能处理。

利用多次检测的方法可以有效地处理连击问题，当检测有一个键确实按下后，可以直接清除键按下标志，而且要等到按键状态变化时再进行下一次按键的检测，这样就可以有效地避免连击的发生。

在某些设备之中，连击又是比较实用的，它可以大大简化操作流程。例如在一些智能仪器中，未设置0～9的数字键，这时就需要用加键和减键来调整参数。当调整的幅度较大时，就需要通过多次按键来完成调整，如果允许连击，则只需要连续按住调整键，直到调整到目标参数后再放手，这给操作带来了很多方便。

允许连击可以用时间计数法来实现，在多次检测程序中，假定检测时间为80 ms，如果确定有键按下，则进行第一次处理；之后，若检测到键依然按下，则继续计时，当计时时间到达500 ms后，判为连击，第二次处理该键；最后，如果键仍为按下，则每100 ms重复处理一次，直到按键状态发生变化，开始新按键的检测。

注意：连击处理的重复操作速度不宜过快，这样才能使操作者有效地控制连击的次数。

2. 长按处理

长按指的是当按键确实按下时，如果再持续按下一段时间，则会执行其他的功能。例如电话中的清除键，如果短按一下，则功能为删除一位号码；而长按的功能则是将号码全部删除。这就要求键盘处理程序对长按与短按有不同的响应。

长按的处理方法与连击的处理方法相似，当按键第一次确认按下后，如果按键没有弹起，则继续计时，直到长按时间到，置按键长按标志，或者直接在键值转换程序中赋予不同的键值。

3. 串键处理

在连续按键的情况下，很有可能在上一个键没有松开时另外一个键又被按下了，这就是串键。

当发生串键时，一般所有按键按下的状态都可以被正确地读入到指定的寄存器中(三角按键的情况除外)。一般来说，两键按下总是有时间差的，绝对的同时按下是不存在的。这样，串键就分为两种情况：一种情况是前面的按键响应过后又有新键按下；另一种情况是前面的按键还没有被响应就有新键按下。

如果是第一种情况，那么处理方法可以是只响应优先级别高的按键，而忽略其他按键，也就是只响应一个按键;或者是将所有按键的键值依次存入缓冲区来逐个处理。如果是第二种情况,则需要利用上次按键的状态来屏蔽已经响应过的键,仅处理新按下的按键。

4. 三角按键问题

如图6.7所示,当处于三角位置关系的按键按下时,将出现误判,如按键S1、S2和S5按下时,检测到的按下的键为S1、S2、S5和S6,而不是S1、S2和S5。其造成的原因为硬件原因,当第二行被拉低时,其余3行为上拉输入口,同时按下S1和S5键将导致第一行也被拉低;由于S2键也被按下,而S2和S6在列方向上是联通的,所以当读取第二行数据时,S6键位置也为低电平,因此系统误判S6键被按下。

要解决这个问题,在实际系统中应通过改变键的摆放位置来防止此类的3个键被同时按下。

下面的程序增加了连击、长按和串键处理的程序,4×4行列式键盘任一键均支持长按、连击功能,并将长按、连击的键值作标记后存入KeyFIFO中。其程序清单如下:

```
/*********************************************************************
;程序名称:4×4 行列式键盘设计程序
;功能描述:支持连击、长按和串键处理的按键程序
*********************************************************************/
.CONST
;键盘扫描引脚定义
    koutprt       EQU     p5        ;键盘扫描输出口
    koutprt1      EQU     P5.4
    koutprt2      EQU     p5.5
    koutprt3      EQU     p5.6
    koutprt4      EQU     p5.7
    koutprtM      EQU     p5M       ;输出口方向
    koutprtM1     EQU     p5M.4
    koutprtM2     EQU     p5M.5
    koutprtM3     EQU     p5M.6
    koutprtM4     EQU     p5M.7
    koutprtUr     EQU     p5UR      ;扫描输出口上拉
    kinprt        EQU     p1        ;键盘扫描输入口
    kinprtM       EQU     p1M       ;输入口方向
    kinprtUr      EQU     p1UR      ;输入口上拉
;文件中常量定义
    KeyFIFONUM    EQU     4         ;KeyFIFO 缓冲区大小
    skeychat      EQU     6         ;防抖动时间常数(6×10 ms)
    lkeychat      EQU     50        ;长按延迟时间常数(50×10 ms)
    nkeychat      EQU     10        ;连击延迟时间常数(10×10 ms)
;文件中的临时变量定义
.DATA
;键盘
    keyinbuf      DS      2         ;读入键
    keychkbuf     DS      2         ;待确认的键
```

```
    keycvtbuf       DS      2               ;确认后键
    keyoldbuf       DS      2               ;旧键状态缓冲区
    keychat         DS      1               ;防抖动时间处理单元
    KeyFIFOC        DS      1               ;键值保存地址指针
    rkeyval         DS      1               ;键值保存单元
.CODE
/*********************************************************************
子程序名称：init_key
子程序功能：键盘扫描各 I/O 口初始化
*********************************************************************/
init_key:
;键盘输入口初始化
    mov_            kinprt,#0ffh            ;kinprtur 高电平状态
    mov_            kinprtM,#0fh            ;kinprtur 高 4 位输入
    mov_            kinprtur,#0f0h          ;kinprtur 高 4 位上拉电阻
;键盘输出口初始化
    mov_            koutprt,#0ffh           ;koutprt 高电平状态
    mov_            koutprtM,#00h           ;koutprt 输入
    mov_            koutprtUr,#0ffh         ;koutprt 高 4 位上拉电阻
    ret
/*********************************************************************
子程序名称：mnkey
子程序功能：供主循环程序调用
*********************************************************************/
mnkey:
    call            keyin
    call            keychk
    call            keycvt
    ret
/*********************************************************************
程序名称：keyin
程序功能：扫描按键信息
*********************************************************************/
keyin:
    mov             a,ledcnt
    @jmp_a          4
    jmp             keyin40                 ;扫描 P5.7 所在行
    jmp             keyin10                 ;扫描 P5.4 所在行
    jmp             keyin20                 ;扫描 P5.5 所在行
    jmp             keyin30                 ;扫描 P5.6 所在行
keyin10:
;扫描第一行
    mov_            keyinbuf,kinprt         ;读入键信息
    swapm           keyinbuf
    mov             a,#0fh
```

```
    and         keyinbuf,a              ;第一行键信息放入低 4 位
    jmp         keyin90
keyin20:
;扫描第二行
    mov         a,kinprt                ;读入键信息
    and         a,#0f0h                 ;取高 4 位
    or          keyinbuf,a              ;第二行键信息放入高 4 位
    jmp         keyin90
keyin30:
;扫描第三行
    mov_        keyinbuf + 1,kinprt     ;读入键信息
    swapm       keyinbuf + 1
    mov         a,#0fh
    and         keyinbuf + 1,a          ;第三行键信息放入低 4 位
    jmp         keyin90
keyin40:
;扫描第四行
    mov         a,kinprt                ;读入键信息
    and         a,#0f0h                 ;取高 4 位
    or          keyinbuf + 1,a          ;第四行键信息放入低 4 位
    jmp         keyin50
keyin50:
;读入键信息取反
    mov         a,#0ffh
    xor         keyinbuf,a              ;kinbuf 中数据取反
    xor         keyinbuf + 1,a          ;kinbuf + 1 中数据取反
keyin90:
    ret
/*****************************************************************
子程序名称:cpbuf
子程序功能:将数据块从一个缓冲区复制到另一个缓冲区
;****************************************************************/
cpbuf:
    b0mov       a,@hl
    b0mov       @yz,a                   ;复制一个数据
    incms       l                       ;源地址加 1
    incms       z                       ;目的地址加 1
    nop
    decms       r
    jmp         cpbuf                   ;判断为复制未完成,继续复制
    ret
/*****************************************************************
子程序名称:pagecmp
子程序功能:比较两个数据块中数据是否相等
*****************************************************************/
```

```
pagecmp:
    mov         a,@hl
    cmprs       a,@yz                    ;比较两个数据
    jmp         pagecmp90                ;若相等,则结束比较
    incms       l                        ;源地址加1
    incms       z                        ;目的地址加1
    nop
    decms       r                        ;比较次数减1
    jmp         pagecmp                  ;未完成比较,继续比较
pagecmp90:
    ret
/**********************************************************************
子程序名称:keychk
子程序功能;如果有键被按下,则设定键按下判定时间(防抖动)
**********************************************************************/
keychk:
    mov         a,ledcnt
    bts1        fz
    jmp         keychk90
;若ledcnt单元为0,则进行下面处理
    b0mov       h,#keyinbuf$M            ;keyinbuf与keychk数据比较
    b0mov       l,#keyinbuf$L            ;比较源地址
    b0mov       y,#keychkbuf$M           ;比较目的地址
    b0mov       z,#keychkbuf$L
    b0mov       r,#2                     ;比较数据块长度
    call        pagecmp
    jnz         keychk10                 ;若不同,则表示有键按下
;
    bts1        Fkeydown
    jmp         keychk90                 ;键按下标志为0,退出
;wait
    bts0        lFkeydownp
    jmp         keychk20                 ;是否长按
    mov         a,keychat                ;键按下有效时间内是否稳定
    jnz         keychk90
;key bounce
    b0mov       h,#keychkbuf$M           ;keychkbuf向keycvtbuf搬移
    b0mov       l,#keychkbuf$L           ;搬移源地址
    b0mov       y,#keycvtbuf$M           ;搬移目的地址
    b0mov       z,#keycvtbuf$L
    b0mov       r,#2                     ;搬移数据长度
    call        cpbuf                    ;键按下有效时间内稳定,搬移

    bset        lFkeydownp               ;置长按键过程处理标志
    mov_        keychat,#lkeychat        ;长按延时50×10 ms
    jmp         keychk90
```

```
keychk10:
;短按处理
    b0mov       h,#keyinbuf$M          ;keyinbuf 向 keychebuf 搬移
    b0mov       l,#keyinbuf$L          ;搬移源地址
    b0mov       y,#keychkbuf$M         ;搬移目的地址
    b0mov       z,#keychkbuf$L
    b0mov       r,#2                   ;搬移数据长度
    call        cpbuf
    bset        Fkeydown               ;置有键按下标志
    bclr        lFkeydownp             ;清除长按键过程处理标志位
    bclr        nFkeydownp             ;清除连击按键过程处理标志位
    mov_        keychat,#skeychat      ;设置键判定有效时间为 60 ms
    jmp         keychk90
keychk20:
;长按处理
    bts0        nFkeydownp
    jmp         keychk30               ;是否连击
    mov         a,keychat
    jnz         keychk90               ;是否长按
    bset        nFkeydownp             ;置连击处理过程标志位
    bset        lFkeydown              ;置长按标志位
    mov         a,#nkeychat            ;连击延时时间
    mov         keychat,a
    jmp         keychk90
keychk30:
;连击处理
    mov         a,keychat
    jnz         keychk90               ;连击延时时间未到,直接退出
    mov         a,#nkeychat
    mov         keychat,a              ;重装连击延时时间
    bset        nFkeydown              ;置连击标志位
keychk90:
    ret
/************************************************************
子程序名称:keycvt
子程序功能:如果有键按下,则获取按下键键值并存入 KeyFIFO
************************************************************/
keycvt:
    mov         a,ledcnt
    bts1        fz
    jmp         keychk90
;若 ledcnt 单元为 0,则进行下面处理
    b0mov       h,#keycvtbuf$M
    b0mov       l,#keycvtbuf$L         ;比较源地址
    b0mov       y,#keyoldbuf$M
```

```
    b0mov       z,#keyoldbuf$L          ;比较目的地址
    b0mov       r,#2
    call        pagecmp
    jnz         keycvt10                ;若不同,则表示键信息改变
;若相同,则判断是否是长按键
    jb0         lFkeydown,keycvt00
    bclr        lFkeydown               ;清除长按标志位
    mov         a,#10000000b
    or          a,rkeyval               ;若最高位为1,表示是长按键
    mov         r,a                     ;准备存入KeyFIFO中
    call        Wr_keyFIFO              ;将长按键键值存入KeyFIFO中
    jmp         keycvt90
keycvt00:
;若相同,则判断是否是连击键
    jb0         nFkeydown,keycvt90
    bclr        nFkeydown
    mov         a,#01000000b
    or          a,rkeyval               ;若次高位为1,表示是连击键
    mov         r,a                     ;准备存入KeyFIFO中
    call        Wr_keyFIFO              ;将连击键存入KeyFIFO中
    jmp         keycvt90
keycvt10:
;对键弹起还是有新的按键按下的判断,若键弹起,关断长按/连击功能
    mov         a,keyoldbuf
    xor         a,#0ffh                 ;屏蔽掉原来按键所在位
    and         a,keycvtbuf             ;取出新按下键所在位
    jnz         keycvt11
    mov         a,keyoldbuf+1
    xor         a,#0ffh                 ;屏蔽掉原来按键所在位
    and         a,keycvtbuf+1           ;取出新按下键所在位
    jnz         keycvt11
    bclr        Fkeydown                ;清除键被按下标志位
    jmp         keycvt50                ;有键弹起(关断长按/连击功能)
keycvt11:
;若确实有键按下,则屏蔽原来按键所在位(处理串键)
    mov         a,keyoldbuf
    xor         a,#0ffh                 ;屏蔽掉原来按键所在位
    and         a,keycvtbuf             ;取出新按下键所在位
    mov         keyoldbuf,a             ;将新按下键所在位放入keyoldbuf中,待后续程
                                        ;序处理得键值
    mov         a,keyoldbuf+1           ;处理同上
    xor         a,#0ffh
    and         a,keycvtbuf+1
    mov         keyoldbuf+1,a
keycvt20:
```

```
;若确实有键被按下,则寻找按键并将键值存入 KeyFIFO 中
    mov_        r,#1                ;键初值
    mov_        x,#01h              ;移位判断初值
    b0mov       h,#keyoldbuf$M      ;取待处理的按键位置信息
    b0mov       l,#keyoldbuf$L      ;所在地址
keycvt30:
    mov         a,x
    and         a,@hl               ;检测相应的位是否有键按下
    jz          keycvt40            ;如果有键按下,则存储;否则检测下一位
    call        Wr_keyFIFO          ;如果匹配,则转取执行键值存储
    mov         a,r                 ;保存最后一次按下键的键值,作为长按/连击处理时使用
    mov         rkeyval,a
;
keycvt40:
    incms       r                   ;如果上次没有匹配,则键值加 1
    nop
    bclr        fc
    rlcm        x                   ;左移匹配值
    mov         a,x                 ;是否一轮 8 位比较完成
    jnz         keycvt30
    b0mov       x,#01h              ;一轮完成,重装移位判断初值
    incms       l                   ;调整@hl 指向的数据
    mov         a,#17               ;判断 17 个键是否匹配完成
    cmprs       a,r                 ;判断是否 keyinbuf 已经比较完毕
    jmp         keycvt30            ;如果没有结束,则继续比较
;处理完成
keycvt50:
    mov_        keyoldbuf,keycvtbuf
    mov_        keyoldbuf+1,keycvtbuf ;存转换值
keycvt90:
    ret
/**************************************************************
子程序名称:Wr_KeyFIFO
子程序功能:将键值写入 KeyFIFO 中
**************************************************************/
Wr_keyFIFO:
    b0mov       y,#KeyFIFO$M
    b0mov       z,#KeyFIFO$L        ;KeyFIFO 首地址
    mov         a,KeyFIFOC
    cmprs       a,#KeyFIFONUM       ;键值保存地址指针
    jmp         Wr_keyfifo10        ;指向缓冲区的末尾
    mov_        KeyFIFOC,#00        ;重新指向开头
Wr_keyfifo10:
    mov         a,KeyFIFOC
    add         z,a                 ;调整存入 KeyFIFO 地址
```

```
    mov_        @yz,r            ;存键值
    incms       KeyFIFOC         ;键值保存地址指针递增
    nop
    ret
/************************************************************
子程序名称：dekeychat
子程序功能：键盘防抖处理程序(在 mnintgnd 中调用)
************************************************************/
dekeychat:
    bts1        Fkeydown
    jmp         dekeychat90
    mov         a,keychat
    jz          dekeychat90
    decms       keychat          ;防抖动
    nop
dekeychat90:
    ret
    ENDP
```

6.7 定时器/计数器的应用

SN8P2700 系列单片机有 1 个基本定时器 T0、2 个通用定时器 TC0 和 TC1，除定时/计数功能以外，还增加了方波输出功能和 PWM 功能。下面通过实验来说明定时器的使用。

6.7.1 定时器 T0 的使用

1. 设计任务

从定时器 T0 取得随机数送数码管显示(启动定时器 T0 后，T0C 进行加 1 操作，有键按下时，取得 T0C 的低 4 位，送数码管显示)。

2. 实现方法

将 T0 时钟源设置为 $f_{CPU}/256$，启动定时器 T0，T0C 对时钟源进行计数操作。将外部中断输入引脚 P0.0 使能，使用目标板上的编码式键盘，当有任意键按下时，都会触发 INT0 中断，INT0 中断服务程序的功能为取出 T0C 的低 4 位，并送数码管的最低位显示十六进制数。

3. 程序设计

程序的开始需要对 INT0 中断进行初始化，使能 INT0 中断，给 T0 定时器赋初值 0，并启动 T0 计数。主程序完成对数码管显示的刷新。INT0 中断服务程序的功能是将 T0C 的低 4 位送数码管的最低位显示。程序命名为 T0_count.asm。

程序清单如下：

```
/*********************************************************************
;名称：T0_count.asm
;功能：T0应用实验程序,运行定时器T0,并取随机数送数码管显示
*********************************************************************/
CHIP    SN8P2708A
;包含文件区
.NOLIST
    includestd  macro1.h
    includestd  macro2.h
    includestd  macro3.h
;常量及I/O定义
.CONST
;LED控制端口
    pmled_seg       EQU     p2m             ;LED段码端口模式寄存器
    pled_seg        EQU     p2              ;LED段码端口寄存器
    pmled_bit       EQU     p5m             ;LED位选端口模式寄存器
    pmled_bit1      EQU     p5m.7
    pmled_bit2      EQU     p5m.6
    pmled_bit3      EQU     p5m.5
    pmled_bit4      EQU     p5m.4
    pled_bit        EQU     p5              ;LED位选端口寄存器
    pled_bit1       EQU     p5.7
    pled_bit2       EQU     p5.6
    pled_bit3       EQU     p5.5
    pled_bit4       EQU     p5.4
;独立式编码键盘接口
    pcoding_key     EQU     p1              ;键码读入端口
    pmcoding_key    EQU     p1m
;RAM变量定义
.DATA
;变量定义区(bank0)
    ORG             00h
;通用寄存器
    Rwk1            DS      1
    Rwk2            DS      1
    Rwk3            DS      1
    accbuf          DS      1               ;ACC压栈存储器
    rsys_flags      DS      1
    f10ms_event     EQU     rsys_flags.0
;LED显示
    rled_buf        DS      4               ;显示缓冲区
    rscan_cnt       DS      1               ;显示扫描和键扫描计数
;按键
    rkey_val        DS      1               ;键值寄存器
;程序代码开始
```

```
.CODE
    ORG         0h
    jmp         reset                   ;跳转至复位
    ORG         08h
    jmp         isr                     ;跳转至中断处理程序
    ORG         10h
reset:
;寄存器初始化
    clr         rled_buf                ;变量清 0
    clr         rled_buf + 1
    clr         rled_buf + 2
    clr         rled_buf + 3
    clr         rscan_cnt
    clr         rkey_val
;中断初始化
    clr         INTEN                   ;禁止所有中断
    clr         INTRQ                   ;清所有中断标志
    b0bclr      fgie                    ;禁止全局中断
    bset        fp00ien                 ;允许 P0.0 中断
    bclr        fp00irq
    bset        fgie                    ;开全局中断
;定时器初始化
    clr         t0c                     ;清定时计数
    bset        ft0enb                  ;使能定时
;I/O 口初始化
    mov_        pmled_seg,#0ffh         ;LED 段码口设置为输出
    mov_        pled_seg,#0h            ;关段码输出
    mov_        pled_bit,#0ffh          ;关所有位选
    mov_        pmled_bit,#0h           ;片选线设置为输入口
    mov         a,#10001111b            ;设置键值读入为输入端口
    and         pmcoding_key,a
;显示缓冲区赋显示值
    mov_        rled_buf,#0
    mov_        rled_buf + 1,#0
    mov_        rled_buf + 2,#0
    mov_        rled_buf + 3,#0
;系统主程序
main:
    call        mnled                   ;数码管刷新
    jmp         main
;LED 显示程序
mnled:
    mov         a,rscan_cnt
    sub         a,#4
    jnz         mnled05
```

```
        clr             rscan_cnt
mnled05:
        mov             a,#11110000b
        or              pled_bit,a                      ;关闭显示
        mov             a,#00001111b
        and             pmled_bit,a                     ;设置位选位为输入口
        mov_            y,#LED_Table$m                  ;取码表首地址
        mov_            z,#LED_Table$l
        clr             h                               ;取显示缓冲区首地址
        mov_            l,#rled_buf$l
        mov             a,rscan_cnt
        add             l,a
        mov             a,@hl                           ;取出显示码
        add             z,a                             ;加偏移地址
        bts1            fc
        jmp             mnled10
;发生进位
        incms           y
        nop
mnled10:
        movc
        mov             pled_seg,a                      ;送段码
;分析应该选中哪一位
        mov             a,rscan_cnt                     ;分析键计数
        @jmp_a          4
        jmp             bit_select01
        jmp             bit_select02
        jmp             bit_select03
        jmp             bit_select04
bit_select01:
        bset            pmled_bit1
        bclr            pled_bit1
        jmp             mnled80
bit_select02:
        bset            pmled_bit2
        bclr            pled_bit2
        jmp             mnled80
bit_select03:
        bset            pmled_bit3
        bclr            pled_bit3
        jmp             mnled80
bit_select04:
        bset            pmled_bit4
        bclr            pled_bit4
        jmp             mnled80
```

```
mnled80：
    incms               rscan_cnt
    nop
mnled90：
    ret
;LED码表(共阳)
LED_Table：
    ;               0       1       2       3
        DW          0xd0    0xf9    0xa4    0xb0
    ;               4       5       6       7
        DW          0x99    0x92    0x82    0xf8
    ;               8       9       A       b
        DW          0x80    0x90    0x88    0x83
    ;               C       d       E       F
        DW          0xc6    0xa1    0x86    0x8e
    ;               P       U       T       Y
        DW          0x8c    0xc1    0xce    0x91
    ;               L       全      灭
        DW          0xc7    0x00    0xff
;中断处理程序
isr：
    b0xch               a,accbuf                    ;保存累加器ACC的数据
    push                                            ;压栈,保存80h～87h的数据,包括PFLAG
isr10：
    b0bts1              FP00IEN
    jmp                 isr90
    b0bts1              FP00IRQ
    jmp                 isr90
    bclr                FP00IRQ                     ;清中断标志位
    call                p00int_sev                  ;P0.0中断程序入口
isr90：
    pop
    b0xch               a,accbuf
    reti
;P0.0中断服务程序
p00int_sev：
    mov_                rled_buf + 3,rled_buf + 2   ;新值写入显示缓冲区
    mov_                rled_buf + 2,rled_buf + 1
    mov_                rled_buf + 1,rled_buf
    mov                 a,T0C                       ;读入定时器/计数器的值
    and                 a,#00001111b                ;取低位
    mov                 rled_buf,a
p00int_sev90：
                        ret
ENDP
```

6.7.2　用定时器实现秒表功能

1. 设计任务

使用定时器设计一个跑表，要求最大计时时间为 999.9 s，计时精度为 0.1 s。

2. 实现方法

1) 硬件设计

使用目标板上的数码管和编码键盘电路，电路如图 6.5 和图 6.6 所示。按键 S17、S18 键设计为跑表操作键。其中 S17 控制跑表的启停；S18 为归 0 键，即在跑表停止计时状态下，按下本键则计时时间归 0。数码管用来显示跑表的计时时间。

2) 软件设计

使用通用定时器 TC0，并通过软件配合完成计时功能。设定时器 TC0 的溢出时间为 10 ms，使用一个 0.1 s 计数器，每发生一次 10 ms 定时，则将计数的值加 1，当值计数到 10 时，说明 0.1 s 已经到，此时将 0.1 s 计数器值清 0，并将显示缓冲区加 1。

设控制器使用 4 MHz 的晶振，CPU 时钟采用 f_{OSC} 的 4 分频，即 $f_{CPU}=1$ MHz。如果定时器的时钟源使用 $f_{CPU}/64$，则实现 10 ms 定时的定时器初值计算如下：

$$
\begin{aligned}
\text{定时初始值} &= TC = 256 - \mathrm{T} \div \mathrm{f}_{T0} \\
&= 256 - (10\ ms \times 4 \times 10^6\ Hz \div 4 \div 64) \\
&= 256 - (10^{-2}\ s \times 4 \times 10^6\ Hz \div 4 \div 64) \\
&= 100 \\
&= 64h
\end{aligned}
$$

显示和键盘程序的设计与 6.4、6.5 节的思路相同。

3. 程序设计

整个秒表程序可以分成时间处理、数码管扫描、按键扫描和主处理程序 4 部分。

时间处理程序完成的功能是：如果 100 ms 时间到，则设置一个 100 ms 时间到标志，以等待主处理程序处理。

数码管扫描程序完成的功能是：将显示缓冲区中的数据送至数码管上显示。

按键扫描程序完成的功能是：扫描键盘，并根据按键的键值执行跑表运行、停止、清 0 等具体动作。需要注意的是：这里对编码键盘的处理放在了对外部中断 0 的处理程序中。

主处理程序完成的功能是：根据 100 ms 时间到标志，对显示缓冲区的相应位加 1。

程序设计流程图如图 6.26～6.28 所示。

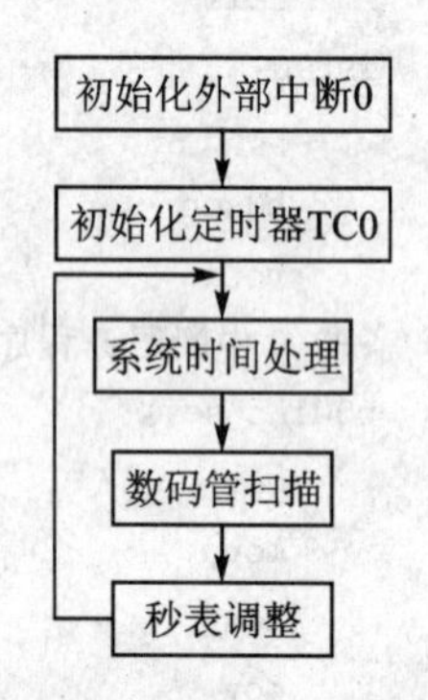

图 6.26　主循环流程图

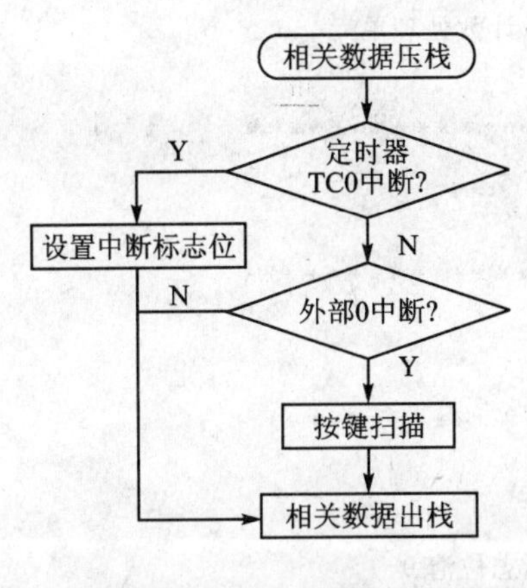

图 6.27　中断服务程序流程图

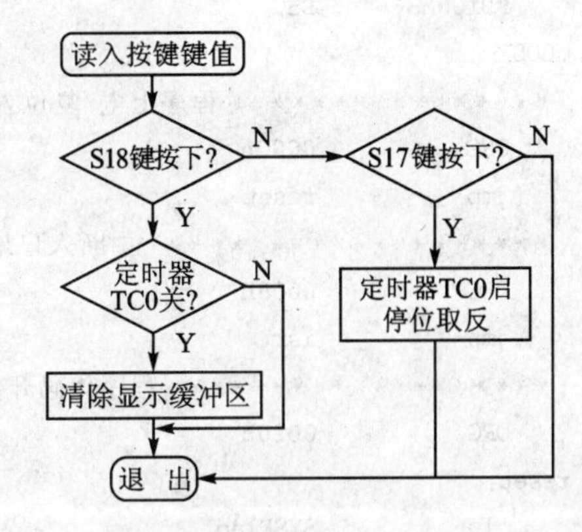

图 6.28　按键处理流程图

程序清单如下：

```
/*****************************************************************
;程序名称：TC0 应用实验程序
;功能描述：当编码键盘的 S17 键第一次按下时，每 100 ms 对数码管最后一位值加 1；当编码键
          盘的 S17 键第二次按下时，停止计数。在计数停止状态下，当编码键盘的 S18 键按
          下时，清除显示缓冲区；否则按键不起作用
*****************************************************************/
    CHIP    SN8P2708A
;*****************包含系统自定义宏文件*****************
.NOLIST
    includestd      macro1.h
    includestd      macro2.h
    includestd      macro3.h
;*********************常量定义*********************
.CONST
    pkeym1      EQU     FP14M                   ;编码键盘端口方向
    pkeym2      EQU     FP15M
    pkeym3      EQU     FP16M
    pkeychkm    EQU     FP00M
    pkey1       EQU     FP14                    ;编码键盘读入口
    pkey2       EQU     FP15
    pkey3       EQU     FP16
    pkeychk     EQU     FP00
;*********************变量定义*********************
.DATA
    ledbuf      DS      4                       ;数码管显示缓冲区
    ledcnt      DS      1                       ;扫描数码管位置个数单元
    accbuf      DS      1
    SYSFlag     DS      1                       ;系统标志位
    FBtmint     EQU     SYSFlag.0               ;系统最小时间标志
    FB100MSF    EQU     SYSFlag.1               ;100 ms 计数时间到标志
```

```
    FB100MS        DS      1                        ;100 ms 计数处理单元
.CODE
;******************程序上电/复位入口地址******************
    ORG            0000h
    jmp            reset
;********************中断入口地址*********************
    ORG            0008h
    jmp            isr
;********************程序代码开始地址******************
    ORG            0010h
reset:
    clr            SYSFlag                          ;系统标志位清 0
    clr            FB100MS                          ;清除 100 ms 计数处理单元
    clr            ledcnt
    clr            ledbuf[0]
    clr            ledbuf[1]
    clr            ledbuf[2]
    clr            ledbuf[3]
    mov_           leddot,#3                        ;第三个数码管位置处小数点点亮
;初始化定时器/计数器 TC0
    mov            a,#24h
    mov            tc0m,a                           ;TC0 时钟频率为 fCPU/64,自动重加载
    mov            a,#64h                           ;置 10 ms 定时器初值
    mov            tc0c,a                           ;计数寄存器初值
    mov            tc0r,a                           ;自动装载寄存器初值
    bset           inten.5                          ;使能 TC0 中断
    bset           stkp.7                           ;开总中断
main:
    call           mnintgnd
    call           mnled                            ;数码管动态扫描
    call           mnapp                            ;秒表时间处理
    jmp            main
/*****************************************************************
子程序名称:isr
子程序功能:定时器/计数器 TC0 服务程序
*****************************************************************/
isr:
    xch            a,accbuf                         ;保护累加器 ACC 中的数据
    b0bts1         inten.5                          ;是否开 T0 中断
    jmp            isr90
    b0bts0         intrq.5                          ;是否是 T0 中断请求
    jmp            isr10
    b0bts1         inten.0                          ;是否开外部中断 0
    jmp            isr90
    b0bts1         intrq.0                          ;是否是外部中断 0 请求
```

```
    jmp         isr90
    call        mnkey                        ;键盘处理
    jmp         isr90
isr10:
    bset        FBtmint                      ;置系统最小时间到标志
isr90:
    clr         intrq                        ;执行完毕后,清除所有中断请求
    xch         a,accbuf                     ;还原累加器 ACC 中的数据
    reti
/*************************************************************
子程序名称:mnintgnd
子程序功能:系统时间处理程序
*************************************************************/
mnintgnd:
    bts1        fbtmint
    jmp         mnintgnd90
    bclr        fbtmint                      ;清除系统基准时间标志
    mov         a,#01h
    add         fb100ms,a                    ;100 ms 计数单元加 1
    mov         a,fb100ms
    cmprs       a,#10
    jmp         mnintgnd90
    clr         fb100 ms                     ;清除 100 ms 计数单元
    bset        fb100msf                     ;置 100 ms 时间到标志
mnintgnd90:
    ret
/*************************************************************
子程序名称:mnkey
子程序功能:编码键盘中断处理程序
*************************************************************/
mnkey:
    bclr        pkeym1
    bclr        pkeym2
    bclr        pkeym3                       ;键信息读入引脚输入
    mov         a,#00h                       ;存键信息单元清 0
    bts0        pkey1
    or          a,#01h
    bts0        pkey2
    or          a,#02h
    bts0        pkey3
    or          a,#04h                       ;读入按键信息至累加器
    cmprs       a,#00h
    jmp         mnkey20
    bts0        tc0m.7                       ;检查当前定时器状态(是否启动)
    jmp         mnkey10                      ;如果当前定时器已开,则关闭定时器
```

```
    bset        tc0m.7                      ;启动定时器/计数器 TC0
    jmp         mnkey90
mnkey10:
    bclr        tc0m.7                      ;关闭定时器
    jmp         mnkey90
mnkey20:
    cmprs       a,#01h
    jmp         mnkey90
    bts0        tc0m.7                      ;在定时器 TC0 关闭情况下进行以下处理
    jmp         mnkey90                     ;否则直接退出
    clr         ledbuf[0]
    clr         ledbuf[1]
    clr         ledbuf[2]
    clr         ledbuf[3]                   ;清显示缓冲区
mnkey90:
    ret
/*******************************************************************************
子程序名称:mnapp
子程序功能:数码管显示处理程序
*******************************************************************************/
mnapp:
    bts1        fb100msf
    jmp         mnapp90
    bclr        fb100msf                    ;清除 100 ms 时间到标志
    incms       ledbuf[3]
    mov         a,ledbuf[3]
    cmprs       a,#10
    jmp         mnapp90
    clr         ledbuf[3]
    incms       ledbuf[1]
    mov         a,ledbuf[1]
    cmprs       a,#10
    jmp         mnapp90
    clr         ledbuf[1]                   ;秒个位加 1
    incms       ledbuf[0]
    mov         a,ledbuf[0]
    cmprs       a,#10
    jmp         mnapp90
    clr         ledbuf[0]
mnapp90:
    ret
    ENDP
```

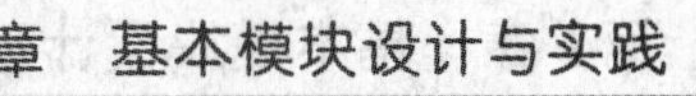

6.7.3 用定时器的Buzzer功能实现简易电子琴

1. 设计任务

使用通用定时器TC1的频率输出(Buzzer)功能,实现简易的电子琴。使用目标板上的编码式键盘,当有键按下时,发出相应音调的声音,并将当前的音符显示到数码管的最低位;当按键弹起时,停止发声,数码管不显示。

2. 实现方法

音乐实际上就是有固定周期的信号,声音的大小是由其振幅决定的,而声音的高低是由频率决定的。纯正的单音应该是由某一频率的正旋波产生的,而单片机产生的单音通常是由用方波产生的。要让蜂鸣器产生所要的声音,只要改变半周期 t 的时间,即改变输出频率,就可产生所需要的声音。

用定时器产生某音节的计算公式如下:

$$定时初值=256-(f_{CPU}/分频数/发声频率/2)$$

计算频率时应注意,发生频率为定时器溢出频率的2分频。

目标板上单片机使用4 MHz的晶振,即时钟振荡频率 $f_{OSC}=4$ MHz,则 $f_{CPU}=1$ MHz。当定时器的时钟源使用 $f_{CPU}/8$ 时,C大调的8个音符的发声频率及定时初值如表6.6所列。

表6.6 C大调的8个音符的发声频率及定时初值

音 符	频率/Hz	4 MHz晶振8分频时的定时初值	音 符	频率/Hz	4 MHz晶振8分频时的定时初值
1(Do)	246.9	03h	5(So)	392	61h
2(Re)	277.2	1fh	6(La)	440	72h
3(Mi)	311.2	37h	7(Si)	493.9	81h
4(Fa)	349.2	4dh	i(高音Do)	554.4	8fh

3. 程序设计

利用单片机SN8P2708A的频率输出功能产生方波,并驱动蜂鸣器。程序的开始需要对P5.3进行初始化,将其设置为上拉输出口,这样在空闲状态下蜂鸣器不会发出声音。另外,还要完成对定时器TC1的配置,包括定时初值、重装初值、自动装载初值和频率输出使能。主程序的功能为查询按键,一旦发现有键按下,则将键所对应音符的定时初值存放到定时器的计数寄存器和重装寄存器中,启动定时器,打开频率输出,并将按键对应的音符显示到数码管的最低位。如果检测到按键弹起,则关闭定时器,并关闭频率输出。

程序清单如下:

```
/*************************************************************
;程序名称:Buzzer功能使用
;功能描述:使用T1的Buzzer功能实现简易电子琴
*************************************************************/
    CHIP   SN8P2708A
```

```
;包含文件区
.NOLIST
    includestd macro1.h
    includestd macro2.h
    includestd macro3.h
;常量及 I/O 定义
.CONST
;LED 控制端口
    pmled_seg       EQU     p2m             ;LED 段码端口模式寄存器
    pled_seg        EQU     p2              ;LED 段码端口寄存器
    pmled_bit       EQU     p5m             ;LED 位选端口模式寄存器
    pmled_bit1      EQU     p5m.7
    pmled_bit2      EQU     p5m.6
    pmled_bit3      EQU     p5m.5
    pmled_bit4      EQU     p5m.4
    pled_bit        EQU     p5              ;LED 位选端口寄存器
    pled_bit1       EQU     p5.7
    pled_bit2       EQU     p5.6
    pled_bit3       EQU     p5.5
    pled_bit4       EQU     p5.4
    pkey_GS         EQU     p0.0            ;编码器的 GS 端
    Pmkey_GS        EQU     p0m.0
;独立式编码键盘接口
    pcoding_key     EQU     p1              ;键码读入端口
    pmcoding_key    EQU     p1m
;RAM 变量定义
.DATA
;变量定义区(bank0)
    ORG             00h
;通用寄存器
    Rwk1            DS      1
    Rwk2            DS      1
    Rwk3            DS      1
    accbuf          DS      1               ;ACC 压栈存储器
    rsys_flags      DS      1
    f10ms_event     EQU     rsys_flags.0
;LED 显示
    rled_buf        DS      4               ;显示缓冲区
    rscan_cnt       DS      1               ;显示扫描和键扫描计数
;按键
    rkey_val        DS      1               ;键值寄存器
;程序代码开始
.CODE
    ORG             0h
    jmp             reset                   ;跳转至复位
```

```
    ORG         08h
    jmp         main                    ;跳转至中断处理程序
    ORG         10h
;系统复位
reset:
;寄存器初始化
    clr         rled_buf                ;变量清 0
    clr         rled_buf + 1
    clr         rled_buf + 2
    clr         rled_buf + 3
    clr         rscan_cnt
    clr         rkey_val
;中断初始化
    clr         INTEN                   ;禁止所有中断
    clr         INTRQ                   ;清所有中断标志
    b0bclr      FGIE                    ;禁止全局中断
;定时器 TC1 初始化
    mov         a,#50h
    mov         tc1m,a                  ;时钟源设置为 8 分频
    bset        faload1                 ;使用自动装载
    bclr        ftc1out
;I/O 口初始化
    mov_        pmled_seg,#0ffh         ;LED 段码口设置为输出口
    mov_        pled_seg,#0h            ;关段码输出
    mov_        pled_bit,#0ffh          ;关所有位选
    mov_        pmled_bit,#0h           ;片选线设置为输入口
    mov         a,#0ffh
    mov         p5ur,a                  ;使能 P5 口上拉电阻
    mov         p0ur,a                  ;使能 P0 口上拉电阻
    bset        pkey_gs
    bclr        pmkey_gs
    mov         a,#10001111b            ;设置键值读入为输入端口
    and         pmcoding_key,a
;显示缓冲区赋最初显示值
    mov_        rled_buf,#22
    mov_        rled_buf + 1,#22
    mov_        rled_buf + 2,#22
    mov_        rled_buf + 3,#22
;系统主程序
main:
    call        mnkey_app
    call        mnled                   ;数码管刷新
    jmp         main
;按键检测及处理
mnkey_app:
```

```
        jb1         pkey_gs,mnkey_app80         ;是否有键按下
        mov         a,pcoding_key
        mov         r,a
        swap        r
        and         a,#00000111b
        add         a,#1                        ;调整为键值
        mov         r,a
        jb0         ftc1enb,mnkey_app10         ;判断是否已经打开
;定时器正在工作
        mov         a,r
        cje         a,rkey_val,mnkey_app90      ;键值是否有变化
        mov         rkey_val,a
;装定时器值
mnkey_app10:
        mov_        y,#Freq_Table$m             ;查表得到频率值
        mov_        z,#Freq_Table$l
        mov         a,r
        mov         rled_buf,a                  ;刷新显示缓冲
        sub         a,#1
        add         z,a
        jnc         mnkey_app20
;进位
        incms       y
        nop
mnkey_app20:
        movc
        mov         tc1c,a                      ;装入频率值
        mov         tc1r,a
        bset        ftc1out
        bset        ftc1enb
        jmp         mnkey_app90
mnkey_app80:
        bclr        ftc1out
        bclr        ftc1enb
        mov_        rled_buf,#22
mnkey_app90:
        ret
; LED 显示程序
mnled:
        mov         a,rscan_cnt
        sub         a,#4
        jnz         mnled05
        clr         rscan_cnt
mnled05:
        mov         a,#11110000b
```

```
    or          pled_bit,a               ;关闭显示
    mov         a,#00001111b
    and         pmled_bit,a              ;设置位选位为输入口
    mov_        y,#LED_Table$m           ;取码表首地址
    mov_        z,#LED_Table$l
    clr         h                        ;取显示缓冲区首地址
    mov_        l,#rled_buf$l
    mov         a,rscan_cnt
    add         l,a
    mov         a,@hl                    ;取出显示码
    add         z,a                      ;加偏移地址
    bts1        fc
    jmp         mnled10
;发生进位
    incms       y
    nop
mnled10:
    movc
    mov         pled_seg,a               ;送段码
;分析应该选中哪一位
    mov         a,rscan_cnt              ;分析键计数
    @jmp_a      4
    jmp         bit_select01
    jmp         bit_select02
    jmp         bit_select03
    jmp         bit_select04
bit_select01:
    bset        pmled_bit1
    bclr        pled_bit1
    jmp         mnled80
bit_select02:
    bset        pmled_bit2
    bclr        pled_bit2
    jmp         mnled80
bit_select03:
    bset        pmled_bit3
    bclr        pled_bit3
    jmp         mnled80
bit_select04:
    bset        pmled_bit4
    bclr        pled_bit4
    jmp         mnled80
mnled80:
    incms       rscan_cnt
    nop
```

```
mnled90:
    ret
; LED码表(共阳)
LED_Table:
    ;           0        1        2        3
        DW      0xd0     0xf9     0xa4     0xb0
    ;           4        5        6        7
        DW      0x99     0x92     0x82     0xf8
    ;           8        9        A        b
        DW      0x80     0x90     0x88     0x83
    ;           C        d        E        F
        DW      0xc6     0xa1     0x86     0x8e
    ;           P        U        T        Y
        DW      0x8c     0xc1     0xce     0x91
    ;           L        全       灭
        DW      0xc7     0x00     0xff
;发声频率表
Freq_Table:
;               Do       Ri       Mi       Fa
        DW      03h      1fh      37h      4dh
;               So       La       Si       Do(Hi)
        DW      61h      72h      81h      8fh
        ENDP
```

6.8 WDT应用

SONIX公司的SN8P2700系列单片机具有硬件看门狗电路，其看门狗计数器(WDT)是一个4位二进制加法计数器，看门狗电路的时钟源由内部低速RC振荡器提供。此外，WDT的溢出时间与单片机的工作电压有关。

在单片机工作于3 V电压时，看门狗计数器(WDT)的溢出时间为1/(16K÷512÷16)，即看门狗计数器约0.5 s就将溢出，而使系统复位。因此用户必须在0.5 s内清除看门狗，以避免系统复位。

在单片机工作于5 V电压时，看门狗计数器(WDT)的溢出时间为1/(32K÷512÷16)，即看门狗计数器约0.25 s就将溢出，而使系统复位。因此用户必须在0.25 s内清除看门狗，以避免系统复位。

用户可通过对编译选项的设置来决定是否使用看门狗。各选项如下：

- Watch_Dog code option＝Disable时，看门狗关闭；
- Watch_Dog code option＝Enable时，看门狗在普通模式和绿色模式下使能，而在省电(睡眠)模式下停止；
- Watch_Dog code option＝Always_ON时，表示看门狗在普通模式、绿色模式和省电(睡眠)模式下都使能。

下面的实验例程使用了WDT复位功能，系统在正常工作时数码管显示1234，当编码键盘的任一个键按下时，软件跳入死循环，等待系统复位，系统复位后数码管上显示 0000。此程序用于验证看门狗的功能。

程序清单如下：

```
/*************************************************************
程序名称：WDT.asm
功能说明：看门狗测试程序
*************************************************************/
    CHIP   SN8P2708A
;****************** 包含系统自定义宏文件 ****************
.NOLIST
    includestd macro1.h
    includestd macro2.h
    includestd macro3.h
.LIST
;********************** 常量定义 *********************
.CONST
    pledsegm        EQU     p2m
    pledseg         EQU     p2              ;数码管显示段端口
    pkledm1         EQU     FP54M
    pkledm2         EQU     FP55M
    pkledm3         EQU     FP56M
    pkledm4         EQU     FP57M           ;数码管位端口方向
    pkled1          EQU     FP54
    pkled2          EQU     FP55
    pkled3          EQU     FP56
    pkled4          EQU     FP57            ;数码管位端口
    pleddotm        EQU     FP27M
    pleddot         EQU     FP27            ;数码管小数点控制端口
    pkeychkm        EQU     FP00M           ;编码键盘端口方向
    pkeychk         EQU     FP00            ;编码键盘读入口
;********************** 变量定义 *********************
.DATA
    reset           DS      1               ;复位方式检测单元
    ledcnt          DS      1               ;扫描数码管位置个数单元
    leddot          DS      1               ;数码管小数点控制单元
    ledbuf          DS      4               ;显示缓冲区
    Fkeydown        DS      1               ;键按下标志单元
.CODE
;**************** 程序上电/复位入口地址 ******************
    ORG             0000h
    jmp             start
;******************** 程序代码开始地址 ******************
    ORG             0010h
;******************** 系统初始化 *********************
```

```
start:
    clr         ledcnt                  ;扫描数码管位置个数清0
    clr         Fkeydown                ;键按下标志清0
    mov         a,reset
    cmprs       a,#0a0h
    jmp         start10                 ;上电方式检测
    mov_        ledbuf[0],#0
    mov_        ledbuf[1],#0
    mov_        ledbuf[2],#0
    mov_        ledbuf[3],#0            ;看门狗复位后,数码管显示0000
    jmp         main
start10:
    mov         a,#0a0h
    mov         reset,a
    mov_        ledbuf[0],#1
    mov_        ledbuf[1],#2
    mov_        ledbuf[2],#3
    mov_        ledbuf[3],#4            ;系统上电时,数码管显示1234
;********************** 主循环程序 **********************
main:
    mov         a,#5ah
    mov         wdtr,a                  ;复位看门狗
    call        mnled                   ;扫描数码管
    call        mnkey                   ;扫描按键
    mov         a,#01h
    cmprs       a,Fkeydown
    jmp         main
    jmp         $                       ;等待看门狗复位
/*********************************************************************
子程序名称:mnled
子程序功能:动态扫描点亮4个数码管
输 入 参 数:ledbuf中显示数据
程 序 说 明:程序以ledcnt为运行判断依据
*********************************************************************/
mnled:
    bset        pkled1
    bset        pkledm1
    bset        pkled2
    bset        pkledm2
    bset        pkled3
    bset        pkledm3
    bset        pkled4
    bset        pkledm4                 ;关闭位选码
    b0mov       y,#ledcode$m
    b0mov       z,#ledcode$l            ;显示码表地址
```

```
    b0mov       h,#ledbuf$m
    b0mov       l,#ledbuf$l         ;显示数据地址
    mov         a,ledcnt
    add         l,a
    mov         a,@hl               ;取显示数据
    add         z,a
    bts0        fc
    incms       y
    movc                            ;取显示数据码
    mov         pledseg,a
    mov_        pledsegm,#0ffh      ;段码输出
    mov         a,ledcnt
    @jmp_a      4                   ;位选码选择
    jmp         mnled10
    jmp         mnled20
    jmp         mnled30
    jmp         mnled40
mnled10:
    bclr        pkled1
    bset        pkledm1             ;第 1 位数码管位选码输出
    jmp         mnled50
mnled20:
    bclr        pkled2
    bset        pkledm2             ;第 2 位数码管位选码输出
    jmp         mnled50
mnled30:
    bclr        pkled3
    bset        pkledm3             ;第 3 位数码管位选码输出
    jmp         mnled50
mnled40:
    bclr        pkled4
    bset        pkledm4             ;第 4 位数码管位选码输出
    jmp         mnled50
mnled50:
    incms       ledcnt
    nop                             ;数码管位选码调整
    mov         a,ledcnt
    sub         a,#04h
    jnc         mnled90             ;若 leccnt≥4,则 leccnt = 0
    clr         ledcnt              ;增强抗干扰(与"cmprs a,#4"相比)
mnled90:
    ret
;************************ 七段显示码表(共阳极) ************************
ledcode:
    ;           0       1       2       3
```

```
        DW        0xd0      0xf9      0xa4      0xb0
    ;             4         5         6         7
        DW        0x99      0x92      0x82      0xf8
    ;             8         9         A         b
        DW        0x80      0x90      0x88      0x83
    ;             C         d         E         F
        DW        0xc6      0xa1      0x86      0x8e
    ;             P         U         T         Y
        DW        0x8c      0xc1      0xce      0x91
    ;             L         全        灭
        DW        0xc7      0x00      0xff
/*******************************************************
子程序名称：mnkey
子程序功能：编码键盘扫描程序
*******************************************************/
mnkey:
    mov       a,#00h               ;键信息存储单元清0
    bclr      pkeychkm             ;按键检测引脚输入
    bts0      pkeychk              ;是否有键按下
    jmp       mnkey90              ;若没有键按下,就退出
;有键按下
    mov       a,#01h
    mov       Fkeydown,a           ;置键按下标志
mnkey90:
    ret
ENDP
```

编译以上程序，在弹出的Code Option对话框(关于Code Option的设置见5.5.2小节)中禁止看门狗定时器，运行程序并进行键操作及观察程序执行结果；重新编译程序，使能看门狗定时器，运行程序并观察程序执行结果。由此来验证看门狗的作用。

6.9 系统模式切换

系统有4种工作模式，即普通(高速)模式、低速模式、省电(睡眠)模式和绿色模式。可以通过振荡器控制寄存器OSCM设置单片机工作模式，也可以在系统运行中实现模式之间的切换。在对系统功耗有严格要求的场合，例如电池供电的手持式设备，模式切换尤为重要。当系统空闲时，可以使其进入绿色模式或省电模式，以降低系统的功耗；当系统有任务时，又能及时地返回正常的工作状态。

通过振荡器控制寄存器OSCM的设置，可以使系统进入绿色模式或省电模式。在绿色模式下，系统可由T0定时器或P0/P1的触发信号唤醒。在睡眠模式下，系统可由P0和P1将系统唤醒，但不能通过定时器唤醒。

注意： P0.0永远具有唤醒功能，而P1的唤醒功能受寄存器P1W控制。

在6.5.2小节中，利用目标板上的编码键盘和数码管显示电路，设计了一个将键盘输入的

键值显示在数码管上的程序。这里再增加一项功能，就是当没有键操作时，系统等待 2 s 后进入睡眠状态；之后，当有键盘操作时，系统立即返回普通模式进入正常工作。

程序清单如下：

```
;*************************************************************
;程序名称：key_display3.asm
;程序功能：进入省电模式下，数码管灭，可通过 P1 口按键唤醒
;*************************************************************
        CHIP   SN8P2708A
;*****************包含系统自定义宏文件*****************
.NOLIST
        includestd  macro1.h
        includestd  macro2.h
        includestd  macro3.h
.LIST
;*********************常量定义*********************
.CONST
        pledsegm     EQU      p2m
        pledseg      EQU      p2            ;数码管显示段端口
        pkledm1      EQU      FP54M
        pkledm2      EQU      FP55M
        pkledm3      EQU      FP56M
        pkledm4      EQU      FP57M         ;数码管位端口方向
        pkled1       EQU      FP54
        pkled2       EQU      FP55
        pkled3       EQU      FP56
        pkled4       EQU      FP57          ;数码管位端口
        pleddotm     EQU      FP27M
        pleddot      EQU      FP27          ;数码管小数点控制端口
        pkeym1       EQU      FP14M         ;编码键盘端口方向
        pkeym2       EQU      FP15M
        pkeym3       EQU      FP16M
        pkeychkm     EQU      FP00M
        pkey1        EQU      FP14          ;编码键盘读入口
        pkey2        EQU      FP15
        pkey3        EQU      FP16
        pkeychk      EQU      FP00
;*********************变量定义*********************
.DATA
        accbuf       DS       1
        ledcnt       DS       1             ;扫描数码管位置个数单元
        ledbuf       DS       4             ;显示缓冲区
        Fkeydown     DS       1             ;键按下处理寄存器(最高位存键按下标志,低3位存键值)
        test         DS       1             ;编码键盘抖动延时
        PwdownDlY    DS       1             ;进入睡眠工作方式的延时单元
```

```
.CODE
;****************程序上电/复位入口地址*****************
        ORG        0000h
        jmp        start
;********************中断入口地址*******************
        ORG        0008h
        jmp        isr
;*******************程序代码开始地址*****************
        ORG        0010h
;*********************系统初始化********************
start:
        clr        ledcnt                  ;扫描数码管位置个数清0
        clr        Fkeydown                ;键按下标志寄存器单元清0
        clr        test
        mov_       ledbuf[0],#0
        mov_       ledbuf[1],#0
        mov_       ledbuf[2],#0
        mov_       ledbuf[3],#0            ;上电显示0000
        mov        a,#0ffh
        mov        p1w,a                   ;使能P1口的唤醒功能
        mov        a,#200
        mov        PwdownDlY,a             ;若200×10=2 s没有按键动作,就进入睡眠工作模式
        mov        a,#10h
        mov        pedge,a                 ;下降沿触发
        clr        intrq                   ;清除中断请求寄存器中值
        bset       inten.0                 ;允许外部中断0
        mov_       t0c, #0B1h              ;计数初值(10 ms)
        mov_       t0m, #10h               ;fCPU/128
        bset       inten.4                 ;使能T0中断
        bset       t0m.7                   ;启动定时器T0
        bset       stkp.7                  ;开总中断
;************************主循环程序************************
main:
        call       mnintgnd                ;防止编码键盘抖动
        call       mnled                   ;扫描数码管
        call       mnkey                   ;扫描按键
        call       mnapp                   ;睡眠处理程序
        jmp        main
/**********************************************************
宏 名 称:delay
输入参数:milliseconds
宏 功 能:延时milliseconds微秒(fCPU = 1 MHz)
**********************************************************/
delay   macro      milliseconds
        repeat     milliseconds
```

```
        nop
        endm
endm
/*****************************************************************
子程序名称：mnintgnd
子程序功能：防止编码键盘的抖动
*****************************************************************/
mnintgnd:
        mov         a,test
        jz          mnintgnd90
        decms       test
        delay       200
mnintgnd90:
        ret
/*****************************************************************
子程序名称：mnkey
子程序功能：编码键盘中断处理程序
*****************************************************************/
mnkey:
        bts1        Fkeydown.7              ;检查是否有键按下
        jmp         mnkey90
        mov         a,#7fh
        and         Fkeydown,a              ;取键值(键按下,处理寄存器的低3位)
        mov_        ledbuf[0],ledbuf[1]
        mov_        ledbuf[1],ledbuf[2]
        mov_        ledbuf[2],ledbuf[3]
        mov_        ledbuf[3],Fkeydown
        clr         Fkeydown                ;清除键处理寄存器中数据
mnkey90:
        ret
/*****************************************************************
子程序名称：mnapp
子程序功能：睡眠处理程序
*****************************************************************/
mnapp:
        mov         a,PwdownDlY
        jnz         mnapp90
        bset        pkled1
        bset        pkledm1
        bset        pkled2
        bset        pkledm2
        bset        pkled3
        bset        pkledm3
        bset        pkled4
        bset        pkledm4                 ;关闭数码管显示
```

```
        clr         ledcnt
        mov         a,#09h
        mov         oscm,a                  ;进入掉电工作模式,外部时钟停止运行
        nop
        nop
        nop
        nop
        nop
        nop
        nop
        nop
        nop
        nop                                 ;等待唤醒
mnapp90:
        ret
/*****************************************************************
子程序名称:isr
子程序功能:外部中断 0 服务程序
*****************************************************************/
isr:
        xch         a,accbuf                ;保护累加器 ACC 中的数据
        b0bts1      inten.0                 ;是否开外部中断 0
        jmp         isr90
        b0bts0      intrq.0                 ;是否是外部中断 0 请求
        jmp         isr10                   ;是外部 0 中断
        b0bts1      inten.4                 ;是否开 T0 中断
        jmp         isr90
        b0bts0      intrq.4                 ;是否是 T0 中断请求
        jmp         isr20                   ;是 T0 中断
isr90:
        clr         intrq                   ;执行完毕后,清除所有中断请求
        xch         a,accbuf                ;还原累加器 ACC 中的数据
        reti
;外部中断 0 处理程序
isr10:
        mov         a,test
        jnz         isr90
        mov         a,#255
        mov         test,a                  ;防止编码键盘抖动
        mov         a,#200
        mov         PwdownDlY,a             ;重装睡眠延时时间(200 ms×10)
        bclr        pkeym1
        bclr        pkeym2
        bclr        pkeym3                  ;键信息读入引脚输入
```

```
        mov     a,#00h              ;存键信息单元清0
        bts0    pkey1
        or      a,#01h
        bts0    pkey2
        or      a,#02h
        bts0    pkey3
        or      a,#04h              ;读入按键信息至累加器
        mov     Fkeydown,a          ;将键信息存入键按下处理寄存器
        bset    Fkeydown.7          ;置键按下标志
        jmp     isr90
;定时器T0中断处理程序
    isr20:
        mov     a,#0b2h
        mov     t0C,a               ;重装计数初值(10 ms)
        mov     a,PwdownDlY
        jz      isr90
        decms   PwdownDlY           ;睡眠延迟时间减1
        nop
        jmp     isr90
        ENDP
```

第 7 章

A/D 和 D/A 模块

A/D 转换器(Analog to Digtal Converter)是一种能把模拟量转换成数字量的电子器件。D/A 转换器(Digital to Analog Converter)则相反,它能把数字量转换成相应模拟量。在单片机控制系统中,经常需要用到 A/D 和 D/A 转换器。它们的功能及其在实时控制系统中的地位,如图 7.1 所示。

由图可见,被控对象的过程信号可以是电量或非电量(如电流、压力、流速和密度等),其数值是随时间连续变化的。过程信号由变送器和各类传感器变换成相应的模拟电量,然后经图中的多路开关汇集给 A/D 转换器,再由 A/D 转换器转换成相应的数字量给单片机。一方面,单片机对过程信息进行运算和处理,并把过程信息进行当地显示,以输出被控对象的工作状况或发生故障的时间、地点和性质。另一方面,单片机还把处理后的数字量送给 D/A 变换器,变换成相应的模拟量对被控系统实施控制和调整,使之始终处于所要求的最佳工作状态下。

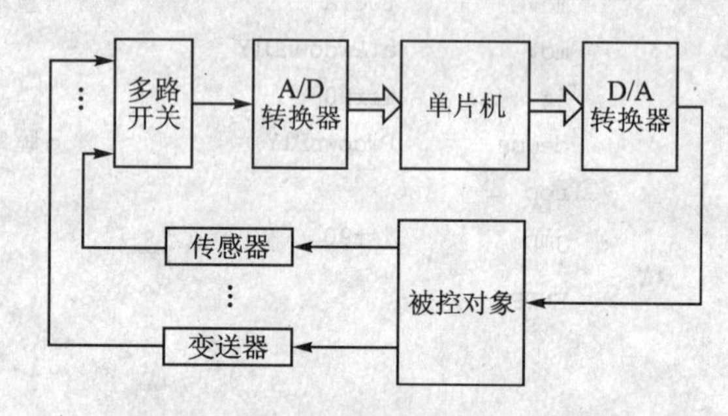

图 7.1 单片机和被控对象的接口

上述分析表明:A/D 转换器在单片机控制系统中主要用于数据采集,提供被控对象的各种实时参数,以便单片机对被控对象进行监视;D/A 转换器用于模拟控制,通过机械或电气手段来对被控对象进行调整和控制。因此,A/D 和 D/A 转换器是架设在单片机与被控对象之间的桥梁,在单片机控制系统中占有极为重要的地位。

SONIX 单片机内部集成了 8 通道 8/12 位 A/D 转换器和 7 位 D/A 转换器,使得其在应用中无须进行扩展就可实现对外部设备的控制。为了更好地使用 A/D、D/A 转换器,下面首先讲述 A/D 转换原理、结构及 A/D 性能指标,然后介绍 SONIX 单片机片内 A/D 转换器的结构和使用方法。

7.1 A/D 转换器

7.1.1 A/D 转换器原理

A/D 转换器(ADC)的种类很多,从原理上可以分为 4 种:逐次逼近式 A/D 转换器、计数式 A/D 转换器、双积分式 A/D 转换器、并行 A/D 转换器。本节以逐次逼近式 A/D 转换器为例介绍 A/D 转换原理。

如图 7.2 所示，逐次逼近式 A/D 转换器由比较器、D/A 转换器、逐次逼近寄存器、控制器、缓冲寄存器和控制电路组成。采用逐次逼近式 A/D 转换时，首先要通过 D/A 转换器的输出电压来驱动运算放大器的反相端，然后用一个逐次逼近寄存器存放转换好的数字量，转换结束时，将数字量送到缓冲寄存器中。当启动信号由高电平变为低电平时，逐次逼近寄存器清 0，这时，D/A 转换器输出电平 V_o 也为 0。当启动信号变为高电平时，转换开始，同时，逐次逼近寄存器计数。

逐次逼近寄存器工作时与普通计数器不同，它不是从低位往高位逐一进行计数和进位，而是从高位开始，通过设置试探值来进行计数。具体讲，在第一个时钟脉冲时，控制电路把最高位送到逐次逼近寄存器，使其输出为 10000000，当这个输出数字出现时，D/A转换器的输出电压 V_o 就成为满量程值的 128/255。这时，如果 V_o 大于 V_i，则作为比较器的运算放大器的输出就成为低电平，控制电路据此清除逐次逼近寄存器中的最高位；如果 V_o 小于或等于 V_i，则比较器输出高电平，控制电路使最高位的 1 保留下来。

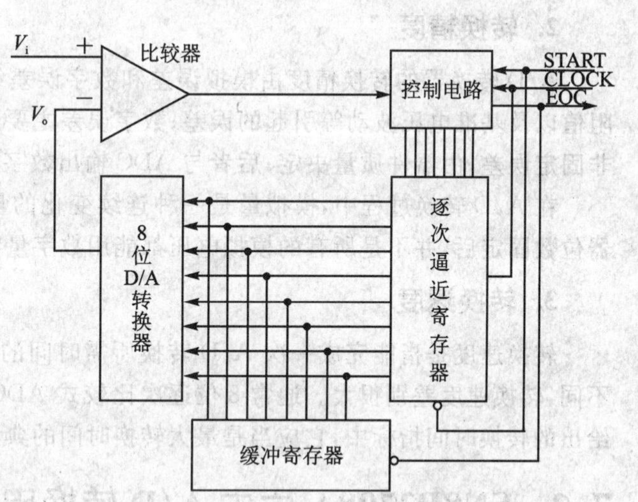

图 7.2 逐次逼近式 A/D 转换

如果最高位被保留下来，则逐次逼近寄存器的内容为 2^7，下一个时钟脉冲使次低位 D6 为 1。于是，逐次逼近寄存器的值为 11000000，D/A 转换器的输出电压 V_o 到达满量程值的 192/255。此后，如果 V_o 大于 V_i，则比较器输出为低电平，从而使次高位 D6 复位；如果 V_o 小于 V_i，则比较器输出为高电平，从而保留次高位 D6 为 1。再下一个时钟脉冲对 D5 位置 1，然后根据对 V_o 和 V_i 的比较，决定是保留还是清除 D5 位上的 1……重复上述过程，直到 D0＝1，再与输入电压比较，经过 N 次比较以后，逐次逼近寄存器中得到的值就是转换后的数据。转换结束以后，控制电路送出一个低电平作为结束信号，这个信号的下降沿将逐次逼近寄存器中的数字量送入缓冲寄存器，从而得到数字量输出。

从上面可以看到，用逐次逼近法时，首先将最高位置 1，这相当于取最大允许电压的 1/2 与输入电压比较，如果搜索值在最大允许电压的 1/2 范围中，那么最高位清 0，此后，次高位置 1，相当于在 1/2 范围中再作对半搜索。如果搜索值超过最大允许电压的 1/2 范围，那么，最高位和次高位均为 1，这相当于在另外一个 1/2 范围中再作对半搜索……因此，逐次逼近法也常称为二分搜索法或对半搜索法。

采用逐次逼近法时，如果设计合理，那么用 8 个时钟脉冲就可以完成 8 位转换。在比较廉价的芯片设计中，需要用几个时钟脉冲完成置位、复位，这样转换时间会长一些。但总的来说，用逐次逼近法进行 A/D 转换的速度是很快的。

7.1.2 A/D 转换器的性能指标

1. 分辨率

表示变化一个相邻数码所需输入的模拟电压的变化量，通常用数字量的位数表示，如 8 位、12 位、16 位分辨率等。若分辨率为 10 位，表示它可以对全量程 $2^{-10}=1/1024$ 的增量作出反映，分辨率越高，转换时对输入量微小变化的反应越灵敏。

2. 转换精度

A/D 转换器的转换精度由模拟误差和数字误差组成，模拟误差是比较器、解码网络中电阻值以及基准电压波动等引起的误差；数字误差主要包括丢失码误差和量化误差。前者属于非固定误差，由器件质量决定；后者与 ADC 输出数字量位数有关，位数越多，误差越小。

在 A/D 转换过程中，模拟量是一种连续变化的量，数字量是断续的量。因此，A/D 转换器位数固定后，并不是所有的模拟电压都能用数字量精确表示的。

3. 转换速度

转换速度是指能完成一次 A/D 转换所需时间的倒数，是一个很重要的指标。ADC 型号不同，转换速度差别很大。通常 8 位逐次比较式 ADC 的转换时间为 100 μs 左右。一般厂家给出的转换时间指标中，它应当是最大转换时间的典型值。

7.2 SN8P2708A 片内 A/D 转换电路

7.2.1 SN8P2708A 片内 A/D 转换器结构

SN8P2708A 片内集成了一个 8 通道、12 位的 A/D 转换器。片内 A/D 转换器结构如图 7.3所示。其模拟电压的输入与 P4 口引脚复用。

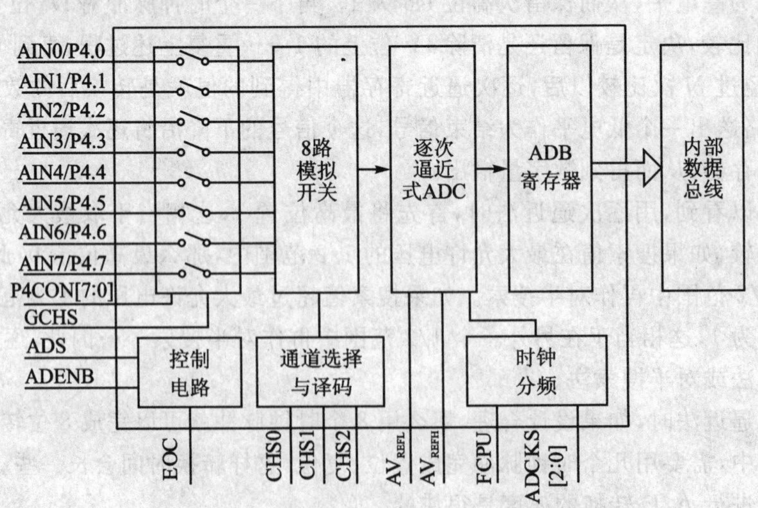

图 7.3 SN8P2708A 片内 A/D 转换结构图

SN8P2708A 片内 A/D 转换电路由 P4 口配置电路、8 路模拟开关、通道选择与译码器、逐次逼近式 ADC、控制电路和输出寄存器等组成。8 路模拟开关用于输入 AIN0～AIN7 上的模拟电压。通道选择与译码器用于接收 ADM 寄存器的低三位数 CHS[2:0]，并经译码后控制 AIN0～AIN7 上哪一路模拟电压送入 ADC 电路。控制电路用于控制 ADC 的操作过程。时钟电路接收 CPU 的时钟，经分频后作为 A/D 转换过程的时钟，其分频数由 ADCKS[2:0]确定。转换结束后结果送到 ADB 寄存器，由 CPU 通过指令读出转换结果。

7.2.2 A/D 转换相关寄存器

A/D 转换相关寄存器有 ADM 寄存器、ADR 寄存器、ADB 寄存器和 P4CON 寄存器。下面分别介绍各寄存器的功能。

1. ADM 寄存器

ADM 寄存器各位的定义如下：

Bit	7	6	5	4	3	2	1	0
ADM	ADENB	ADS	EOC	GCHS	—	CHS2	CHS1	CHS0
读/写	R/W	R/W	R/W	R/W	—	R/W	R/W	R/W
初始值	0	0	0	0	—	0	0	0

ADM 地址：0b1h

向 ADM 的 ADC 启动转换位 ADS 位写 1，可以启动单次转换。在转换过程中，此位保持为高，直到转换结束，然后硬件清 0。

Bit 7　　ADENB：ADC 控制位。
　　0＝禁止 ADC 功能；
　　1＝使能 ADC 功能。

Bit 6　　ADS：ADC 启动转换位。
　　0＝停止 ADC 转换；
　　1＝启动 ADC 转换。

Bit 5　　EOC：ADC 状态位。
　　0＝ADC 转换过程中；
　　1＝ADC 转换结束，复位 ADS 位为 0。

Bit 4　　GCHS：输入通道控制位。
　　0＝禁止所有的 AIN 通道；
　　1＝使能所有的 AIN 通道。

Bit [2:0]　　CHS [2:0]：ADC 输入通道选择位。
　　000＝选择通道 0(AIN0)；
　　001＝选择通道 1(AIN1)；
　　010＝选择通道 2(AIN2)；
　　⋮
　　110＝选择通道 6(AIN6)；
　　111＝选择通道 7(AIN7)。

2. ADR寄存器

ADR寄存器各位的定义如下：

Bit	7	6	5	4	3	2	1	0
ADR	ADCKS2	ADCKS1	ADLEN	ADCKS0	ADB3	ADB2	ADB1	ADB0
读/写	R/W	R/W	R/W	R/W	R	R	R	R
初始值	—	0	0	—	0	0	0	0

ADR地址：0b3h

Bit [7:4]　ADCKS [2:0]：ADC时钟源选择位。

000＝选择 $f_{CPU}/16$ 为ADC时钟源；

001＝选择 $f_{CPU}/8$ 为ADC时钟源；

010＝选择 $f_{CPU}/1$ 为ADC时钟源；

011＝选择 $f_{CPU}/2$ 为ADC时钟源；

100＝选择 $f_{CPU}/64$ 为ADC时钟源；

101＝选择 $f_{CPU}/32$ 为ADC时钟源；

110＝选择 $f_{CPU}/4$ 为ADC时钟源；

111＝保留。

Bit 5　ADLEN：ADC分辨率选择位。

0＝ADC设置为8位分辨率；

1＝ADC设置为12位分辨率；

Bit [3:0]　ADB [3:0]：ADC数据缓存器。

选择8位分辨率时，无效；

选择12位ADC时，存放A/D转换结果的低4位。

3. ADB寄存器

ADB寄存器各位的定义如下：

Bit	7	6	5	4	3	2	1	0
ADB	ADB11	ADB11	ADB11	ADB11	ADB11	ADB11	ADB11	ADB11
读/写	R	R	R	R	R	R	R	R
初始值	—	—	—	—	—	—	—	—

ADB地址：0b2h

ADB为8位数据缓冲器，用来保存ADC转换结果。ADB只包含ADC转换结果中的高8位，把ADB寄存器和ADR的低半字节结合在一起，可得到一个12位的转换结果。ADB为只读寄存器，在8位ADC模式下，ADC转换结果保存在寄存器ADB中；在12位模式下，则分别保存在寄存器ADB和ADR中。

注意：在上电时，ADB寄存器中的值是未知的。

4. P4CON寄存器

P4CON寄存器各位的定义如下：

Bit	7	6	5	4	3	2	1	0
P4CON	P4CON7	P4CON6	P4CON5	P4CON4	P4CON3	P4CON2	P4CON1	P4CON0
读/写	R/W	R/W	R/W	R/W	R/W	R/W	R/W	R/W
初始值	—	—	—	—	0	0	0	0

P4CON 地址：0aeh

P4CON 是 P4 口的配置寄存器，通过设置该寄存器可减小在 A/D 转换或睡眠模式下的漏电流。当 P4CON[7:0]置 1 时，可断开外部信号。详细设置如表 7.1 所列。

表 7.1　P4CON 配置寄存器

位名称	状　态	功　能	位名称	状　态	功　能
P4CON7	0	允许 AIN7(P4.7)的信号通过	P4CON3	0	允许 AIN3(P4.3)的信号通过
	1	将 AIN7(P4.7)的信号隔离		1	将 AIN3(P4.3)的信号隔离
P4CON6	0	允许 AIN6(P4.6)的信号通过	P4CON2	0	允许 AIN2(P4.2)的信号通过
	1	将 AIN6(P4.6)的信号隔离		1	将 AIN2(P4.2)的信号隔离
P4CON5	0	允许 AIN5(P4.5)的信号通过	P4CON1	0	允许 AIN1(P4.1)的信号通过
	1	将 AIN5(P4.5)的信号隔离		1	将 AIN1(P4.1)的信号隔离
P4CON4	0	允许 AIN4(P4.4)的信号通过	P4CON0	0	允许 AIN0(P4.0)的信号通过
	1	将 AIN4(P4.4)的信号隔离		1	将 AIN0(P4.0)的信号隔离

注意：当 P4[7:0]为基本 I/O 端口而不是 ADC 通道时，P4CON [7:0]必须清 0；否则 P4 口的信号会被隔离。

例如：若 AIN0 (P4.0)和 AIN1(P4.1)设置为 ADC 通道，当选择的通道是 AIN0 时，若 P4CON1 置 1，则可以避免通过 AIN1 通道的漏电流；同理，当转换通道是 AIN1 时，P4CON0 也要置 1。在进入睡眠模式后，P4CON0 和 P4CON1 都必须置 1，以确保这两个通道的漏电流为 0。

7.2.3　A/D 转换器的操作过程

进行 A/D 转换时，须按以下过程进行操作：

(1) 使能 ADC 电路，做好 ADC 转换的准备。

(2) P4 口配置为模拟输入通道，包括设置上拉电阻寄存器 P4UR，禁止上拉电阻，设置 P4 口为输入引脚。

(3) 设置 ADR 寄存器，确定 ADC 时钟源和分辨率。

(4) 设置 ADM 寄存器的 CHS[2:0]，选择输入通道(AIN0 ～ AIN7)，将 GCHS 和 ADS 置为 1，启动 ADC 转换。

(5) 转换结束后，系统自动将 EOC 位置为 1，并将转换结果存入寄存器 ADB 中；

读取 ADB 寄存器可得到转换结果。

注意：如果选用 12 位分辨率，则转换结果高 8 位存放于 ADB 寄存器中，低 4 位存放于 ADR 寄存器的低 4 位中。此时的 A/D 转换的结果计算如下：

$$ADC = (V_{in} \times 4095) / V_{ref}$$

式中：V_{in}为被选中引脚的输入电压，V_{ref}为参考电压。

如果采用8位分辨率，则转换结果在ADB寄存器中。此时的A/D转换的结果计算如下：

$$ADC = (V_{in} \times 255) / V_{ref}$$

【例7-1】 设AIN0、AIN1为模拟输入通道，要求ADC的分辨率为12位，请编写两路A/D转换的程序。

解 按照ADC的操作过程，编写了AIN0、AIN1两路ADC转换程序。首先启动A/D转换后，然后采用查询方式检测A/D转换结束后读取转换结果。由于A/D转换的结果为12位，因此要分两次读取才能得到转换的结果。其程序清单如下：

```
/**************************************************************
程序名称：AIN_2.asm
程序功能：AIN0、AIN1两路12位A/D转换，并将结果送到adbuf开始的连续4个单元
**************************************************************/
    CHIP     SN8P2708A
;**************************变量定义**************************
.DATA
    adbuf        DS      4              ;A/D转换结果保存缓冲区
.CODE
    ORG          0000h
    jmp          reset
    ORG          0010h
;*************************MCU初始化**************************
reset:
;AIN0
    mov          a,#0feh
    mov          p4con,a                ;选择AIN0(P4.0)引脚的模拟信号，隔离其他引脚信号
    mov          a,#0feh
    and          p4m,a                  ;选择AIN0(P4.0)为输入
    mov          a,#0feh
    mov          p4ur,a                 ;禁止P4.0上的上拉电阻
    bset         adm.4                  ;使能AIN[7:0]引脚的ADC功能
    mov          a,#60h
    mov          adr,a                  ;选择频率为fCPU/2的ADC时钟源
    bset         adm.7                  ;使能ADC转换
    bset         adm.6                  ;启动ADC转换
    bts1         adm.5
    jmp          $-1                    ;查询adm.5位，等待A/D转换结束
    bclr         adm.5                  ;清除A/D转换结束标志
    mov          a,#6fh
    mov          adm,a                  ;采集完成，禁止A/D转换
    mov          a,adb                  ;取12位A/D转换结果的高8位
    mov          adbuf,a                ;存入adbuf
    mov          a,adr
    and          a,#0fh                 ;取12位A/D转换结果的低4位
    mov          adbuf+1,a              ;存入adbuf+1
```

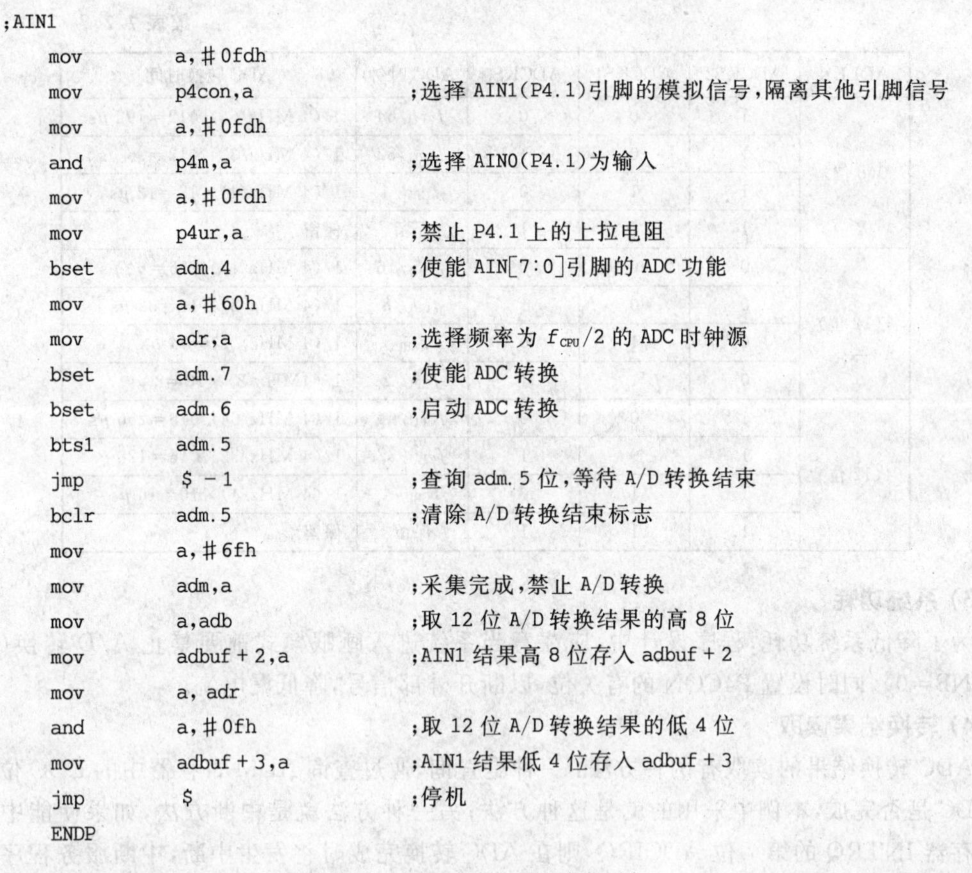

```
;AIN1
    mov        a,#0fdh
    mov        p4con,a               ;选择 AIN1(P4.1)引脚的模拟信号,隔离其他引脚信号
    mov        a,#0fdh
    and        p4m,a                 ;选择 AIN0(P4.1)为输入
    mov        a,#0fdh
    mov        p4ur,a                ;禁止 P4.1 上的上拉电阻
    bset       adm.4                 ;使能 AIN[7:0]引脚的 ADC 功能
    mov        a,#60h
    mov        adr,a                 ;选择频率为 fCPU/2 的 ADC 时钟源
    bset       adm.7                 ;使能 ADC 转换
    bset       adm.6                 ;启动 ADC 转换
    bts1       adm.5
    jmp        $ -1                  ;查询 adm.5 位,等待 A/D 转换结束
    bclr       adm.5                 ;清除 A/D 转换结束标志
    mov        a,#6fh
    mov        adm,a                 ;采集完成,禁止 A/D 转换
    mov        a,adb                 ;取 12 位 A/D 转换结果的高 8 位
    mov        adbuf+2,a             ;AIN1 结果高 8 位存入 adbuf+2
    mov        a, adr
    and        a,#0fh                ;取 12 位 A/D 转换结果的低 4 位
    mov        adbuf+3,a             ;AIN1 结果低 4 位存入 adbuf+3
    jmp        $                     ;停机
    ENDP
```

应用 SN8P2708A A/D 转换器时,应注意以下几个问题:

1) 通道复用

模拟输入通道与 P4 口复用,当 P4 部分或全部引脚作为模拟通道使用时,必须设 P4 口对应的引脚为输入模式,并且禁止输入引脚的上拉电阻;同时尽可能减少 A/D 通道的漏电流。本例中,为了减少漏电流,当选择的通道是 AIN0 时,将 P4CON1 置 1,断开输入到 AIN1 的外部信号,可以避免通过 AIN1 通道的漏电流;同样,当转换通道是 AIN1 时,将 P4CON0 也置 1,从而避免通过 AIN0 通道的漏电流。

2) 转换时间

转换时间与转换的分辨率、ADC 的时钟相关。时钟由 CPU 时钟分频后得到,分频数由 ADR 寄存器的高 3 位 ADCKS[2:0]决定。当分辨率为 8 位时,转换时间为 12 个 ADC 输入时钟;当分辨率为 12 位时,转换时间为 16 个 ADC 输入时钟。有关 ADC 的转换时间如表 7.2 所列,表中使用外部高速时钟,频率为 4 MHz。

表 7.2　ADC 的转换时间

ADLEN	ADCKS2	ADCKS1	ADCKS0	ADC 时钟	ADC 转换时间
0(8 位)	0	0	0	$f_{CPU}/16$	1/(4 MHz/16)×12=48 μs
	0	0	1	$f_{CPU}/8$	1/(4 MHz/8)×12=25 μs
	0	1	0	f_{CPU}	1/(4 MHz)×12=3 μs
	0	1	1	$f_{CPU}/2$	1/(4 MHz/2)×12=6 μs

续表 7.2

ADLEN	ADCKS2	ADCKS1	ADCKS0	ADC 时钟	ADC 转换时间
0(8位)	1	0	0	$f_{CPU}/64$	1/(4 MHz/64)×12=192 μs
	1	0	1	$f_{CPU}/32$	1/(4 MHz/32)×12=96 μs
	1	1	0	$f_{CPU}/4$	1/(4 MHz/4)×12=12 μs
	1	1	1	保留	保留
1(12位)	0	0	0	$f_{CPU}/16$	1/(4 MHz/16)×16=64 μs
	0	0	1	$f_{CPU}/8$	1/(4 MHz/8)×16=32 μs
	0	1	0	f_{CPU}	1/(4 MHz)×16=4 μs
	0	1	1	$f_{CPU}/2$	1/(4MHz/2)×16=8 μs
1(12位)	1	0	0	$f_{CPU}/64$	1/(4 MHz/64)×16=256 μs
	1	0	1	$f_{CPU}/32$	1/(4 MHz/32)×16=128 μs
	1	1	0	$f_{CPU}/4$	1/(4 MHz/4)×16=16 μs
	1	1	1	保留	保留

3) 系统功耗

为了降低系统功耗，程序设计中，应注意当系统进入睡眠模式前要禁止 A/D 转换（设置 ADENB=0），同时设置 P4CON 的有关位，以断开外部信号，降低漏电流。

4) 转换结果读取

ADC 转换结果的读取有两种方法：一种是查询，通过查询 ADM 寄存器中的 EOC 位来确定 ADC 是否完成，本例中采用的就是这种方法；另一种方法就是中断方法，如果使能中断请求寄存器 INTRQ 的第 7 位 ADCIRQ，则在 ADC 转换完成时将发生中断，中断服务程序中可以读取转换结果。

5) A/D 转换参考电压

有关参考电压应注意以下问题：A/D 转换需要一个参考电压，参考电压通过 AV_{REFH}、AV_{REFL} 两个引脚输入。两个引脚的输入电压要求如下：AV_{REFH} 的值不能大于 AV_{DD}，也不能小于 AV_{REFL}+2.0 V。AV_{REFL} 的值不能低于 AV_{SS}，也不能大于 AV_{REFH}−2.0 V。模拟输入电压必须在 AV_{REFH} 与 AV_{REFL} 之间。实际使用时，为了保持较高的转换精度，V_{REF} 最好使用单独的电路提供基准电压，若与单片机共用一个电源，也要分开引线，且 AGND 应尽可能靠近电源端。V_{REF} 与模拟地 AGND 之间应外接一个旁路电容，而且只在芯片处与数字地 V_{SS} 单点相连。有关电路如图 7.4 所示。

6) A/D 的输入电路

在 A/D 通道的输入端，可采用图 7.5 所示的输入接口电路。其中的电阻 R1 和电容 C1 组成一个低通滤波器，其作用是：第一，当模拟输入电压受外界干扰而产生尖脉冲信号时，R1 和 C1 能起到低通滤波器作用，用来防止输入电压超过 SN8P2708 要求的模拟电压范围而损坏；第二，在电压过载的情况下，串联电路 R1 可起到限流作用；第三，模拟信号源内阻过大会降低A/D转换的精度，而关联的电容 C1 起到误差补偿和稳定电压作用。电容 C1 的作用可通过如图 7.5 所示的 SONIX 12 位 ADC 及信号输入等效电路加以说明。

图中，V_s 为信号源电压；Rs 为信号源的输出阻抗；CA 为 ADC 内部等效电容，约为 50 pF；Req 为 ADC 输入端等效电阻；f_s 为 ADC 采样频率。设 A/D 转换的采样窗口时间为

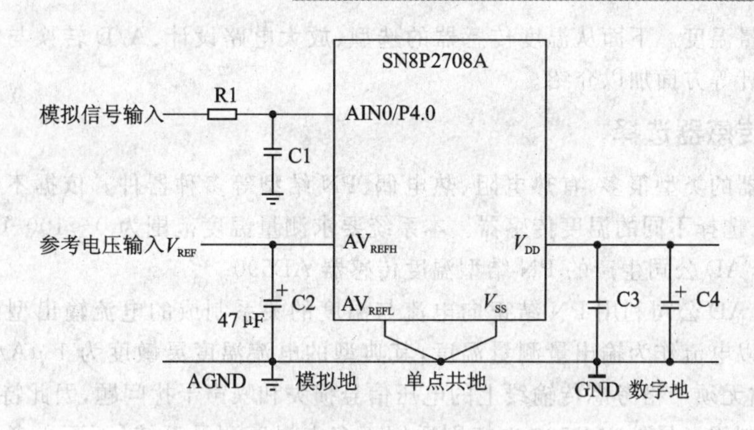

图 7.4 A/D 转换电路输入及模拟参考电路

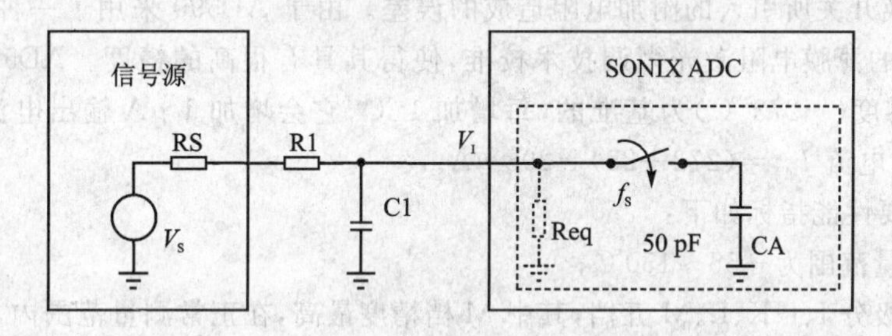

图 7.5 ADC 及信号输入等效电路

1 μs,若信号源阻抗大,将使采样电容 CA 在采样窗口时间内得不到充分地充电,造成测量误差;而接上电容 C1 后,在非采样窗口时间,电容 CA 两端将得到充分地充电,因而在采样窗口时间内,电容 C1 将直接向 CA 充电,而对信号源内阻的要求降低了。C1 取值一般原则是:

$$C_1 > 2^N \times C_A$$

式中: N 为 A/D 转换的分辨率;C_1 为电容 C1 的值;C_A 为电容 CA 的值。对 12 位分辨率,C1 取值计算式如下:

$$C_1 = 2^N \times C_A = 4\,096 \times 50\ \text{pF} = 0.204\ \mu\text{F}$$

实际应用时,选取 $C_1 = 0.33\ \mu\text{F}$。

电阻 R1 的取值与信号源的输出阻抗、输入信号的频率有关。当信号源的阻抗远小于 ADC 的输入阻抗时,可以依据 RC 滤波器的截止频率计算电阻 R1 的取值。假设信号源的输出阻抗为 100 Ω,输入信号的频率最大值为 $f_{max} = 1$ kHz,滤波器的截止频率取 2 倍的信号频率,即:

$$2f_{max} = \frac{1}{2\pi C_1 (R_S + R_1)}$$

则可以计算出:

$$R_1 = \frac{1}{4\pi C_1 f_{max}} - R_S = \frac{1}{4\pi \times 0.33\ \mu\text{F} \times 1\ \text{kHz}} - 100\ \Omega \approx 140\ \Omega$$

式中: R_1 为电阻 R1 的值;R_S 为电阻 RS 的值。

7.2.4 A/D 转换应用(实时温度测量系统设计)

利用 SN8P2708A 设计一个温度测量系统,要求测量范围为 0～100 ℃,测量精度为 0.5 ℃,

能实时显示测量温度。下面从温度传感器的选型、放大电路设计、A/D转换与温度显示电路及系统程序设计等方面加以介绍。

1. 温度传感器选择

温度传感器的类型很多,有热电阻、热电偶、PN结型等多种器件。依据不同的温度测量范围和精度,可选择不同的温度传感器。本系统要求测量温度范围为0～100 ℃,测量精度为0.5 ℃,可选择AD公司生产的PN结型温度传感器AD590。

AD590是AD公司利用PN结正向电流与温度的关系制成的电流输出型两端温度传感器。这种器件以电流作为输出量测量温度,其典型的电流温度灵敏度为1 μA/K。作为一种高阻电流源,它无须严格考虑传输线上的电压信号损失和噪声干扰问题,因此特别适合作为远距离测量或控制用。另外,AD590也特别适用于多点温度测量系统,而不必考虑选择开关或CMOS多路转换开关所引入的附加电阻造成的误差。由于AD590采用了一种独特的电路结构,并利用最新的薄膜电阻激光微调技术校准,使得其具有很高的精度。AD590的输出电流是以绝对温度零度(−273 ℃)为基准的,每增加1 ℃,它会增加1 μA输出电流,因此在室温25 ℃时,其输出电流 $I_{out}=(273+25)=298\ \mu A$。

AD590主要性能指标如下:

- 温度测量范围为−55～150℃;
- 精度等级分I、J、K、L、M五档,其中M档精度最高,在正常测量范围内,非线性误差为±0.3 ℃;
- 两端器件,电压输入,电流输出;
- 供电电压范围为+4～+30 V;
- 温度每增加1 ℃,它会增加1 μA输出电流。

因此,AD590完全可以满足本系统温度测量的需要。

2. 测量放大电路设计

AD590测量放大电路如图7.6所示。

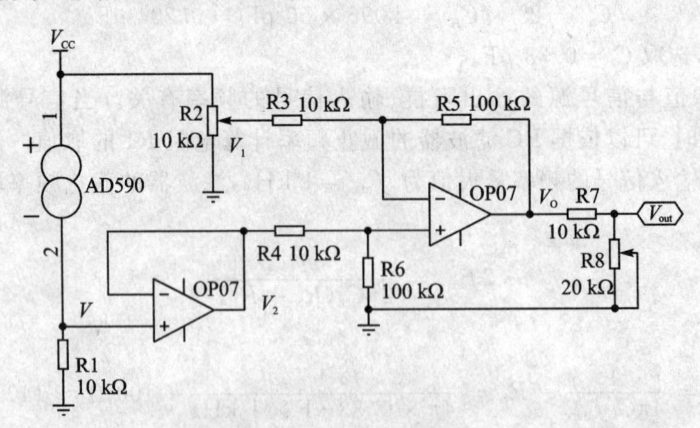

图7.6 AD590测量放大电路

本放大电路设计从以下几方面考虑:

(1) AD590输出的是随温度而变化电流信号,为了与SN8P2708A的A/D转换电路接口，首先必须将电流信号转化为电压信号。电路中使用一个 10 kΩ 的精密电阻 R1(低温漂系数)将电流信号转化为电压信号。

(2) 为了减小后级电路对 R1 的分流而产生测量误差，使用一个电压跟随器，其输出电压 V_2 等于输入电压 $V=(273+T)\ \mu A\times 10\ k\Omega$。

(3) 由于 AD590 输出电流是以绝对温度零度(−273 ℃)为基准的，每增加 1 ℃，它会增加 1 μA 输出电流，因此在 0 ℃时，其输出电流 $I_{out}=273\ \mu A$，R1 上的电压为 2.73 V。为了在 0～100 ℃测量温度范围内得到 0～5 V 的线性输出，后级采用了差动放大器，其输出为：

$$V_O=(100\ k\Omega/10\ k\Omega)\times(V_2-V_1)=T/10$$

式中：V_1 通过电位器 R2 对电源分压得到，调节 R2 的值使 $V_1=2.73$ V，从而保证 0 ℃时，差动放大器输出 $V_O=0$ V，而 100 ℃时 $V_O=10$ V。再通过调节电位器 R8，使 V_O 输出二分压，即 $V_{out}=1/2V_O$。这样就保证了 SN8P2708A 的模拟输入端输入电压范围为 0～5 V。

电路中使用了两片 OP07，供电电压为 12 V。

3. A/D 转换与温度显示电路设计

A/D 转换与温度显示电路设计如图 7.7 所示。

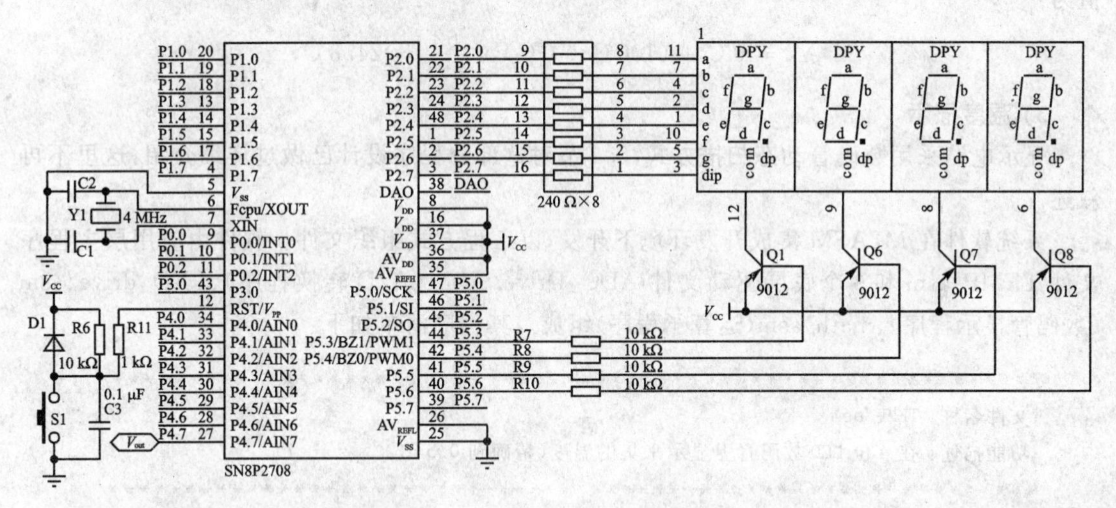

图 7.7 A/D 转换与温度显示电路

4. 系统软件设计

在微机测控系统中，对物理量的测量由于受现场环境、电路噪声等因素的干扰，单次测量往往不能测得准确的结果。为了减少测量误差，常利用多次采集、软件滤波和加权平均等方法来提高测量的精度，本系统也不例外。在软件设计时，可划分为 A/D 转换与数据采集、软件滤波与温度计算温度显示 3 部分。

1) A/D 转换与数据采集

AD590 的测量精度为 0.5 ℃，当温度变化 0.5 ℃时，图 7.6 中后级 V_{out} 将变化 0.025 V。当设置 SONIX 单片机的 A/D 转换器为 8 位分辨率时，A/D 能够反映 5/256=0.02 V 以上的电压变化，因此 8 位分辨率满足设计要求。AD590 输出经调理后的电压由 AIN7 输入到 SN8P2708A 内进行 A/D 转换。

2）软件滤波与温度计算

为了保证采集数据的稳定性，对多次采集到的数据需要进行滤波处理。数字滤波方法有很多种，不同的滤波算法适于不同的场合，应根据不同的对象选择相应的滤波算法。常用的程序滤波算法有：限幅滤波、算术平均值滤波、中值滤波、滑动平均滤波等。

本系统采用了滑动平均滤波算法。滑动平均滤波的原理是用每次采样得到的数据来代替采样值队列中最老的数据，然后求队列的平均值。滑动平均滤波适用于采样速度较慢或目标参数变化较快的系统，实时性比较强。

经过软件滤波后求得的平均值，还要转换成具体的温度数据，即需要进行标度变换。对一般的线性仪表来说，标度变换公式为：

$$Ax = A0 + (Am - A0) \times \frac{Nx - N0}{Nm - N0}$$

式中：A0为一次测量仪表的下限；Am为一次测量仪表的上限；Ax为实际测量值（工程量）；N0为仪表下限所对应的数字量；Nm为仪表上限所对应的数字量；Nx为测量所得数字量。

例如：若仪表量程为0～100 ℃，在某一时刻采样得到的二进制Nx=0x3e，则对应的温度值为：

$$Ax = 0℃ + (100℃ - 0℃) \times \frac{62}{255} = 24.3℃$$

3）温度显示

显示电路采用数码管动态扫描方式，6.4节对这部分程序设计已做过详细介绍，这里不再叙述。

系统软件在M2ASM集成开发环境下开发，以工程方式组织文件。软件由应用层主程序文件TEMP.asm和3个底层驱动文件ADC_Drive.ASM（A/D转换程序）、LED_drive.asm（数码管显示程序）、math.asm（运算子程序）组成。其程序清单如下：

```
/*************************************************************
;文件名称：TEMP.asm
;功能描述：在4位LED数码管上显示采集的温度(精确到0.5 ℃)
*************************************************************/
    CHIP    SN8P2708A
;******************包含系统自定义宏文件*****************
.NOLIST
    includestd    macro1.h
    includestd    macro2.h
    includestd    macro3.h
;**********************变量定义*********************
.DATA
    ledbuf      DS     4              ;数码管显示缓冲区
    ledcnt      DS     1              ;扫描数码管位置个数单元
    Rledcnt     DS     1              ;更新数码管显示记录单元
    leddot      DS     1
    accbuf      DS     1
    SYSFlag     DS     1              ;系统标志位
```

```
    FBtmint         EQU     SYSFlag.0           ;系统最小时间标志
    Btmint_100      EQU     SYSFlag.1           ;100 ms标志位
    Cnt100          DS      1                   ;100 ms计数单元
    AdcBuffL        EQU     8                   ;8位ADC结果缓冲区长度
    AdcBuff         DS      AdcBuffL            ;8位ADC结果缓冲区
    AdcBuffcnt      DS      1                   ;记录采集数据个数单元
    AdcSum          DS      2                   ;累加和记录单元
    wk00            DS      1
    wk01            DS      1
.CODE
;****************程序上电/复位入口地址****************
    ORG             0000h
    jmp             reset
;********************中断入口地址********************
    ORG             0008h
    jmp             isr
;******************程序代码开始地址******************
    ORG             0010h
reset:
    clr             SYSFlag                     ;系统标志位清0
    clr             ledcnt                      ;扫描数码管位置个数清0
    clr             AdcBuffcnt                  ;记录采集数据个数单元清0
    clr             Cnt100                      ;100 ms计数单元清0
    mov             a,#00h
    mov             ledbuf[0],a
    mov             ledbuf[1],a
    mov             ledbuf[2],a
    mov             ledbuf[3],a                 ;系统上电时数码管显示0000
    mov_            leddot,#3                   ;第三个小数点点亮
    clr             intrq                       ;清中断请求
    mov_            t0c, #0b1h                  ;计数初值(10 ms)
    mov_            t0m, #10h                   ;fCPU/128
    bset            inten.4                     ;使能T0中断
    bset            stkp.7                      ;开总中断
    bset            t0m.7                       ;启动定时器T0
main:
    call            mnintgnd                    ;系统时间处理函数
    call            mnled                       ;数码管动态扫描
    call            mnadc8                      ;数据采集
    call            mnapp
    jmp             main
/**************程序功能：定时器T0中断服务程序**************/
isr:
    xch             a,accbuf                    ;保护累加器ACC中的数据
    b0bts1          inten.4                     ;是否开T0中断
```

```
    jmp         isr90
    b0bts1      lmtirq.4                ;是否是T0中断请求
    jmp         isr90
    mov_        t0c,#0b1h               ;重装计数初值(10 ms)
    bset        FBtmint                 ;置系统最小时间到标志
isr90:
    clr         intrq                   ;执行完毕后,清除所有中断请求
    xch         a,accbuf                ;还原累加器ACC中的数据
    ret         i
/**************子程序功能:系统时间处理程序****************/
mnintgnd:
    bts1        FBtmint
    jmp         mnintgnd90
    bclr        FBtmint                 ;清除系统基准时间标志
    incms       Cnt100
    mov         a,Cnt100
    cmprs       a,#10
    jmp         mnintgnd90              ;判断100 ms是否到
    clr         Cnt100                  ;清100 ms计数单元
    bset        Btmint_100              ;置100 ms到标志
mnintgnd90:
    ret
/***********子程序功能:滑动滤波/标度变换/送显示 *************/
mnapp:
;求和(滑动平均滤波)
    b0mov       r,#AdcBuffL             ;ADC缓冲区长度送R
    clr         AdcSum
    clr         AdcSum+1                ;累加和记录单元清0
    b0mov       y,#AdcBuff$M
    b0mov       z,#AdcBuff$L
mnapp10:
    mov         a,@yz
    add         AdcSum,a
    bts1        fc
    jmp         mnapp20
    incms       AdcSum+1                ;求和
    nop
mnapp20:
    mov         a,#01h
    add         z,a
    bts1        fc
    jmp         mnapp30
    incms       y
    nop                                 ;调整从AdcBuff中取数据的地址
mnapp30:
```

```
    decms       r                       ;是否已取指定个数的数据
    jmp         mnapp10
    b0mov       r,#3
mnapp40:
    rrcm        AdcSum+1
    rrcm        AdcSum
    decms       r                       ;右移3次,除8(求平均值)
    jmp         mnapp40
;标度变换.
    clr         y
    mov_        z,AdcSum
    mov_        wk00,#03h               ;100×10
    b0mov       x,#0E8h                 ;取小数点后一位,放大10倍
    Call        muld
    b0mov       x,#00h
    b0mov       r,#255
    call        divd                    ;求得温度数据的十六进制数据
    call        HB2                     ;将十六进制数转换成BCD码
;转换温度数据送显示缓冲区
    swap        y
    and         a,#0fh
    mov         ledbuf,a                ;温度数据最高位
    mov         a,y
    and         a,#0fh
    mov         ledbuf[1],a

    swap        z
    and         a,#0fh
    mov         ledbuf[2],a
    mov         a,z
    and         a,#0fh
    mov         ledbuf[3],a             ;温度数据最低位
mnapp90:
    ret
    include     LEDrive.asm
    include     ADC_Drive.ASM
    include     math.asm
    ENDP
```

数码管扫描处理文件 LED_drive.asm 程序清单如下:

```
;================================================
;文 件 名:LED_drive.asm
;工程描述:数码管动态扫描程序
;编译环境:M2Asm110
;================================================
.CONST
```

```
    pledsegm        EQU     p2m
    pledseg         EQU     p2                      ;数码管显示段端口
    pkledm1         EQU     FP54M
    pkledm2         EQU     FP55M
    pkledm3         EQU     FP56M
    pkledm4         EQU     FP57M                   ;数码管位端口方向
    pkled1          EQU     FP54
    pkled2          EQU     FP55
    pkled3          EQU     FP56
    pkled4          EQU     FP57                    ;数码管位端口
    pleddotm        EQU     FP27M
    pleddot         EQU     FP27                    ;数码管小数点控制端口
.CODE
/*****************************************************************
子程序功能：动态扫描点亮4个数码管(包括小数点)
输 入 参 数：leddot、ledbuf中显示数据
子程序说明：函数以ledcnt为运行判断依据
*****************************************************************/
mnled:
    bset            pkled1
    bset            pkledm1
    bset            pkled2
    bset            pkledm2
    bset            pkled3
    bset            pkledm3
    bset            pkled4
    bset            pkledm4                 ;关闭位选码
    b0mov           y,#ledcode$m
    b0mov           z,#ledcode$l            ;显示码表地址
    b0mov           h,#ledbuf$m
    b0mov           l,#ledbuf$l             ;显示数据地址
    mov             a,ledcnt
    add             l,a
    mov             a,@hl                   ;取显示数据
    add             z,a
    bts0            fc
    incms           y
    movc                                    ;取显示数据码
    mov             pledseg,a
    mov_            pledsegm,#0ffh          ;段码输出
    mov             a,ledcnt
    @jmp_a          4                       ;位选码选择
    jmp             mnled10
    jmp             mnled20
    jmp             mnled30
```

```
    jmp         mnled40
mnled10:
    bclr        pkled1
    bset        pkledm1             ;第1位数码管选码输出
    jmp         mnled50
mnled20:
    bclr        pkled2
    bset        pkledm2             ;第2位数码管选码输出
    jmp         mnled50
mnled30:
    bclr        pkled3
    bset        pkledm3             ;第3位数码管选码输出.
    jmp         mnled50
mnled40:
    bclr        pkled4
    bset        pkledm4             ;第4位数码管选码输出
    jmp         mnled50
mnled50:
    mov         a,leddot
    jz          mnled60
    mov         a,leddot
    sub         a,ledcnt
    cmprs       a,#01h
    jmp         mnled70
    bset        pleddot
    bset        pleddotm            ;点亮小数点
    jmp         mnled70
mnled60:
    bclr        pleddot
    bset        pleddotm            ;关闭小数点
mnled70:
    incms       ledcnt
    nop                             ;数码管位选码调整
    mov         a,ledcnt
    sub         a,#04h
    jnc         mnled90             ;若 leccnt≥4,则 leccnt = 0
    clr         ledcnt              ;增强抗干扰(比"cmprs a,#4")
mnled90:
    ret
;******************** 七段显示码表(共阳极) ********************
ledcode:
;           0       1       2       3
    DW      0xd0    0xf9    0xa4    0xb0
;           4       5       6       7
```

```
    DW          0x99        0x92        0x82        0xf8
;               8           9           A           b
    DW          0x80        0x90        0x88        0x83
;               C           d           E           F
    DW          0xc6        0xa1        0x86        0x8e
;               P           U           T           Y
    DW          0x8c        0xc1        0xce        0x91
;               L           全          灭
    DW          0xc7        0x00        0xff
```

8位A/D转换处理文件ADC_Drive.ASM程序清单如下：

```
;*************************************************************
;文 件 名：ADC_Drive.ASM
;工程描述：8位A/D转换处理程序
;编译环境：M2Asm110
;**************子程序功能：8位ADC转换程序(查询方式)**************
mnadc8:
    bts1        Btmint_100                  ;检查是否100 ms到数据采集
    jmp         mnadc
;选择ADC通道
    mov         a,#07fh
    mov         p4con,a                     ;选择AIN7(P4.7)引脚的模拟信号,隔离其他引脚信号
    mov         a,#7fh
    and         p4m,a                       ;选择AIN7(P4.7)作为输入
    mov         a,#07fh
    mov         p4ur,a                      ;禁止P4.7上的上拉电阻
;启动ADC转换
    bset        adm.4                       ;使能AIN[7:0]引脚的ADC功能
    mov         a,#40h
    mov         adr,a                       ;选择fCPU/1倍ADC时钟源,8位分辨率
    bset        adm.7                       ;使能ADC转换
    bset        adm.6                       ;启动ADC转换
    bts1        adm.5
    jmp         $ -1                        ;查询adm.55位,等待A/D转换结束
;数据存储
    b0mov       h,#AdcBuff$M
    b0mov       l,#AdcBuff$L
    mov         a,AdcBuffcnt                ;保存采集到的新数据
    add         l,a
    bts1        fc
    jmp         mnadc80
    incms       h
    nop
mnadc80:
    mov         a,adb                       ;取8位数据
```

```
        mov     @hl,a               ;存8位A/D采集数据
        incms   AdcBuffcnt          ;采集数据个数加1
        mov     a,AdcBuffcnt
        cmprs   a,#AdcBuffL         ;是否已采集指定个数的数据
        jmp     mnadc90
        clr     AdcBuffcnt          ;若是,则采集数据个数清0
mnadc90:
        ret
```

以上程序有以下几点需要说明：

(1) 程序设计时,利用定时器T0产生一个10 ms的定时中断作为系统的基本时间单元,称之为时基。通过时基可以产生系统需要的多种时间单元,例如20 ms、50 ms、100 ms等。本系统中每100 ms进行一次温度数据采样,100 ms时间单元就是利用时基产生的。当100 ms到时,标志位Btmint_100置1,数据采样程序中通过检测标志位Btmint_100的状态来决定是否进行A/D转换。

(2) 程序中设置以AdcBuff开始的连续8个单元的数据缓冲区来存放设置及采样数据。经过数据滤波、平均值计算、标度变换和BCD码转换后,将结果送显示缓冲区ledbuf。主程序调用显示子程序,完成结果在数码管上的显示。

(3) 显示程序使用动态显示方式,其编程方法在第6章已经详细讨论过,这里不再叙述。

(4) 程序清单中与运算相关的程序,如无符号双字节乘法子程序muid、无符号双字节除法子程序divd、十六进制与BCD码转换子程序HB2、十进制调整子程序daa等在文件math.asm文件中。由于篇幅所限,程序清单中没有列出。

7.3 D/A转换器

7.3.1 D/A转换器原理

D/A转换器(DAC)的原理很简单,可以总结为"按权展开,然后相加"几个字。换句话说,D/A转换器要能把输入数字量中的每位都按其权值分别转换成模拟量,并通过运算放大器来求和。

解码网络通常有两种：二进制加权电阻网络和T型电阻网络。在二进制加权电阻网络中,每位二进制位的D/A转换是通过相应位加权电阻实现的,这必然造成加权电阻阻值差别极大,尤其在D/A转换位数较大时更不能容忍。例如,若某D/A转换器有12位,则最高位加权电阻为10 kΩ时的最低位加权电阻应当是10 kΩ×2^{11}=20 MΩ。这么大的电阻值在VLSI技术中是很难制造出来的,即便制造出来,其精度也很难符合要求。因此,现代D/A转换器几乎毫无例外地采用T型电阻网络进行解码。

为了说明T型电阻网络原理,现以4位D/A转换器为例加以讨论。图7.8为其原理框图。图中,虚框内为T型电阻网络(桥上电阻均为R,桥臂电阻为2R);U为运算放大器,也可以外接;A点为虚接地,接近0 V;V_{REF}为参考电压,由稳压电源提供;S3～S0为电子开关,受4位DAC寄存器中的$b_3b_2b_1b_0$控制。

为了分析问题,设b_3、b_2、b_1、b_0全为1,故S3、S2、S1、S0全部和1端相连,如图7.8所示。

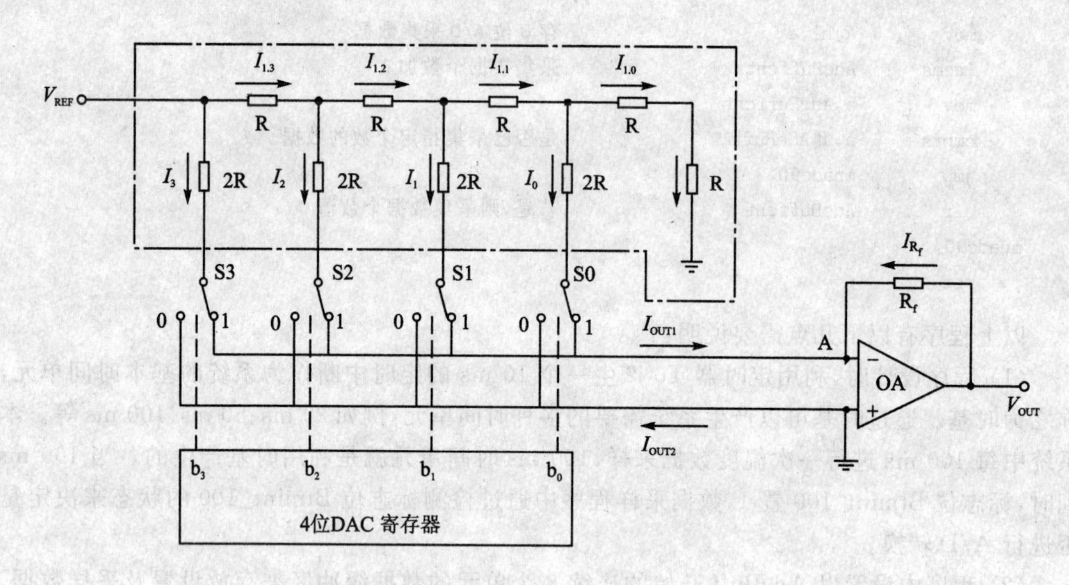

图 7.8 T型电阻网络型D/A转换器

根据克希荷夫定律，如下关系成立：

$$I_3 = \frac{V_{REF}}{2R} = 2^3 \times \frac{V_{REF}}{2^4 \times R}$$

$$I_2 = \frac{I_3}{2} = 2^2 \times \frac{V_{REF}}{2^4 \times R}$$

$$I_1 = \frac{I_2}{2} = 2^1 \times \frac{V_{REF}}{2^4 \times R}$$

$$I_0 = \frac{I_1}{2} = 2^0 \times \frac{V_{REF}}{2^4 \times R}$$

事实上，S3～S0的状态是受 $b_3 b_2 b_1 b_0$ 控制的，并不一定为全1。若它们中有些位为0，则S3～S0中相应开关会因与0端相接而无电流通过。为此，可以得到通式：

$$I_{OUT1} = b_3 I_3 + b_2 I_2 + b_1 I_1 + b_0 I_0 = (b_3 \times 2^3 + b_2 \times 2^2 + b_1 \times 2^1 + b_0 \times 2^0)\frac{V_{REF}}{2^4 \times R}$$

选取 $R_f = R$，并考虑 A 点为虚拟地，故

$$I_{R_f} = -I_{OUT1}$$

因此，可以得到：

$$V_{OUT} = I_{R_f} R_f = -(b_3 \times 2^3 + b_2 \times 2^2 + b_1 \times 2^1 + b_0 \times 2^0)\frac{V_{REF}}{2^4 \times R} \times R_f = -B \times \frac{V_{REF}}{16} \tag{7.1}$$

对于 n 位T型电阻网络，式(7.1)可变为：

$$V_{OUT} = -(b_{n-1} \times 2^{n-1} + b_{n-2} \times 2^{n-2} + \cdots + b_1 \times 2^1 + b_0 \times 2^0)\frac{V_{REF}}{2^n \times R} \times R_f = -B \times \frac{V_{REF}}{2^n}$$

上述讨论表明：D/A转换过程主要是由解码网络实现的，而且是并行工作的。换句话说，D/A转换器是并行输入数字量的，每位代码也是同时被转换成模拟量的。这种转换方式的速度快，一般为微秒级，有的可达几十毫微秒。

7.3.2　D/A转换器的性能指标

DAC(Digital Analog Converter)性能指标是选用DAC芯片型号的依据,也是衡量芯片质量的重要参数。DAC性能指标颇多,主要有以下4个。

(1) 分辨率(Resolution)。分辨率是指D/A转换器能分辨的最小输出模拟增量,取决于输入数字量的二进制位数。一个n位的DAC所能分辨的最小电压增量定义为满量程的2^{-n}倍。例如,满量程为10 V的8位DAC芯片的分辨率为10 V$\times 2^{-8}$=39 mV;一个同样量程的16位DAC的分辨率高达10 V$\times 2^{-16}$=153 μV。

(2) 转换精度(Conversion Accuracy)。转换精度与分辨率是两个不同的概念。转换精度是指满量程时DAC模拟输出值与理论值的接近程度。对T型电阻网络的DAC,其转换精度与参考电压V_{REF}、电阻值的误差和电子开关有关。例如,若满量程时理论输出值为10 V,实际输出值为9.99～10.01 V,则其转换精度为±10 mV。通常,DAC的转换精度为分辨率的1/2,即为LSB/2。其中LSB为分辨率,是指最低一位数字量变化引起幅度的变化量。

(3) 偏移量误差(Offset Error)。偏移量误差是指输入数字量为0时,输出模拟量对0的偏移值。这种误差通常可以通过DAC的外接V_{REF}和电位器加以调整。

(4) 线性度(Linearity)。线性度是指DAC的实际转换特性曲线与理想直线之间的最大偏差。通常,线性度不应超出±LSB/2。

除上述指标外,转换精度(Conversion Rate)和温度灵敏度(Temperature Sensitivity)也是DAC的重要指标参数。不过,因为它们都比较小,通常情况下可以忽略不计。

7.3.3　SONIX单片机的片内D/A转换器电路

1. 片内DAC结构

SONIX单片机的片内D/A转换器框图如图7.9所示。它由DMA寄存器和T型电阻网络组成,是将7位数字信号转换成对应的128阶电流型模拟信号输出。当D/A控制寄存器DAM中的DAENB位置1时,D/A转换电路使能,DAM寄存器中的0～6位通过梯形电阻网络被转换成相应的模拟信号,并由DAO引脚输出。

DAM寄存器 → 电阻网络 → DAO输出

图7.9　D/A转换器框图

2. 片内DAC输出特性

SONIX单片机内部D/A转换器的输出为电流信号,通过外接电阻可将电流信号转换为电压信号,如图7.10所示。为了得到较好的线性输出,通常在DAO端接一适当的负载电阻。图7.11给出了V_{DD}=5 V,R_L=150 Ω和V_{DD}= 3 V,R_L=150 Ω时的结果。

应该指出,SONIX单片机的D/A转换器只应用于要求不高的场合,不适合用作精确的DC电压输出。

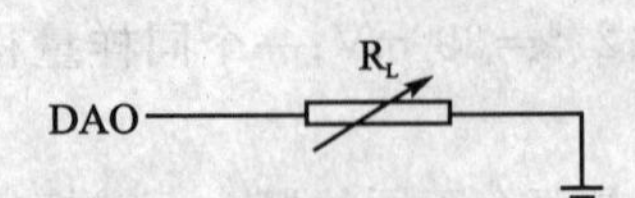

图 7.10 DAC 输出电路

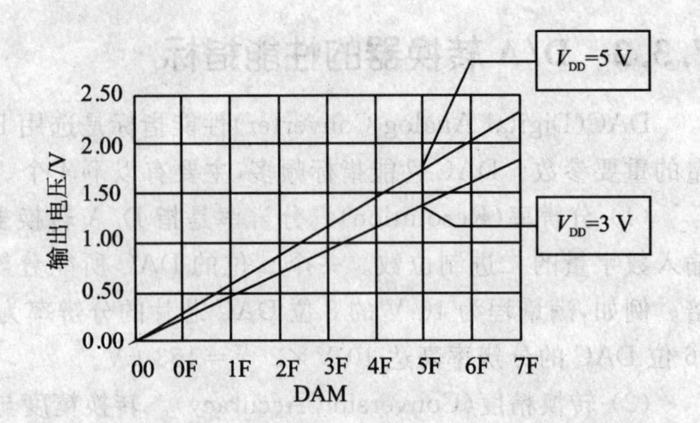

图 7.11 DAC 输出电压(V_{DD}=5 V/3 V)

3. DAM 寄存器

DAM 寄存器各位的定义如下：

Bit	7	6	5	4	3	2	1	0
DMA	DAENB	DAB6	DAB5	DAB4	DAB3	DAB2	DAB1	DAB0
读/写	R/W	R/W	R/W	R/W	R/W	R/W	R/W	R/W
初始值	0	0	0	0	0	0	0	0

DAM 地址：0b0h

Bit 7　　DAENB：D/A 转换控制位。

0＝禁止 D/A 转换功能；

1＝开放 D/A 转换功能。

Bit [6:0]　　DAB [6:0]：D/A 转换数字量。

DAO 引脚的输出值是由 DAB 寄存器中的数据决定的。DAB 的数据与 DAO 引脚的输出电压之间的关系如表 7.3 所列。

表 7.3 DAB 的数据与 DAO 引脚输出电压的关系表

DAB6	DAB5	DAB4	DAB3	DAB2	DAB1	DAB0	DAO
0	0	0	0	0	0	0	V_{SS}
0	0	0	0	0	0	1	I_{DAC}
0	0	0	0	0	1	0	$2\times I_{DAC}$
0	0	0	0	0	1	1	$3\times I_{DAC}$
⋮	⋮	⋮	⋮	⋮	⋮	⋮	⋮
1	1	1	1	1	1	0	$126\times I_{DAC}$
1	1	1	1	1	1	1	$127\times I_{DAC}$

注：$I_{DAC}=I_{FSO}/(2^7-1)$（I_{FSO}为全程输出量）。

注意：当 DAENB＝0 时，DAO 引脚输出不稳定；设置 DAENB＝1 后，D/A 转换功能被激活。

7.3.4 D/A 转换器应用举例

1. 设计内容

利用 SN8P2708A 设计一个简易波形发生器，要求如下：

- 能产生正弦波、三角波、锯齿波信号；
- 可输出 1 Hz、10 Hz、100 Hz 三种频率；
- 通过键盘选择 3 种波形输出和 3 种输出频率。

2. 实现方法

1）硬件设计

使用目标板上的电路，波形发生由 SN8P2708A 内部的 DAC 电路产生，从 P5.3(DOC)输出。键盘使用电路板上的编码键盘，电路参考图 6.6。通过编码键盘进行波形和频率的选择。编码键盘各键的定义和功能如表 7.4 所列。由于 SN8P2708A 内部的 DAC 输出为电流型，因此，为了得到输出电压，必须外接一个负载电阻，这里取负载电阻 $R_L=150\ \Omega$。

表 7.4 按键功能表

按键名称	按键功能	键 值	按键名称	按键功能	键 值
S17	正弦波选择键	0	S21	1 Hz 频率选择键	4
S18	三角波选择键	1	S22	10 Hz 频率选择键	5
S19	锯齿波选择键	2	S23	100 Hz 频率选择键	6
S20	保留	3	S24	保留	7

2）软件设计

在主程序中，通过查询法查询 P0.0 引脚的状态来确认是否有键按下，当确认有键按下时，根据键值进入相应的按键处理程序，完成波形选择和频率切换的功能。波形的电压输出采用定时器中断的方式，而频率由设定定时器的时钟分频数和装入的初值决定。输出波的频率与定时器 TC0 的时钟分频数以及装入初值关系如表 7.5 所列。定时器采用自动重装方式。为了更精确地控制输出的频率，定时器装入的初值在计算值的基础上进一步通过实验方法校准。可以使用数字存储示波器观察输出波形的频率，对初值进行适当的修正。为了查表和计算方便，一个波形周期输出 128 个点。正弦波通过查表方式输出要求的电压，而其他波形通过计算获得输出电压。

表 7.5 不同波形的频率与 TC0 的时钟分频数以及装入初值关系

输出频率/Hz	TC0 时钟分频数	TC0R 装入初值
1	$f_{CPU}/256$	e1h
10	$f_{CPU}/4$	3ch
100	$f_{CPU}/2$	d8h

3. 程序设计

下面是简易波形发生器的完整程序清单：

```
/ ********************************************************************
程序名称：wave_generat.asm
功能描述：使用TC0定时，实现各波形频率的控制
********************************************************************/
    CHIP     SN8P2708A
.NOLIST
    includestd      macro1.h
    includestd      macro2.h
    includestd      macro3.h
.LIST
    frq1            EQU     0e1h            ;3个TC0定时时间常量
    frq10           EQU     3ch
    frq100          EQU     0d8h
    dport           EQU     p1              ;按键经74148编码后的输入口
    dportm          EQU     p1m             ;按键模式寄存器
.DATA
    key_buff1       DS      1               ;波形键寄存器
    key_buff2       DS      1               ;频率切换键寄存器
    accbuff         DS      1               ;累加器ACC数据寄存器
    key_flag        DS      1               ;按键标志寄存器
    sin_key         EQU     key_flag.0      ;正弦波键按下标志
    tri_key         EQU     key_flag.1      ;三角波键按下标志
    saw_key         EQU     key_flag.2      ;锯齿波键按下标志
    tri_flag        EQU     key_flag.3      ;三角波升降标志
    saw_data        DS      1               ;锯齿波数据寄存器
    sin_address     DS      1               ;正弦波表地址寄存器
    tri_data        DS      1               ;三角波数据寄存器
.CODE
    ORG             00h
    jmp             main
    ORG             08h
    jmp             Int_serv                ;TC0中断服务程序入口
    ORG             10h
main:
    call            main_ini                ;调用初始化程序
main_loop:
    call            mnkey                   ;调用按键子程序
    jmp             main_loop
    include         Int_serv.asm
    include         mnkey.asm
    include         main_ini.asm
    ENDP
/ ********************************************************************
程序功能：工作寄存器和寄存器的初始化
********************************************************************/
```

```
main_ini:
    b0bset          fgie                        ;开总中断
    mov_            tc0m,#00000100b             ;设置TC0工作频率
    mov_            tc0c,#frq1                  ;TC0设初值和重装
    mov_            tc0r,#frq1
    bclr            tri_flag                    ;三角波电平交换输出标志清0
mov a,#80h                                      ;锯齿波数据寄存器赋初值80h
    mov             saw_data,a
    mov             a,#0                        ;正弦波表地址寄存器赋初值00h
    mov             sin_address,a
    mov             a,#0bfh                     ;三角波数据寄存器赋初值bfh
    mov             tri_data,a
    mov             a,#4                        ;初始频率设置为1 Hz
    mov             key_buff2,a
    ret
/***********************************************************
程序功能：判断某键按下,并作相应的处理
***********************************************************/
.DATA
    wk00            DS      1
.LIST
    gsport          EQU     p0.0                ;与74148的GS口相连
/***********************************************************
程序功能：按键识别,并作相应的处理
入口参数：7个按键的编码
***********************************************************/
.CODE
mnkey:
    mov             a,#10001111b                ;设置P1.4、P1.5、P1.6按键编码信号输入口
    and             dportm,a
    bts0            gsport                      ;检测是否有按键按下
    jmp             mnkey90
    mov             a,dport
    and             a,#01110000b                ;读P1.4、P1.5、P1.6
    xor             a,#01110000b                ;取反
    mov             wk00,a                      ;临时保存当前键值
    swapm           wk00                        ;移到低位
    mov             a,wk00
    bts0            wk00.2                      ;判断是波形键还是频率切换键
    jmp             $ +3
    mov             key_buff1,a                 ;波形变换键
    jmp             mnkey10
    mov             key_buff2,a                 ;频率切换键
mnkey10:
    mov             a,key_buff1
```

```
    @jmp_a          4
    Jmp             mnkey20                         ;正弦波键处理
    jmp             mnkey30                         ;三角波键处理
    jmp             mnkey40                         ;锯齿波键处理
    jmp             mnkey90
;正弦波按键处理
mnkey20:
    bset            sin_key                         ;设置正弦波按键按下标志
    bclr            tri_key
    bclr            saw_key
    jmp             mnkey50                         ;设置TC0分频,并装入初值
;三角波按键处理
mnkey30:
    bclr            sin_key                         ;设置三角波按键按下标志
    bset            tri_key
    bclr            saw_key
    jmp             mnkey50                         ;设置TC0分频,并装入初值
;锯齿波按键处理
mnkey40:
    bclr            sin_key                         ;设置锯齿波按键按下标志
    bclr            tri_key
    bset            saw_key
    jmp             mnkey50                         ;设置TC0分频,并装入初值
;频率按键处理
mnkey50:
    mov             a,key_buff2
    sub             a,#4
    @jmp_a          4                               ;频率切换
    jmp             mnkey60
    jmp             mnkey70
    jmp             mnkey80
    jmp             mnkey90
mnkey60:
    mov_            tc0m,#00000100b                 ;设置TC0 256分频
    mov_            tc0r,#frq1                      ;频率为1 Hz
    jmp             keyf_quit
mnkey70:
    mov_            tc0m,#01100100b                 ;设置TC0 4分频
    mov_            tc0r,#frq10                     ;频率为10 Hz
    jmp             keyf_quit
mnkey80:
    mov_            tc0m,#01110100b                 ;设置TC0 2分频
    mov_            tc0r,#frq100                    ;频率为100 Hz
keyf_quit:
    bset            ftc0ien                         ;允许TC0中断,并启动TC0
```

```
    bset          ftc0enb
mnkey90:
    ret
/*************************************************************
程序功能：TC0中断服务程序,实现各种波形的输出
*************************************************************/
Int_serv:
    b0xch         a,accbuff                     ;保护现场
    push
    bts1          ftc0ien
    jmp           Int_serv 90
    bts1          ftc0irq
    jmp           Int_serv 90
    bclr          ftc0irq
    bts0          sin_key
    jmp           Int_serv  10                  ;输出正弦波
    bts0          tri_key
    jmp           Int_serv 20                   ;输出三角波
    bts0          saw_key
    jmp           Int_serv 30                   ;输出锯齿波
;正弦波产生程序
Int_serv 10:
    b0mov         y,#table$m                    ;取正弦波表首地址
    b0mov         z,#table$l
    mov           a,sin_address
    add           z,a
    movc                                        ;查表
DA_start:
    xor           a,#10000000b                  ;数据赋给DAM,并启动D/A转换
    mov           dam,a
    incms         sin_address
    mov           a,sin_address
    cjne          a,#127, Int_serv 90           ;判断一个周期的数据输出完成否
    mov           a,#0                          ;重赋初值
    mov           sin_address,a
    jmp           Int_serv  90
;锯齿波程序
Int_serv 20:
    mov           a,saw_data
    cjne          a,#0ffh,saw_loop              ;判断锯齿波数据是否达到最大
saw_start:
    mov           a,#80h                        ;若最大,则归0
saw_loop:
    mov           dam,a                         ;D/A转换
    mov           saw_data,a
```

```
        incms       saw_data                    ;锯齿波数据寄存器自加
        jmp         Int_serv 90

;三角波程序
Int_serv 30:
up: bts0        tri_flag                    ;判断三角波输出是上升,还是下降
        jmp         down
        mov         a,tri_data
        mov         dam,a                       ;D/A 转换
        nop
        incms       tri_data                    ;三角波数据寄存器自加
        jmp         Int_serv 90
        mov         a,#0ffh                     ;若自加到 0,则修正
        mov         tri_data,a
        bset        tri_flag
down:
        mov         a,tri_data
        mov         dam,a                       ;D/A 转换
        nop
        decms       tri_data                    ;三角波数据寄存器自减
        mov         a,tri_data
        cjne        a,#0bfh, Int_serv 90
        mov         a,#0bfh                     ;减到 0bfh,则修正
        mov         tri_data,a
        bclr        tri_flag
        jmp         Int_serv 90
Int_serv 90:
        pop
        b0xch       a,accbuff
        reti
table:                                          ;正弦波表
        DW    064, 067, 070, 073, 076, 079, 082, 085
        DW    088, 091, 094, 096, 099, 102, 104, 106
        DW    109, 111, 113, 115, 117, 118, 120, 121
        DW    123, 124, 125, 126, 126, 127, 127, 127
        DW    127, 127, 127, 127, 126, 126, 125, 124
        DW    123, 121, 120, 118, 117, 115, 113, 111
        DW    109, 106, 104, 102, 099, 096, 094, 091
        DW    088, 085, 082, 079, 076, 073, 070, 067
        DW    064, 060, 057, 054, 051, 048, 045, 042
        DW    039, 036, 033, 031, 028, 025, 023, 021
        DW    018, 016, 014, 012, 010, 009, 007, 006
        DW    004, 003, 002, 001, 001, 000, 000, 000
        DW    000, 000, 000, 000, 001, 001, 002, 003
        DW    004, 006, 007, 009, 010, 012, 014, 016
```

```
DW      018, 021, 023, 025, 028, 031, 033, 036
DW      039, 042, 045, 048, 051, 054, 057, 060
```

7.4 PWM功能及应用

7.4.1 PWM及相关的寄存器

SN8P2708A片内含有两个脉宽调制器(PWM)模块,它们可产生由编程决定的宽度和间隔的脉冲。PWM信号输出与I/O引脚复用,PWM0信号通过PWM0OUT引脚(P5.4)输出,PWM1信号通过PWM1OUT(P5.3)引脚输出。芯片复位后,这些引脚被配置为通用的I/O引脚。PWM结构如图7.12所示,PWM的核心是一个比较器和两个寄存器TC0R/TC1R、TC0C/TC1C。其工作过程是,CPU时钟经分频后送入计数器TC0C/TC1C,比较器将TC0R/TC1R与TC0C/TC1C中的数进行比较,当计数器TC0C/TC1C的值增加到与TC0R的值相等时,PWM输出低电平;当计数器TC0C/TC1C的值溢出重新回到0时,PWM输出高电平,从而形成PWM输出。PWM输出的主要参数是占空比、输出脉冲宽度、输出频率等,它们都与TC0M/TC1M、TC0R/TC1R、TC0C/TC1C等寄存器相关。

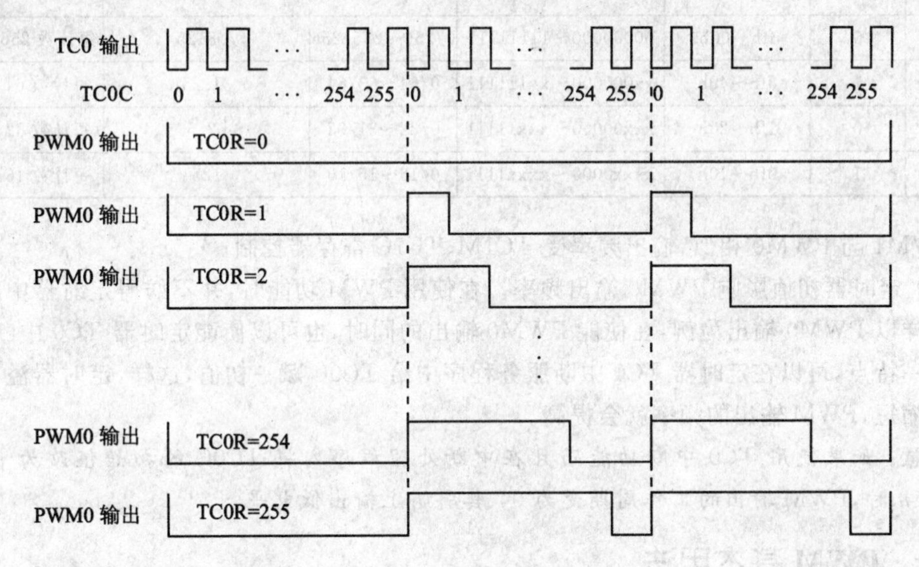

图7.12　不同TC0R情况下的PWM输出

1. TC0R/TC1R寄存器与PWM的脉冲宽度

每个PWM输出脉冲宽度取决于相应的比较寄存器的值。以PWM0为例,计数器TC0C值与TC0R值相比较,当TC0C大于或等于TC0R的值时,PWM输出低电平;当TC0C上溢并重新回到0时,PWM输出高电平,并维持到TC0C等于比较值TC0R为止。如图7.12所示,脉冲宽度的计算如下式:

$$t_H = \text{TC0R} \times \text{TC0 时钟周期}$$

注意:在最开始的256个输入时钟内,PWM输出是无效的。另外,有一种特殊情况,向参考寄存器TC0R/TC1R中写入00h可使PWM输出永远保持在低电平,这在使用PWM过程中快速屏蔽PWM的输出是非常有用的。

2. PWM的频率控制

PWM0输出频率与定时器时钟频率、定时器溢出边界以及定时器初值有关，受TC0M、TC0C寄存器控制。

(1) 定时器时钟频率直接影响PWM的频率，定时器时钟频率由TC0RATE[2:0]决定。可以有4种选择，分别是：

000=$f_{CPU}/256$；001=$f_{CPU}/128$；110=$f_{CPU}/4$；111=$f_{CPU}/2$

(2) 定时器溢出边界选择受ALOAD0、TC0OUT位的控制，通过这两位可选择4种溢出边界，其频率可在较大的范围调整。例如，当ALOAD0=1、TC0OUT=0时，TC0C只取低5位有效，当低5位由全1变为全0，即由1fh增值20h时，发生溢出，PWM0OUT引脚由低电平跳变到高电平。此时，TC0R寄存器只有低5位有效。定时器溢出边界、PWM最大输出频率以及TC0R/TC1R有效位之间的关系如表7.6所列。

表7.6 定时器溢出边界与PWM最大输出频率以及TC0R/TC1R有效位之间的关系

ALOAD0 ALOAD1	TC0OUT TC1OUT	TC0溢出边界 TC1溢出边界	TC0R/TC1R 有效位	PWM占空比 范围	最大PWM频率/kHz (f_{CPU}=4 MHz)	备注
0	0	ffh～00h	00000000～11111111	0/256～255/256	7.8125	每计数256次溢出
0	1	3fh～40h	xx000000～xx111111	0/64～63/64	31.25	每计数64次溢出
1	0	1fh～20h	xxx00000～xxx11111	0/32～31/32	62.5	每计数32次溢出
1	1	0fh～10h	xxxx0000～xxxx1111	0/16～15/16	125	每计数16次溢出

PWM1与PWM0相似，输出频率受TC1M、TC1C寄存器控制。

(3) 定时器初值影响PWM0输出频率。在使用PWM功能时，并不妨碍定时器中断的使用。同样以PWM0输出为例，在使能PWM0输出的同时，也可以使能定时器TC0中断功能。利用这一特点，可以在定时器TC0中断服务程序中给TC0C赋一初值，这样，定时器溢出的时间就被缩短，PWM输出的频率就会提高。

注意： 如果使用TC0中断功能而且在中断处理程序内将TC0C的初始值改为n，则当TC0R<n时，PWM输出的工作周期变为0，其引脚上输出低电平。

7.4.2 PWM基本用法

PWM模块可以完成两种功能：第一种功能是输出占空比可控的方波；第二种功能是作为D/A转换器。第一种功能完全可以用普通的I/O端口配合软件实现，而且成本更低，输出方波范围更大。因此，PWM模块基本上都用作D/A转换功能。与标准的D/A转换相比，在同样输出分辨率的情况下，PWM的成本要低得多。由于PWM输出的模拟信号是方波信号经过平滑滤波后得到的，因此输出的模拟信号变化速度较慢，只能用来控制低速对象。

1. 占空比的控制

PWM模块的D/A转换功能是通过控制有效电平的占空比来实现的，因此占空比的控制非常重要。SN8P2708A单片机的两个PWM通道的占空比可以各不相同，分别由各自的

TC0R和TC1R决定。以PWM0为例，它的占空比由TC0R的值决定。为了更清楚地说明问题，下面在目标板上运行以下程序，并用示波器观察P5.4的输出波形。

```
/**************************************************************
;程序名称：PWM1.asm
;PWM实验程序1：控制高电平的占空比
**************************************************************/
    CHIP        SN8P2708A
.DATA
    Buff        DS      1
    time1       DS      1
    time2       DS      1
.CODE
    ORG         00h
    jmp         main_ini
    ORG         10h
main_ini:                                   ;初始化程序
    mov         a,#00h
    mov         buff,a
    mov         a,#01110000b                ;设置TC0的分频数为2
    mov         tc0m,a                      ;溢出边界为ffh～00h，禁止PWM0输出功能
    mov         a,#20h                      ;初始化TC0
    mov         tc0c,a
    mov         a,#30h                      ;设置PWM的占空比为30/256
    mov         tc0r,a
    bset        ftc0enb
    bset        fpwm0out                    ;使能PWM0输出到P5.4,并禁止P5.4的I/O功能
main_loop:
    call        delay                       ;延时
    incms       buff
    jmp         $ +2
    jmp         $ +3                        ;从buff得到一个新的TC0R值
    b0mov       a,buff
    b0mov       tc0r, a
    jmp         main_loop
delay:                                      ;延时程序
    mov         a,#5
    mov         time2,a
    clr         time1
    decms       time1
    jmp         $ -1
    decms       time2
    jmp         $ -3
    ret
    ENDP
```

程序经过延时后，通过改变 TC0R 装入值来改变 PWM 波的占空比。从示波器上可以看到，PWM 波的占空比随 TC0R 的装入值改变而线性变化，其变化范围为 0/256～255/256。

2. PWM 的频率控制

定时器 TC0 提供了 8 种可选择的时钟频率，从 $f_{CPU}/2$ 到 $f_{CPU}/256$，通过设置 TC0 的 TC0RATE0～TC0RATE2 来选择 TC0 的时钟频率，而 PWM0 的输出频率随着 TC0 定时器的时钟频率变化而变化。在目标板上运行以下程序，并用示波器观察 P5.4 的输出波形。

```
/*************************************************************
;程序名称：PWM2.asm
;PWM 实验程序 2：频率控制
*************************************************************/
    CHIP        SN8P2708A
.LIST
    const       EQU         05h
.DATA
    time1       DS          1
    time2       DS          1
    time3       DS          1
.CODE
    ORG         00h
    jmp         main_ini
    ORG         10h
main_ini:
    mov         a,#01110000b            ;TC0 时钟为 fCPU/2
    mov         tc0m,a
    bclr        tc0m.2                  ;溢出边界为 255/256
    bclr        tc0m.1
    mov         a,#128                  ;TC0R 初值为 128
    mov         tc0r,a
    bset        ftc0enb                 ;TC0 计数允许
    bset        fpwm0out                ;PWM 输出允许
main:
    bclr        tc0m.6                  ;TC0 时钟为 fCPU/256
    bclr        tc0m.5
    bclr        tc0m.4
    call        delay
    bclr        tc0m.6                  ;TC0 时钟为 fCPU/128
    bclr        tc0m.5
    bset        tc0m.4
    call        delay
    bclr        tc0m.6                  ;TC0 时钟为 fCPU/64
    bset        tc0m.5
    bclr        tc0m.4
    call        delay
```

```
    bclr        tc0m.6                  ;TC0 时钟为 fCPU/32
    bset        tc0m.5
    bset        tc0m.4
    call        delay
    bset        tc0m.6                  ;TC0 时钟为 fCPU/16
    bclr        tc0m.5
    bclr        tc0m.4
    call        delay
    bset        tc0m.6                  ;TC0 时钟为 fCPU/8
    bclr        tc0m.5
    bset        tc0m.4
    call        delay
    bset        tc0m.6                  ;TC0 时钟为 fCPU/4
    bset        tc0m.5
    bclr        tc0m.4
    call        delay
    bset        tc0m.6                  ;TC0 时钟为 fCPU/2
    bset        tc0m.5
    bset        tc0m.4
    call        delay
    jmp         main
delay:                                  ;延时子程序略
    ⋮
    ENDP
```

从示波器上可以看到，PWM 波频率随 TC0 时钟频率变化而变化。

3. 占空比和频率同时改变

TC0M 寄存器的 ALOAD0 和 TC0OUT 位决定了溢出边界，当 TC0R 中的值不变时，可通过改变溢出边界来同时改变 PWM 波占空比和频率。在目标板上运行以下程序，并用示波器观察 P5.4 的输出波形。

```
/*************************************************************
;程序名称：PWM3.asm
;PWM 实验程序 3：改变溢出边界，改变占空比和频率
*************************************************************/
    CHIP        SN8P2708A
.LIST
    const       EQU         5h
.DATA
    time1       DS          1
    time2       DS          1
    time3       DS          1
.CODE
    ORG         00h
    jmp         main_ini
```

```
    ORG         10h
main_ini:
    mov         a,#01110000b          ;TC0 时钟为 fCPU/2
    mov         tc0m,a
    mov         a,#0fh                ;TC0R 初值为 0fh
    mov         tc0r,a
    bset        ftc0enb               ;TC0 计数允许
    bset        fpwm0out              ;PWM 输出允许
main:
    bclr        tc0m.2                ;溢出边界为 255/256
    bclr        tc0m.1
    call        delay
    bclr        tc0m.2                ;溢出边界为 63/64
    bset        tc0m.1
    call        delay
    bset        tc0m.2                ;溢出边界为 31/32
    bclr        tc0m.1
    call        delay
    bset        tc0m.2                ;溢出边界为 15/16
    bset        tc0m.1
    call        delay
    jmp         main
delay:                                ;延时程序略
    ⋮
    ENDP
```

从示波器上可以看到，溢出边界的变化将引起 PWM 波的占空比和频率同时变化。

4. PWM 和中断功能同时使用

使能 PWM 输出功能后，TC0/TC1 中断依然可以使用。以 TC0 为例，当 TC0 定时器溢出时，产生中断。可以通过在中断服务程序中改变 TC0C 的值来改变 PWM 波的占空比和频率。

```
/**************************************************************
;程序名称：PWM4.asm
;PWM 实验程序 4：通过在中断服务程序中改变 TC0C 来改变 PWM 的占空比和频率
**************************************************************/
    CHIP        SN8P2708A
.DATA
    time1       DS          1
    time2       DS          1
    buff        DS          1
.CODE
    ORG         00h
    jmp         main
    ORG         08h
```

```
        jmp         interupt
        ORG         10h
main:
        mov         a,#00h
        mov         buff,a                  ;buff 初值为 00h
        bset        fgie                    ;开总中断
        bset        ftc0ien                 ;开 TC0 中断
        bclr        ftc0irq                 ;清 TC0 中断请求
        mov         a,#01100000b            ;TC0 时钟频率为 fCPU/2
        mov         tc0m,a
        mov         a,#192                  ;TC0R 初值为 192
        mov         tc0r,a
        bset        fpwm0out                ;允许 PWM 输出
        bset        ftc0enb                 ;启动 TC0 计数
main_loop:
        call        delay                   ;延时
        incms       buff                    ;Buff 自加
        mov         a,buff
        cmprs       a,#192                  ;若 buff 等于 192,则归 0
        jmp         @f                      ;若 buff 不等于 192,则继续自加
        mov         a,#00h
        mov         buff,a
@@:
        jmp         main_loop
interupt:
        mov         a,buff                  ;在中断服务程序中,将 buff 中逐渐变化的值送给 TC0C
        mov         tc0c,a
        bclr        ftc0irq                 ;清中断请求
        reti
delay:                                      ;延时
        mov         a,#50
        mov         time2,a
        clr         time1
        decms       time1
        jmp         $ -1
        decms       time2
        jmp         $ -3
        ret
        ENDP
```

从示波器上可以看到,TC0C 中赋不同的值将会引起 PWM 波的占空比和频率的变化。

通过以上实验可以看出,PWM 波的占空比和频率与寄存器 TC0R、定时器的时钟频率、定时器的初值以及溢出边界密切相关。下面通过一个例子来进一步说明与 PWM 输出相关的寄存器设置。

【例 7-2】　利用 SN8P2708A 的 PWM 功能,在 P5.4 上产生占空比为 30/256 的 PWM

输出，输出频率是1 kHz。设系统采用外部高速振荡器，振荡频率为4 MHz。

解 定时器从0到溢出时间的倒数，就是PWM0的输出频率。因此PWM的频率 f_{PWM} 为：

$$f_{PWM} = \frac{f_{TCP}}{256} = \frac{f_{CPU}}{N \times 256} = \frac{f_{OSC}}{4 \times N \times 256}$$

式中：N 为定时器内部时钟选择数。已知要产生1 kHz的PWM输出，则：

$$N = \frac{f_{OSC}}{4 \times 256 \times f_{PWM}} = \frac{4\ \text{MHz}}{4 \times 256 \times 1\ \text{kHz}}$$

这里取 TC0RATE2～TC0RATE1 =110，TC0C = TC0R = 30。

程序清单如下：

```
    ORG         0
    jmp         reset
reset                              ;初始化程序
    ORG         10h
    mov         a,#01100000b
    b0mov       tc0m,a             ;设置TC0的分频数为4
    mov         a,#30              ;设置PWM的占空比为30/256
    b0mov       tc0c,a             ;初始化TC0
    b0mov       tc0r,a
    b0bclr      ftc0out            ;禁止TC0输出功能
    b0bset      fpwm0out           ;使能PWM0输出到P5.4,并禁止P5.4的I/O功能
    b0bset      ftc0enb            ;TC0开始计数
main:
    nop
    jmp         main
    ENDP
```

7.4.3 PWM应用举例

PWM最典型的应用是电机调速，电机的转速信号通过传感器和调理电路转换成为直流信号，再由ADC电路转换为数字信号，经过控制算法的处理得到数字控制量，经由PWM输出相应占空比的PWM波，来控制电机的转速。由于该系统较为复杂，对此不作讨论，其硬件电路和控制算法请参考相关的书籍。作为基本的应用，在这里只举一个简单的例子。

1. 设计内容

使用通用定时器TC1的PWM功能，实现发光二极管的亮度调节。发光二极管亮度划分8个等级，使用目标板上的编码键盘，当S17键按下时，亮度增加一级；当S18键按下时，亮度减少一级，并将当前的亮度等级在数码管的低位显示出来。

2. 实现方法

采用目标板的PWM输出电路，电路图参考图6.11，使用PWM1输出功能。将发光二极管的亮度分为8级，各级对应的PWM输出的高电平占空比如表7.7所列。由于三极管Q9的存在，因此发光二极管上的PWM输出占空比与P5.3输出正好相反。

表7.7 亮度级别与PWM输出占空比的关系

亮度级别	PWM1输出占空比	发光二极管上的PWM占空比	亮度级别	PWM1输出占空比	发光二极管上的PWM占空比
1	1	1/8	5	4/8	5/8
2	7/8	2/8	6	3/8	6/8
3	6/8	3/8	7	2/8	7/8
4	5/8	4/8	8	1/8	1

键盘利用目标板上的编码键盘，采用中断的方式来检测按键，当S17键按下时，停止TC1。如果当前的TC1R的值不为0f0h，则将TC1R的值增加20h，并将显示的最后一位值加1，然后再打开TC1；当S18键按下时，如果当前的TC1R的值不为10h，则将TC1R的值减少20h，并将显示的最后一位值减1，然后再打开TC1。

注意：要保证第一个占空比正确，则调整TC1R值时一定先关闭定时器，以防止发生错误。

3. 程序设计

程序在开始需要对P5.3进行初始化，将其设置为上拉输出口，这样，空闲时其输出的状态就是确定的。另外，还要完成对定时器TC1的配置，包括清0定时器/计数器初值、重装初值，并设置ALOAD1和TC1OUT的值，使TC1的溢出边界为ffh～00h。在中断服务程序中分析按键，并将占空比和显示缓冲值做相应调整。

程序清单如下：

```
/****************************************************************
;程序名称：PWM功能应用
;程序功能：利用定时器的PWM功能调节LED亮度
****************************************************************/
    CHIP    SN8P2708A
;包含文件区
.NOLIST
    includestd    macro1.h
    includestd    macro2.h
    includestd    macro3.h
;常量及I/O定义
.CONST
;LED控制端口
    pmled_seg      EQU    p2m          ;LED段码端口模式寄存器
    pled_seg       EQU    p2           ;LED段码端口寄存器
    pmled_bit      EQU    p5m          ;LED位选端口模式寄存器
    pmled_bit1     EQU    p5m.7
    pmled_bit2     EQU    p5m.6
    pmled_bit3     EQU    p5m.5
    pmled_bit4     EQU    p5m.4
    pled_bit       EQU    p5           ;LED位选端口寄存器
    pled_bit1      EQU    p5.7
```

```
    pled_bit2       EQU     p5.6
    pled_bit3       EQU     p5.5
    pled_bit4       EQU     p5.4
;独立式编码键盘接口
    pcoding_key     EQU     p1                  ;键码读入端口
    pmcoding_key    EQU     p1m
;PWM 输出口
    pPWM_out        EQU     p5.3
    pmPWM_out       EQU     p5m.3
    ;RAM 变量定义
.DATA
;变量定义区(bank0)
    ORG             00h
;通用寄存器
    Rwk1            DS      1
    Rwk2            DS      1
    Rwk3            DS      1
    accbuf          DS      1                   ;ACC 压栈存储器
;LED 显示
    rled_buf        DS      4                   ;显示缓冲区
    rscan_cnt       DS      1                   ;显示扫描和键扫描计数
;按键
    rkey_val        DS      1                   ;键值寄存器
;占空比寄存器
    rpwm            DS      1
;程序代码开始
.CODE
    ORG             0h
    jmp             reset                       ;跳转至复位
    ORG             08h
    jmp             isr                         ;跳转至中断处理程序
    ORG             10H
;中断跳转表
;中断处理程序
isr:
    b0xch           a,accbuf                    ;保存累加器 ACC 的数据
    push                                        ;压栈,保存 80h～87h 的数据,包括 PFLAG
isr10:
    b0bts1          fp00ien
    jmp             isr90
    b0bts1          fp00irq
    jmp             isr90
    bclr            fp00irq                     ;清中断标志位
    call            p00int_sev                  ;P0.0 中断程序入口
    jmp             isr90
```

```
isr90:
    pop
    b0xch          a,accbuf
    reti
;P0.0 中断服务程序
p00int_sev:
    mov            a,pcoding_key             ;读入编码
    xor            a,#01110000b
    mov            rkey_val,a
    swapm          rkey_val
    mov            a,#00000111b
    and            rkey_val,a                ;处理键值
    mov            a,#0
    cjne           a,rkey_val,p00int_sev20   ;S1 是否按下
;S17 按下
    mov            a,#8
    cje            a,rled_buf,p00int_sev90   ;判断是否达到上边界
;没有到达上边界
    bclr           ftc1enb
    mov            a,rpwm
    sub            a,#20h
    mov            rpwm,a                    ;调整占空比
    mov            tc1r,a
    incms          rled_buf
    nop
    bset           ftc1enb
    jmp            p00int_sev90
p00int_sev20:
    mov            a,#1
    cjne           a,rkey_val,p00int_sev90   ;S2 是否按下
;S18 按下
    mov            a,#1
    cje            a,rled_buf,p00int_sev90   ;是否到达下边界
    bclr           ftc1enb
    mov            a,#20h
    add            rpwm,a                    ;调整占空比
    mov            a,rpwm
    mov            tc1r,a
    decms          rled_buf
    nop
    bset           ftc1enb
p00int_sev90:
    ret
;系统复位
reset:
```

```
;寄存器初始化
        clr             rled_buf                ;变量清 0
        clr             rled_buf + 1
        clr             rled_buf + 2
        clr             rled_buf + 3
        clr             rscan_cnt
        clr             rkey_val
        mov_            rpwm,#0ffh
;中断初始化
        clr             INTEN                   ;禁止所有中断
        clr             INTRQ                   ;清所有中断标志
        b0bclr          fgie                    ;禁止全局中断
;P0.0 中断
        bset            fp00ien                 ;允许 P0.0 中断
        bset            fgie                    ;开全局中断
;TC1 初始化
        mov             a,#01100000b            ;使用 4 分频
        mov             tc1m,a
        clr             tc1c
        mov             a,#0ffh
        mov             tc1r,a                  ;定时重装初值
        bclr            faload1
        bclr            ftc1out
        bset            fpwm1out
        bset            ftc1enb
;I/O 口初始化
        mov_            pmled_seg,#0ffh         ;LED 段码口设置为输出口
        mov_            pled_seg,#0h            ;关段码输出
        mov_            pled_bit,#0ffh          ;关所有位选
        mov_            pmled_bit,#0h           ;片选线设置为输入口
        mov             a,#0ffh
        mov             p5ur,a                  ;使能 P5 口的上拉电阻
        mov             a,#10001111b            ;设置键值读入为输入端口
        and             pmcoding_key,a
;显示缓冲区赋显示值
        mov_            rled_buf,#1
        mov_            rled_buf + 1,#22
        mov_            rled_buf + 2,#22
        mov_            rled_buf + 3,#22
;系统主程序
main:
;LED 显示程序
mnled:
        mov             a,rscan_cnt
        sub             a,#4
```

```
    jnz         mnled05
    clr         rscan_cnt
mnled05:
    mov         a,#11110000b
    or          pled_bit,a              ;关闭显示
    mov         a,#00001111b
    and         pmled_bit,a             ;设置位选位为输入口
    mov_        y,#LED_Table$m          ;取码表首地址
    mov_        z,#LED_Table$l
    clr         h                       ;取显示缓冲区首地址
    mov_        l,#rled_buf$l
    mov         a,rscan_cnt
    add         l,a
    mov         a,@hl                   ;取出显示码
    add         z,a                     ;加偏移地址
    bts1        fc
    jmp         mnled10
;发生进位
    incms       y
    nop
mnled10:
    movc
    mov         pled_seg,a              ;送段码
;分析应该选中哪一位
    mov         a,rscan_cnt             ;分析键计数
    @jmp_a      4
    jmp         bit_select01
    jmp         bit_select02
    jmp         bit_select03
    jmp         bit_select04
bit_select01:
    bset        pmled_bit1
    bclr        pled_bit1
    jmp         mnled80
bit_select02:
    bset        pmled_bit2
    bclr        pled_bit2
    jmp         mnled80
bit_select03:
    bset        pmled_bit3
    bclr        pled_bit3
    jmp         mnled80
bit_select04:
    bset        pmled_bit4
    bclr        pled_bit4
```

```
        jmp             mnled80
mnled80:
        incms           rscan_cnt
        nop
mnled90:
        jmp             main
;LED码表(共阳)
LED_Table:
;               0       1       2       3
        DW      0x3f    0x06    0x5b    0x4f
;               4       5       6       7
        DW      0x66    0x6d    0x7d    0x07
;               8       9       A       b
        DW      0x7f    0x6f    0x77    0x7c
;               C       d       E       F
        DW      0x39    0x5e    0x79    0x71
;               P       U       T       Y
        DW      0x73    0x3e    0x31    0x6e
;               L       全      灭
        DW      0x38    0xff    0x00
ENDP
```

第8章

串行通信

串行通信是一种能把二进制数按位传送的通信，故它所需要的传输线条数极少，特别适合于远距离传输数据的通信中。

RS－232 就是应用最广泛的一种串行通信接口，它已经成为 PC 机、工业计算机及分布式控制系统中一种标准配置。随着电子技术的迅速发展，对串行通信传输的数据量和传输速度的要求不断提高，应用范围不断扩大，串行通信由原来设备之间的数据传输扩展到电路板上芯片之间的数据传输。在很多电子产品中，单片机过去常用的并行总线接口被只需少量引脚线的串行总线接口代替，从而达到降低成本和系统功耗、缩小体积、提高产品竞争力的目的。使用最广泛的芯片间的串行通信接口有 SPI 和 I^2C 接口。本章介绍常用的几种串行通信接口及应用。

8.1 串行通信简介

在计算机应用系统中，串行通信是指计算机主机与外设之间以及主机与主机之间的数据串行传送，或具有串行接口的芯片之间的数据串行传送。由于串行通信与通信制式、传送距离以及 I/O 数据的串/并变换等许多因素有关，因此读者必须首先弄清如下问题才能为进一步学习串行通信打下基础。

8.1.1 串行通信的分类

按照串行数据的同步方式，串行通信可分为两种基本类型，即异步通信和同步通信。同步通信是通过软件识别同步字符来实现数据的发送和接收的，异步通信是一种利用字符的再同步技术的通信方式。

1. 异步通信

在异步通信中，数据通常是以字符（或字节）为单位组成字符帧传送的。字符帧由发送端逐帧地发送，通过传输线为接收设备逐帧地接收。发送端和接收端可以由各自的时钟来控制数据的发送和接收，这两个时钟源彼此独立，互不干涉。

在帧格式中，一个字符由 4 部分组成：起始位、数据位、奇偶校验位和停止位。平时，发送线为高电平（逻辑 1），每当接收端检测到传输线上发送来的低电平逻辑 0（字符帧的起始位）时，就确定发送端已开始发送；每当接收端接收到字符帧中停止位时，就确定一帧字符信息已发送完毕。

在一帧数据中，首先是一个起始位 0，然后是 5～8 位数据（规定低位在前，高位在后），接下来是奇偶校验位(可省略),最后是停止位 1。起始位 0 信号只占用 1 位,用来通知接收设备一个待接收的字符开始到来。线路上在不传送字符时应保持为 1。接收端不断检测线路的状态,若连续 1 以后又测到一个 0,就确定发来一个新字符,应马上准备接收。字符的起始位还被用作同步接收端的时钟,以保证以后的接收能正确进行。

紧跟起始位后面的是数据位,它可以是 5 位(D0～D4)、6 位、7 位或 8 位(D0～D7)。

奇偶校验(D8)只占 1 位,但在字符中也可以规定不同的奇偶校验位,则此时这一位就可省去。

停止位用来表征字符的结束,它一定是高电位(逻辑 1)。停止位可以是 1 位、1.5 位或 2 位。接收端收到停止位后,知道上一字符已传送完毕,同时,也为接收下一个字符做好准备,只要再收到 0,就是新字符的起始位。若停止位以后不是紧接着传送下一个字符,则让线路上保持 1。图 8.1(a)表示一个字符紧接一个字符传送的情况,上一个字符的停止位和下一个字符的起始位是紧相邻的;图 8.1(b)则是两个字符间有空闲位的情况,空闲位为 1,线路处于等待状态。存在空闲位正是异步通信的特征之一。

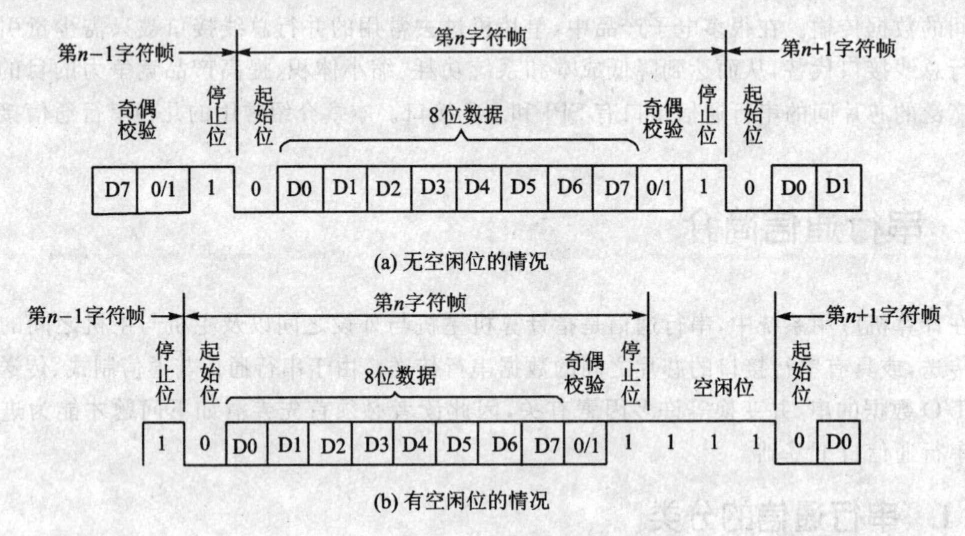

图 8.1　异步通信字符帧的格式

异步通信的优点是不需要传送同步脉冲,字符帧长度也不受限制,故所需设备简单;缺点是字符帧中因包含有起始位和停止位而降低了有效数据的传输速率。

2. 同步通信

在同步通信中,数据开始传送前用同步字符来指示(常约定 1～2 个),并由时钟来实现发送端和接收端同步,即检测到规定的同步字符后,就连续按顺序传送数据,直到一帧传送完毕。同步通信字符帧主要由同步字符、数据字符和 CRC 校验字符 3 部分组成,如图 8.2 所示。同步传送时,字符与字符之间没有间隙,也不用起始位和停止位,仅在数据块开始时用同步字符来指示。

同步字符的插入可以是单同步字符方式或双同步字符方式,然后是连续的数据块。按同步方式通信时,先发送同步字符,接收方检测到同步字符后,即准备接收数据。

在同步传送时,需要用时钟来实现发送端与接收端之间的同步。为了保证接收正确无误,

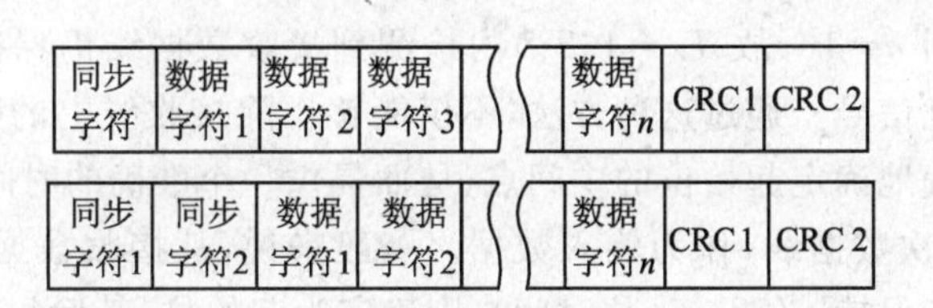

图 8.2　同步通信中的数据格式

发送方除了传送数据外，还要把时钟信号同时传送。

同步传送的优点是传输速率较高(可达 56 Kb/s)；缺点是要求发送时钟与接收时钟严格保持同步，故发送时钟除应与发送波特率保持一致外，还要求把它同时传送到接收端去。

8.1.2 接收/发送时钟

在串行通信过程中，二进制数字系列以数字信号波形的形式出现。无论是接收还是发送，都必须有时钟信号对传送的数据进行定位。接收/发送时钟就是用来控制通信设备接收/发送字符数据速率的，该时钟信号通常由微机内部时钟电路产生。

在接收数据时，接收器在接收时钟的上升沿对接收数据采样，进行数据位检测；在发送数据时，发送器在发送时钟的下降沿将移位寄存器的数据串行移位输出。接收时钟和发送时钟分别如图 8.3 和图 8.4 所示。

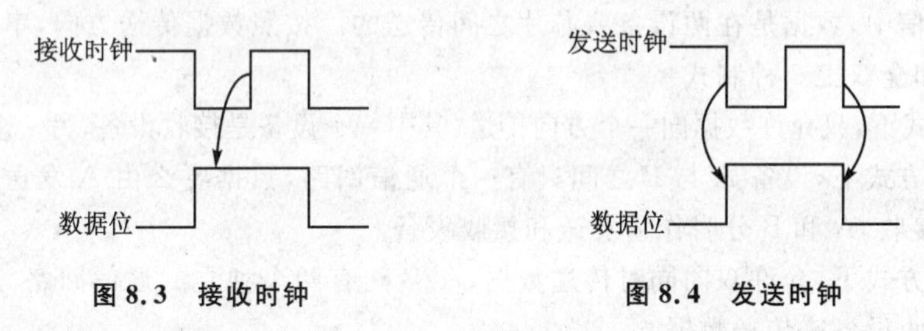

图 8.3　接收时钟　　　　**图 8.4　发送时钟**

接收/发送时钟频率与波特率有如下关系：

$$\text{接收/发送时钟频率} = n \times \text{接收/发送波特率}$$

式中：系数 n=1、16、64。

对于同步传送方式，必须取 $n=1$，即接收/发送时钟的频率等于接收/发送波特率；对于异步传送方式，n=1、16、64，即可以选择的接收/发送时钟频率是其波特率的 1、16 或 64 倍。因此，可由要求的传送波特率及所选择的倍数 n 来确定接收/发送时钟的频率。

例如，若要求数据传送的波特率为 300 b/s，则

$$\text{接收/发送时钟频率} = 300\ \text{Hz} \quad (n=1)$$
$$\text{接收/发送时钟频率} = 4\,800\ \text{Hz} \quad (n=16)$$
$$\text{接收/发送时钟频率} = 19.2\ \text{kHz} \quad (n=64)$$

接收/发送时钟的周期 T_c 与发送的数据位宽 T_d 之间的关系如下：

$$T_c = T_d / n \quad (n=1、16、64)$$

若取 $n=16$，那么异步传送接收数据实现同步的过程如下：接收器在每一个接收时钟的上升沿采样接收数据线，当发现接收数据线出现低电平时，就认为是起始位的开始，以后若在连

续的8个时钟周期(因$n=16$,故$T_d=16T_c$)内检测到接收数据线仍保持为低电平,则确定它为起始位,而不是干扰信号。通过这种方法,不仅能够排除接收线上的噪声干扰,识别假起始位,而且能够相当精确地确定起始位的中间点,从而提供一个准确的时间基准。从这个基准算起,每隔$16T_c$采样一次数据线,作为输入数据。一般来说,从接收数据线上检测到一个下降沿开始,若其低电平能保持$n/2T_c$(半位时间),则确定为起始位,其后每间隔nT_c时间(一个数据位时间)在每个数据位的中间点采样。因此,接收/发送时钟对于收/发双方之间的数据传送达到同步是至关重要的。

下面介绍波特率允许误差。

为分析方便,假设传递的数据一帧为10位,若发送和接收的波特率达到理想的一致,那么接收方时钟脉冲的出现时间将保证对数据的采样都发生在每位数据有效时刻的中点。如果接收一方的波特率与发送一方相差±5%,那么对10位一帧的串行数据,时钟脉冲相对数据有效时刻逐位偏移,当接收到第10位时,积累的误差达±50%,则采样的数据已是第10位数据有效与无效的临界状态,这时就可能发生错位,所以±5%是最大的波特率允许误差。对于常用的8位、9位和11位一帧的串行传送,其最大的波特率允许误差分别为±6.25%、±5.56%和±4.5%。

8.1.3 串行通信的制式

在串行通信中,数据是在两设备或芯片之间传送的。按照数据传送方向,串行通信可分为单工、半双工和全双工3种制式。

在单工方式下,只允许数据向一个方向传送,其中一个设备是接收设备,另一个是发送设备。

在半双工方式下,设备A与B之间只有一个通信回路,数据要么由A发送、B接收,要么由B发送、A接收,A和B分时作为发送和接收设备。

在全双工方式下,允许双向同时传送数据,A、B间有两个独立的通信回路,通信双方同时作为发送和接收设备来传送数据。

8.1.4 典型的串行通信接口

在单片机应用中,有以下几种典型的串行通信接口在实际中应用较多。

1. RS-232C总线接口

EIARS-232C串行接口是微机系统中常用的外部标准总线接口,它的规范标准收录在美国电子工业协会工程部的建议标准232号修改版C中,故称之为EIARS-232C。RS-232C总线是一种DTE(数据终端设备)与DCE(数据通信设备)间的信号传输线,所传数据类型和帧长均不受限制。它在当代微型计算机系统中得到了广泛使用。

2. SPI和I^2C总线接口

在8.1.1小节中讲过,同步通信由同步字符、数据字符和CRC校验字符3部分组成。在芯片间的通信中,可以采取更简单的方法,即去掉同步字符、CRC校验字符,只保留数据字符,同时使用一条时钟信号线来解决时钟同步化问题,这就是多芯片间同步通信(Inter-chip Synchronous Communication)接口。虽然时钟在长距离传输上不太可靠,但在同一块电路板上芯片数据传输时,距离短,同步时钟在传输中不会产生较大的畸变。芯片间同步串口通信典型接口有：Motorola 公司的 SPI、Philips 公司的 I^2C 以及国家半导体公司(NS)的单总线接口。其中使用最广泛的是 SPI 和 I^2C 总线。

SPI 由 Motorola 公司提出，并首先在 MC68 系列单片机中使用。SPI 需要 3 根线，即发送、接收和时钟线。因此，SPI 是一种真正的同步方式，两台设备在同一个时钟下工作，其传输速率远远高于串行异步通信，可以实现主从设备的双向同步串行通信。有关 SPI 规范将在8.2节详细介绍。

I^2C 全名为 Inter Integrated Chips，为 Philips 公司的专利。它用两根线实现了完善的全双工同步数据传输，可以极为方便地构成多机系统和外围器件扩展系统。I^2C 有 3 种速度模式：标准模式(0～100 Kb/s)、快速模式(0～400 Kb/s)和高速模式(0～3.4 Mb/s)。有关 I^2C 规范将在 8.3 节详细讲述。

8.2 SPI 总线接口

在 SONIX 单片机中，总线不能在外部加以扩展，当片内 I/O 或存储器不能满足应用要求时，可使用 SPI、I^2C 总线来扩展单片机的各种接口芯片，这是最方便、最经济的系统扩展方法。本节首先介绍 SPI 总线。

8.2.1 SPI 总线规范

1. SPI 总线工作原理

SPI 是一种串行总线标准，它只需 4 根引脚线就可以与外部设备相接，实现两个设备之间的信息交换，由于设备之间在同一个时钟下工作，因此 SPI 是一种真正的同步方式。由于 SPI 是在同步方式下工作，因此它的传输速率远高于串行异步通信。

SPI 设备内部包括 1 个发送数据寄存器、1 个接收数据寄存器和 1 个移位寄存器(Shift Register)。不过发送寄存器和接收寄存器共用同一个物理地址，称为 SPIDR。SPI 设备结构如图 8.5 所示。

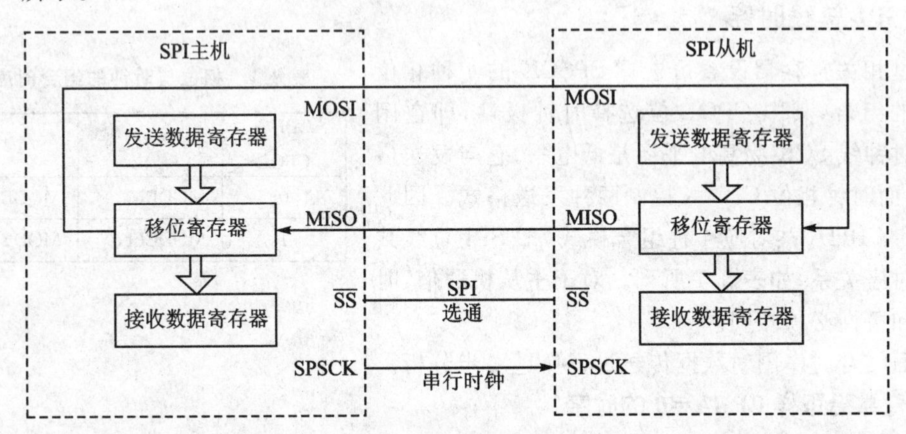

图 8.5 SPI 设备结构

采用 SPI 总线方式交换数据与通用串行通信类似，有主机、从机的概念。图 8.5 是两个具有 SPI 接口的单片机相连的通信示意图，其中一个定义为主机，另一个定义为从机。主机的发送

与从机的接收相连,主机产生的时钟信号要输出至从机的时钟引脚上。4 个引脚的功能如下:

MOSI　若是主机,则为发送(输出);若是从机,则为接收(输入)。

MISO　若是主机,则为接收(输入);若是从机,则为发送(输出)。

SPSCK　串行外设接口时钟。若是主机,则输出时钟;若是从机,则输入时钟。

$\overline{SS}$　串行外设接口选通。作为主机,这个引脚的功能就是普通 I/O;作为从机,这个引脚既可作为 I/O 功能,也可作为选通功能。作为选通功能时,若为高电平,则使从机的移位寄存器停止工作且 MISO 引脚呈高阻状态;若为低电平,则使能从机的传送功能。因此,可通过这个引脚对从机进行读/写控制。

由于 SPI 通过一根时钟线使主机与从机同步,因此其串行数据交换不需要增加起始位、停止位等用于同步的格式位,直接将要传送的信息(1～8 位的数据)写入到主机的 SPI 发送数据寄存器 SPIDR 中。这个写入将自动启动主机的发送过程,即在同步时钟 SPSCK 的节拍下把移位寄存器的数据逐位地移到引脚 MOSI 上;当移位寄存器的内容移位完毕后,将置位 SPI 移位寄存器的空标志,通知主机这个信息块已发送完毕。

对于从机,同样在同步时钟 SPSCK 的节拍下将出现在引脚 MOSI 上的数据逐位地移到从机的移位寄存器,当一个完整的信息块接收完成后,将置位移位寄存器的满标志,通知从机这个信息块已接收完毕,并同时将移位寄存器接收到的内容复制到从机的 SPI 接收数据寄存器 SPIDR 中。

如果由从机发送数据、主机接收数据,其过程则相反。从机的 CPU 将要发送的数据写入到从机的接收数据寄存器 SPIDR 中,然后在主机时钟 SPSCK 的节拍下将数据逐位地移到引脚 MISO 上;主机在时钟 SPICLK 的节拍下从引脚 MISO 上将数据逐位地移到主机的移位寄存器中,当接收完一个完整的信息块后,再将移位寄存器的内容复制到主机的接收数据寄存器中。

以上简单地说明了总线的工作过程。从数据的发送和接收过程可以看出,用户编程只需关注在发送数据时写 SPI 发送数据寄存器 SPIDR 和在接收数据时读 SPI 接收数据寄存器 SPIDR,其余的移位、同步、置收发标志等工作都由内置的 SPI 设备自动完成。

2. SPI 总线时序

通过相关寄存器设置可选择 SPSCK 的 4 种相位与时钟的组合,其中 CPOL 位选择时钟极性,即空闲状态下时钟线 SCK 为高电平还是低电平,它与发送格式无关;而时钟相位 CPHA 控制两种发送格式。因此 CPOL 和 CPHA 共对应 4 种组合模式,即 SPI 总线共有 4 种时序关系,如表 8.1 所列。对于主从机通信,时钟相位和极性必须相同。

表 8.1　相位与时钟的组合时序方式

CPHA / CPOL	0	1
0	MODE(0,0)	MODE(0,1)
1	MODE(1,0)	MODE(1,1)

下面结合时序图对数据传送过程作进一步分析。

1) 奇数沿取样 CPHA=0 的时序

图 8.6 为 CPHA=0 的数据传输格式。图中,SPSCK 有两种波形:一种为 CPOL=0;另一种为 CPOL=1。对于 CPOL=0,$\overline{SS}$下降沿用于启动从机的数据发送,而第一个 SPSCK 跳变捕捉最高位。以后,在每一个时钟的下降沿移位寄存器移出数据位,而在上升沿捕获数

据。经过 8 个时钟后，主从设备的移位寄存器中的数据发生了互换，同时完成以下操作：

(1) 将设备移位寄存器的值复制到各自的接收数据寄存器中。

(2) 将设备双方各自标志位 SPIF 置 1，表示 1 字节的全双工传输已完成。这个标志位具有触发 SPI 中断功能，所以也是 SPI 中断请求标志。

注意：当一次 SPI 传送完毕后，从机的$\overline{SS}$引脚必须返回高电平。

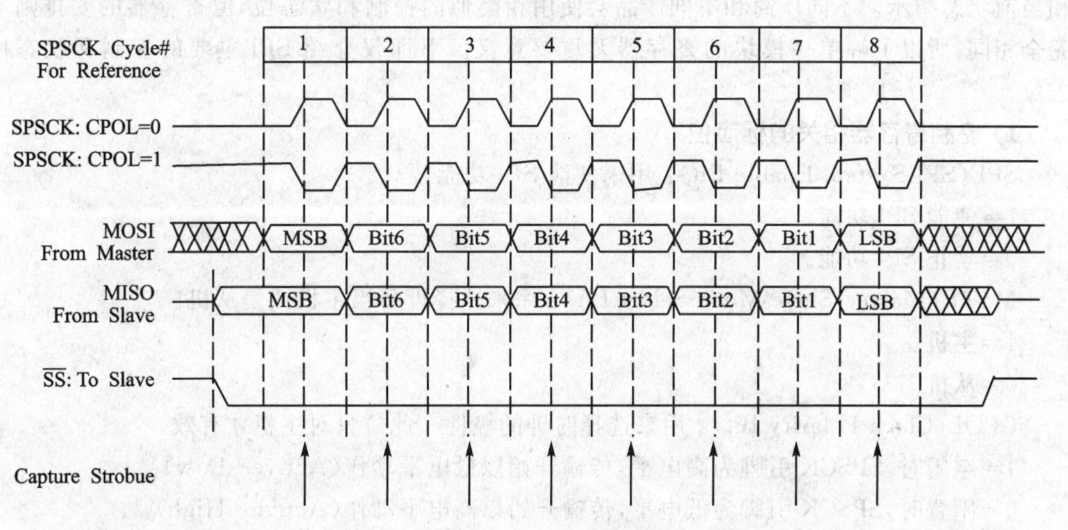

图 8.6　CPHA=0 的数据传输格式

2）偶数沿取样 CPHA=1 的时序

图 8.7 为 CPHA=1 的数据传输格式。主机在 SPSCK 的第一个跳变开始驱动 MOSI，从机应用它来启动数据发送。当 CPOL=1 时，在每一个时钟 SPSCK 的下降沿移位寄存器移出数据位，而在上升沿捕获数据。在经过 8 个时钟周期后，主从设备的移位寄存器中的数据发生了互换，同时完成以下操作：

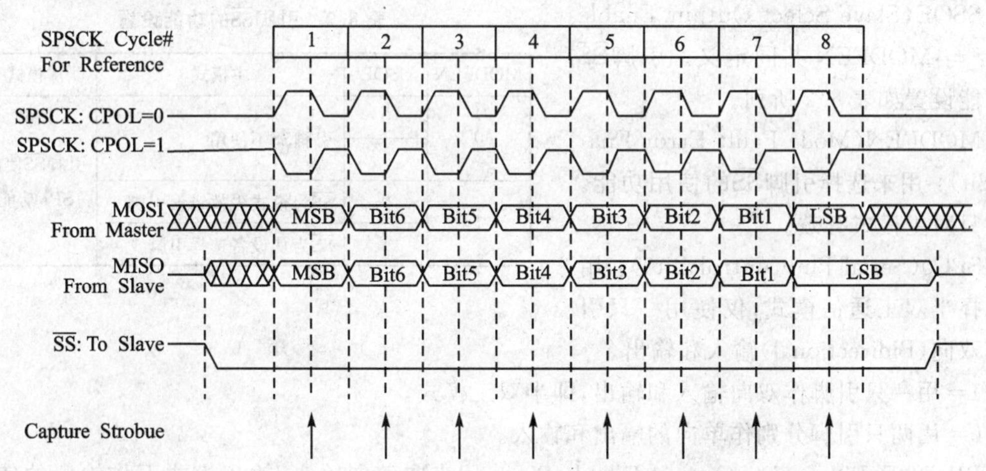

图 8.7　CPHA=1 的数据传输格式

(1) 将设备移位寄存器的值复制到各自的接收数据寄存器中。

(2) 将设备双方各自标志位 SPIF 置 1，表示 1 字节的全双工传输已完成。这个标志位具有触发 SPI 中断功能，所以也是 SPI 中断请求标志。

在连续几次 SPI 传送期间，从机的$\overline{SS}$脚保持为低电平。

3. SPI 的控制和状态标志位

标准 SPI 模块有 2 个控制寄存器和 1 个状态寄存器，这些寄存器内各位作为 SPI 的控制和当前状态指示。不同厂商和不同产品会使用相类似的控制和状态位，但寄存器的安排则不完全相同，所以了解单一模块的寄存器无重要意义。下面仅介绍 SPI 主要的控制和状态标志位。

1）控制寄存器相关的标志位

SPE(SPI System Enable Bit)：用来使能 SPI 功能。

1＝使能 SPI 功能。

0＝禁止 SPI 功能。

MSTR(Master/Slave Mode Select Bit)：用来选择设备当主机或是从机。

1＝主机。

0＝从机。

CPOL(Clock Polarity Bit)：用来选择时钟的极性。此位只对主机才有效。

1＝空闲时，SPSCK 引脚为高电平，传输开始以低电平动作(Active - Low)。

0＝闲置时，SPSCK 引脚为低电平，传输开始以高电平动作(Active - High)。

CPHA(Clock Phase Bit)：用来选择时钟相位。此位只对主机有效。

1＝接收数据的取样发生在偶数 SPSCK 沿。

0＝接收数据的取样发生在奇数 SPSCK 沿。

LSBFE(LSB - First Enable Bit)：用来选择传送数据时 MSB 在前还是 LSB 在前。

1＝低位在前(MSB)。

0＝高位在前(LSB)。

SSOE(Slave Select Output Enable Bit)：与 MODFEN 共同定义。引脚$\overline{SS}$的功能设置如表 8.2 所列。

表 8.2　引脚$\overline{SS}$的功能设置

MODFEN	SSOE	主模式	从模式
0	0	引脚$\overline{SS}$不使用	引脚$\overline{SS}$使能 SPI 功能
	1		
1	0	$\overline{SS}$为模式失效错误引脚	
	1	$\overline{SS}$为从设备选择引脚	

MODFEN(Mode Fault Error Enable Bit)：用来选择引脚$\overline{SS}$的使用功能。此位只对主模式有效。

SPC0(Serial Pin Control Bit0)：用来选择半双工通信模式，仅使用一只引脚作双向(Bidirectional)输入和输出。

1＝用一只引脚作双向输入和输出，即半双工模式。

0＝用两只引脚分别作单向的输出和输入。

BIDROE(Bidirection Output Enable Bit)：用来在双向输入/输出模式下作输出的使能。当 SPC0＝1 时，此控制位才有意义。在半双工通信模式(SPC0＝1)下，主设备仅使用 MOSI 引脚传输，而从设备却仅使用 MISO 引脚来传输。

1＝仅发送数据。

0＝仅接收数据。

2）状态寄存器相关的标志位

SPIF(SPI Interupt Flag)：用来表示数据传输完成。

1＝传输已经完成，接收到的数据已经复制到接收数据寄存器SPIDR中。读取数据寄存器后会将此标志清0。

0＝已读取数据寄存器的内容，但新的传输尚未完成。

SPTEF(SPI Transmit Empty Flag)：用来表示发送数据寄存器空，允许执行写入操作。

1＝允许写入数据到SPI的发送数据寄存器。当发送数据寄存器内的数据移到移位寄存器后，此标志就置1。

0＝禁止再写入数据到SPI的发送数据寄存器；否则该动作会被忽视。当此标志为1时，执行写入数据到发送数据寄存器后，此标志就清0。

MODF(Mode Fault Flag)：用来表示模式失效的错误，仅对主设备有效。一组SPI系统中仅能有一个主机，当主机被其他设备夺走主机的权利时，就发生模式失效的错误，这时SPI模块会自动切换成从设备。

1＝发生模式失效错误。如果该项错误已排除，则在读取对应此标志的寄存器后就会将此标志清0。

0＝未发生模式失效错误。

8.2.2 SN8P2700系列单片机的SIO接口

到目前为止，SPI并没有形成严格统一的规范，有一些制造商的SPI模块的数据输入/输出引脚不同于上面的MOSI和MISO引脚，而是定义为SDO(Serial Data Out)和SDI(Serial Data In)引脚。不论是主设备还是从设备，SDO引脚都当作数据输出引脚，而SDI都当作数据输入引脚。因此主设备的SDO引脚要连接到从设备的SDI引脚；反之亦同。也有部份厂商的SPI模块为三线式，省略了$\overline{SS}$脚，因此SPI的使能完全由程序控制。SONIX公司的SN8P2700系列单片机中的SPI模块属于三线式。

SIO接口电路框图如图8.8所示。

1. SIO接口与标准SPI接口的差异

SN8P2700系列单片机的SIO接口与标准SPI接口的差异主要有以下几方面：

(1) 没有时序相位(CPHA)选择。SN8P2700系列单片机的SIO通信数据一律在偶数沿取样，即永远CPHA＝1。另外，SEDGE＝0对应到CPOL＝0，而SEDGE＝1对应到CPOL＝1。因此，SN8P2700系列单片机的SIO接口有两种时序方式：SEDGE＝0→MODE(0,1)和SEDGE＝1→MODE(1,1)。

(2) 没有最高位/最低位先传输的选择(LSBFE)，一律从最低位先传输。

(3) 没有从机选择引脚和模式失效错误引脚(SSOE和MODFEN)控制的功能。必要时，需要使用一个一般的I/O口来作为从机选择引脚。

(4) 没有双向输入/输出模式的选择(SPC0和BIDROE)。

(5) 数据传输启动方式不同。与标准SPI设备要传输的数据写入发送数据寄存器即启动数据传输的方式不同，SN8P2700系列单片机通过设置SIOM寄存器的START位来启动整

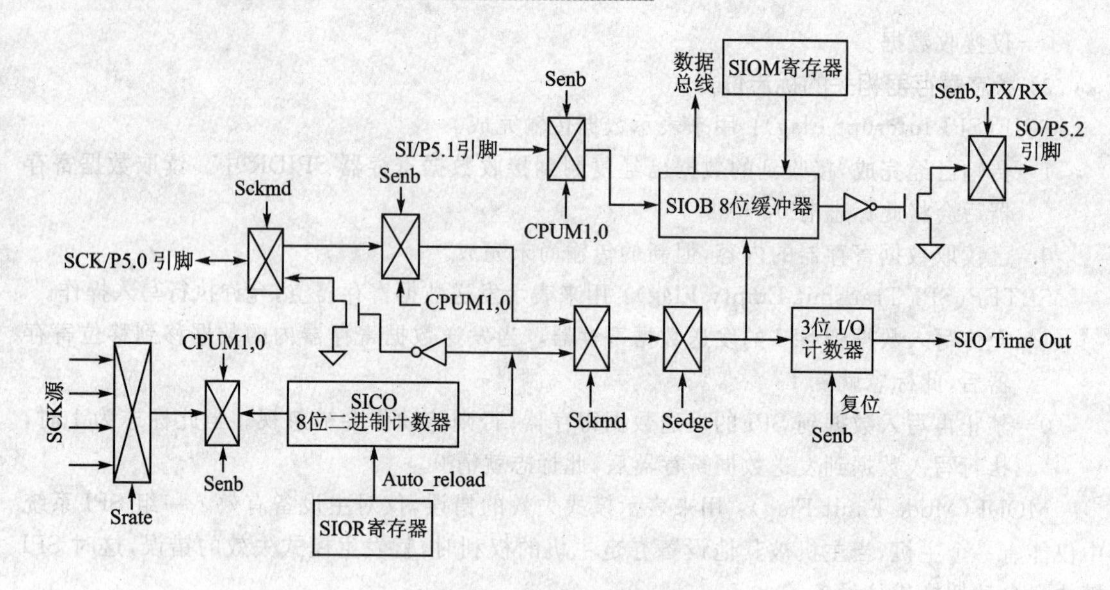

图 8.8　SIO 接口电路框图

个数据传输过程。

标准 SPI 与 SN8P2700 单片机控制位的比较如表 8.3 所列。

表 8.3　标准 SPI 与 SN8P2700 单片机控制位比较表

标准 SPI	SN8P2700 单片机	备　注	标准 SPI	SN8P2700 单片机	备　注
SPIF	START	意义相反	CPOL	SEDGE	意义相同
SPTEF	—	—	CPHA	—	SN8P2700 永远为 CPHA=1
MODF/SPC0/BIDROE	—	—			
SPE	SENB	意义相同	LSBFE	—	SN8P2700 永远为 LSBFE=1
MSTR	SCKMD	意义相同	SSOE/MODFEN	—	—

2. SIO 接口的特性

SN8P2700 系列单片机的 SIO 特性如下：

- 全双工三线同步传输；
- 控制器能设置成双向收/发数据或者单向发送数据模式；
- LSB 数据位先发送；
- 在多路从机应用时，SO(P5.2)可编程为开漏输出引脚；
- 在主模式下可设置数据传输速率；
- 数据传输结束时产生 SIO 中断。

图 8.9 是典型的单片机通过 SIO 进行数据传输的示意图，图 8.10 是 SIO 数据传输时序图。由主机发送 SCK 启动数据传输。两个单片机必须有相同的时钟沿触发方式，并将在同一时刻发送和接收数据。

使用 SN8P2700 系列单片机的 SIO 功能时有以下 4 点需要注意：

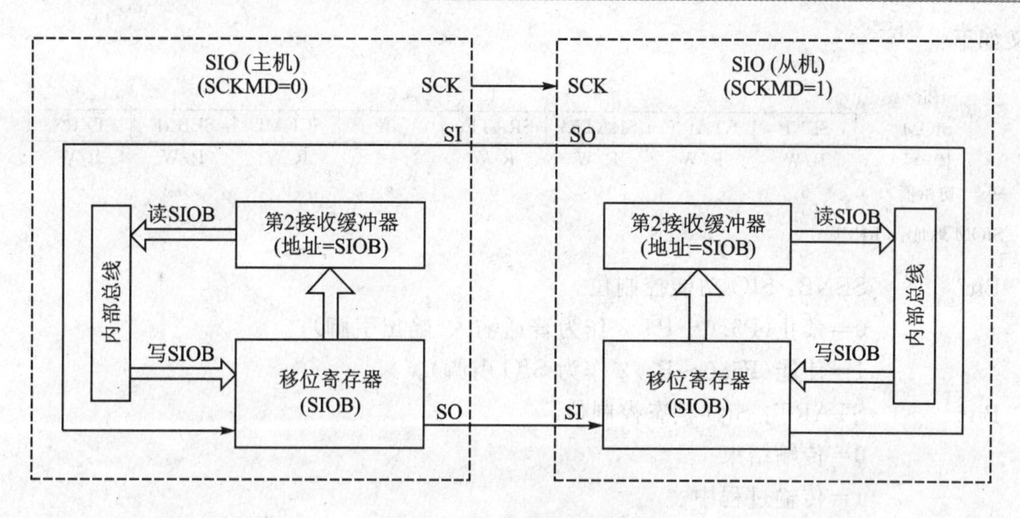

图 8.9 SIO 数据传输示意图

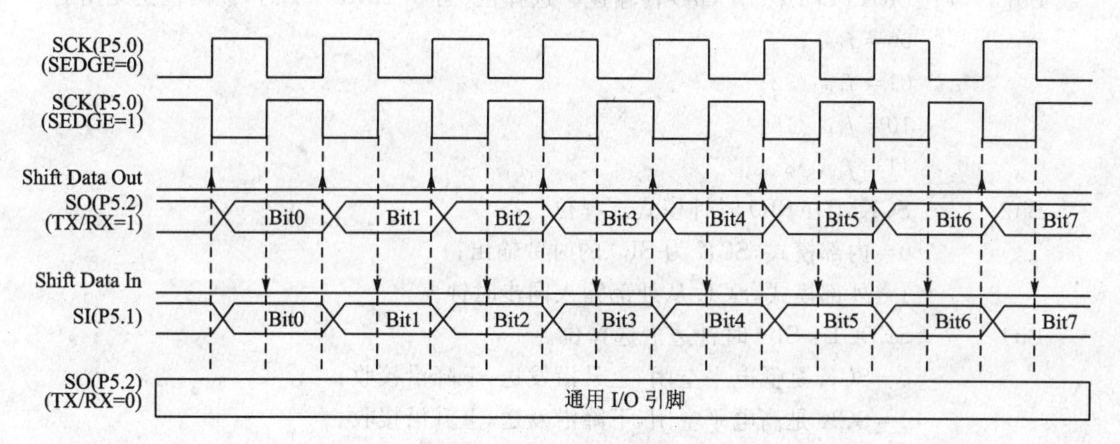

图 8.10 SIO 数据传输时序图

(1) 当 SIOM 的 SCKMD＝1(外部时钟)时,SIO 处于 Slave 模式;当 SCKMD＝0(内部时钟)时,SIO 处于 Master 模式。

(2) 编程时不要同时置 SIOM 寄存器的 SENB 和 START 位为 1;否则会导致 SIO 错误。

(3) 使用 SN8P2700 系列单片机的 SIO 功能时务必将数据输入引脚 SI(P5.1)设置成输入模式;否则不能正常地使用 SIO 功能。

(4) SIOR 寄存器是只写寄存器,因此调试程序时该寄存器的状态变化将不能反映在编译器上,请读者注意。

3. SIO 接口相关的寄存器

SN8P2700 系列单片机的 SIO 相关的寄存器有 SIOM 模式寄存器、SIOB 数据寄存器和 SIOR 寄存器。

1) SIOM 模式寄存器

寄存器 SIOM 用来控制 SIO 功能,如发送/接收、时钟速率、触发边沿等。通过设置寄存器 SIOM 的 SENB 和 START 位,SIO 可自动发送和接收 8 位数据。一次发送或接收结束后,SIO 电路将自动禁止。可通过重新编程 SIOM 寄存器启动下一次的数据传输。SIOM 各位的定义如下：

Bit	7	6	5	4	3	2	1	0
SIOM	SENB	START	SRATE1	SRATE0	0	SCKMD	SEBGE	TXRX
读/写	R/W	R/W	R/W	R/W	—	R/W	R/W	R/W
初始值	0	0	0	0	x	0	0	0

SIOM 地址：0b4h

Bit7　　SENB：SIO 功能控制位。

0＝禁止(P5.0～P5.2 作为普通输入、输出引脚)；

1＝使能(P5.0～P5.2 作为 SIO 引脚)。

Bit6　　START：SIO 状态控制位。

0＝传输结束；

1＝传输过程中。

Bit[5：4]　SRATE[1：0]：SIO 传输速率选择位(当 SCKMD＝1 时，该两位是无用的)。

00＝f_{CPU}；

01＝$f_{CPU}/32$；

10＝$f_{CPU}/16$；

11＝$f_{CPU}/8$。

Bit2　　SCKMD：SIO 时钟模式选择位。

0＝内部模式，SCK 为 SIO 的时钟输出；

1＝外部模式，SCK 从外部输入同步时钟。

Bit1　　SEDGE：SIO 时钟边沿选择位。

0＝SCK 是低电平空闲，上升沿发送，下降沿接收；

1＝SCK 是高电平空闲，下降沿发送，上升沿接收。

Bit0　　TXRX：SIO 传输模式选择位。

0＝仅接收；

1＝发送/接收/双工。

2) SIOB 数据寄存器

SIOB 是一个 8 位数据缓冲器，用于存储发送/接收的数据。SN8P2700 系列单片机在发送数据时仅使用一次缓存，而在接收数据时使用两次缓存。也就是说，在整个移位周期结束前，新的数据不能写入 SIOB 数据寄存器中；而在接收数据时，在新的数据完全移入前，必须从 SIOB 数据寄存器中读出接收的数据；否则，前一个数据将会丢失。SIOB 各位的定义如下：

Bit	7	6	5	4	3	2	1	0
SIOB	SIOB7	SIOB6	SIOB5	SIOB4	SIOB3	SIOB2	SIOB1	SIOB0
读/写	R/W	R/W	R/W	R/W	R/W	R/W	R/W	R/W
初始值	0	0	0	0	0	0	0	0

SIOB 地址：0b6h

3) SIOR 寄存器

SIOR 寄存器和 SIOC 计数器都具有自动加载功能，能够产生 SIO 的时钟源。8 位时钟计数器 SIOC 寄存器不能通过程序来读/写，当每次 SIOC 计数溢出时，都会自动将寄存器 SIOR

的值载入，从而当作计时初始值。SIOC计数器的计数脉冲为 f_{CPU} 经模式控制寄存器SIOM的两个控制位分频之后得到。SIOR各位的定义如下：

Bit	7	6	5	4	3	2	1	0
SIOR	SIOR7	SIOR6	SIOR5	SIOR4	SIOR3	SIOR2	SIOR1	SIOR0
读/写	W	W	W	W	W	W	W	W
初始值	0	0	0	0	0	0	0	0

SIOR地址：0b5h

寄存器SIOR的SIO自动加载，类似于后置分频器，能够提高SIO的时钟精度。用户可对SIOR进行写操作，从而控制SIO的通信时间。SIO的时钟频率计算公式如下：

$$f_{SCK}=\frac{1}{2}\cdot\frac{f_{SRATE}}{256-SIOR} \tag{8.1}$$

式中：f_{SCK} 为SIO的时钟频率；f_{SRATE} 为SIO的速率，是 f_{CPU} 经分频后的输出频率，分频数由SRATE[1：0]决定。由式(8.1)可以得到：

$$SIOR=256-\frac{1}{2}\cdot\frac{f_{SRATE}}{f_{SCK}} \tag{8.2}$$

例如，设SIO的时钟频率为5 kHz，$f_{OSC}=3.58$ MHz，SRATE=[1：0]=00，则

$$f_{SRATE}=f_{CPU}=\frac{f_{OSC}}{4}$$

$$SIOR=256-\frac{1}{2}\cdot\frac{f_{SRATE}}{f_{SCK}}=256-\frac{1}{2}\cdot\frac{f_{OSC}}{f_{SCK}}=256-\frac{1}{2}\cdot\frac{3.58\ \text{MHz}}{4\times 5\ \text{kHz}}=167$$

8.2.3 SPI串行EEPROM

目前，市场上具有SPI接口的串行EEPROM存储器的生产厂商很多，在各种产品中得到广泛应用。下面以ATMEL公司生产的具有SPI接口的存储器AT25128/256为例，说明SPI的硬件接口和编程方法。

1. 概　述

AT25128/256是ATMEL公司生产的支持SPI模式0(0,0)和模式3(1,1)的串行128 Kb/256 Kb存储器，可电擦除、可编程、自定时写周期；适用于5.0 V(4.5～5.5 V)、2.7 V(2.7～5.5 V)和1.8 V(1.8～3.6 V)等不同电压；最高可接收的SPI时钟频率为3 MHz；可重复写达10万次；数据可保存200年；ESD保护达4 000V；AT25128/256允许在一个写周期内对1字节或1页的若干字节编程写入，页写最多可写入64字节；提供写保护引脚($\overline{WP}$)和写禁止指令对硬件和软件进行数据保护。

AT25128/256具有低功耗、低电压、高可靠性和使用方便等一系列特点，在工业、商业等电子产品中得到广泛应用。

2. 引脚描述

AT25128/256具有多种封装形式，包括PDIP-8、EIAJ SOIC-8、JEDEC SOIC-8、JEDEC SOIC-16、TSSOP-14以及TSSOP-20等，部分封装的引脚排列如图8.11所示。各引脚的功能如表8.4所列。

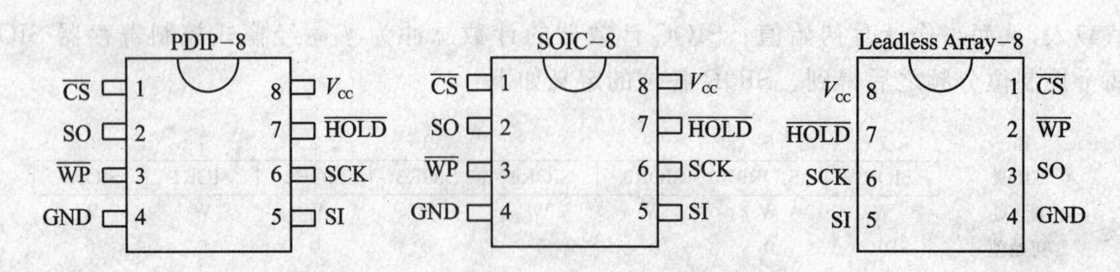

图 8.11 AT25128/256 部分封装引脚排列

表 8.4 AT25128/256 各引脚功能

引脚名称	$\overline{CS}$	SCK	SI	SO	GND	V_{CC}	$\overline{WP}$	$\overline{HOLD}$
引脚功能	片选脚	串行时钟输入	串行数据输入	串行数据输出	地	电源	写保护	延迟输入控制

AT25128/256 的内部框图如图 8.12 所示。

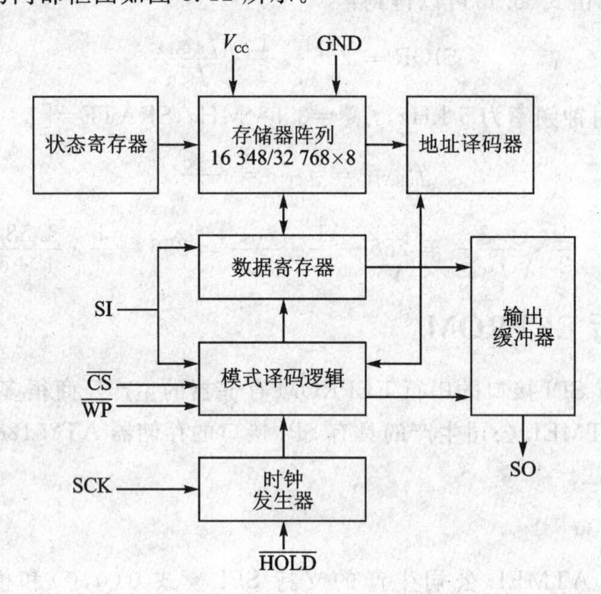

图 8.12 AT25128/256 内部框图

各引脚的功能如下。

- $\overline{CS}$：片选引脚。输入引脚，当$\overline{CS}$为低电平时，AT25128/256 被选中。当芯片未被选中时，数据将不会通过 SI 引脚被接收。串行输出引脚保持高阻状态。
- SCK：串行时钟引脚。该引脚作为芯片所有接收和发送数据的同步时钟。
- SI、SO：这两个引脚分别为数据的输入和输出引脚。
- $\overline{HOLD}$：联合$\overline{CS}$对 AT25128/256 进行片选的引脚。当器件被选中且一个串行序列正在传输时，$\overline{HOLD}$引脚可用来暂停与主机的串行通信，而无须复位串行序列。暂停期间，当 SCK 引脚为低电平时，$\overline{HOLD}$引脚必须拉低。如果要重新恢复串行通信，则在 SCK 引脚为低电平时，$\overline{HOLD}$引脚必须拉高。当 SO 引脚为高阻状态时，输入 SI 引脚的数据将被忽略。
- $\overline{WP}$：写保护引脚。当$\overline{WP}$为高电平时，允许一般的读/写操作；当$\overline{WP}$引脚被拉低且状态寄存器 WPEN 位为1时，写状态寄存器的操作将被禁止。在$\overline{\text{CS}}$为低电平期间，$\overline{\text{WP}}$由高电平变为低电平时将中断写入状态寄存器的操作。如果内部的写循环已经开始，那么$\overline{\text{WP}}$由高电平变为低电平将不影响写状态寄存器操作。当状态寄存器中的 WPEN 位为0时，$\overline{\text{WP}}$引脚功能将被禁止。这将允许用户在系统中使用 AT25128/256 并将$\overline{\text{WP}}$引脚接地时，也能够写状态寄存器。当 WPEN 位为1时，$\overline{\text{WP}}$引脚的所有功能都使能。

3. AT25128/256 指令

AT25128/256 使用一个8位指令寄存器来存储 SO 引脚送来的命令。表8.5中列出了对 AT25128/256 操作的6条指令，通过这些指令可以对 AT25128/256 进行写使能、禁止、读/写状态寄存器和读写存储器单元等操作。所有的指令，地址，数据都以 MSB 开始，当$\overline{\text{CS}}$由高变低时，开始数据传送。

表8.5　AT25128/256 指令

指令名称	指令格式	指令功能	指令名称	指令格式	指令功能
WREN	0000x110	写使能	WRSR	0000x001	写状态寄存器
WRDI	0000x100	写禁止	READ	0000x011	从存储器中读数据
RDSR	0000x101	读状态寄存器	WRITE	0000x010	向存储器中写数据

- 写使能(WREN)：上电复位时，器件被置为写禁止状态，因此所有对 AT25128/256 的写操作之前都要有一个写使能指令。
- 写禁止(WRDI)：防止器件被误写入。写禁止指令禁止所有的编程模式，它与$\overline{\text{WP}}$引脚的状态无关。
- 读状态寄存器指令(RDSR)：该指令提供了对状态寄存器的访问。
- 写状态寄存器指令(WRSR)：该指令提供了对状态寄存器的写操作。
- 读数据(READ)指令：读 AT25128/256 存储单元数据的指令。
- 写数据(WRITE)指令：向 AT25128/256 存储单元写数据的指令。

AT25128/256 的状态寄存器 WPEN 的各位定义如下：

Bit	7	6	5	4	3	2	1	0
WPEN	x	x	x	x	BP1	BP0	WEN	$\overline{\text{RDY}}$

Bit7　　与$\overline{\text{WP}}$引脚联合确定写保护方式。

Bit[3：2]　存储器块写保护范围设定位。

Bit1　　Bit1=0：写禁止；Bit1=1：写使能。

Bit0　　Bit0=0：器件准备就绪；Bit0=1：对存储阵列的写操作没有结束。

对 AT25128/256 状态寄存器的访问可以获得以下信息：

(1) 用来查询器件准备就绪/忙状态。$\overline{\text{RDY}}$=0：器件准备就绪，可以对 AT25128/256 进行读/写操作；$\overline{\text{RDY}}$=1：芯片将数据寄存器中的数据写入到存储器阵列的过程还没有完成。这时，除读状态寄存器外，任何读/写命令都将被忽略。

(2) 查询块写保护的范围。BP1、BP0 确定了块保护范围，如表8.6所列。

(3) 写使能状态。WEN=0,AT25128/256 写使能;WEN=1,禁止对 AT25128/256 写操作。

通过写状态寄存器命令 WRSR,用户可以改变 BP0、BP1 来选择要保护的存储器范围。AT25128/256 被分为 4 段,高位地址的 1/4 区域、低位地址的 1/4 区域,或所有的存储单元都能够被保护,任何被选中区域内的数据都只能读出。状态寄存器控制位 BP0、BP1 对应的保护区列于表 8.6 中。

表 8.6 AT25128/256 的块写保护位

状 态	状态寄存器位		受保护单元的地址	
	BP1	BP0	AT25128	AT25256
0	0	0	无保护	无保护
1(1/4)	0	1	3000~3fff	6000~7fff
2(1/2)	1	0	2000~3fff	4000~7fff
3(All)	1	1	0000~3fff	0000~7fff

WRSR 指令也允许用户通过使用写保护使能位(WPEN)使能或禁止写保护引脚$\overline{WP}$。当$\overline{WP}$引脚为低电平时,WPEN 位为 1,硬件写保护使能。当芯片处于硬件写保护时,将禁止写入状态寄存器,而且被保护的存储单元块也禁止写入。WPEN 操作如表 8.7 所列。

注意: 当 WPEN 位是硬件写保护时,只要$\overline{WP}$引脚保持低电平,WPEN 位就不能变为 0。

表 8.7 WPEN 操作

WPEN	WP	WEN	被保护单元块	无保护单元块	状态寄存器
0	×	0	写保护	写保护	写保护
0	×	1	写保护	可写入	可写入
1	Low	0	写保护	写保护	写保护
1	Low	1	写保护	可写入	写保护
×	High	0	写保护	写保护	写保护
×	High	1	写保护	可写入	可写入

注意: 如果器件没有写使能,那么当$\overline{CS}$被拉高时,器件将忽略写指令并返回准备就绪状态,$\overline{CS}$引脚上的一个新的下降沿将重新发起一次串行通信。

4. AT25128/256 地址分配

AT25128/256 的串行 EEPROM 数据地址分配表如表 8.8 所列,AT25128 的 A15~A14 无效,A13~A0 有效,对应地址范围为 0000h~3fffh;AT25128/256 的 A15 无效,A14~A0 有效,对应地址范围为 0000h~7fffh。

表 8.8 AT25128/256 的串行 EEPROM 数据地址分配表

型 号	A15	A14	A13	A12	A11	A10	A9	A8	A7	A6	A5	A4	A3	A2	A1	A0
AT25128	×	×	1/0	1/0	1/0	1/0	1/0	1/0	1/0	1/0	1/0	1/0	1/0	1/0	1/0	1/0
AT25256	×	1/0	1/0	1/0	1/0	1/0	1/0	1/0	1/0	1/0	1/0	1/0	1/0	1/0	1/0	1/0

5. AT25128/256 的读/写时序

通过 AT25128/256 的 SO 引脚读数据需要遵循以下时序：

(1) 拉低$\overline{CS}$引脚，选中器件。

(2) 通过 SI 引脚接收单片机传来的读操作码，接着接收被读取单元的地址。接收完成后，SI 引脚上的任何数据都将被忽略。

(3) 在(1)、(2)步完成后，指定单元中的数据从 SO 引脚上移出。如果单片机只读取 1 字节的数据，则 AT25128/256 在输出一个数据后，单片机要把$\overline{CS}$引脚拉高。读操作可以连续进行，这是因为读取的存储单元的地址可以自动加 1，数据可以不断的移出。当地址计数器指向最高地址时，地址计数器会自动跳到最低地址，这样就允许单片机在一次读循环中读出所有存储单元的数据。

AT25128/256 的读数据时序如图 8.13 所示。

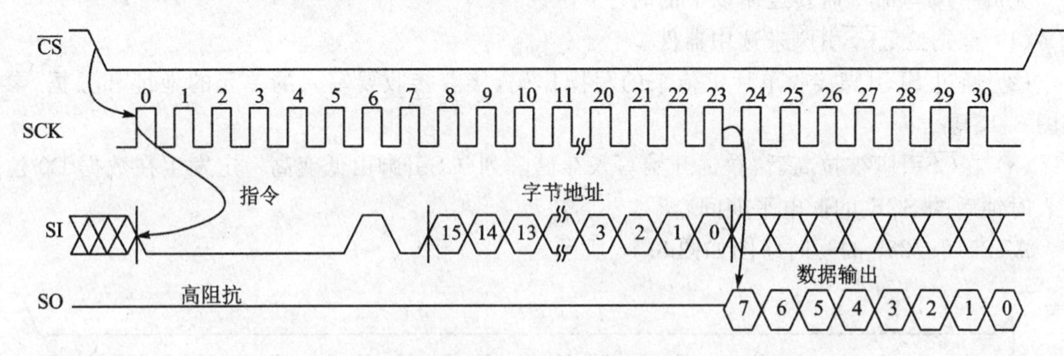

图 8.13　AT25128/256 的读数据时序图

通过读状态寄存器指令可以确定器件的准备就绪/忙状态。如果$\overline{RDY}=1$，则内部写循环进行中；如果$\overline{RDY}=0$，则内部写循环结束。在写循环进行期间，只有 RDSR 指令可以被写入。图 8.14 是读状态寄存器时序图。

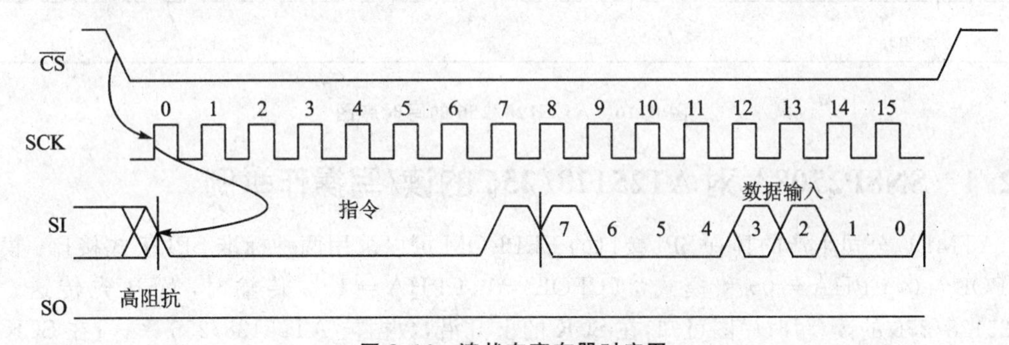

图 8.14　读状态寄存器时序图

AT25128/256 芯片上电及写循环完成后，其自动回到写禁止状态。因此对 AT25128/256 写操作前，必须使 AT25128/256 芯片写使能。该项操作是通过向 AT25128/256 发写使能命令来实现的。

AT25128/256 芯片写使能命令时序图如图 8.15 所示。

当写 AT25128/256 时，必须执行以下两个独立的指令：

(1) 通过写使能指令(WREN)使能器件。

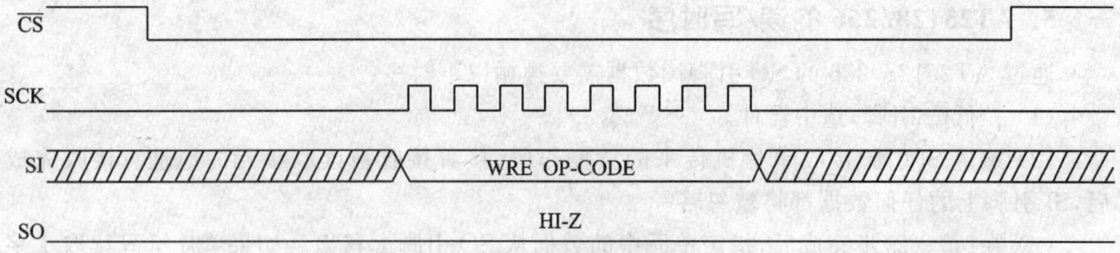

CS

SCK

SI WRE OP-CODE

SO HI-Z

图 8.15 写使能命令时序图

(2) 执行写指令。在块写保护的情况下,写入的存储单元的地址必须在被选中的块写保护的区域之外。在一个器件内部写循环期间,除了 RDSR 命令可以执行外,所有的命令都将被忽略。

完成一个写命令需要遵循以下的时序:

(1) 首先拉低$\overline{CS}$引脚来选中器件。

(2) 通过 SI 引脚接收单片机传来的写操作码,接着接收要写入的单元的地址和数据(参见图 8.15)。

(3) 在$\overline{CS}$引脚被拉高后,数据开始写入存储阵列($\overline{CS}$引脚由低变高一定发生在数据 D0 位移入时钟后的 SCK 的低电平期间)。

AT25128/256 的写时序图如图 8.16 所示。

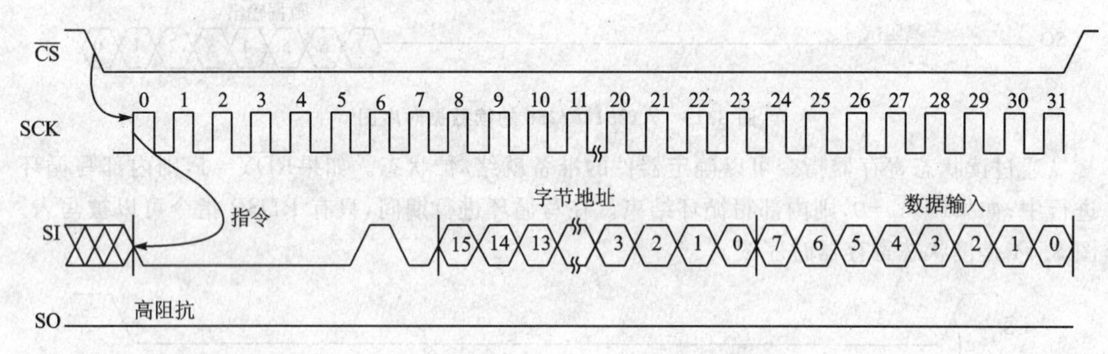

图 8.16 AT25128/256 的写时序图

8.2.4 SN8P2708A 对 AT25128/256 的读/写操作举例

ATMEL 公司生产的具有 SPI 接口的 EEPROM 可以采用两种标准 SPI 模式接口:模式 0(CPOL = 0, CPHA = 0)和模式 3(CPOL = 1, CPHA = 1)。传输时,MSB 先传送。从 AT25128/256 的读/写时序图可知,在 SCK 的上升沿,数据被 AT25128/256 采样;在 SCK 的下降沿,数据从 AT25128/256 输出。当设置 SN8P2708A 单片机的 SEDGE=1 时,单片机的 SIO 口时序关系为:在 SCK 的下降沿,数据从单片机输出;在 SCK 的上升沿,单片机采样 SI 口引脚上的数据。由于两者的时序关系完全吻合,因此 SN8P2708A 与 AT25128/256 可以通过 SPI 直接接口,实现 SN8P2708A 对 AT25128/256 的读/写操作。

SN8P2708A 单片机与 AT25128 的硬件连接关系如图 8.17 所示。

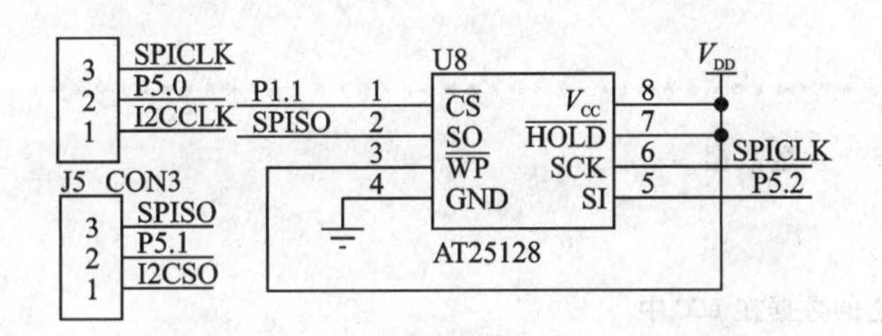

图 8.17 SN8P2708A 与 AT25128 的接线图

现将 SN8P2708A 对 AT25128/256 的读/写操作代码举例如下。

假设单片机使用晶体振荡器的频率为 4 MHz,用 P1.1 作为片选信号,则定义如下:

```
AT25128CSM          EQU          P1M.1
AT25128CS           EQU          P1.1
```

另外,如果读者使用如下的程序代码,则还需要在自己的主程序中定义下列变量:

```
msbdata             DS      1
lsbdata             DS      1
wrprtct             DS      1                   ;写保护数据暂存
      ;wrprtct = 0x00       无保护
      ;wrprtct = 0x10       保护 2000～3fff
      ;wrprtct = 0x20       保护 3000～3fff
      ;wrprtct = 0x30       全部被保护(wrprtct 数据是高低位倒序之后的结果)
```

1. SN8P2708A 单片机 SPI 初始化

SPI 总线结构要求有主从机的工作模式,任何通信的发起与结束均是由主机来控制的。要利用 SPI 来实现单片机与 EEPROM 的数据交换,必须将单片机设置成主机。SN8P2708A 单片机对 AT25128/256 操作前必须对相关 SPI 功能寄存器进行正确的初始化。其程序如下:

```
/**********************************************************
程序功能:对 SONIX 单片机的 SPI 初始化
输入参数:无
输出参数:无
说    明:片选信号的 I/O 模式必须设置成输入模式
**********************************************************/
SPI_init:
          mov_      SIOM,#10000011b                    ;使能 SPI 功能/主机/全速/能收能发
          mov       a,#11111101b
          and       p5m,a                              ;设置 P5.1 为输入口
          ret
```

2. SN8P2708A 单片机对 SPI 数据的读/写

SN8P2708A 单片机对 AT25128 的读/写有两种方法:一种是利用 SPI 中断;另一种是采用查询方式完成 SPI 数据的读/写。以下是采用第二种方法对 AT25128 读/写 1 字节的程序。这里的程序采用查询方式完成 SPI 数据的发送与接收。

1）发送1字节

```
/**********************************************************
程序功能：通过 SPI 发送数据
输入参数：A
输出参数：无
说    明：要传送的数据在 ACC 中
**********************************************************/
SPI_Wr：
        mov         siob,a              ;装载发送数据
        mov_        sior,#0ffh          ;最高 SCK 频率
        b0bset      siom.6              ;启动 SPI 传输
        b0bts0      siom.6
        jmp         $ -1                ;等待 SPI 传输完成
        ret
```

2）读取1字节

```
/**********************************************************
程序功能：通过 SPI 接收数据
输入参数：无
输出参数：SIOB
说    明：读取的数据在 SIOB 中
**********************************************************/
SPI_Rr：
        b0bset      siom.6              ;启动 SPI 接收
        b0bts0      siom.6
        jmp         $ -1                ;等待 SPI 接收完成
        ret
```

3. SN8P2708A 单片机对 AT25128 操作时的数据处理

由于 SN8P2708A 单片机只能是最低位先发送，而 AT25128 时序要求最高位先传送，因此在对 AT25128 读/写数据时必须首先将数据的高低位对换。其程序如下：

```
/**********************************************************
程序功能：高低位数据对换
输入参数：msbdata
输出参数：lsbdata
说    明：msbdata(11010101b)→lsbdata(10101011b)
**********************************************************/
msb2lsb：
        b0mov       r,#08h
msb2lsb10：
        rlcm        msbdata
        rrcm        lsbdata
        decms       r
        jmp         msb2lsb10
        ret
```

4. SN8P2708A 单片机对 AT25128/256 操作的相关子程序

1) 写使能

在 AT25128/256 上电和对 AT25128 的写操作完成后，AT25128/256 自动回到写禁止状态，因此在对 AT25128/256 进行写操作之前必须先发送写使能命令。

```
/*******************************************************
程序功能：使能对 AT25128/256 的写操作
输入参数：无
输出参数：无
说　　明：使能对 AT25128/256 的写操作
*******************************************************/
AT25128_WREN:
        mov     a,#01100000b            ;写状态寄存器命令送入 ACC
        bclr    AT25128CS               ;选中从设备
        call    SPI_Wr
        bset    AT25128CS               ;不选中从设备
        ret
```

2) 忙检测

由于 AT25128/256 在进行内部的数据存储时不能够响应其他读/写数据操作，因此对 AT25128/256 内部是否忙的检测是必要的。

```
/*******************************************************
程序功能：At25128 忙检测
输入参数：无
输出参数：无
说　　明：直至 AT25128 空闲退出该子程序
*******************************************************/
AT25128_Rdy:
        mov     a,#10100000b            ;读状态寄存器命令送入 ACC
        bclr    AT25128CS               ;选中设备
        call    SPI_Wr                  ;发送读状态寄存器命令
        call    SPI_Rr                  ;接收数据
        bset    AT25128CS               ;取消选中
        bts0    siob.7                  ;检查状态寄存器的最低位
        jmp     AT25128_Rdy
        ret
```

5. *N* 字节数据发送子程序

这段程序的入口条件如下：

(1) 发送数据的字节个数在 NUMBYTE 中。

(2) 待发送的数据存于片内 RAM 以 SPI_Wrbuf 为起始地址的 *N* 个连续单元中。

(3) 将待发送数据的首地址存于系统寄存器 Y、Z 中。

(4) 待存放数据的 AT25128/256 内部地址在 at25128addrh(高位地址)和 at25128addrl

(低位地址)中。

```
/****************************************************************
程序功能：写 AT25128 操作
调用子程序：msb2lsb/AT25128_WREN/SPI_Wr/AT25128_Rdy
输入参数：① 待发送数据的首地址存于系统寄存器 Y、Z 中
         ② AT25128 中数据地址 at25128addrh/at256128addrl
         ③ 写入数据个数 NUMBYTE
输出参数：无
说    明：向 AT25128/256 的 at25128addrh/at256128addrl 地址写入 N 字节
****************************************************************/
AT25128_WNbyte:
        mov_      msbdata,at25128addrh
        call      msb2lsb
        mov_      at25128addrh,lsbdata
        mov_      msbdata,at25128addrl
        call      msb2lsb
        mov_      at25128addrl,lsbdata                ;MSB2LSB
        call      AT25128_WREN                        ;使能写操作
        mov       a,#01000000b                        ;WRITE 时序
        bclr      AT25128CS                           ;选中设备,WRITE 时序开始
        call      SPI_Wr                              ;发送写命令
        mov       a,at25128addrh
        call      SPI_Wr                              ;发送高位地址
        mov       a,at25128addrl
        call      SPI_Wr                              ;发送低位地址
AT25128_WNbyte10:
        mov       a,@yz
        call      SPI_Wr                              ;写入数据
        inc_yz    ;宏指令,调整数据地址
        decms     NUMBYTE                             ;是否已写入指定个数的数据
        jmp       AT25128_WNbyte10
AT25128_WNbyte90:
        bset      AT25128CS                           ;取消选中,WRITE 时序结束
        call      AT25128_Rdy                         ;检测内部操作是否完成
        ret
```

6. *N* 字节数据接收子程序

这段程序的入口条件如下：

(1) 读取数据的字节个数在 NUMBYTE 中。

(2) 待读取数据的 AT25128/256 内部地址在 at25128addrh(高位地址)和 at25128addrl (低位地址)中。

(3) 待读取数据的存放地址的首地址存放于系统寄存器 Y、Z 中。

```
/*****************************************************************
程序功能：读 AT25128 操作
调用子程序：msb2lsb/SPI_Wr/SPI_Rr
输入参数：① 从 AT25128 中读出的数据首地址存于系统寄存器 Y、Z 中
        ② 欲读 AT25128 的地址 at25128addrh/at25128addrl
        ③ 读数据个数 NUMBYTE
输出参数：读出的 N 字节数据
说    明：① 从 AT25128/256 的 at25128addrh/at25128addrl 地址读出
        ② N 字节存放于 Y、Z 指向的 N 个连续单元中
*****************************************************************/
AT25128_RNbyte:
        mov_        msbdata,at25128addrh
        call        msb2lsb
        mov_        at25128addrh,lsbdata
        mov_        msbdata,at25128addrl
        call        msb2lsb
        mov_        at25128addrl,lsbdata
;读时序
        mov         a,#11000000b                ;READ
        bclr        AT25128CS                   ;选中设备,开始时序
        call        SPI_Wr                      ;读命令
        mov         a,at25128addrh
        call        SPI_Wr                      ;高位地址
        mov         a,at25128addrl
        call        SPI_Wr                      ;低位地址
AT25128_RNbyte10:
        call        SPI_Rr                      ;读出数据
        mov         a,siob                      ;取出数据
        mov         @yz,a                       ;存放读出数据
        inc_yz                                  ;宏指令,调整数据地址
        decms       NUMBYTE                     ;判断 N 字节数据是否读完
        jmp         AT25128_RNbyte10
AT25128_RNbyte90:
        bset        AT25128CS                   ;取消选中,时序完毕
        ret
/*****************************************************************
宏名称：inc_yz
宏功能：Z 加 1,如果进位,则 Y 加 1
说  明：防止 Y、Z 地址翻页
*****************************************************************/
Inc_yz      macro
            incms       z
            jmp         @f
            incms       y
            nop
```

```
@@:
            ENDM
```


8.3 I²C 总线

8.3.1 I²C 总线协议

I²C 总线是 Philips 公司推出的芯片间串行传输总线。它用两根线实现了完善的全双工同步数据传输,可以极为方便地构成多机系统和外围器件扩展系统。I²C 总线采用了器件地址的硬件设置方法,通过软件寻址完全避免了器件的片选线寻址方法,从而使硬件系统的扩展简单、灵活。

1. 标准模式 I²C 总线规范

I²C 总线通过两根线——串行数据(SDA)线和串行时钟(SCL)线在连接到总线上的器件间传递信息,每个器件都应有一个唯一的地址,而且都可以作为一个发送器或接收器。除了发送器和接收器外,器件在执行数据传输时也可以被看作是主机或从机。有关 I²C总线术语的描述如表 8.9 所列。

表 8.9 I²C 总线术语的定义

术 语	描 述
发送器	发送数据(不包括地址和命令)到总线的器件
接收器	从总线接收数据(不包括地址和命令)的器件
主机	初始化发送、产生时钟信号和终止发送的器件
从机	被主机寻址的器件
仲裁	是一个在有多个主机同时尝试控制总线,但只允许其中一个控制总线并使报文不被破坏的过程
同步	两个或多个器件同步时钟信号的过程

I²C 总线是一个多主机的总线,即可以连接多于一个能控制总线的器件到总线。由于主机通常是单片机,考虑到数据在连接 I²C 总线上的两个单片机的传输情况,突出了 I²C 总线的主机-从机和接收器-发送器的关系。应当注意的是这些关系不是持久的,是由当时的数据传输方向决定的。传输数据的过程如下:

(1) 如果单片机 A 要发送信息到单片机 B,则

① 单片机 A 主机寻址单片机 B 从机;

② 单片机 A 主机发送器发送数据到单片机 B 从机接收器;

③ 单片机 A 终止传输。

(2) 如果单片机 A 要从单片机 B 接收信息,则

① 单片机 A 主机寻址单片机 B 从机;

② 单片机 A 主机接收器从单片机 B 从机发送器接收数据;

③ 单片机 A 终止传输。

SDA 和 SCL 都是双向线路,连接到总线的器件的输出级必须是漏极开路或集电极开路,并且通过一个电流源或上拉电阻连接到正的电源电压,这样才能够实现“线与”功能。当总线空闲时,这两条线路都是高电平。

在标准模式下,数据的传输速率为 0～100 Kb/s;在快速模式下,可达 400 Kb/s;在高速模式下,可达 3.4 Mb/s。

2. 位传输

在 I^2C 总线上，每传输一个数据位必须产生一个时钟脉冲。

1）数据的有效性

SDA 线上的数据必须在时钟线 SCL 的高电平期间保持稳定，而数据线的电平状态只有在 SCL 线的时钟信号为低电平时才能改变，如图 8.18 所示。在标准模式（100 Kb/s）下，高低电平宽度必须不小于 4.7 μs。

2）起始和停止条件

在 I^2C 总线中，唯一违反上述数据有效性的是起始（S）和停止（P）条件，如图 8.19 所示。

起始条件（重复起始条件）：在 SCL 线是高电平时，SDA 线从高电平向低电平切换。

停止条件：在 SCL 线是高电平时，SDA 线由低电平向高电平切换。

起始和停止条件一般由主机产生。起始条件作为一次传输的开始，在起始条件后，总线被认为处于忙的状态。停止条件作为一次传输的结束，在停止条件的某段时间后，总线被认为再次处于空闲状态。重复起始条件既作为上次传输的结束，也作为下次传输的开始。

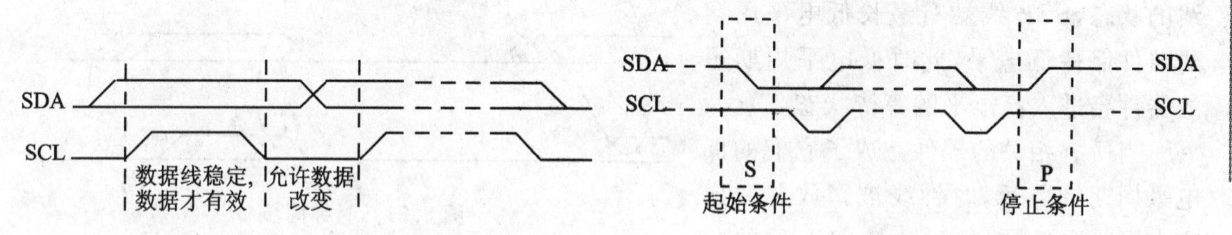

图 8.18 I^2C 总线的位传输

图 8.19 起始和停止条件

3. 数据传输

1）字节格式

发送到 SDA 线上的每个字节必须为 8 位，每次传输可以发送的字节数量不受限制。每个字节后必须跟一个应答位，首先传输的是数据的最高位（MSB），如图 8.20 所示。

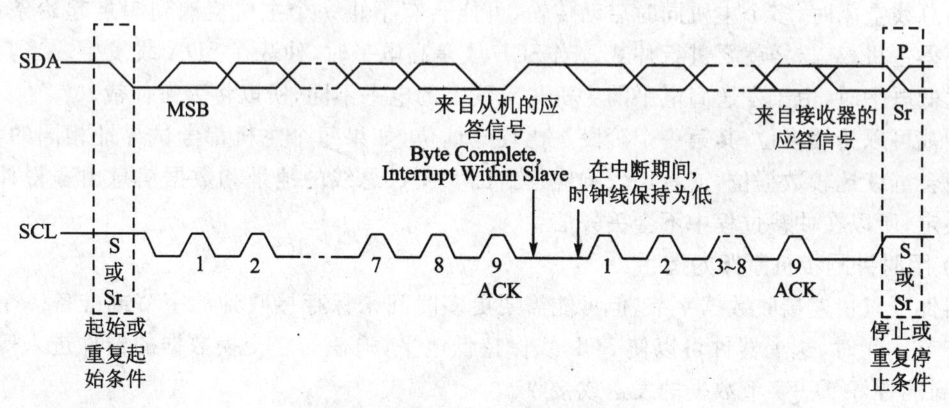

图 8.20 I^2C 总线的数据传输

2）应　答

相应的应答时钟脉冲由从机产生。在应答的时钟脉冲期间，发送器释放 SDA 线（高电平）；接收器必须将 SDA 线拉低，使它在这个时钟脉冲的高电平期间保持稳定的低电平，如

图8.21中时钟信号SCL的第9位。

一般说来，被寻址匹配的从机或可继续接收下一字节的接收器将产生一个应答。若作为发送器的主机在发送完一字节后，没有收到应答信号(或收到一个非应答信号)，或作为接收器的主机没有发送应答信号(或发送一个非应答信号)，那么主机必须产生一个停止条件或重复起始条件来结束本次传输。

4. 仲裁与时钟发生

1) 同 步

时钟同步是通过各个能产生时钟的器件“线与”连接到SCL线上来实现的。这就是说，SCL线的高到低切换会使器件开始它们的低电平周期计数，而且一旦器件的时钟变为低电平，它就会使SCL线保持这种状态直到到达时钟的高电平，如图8.21所示。但是，如果另一个时钟仍处于低电平周期，则这个时钟的低到高切换不会改变SCL线的状态，SCL线被有最长低电平周期的器件保持低电平，此时低电平周期短的器件会进入高电平的等待状态。

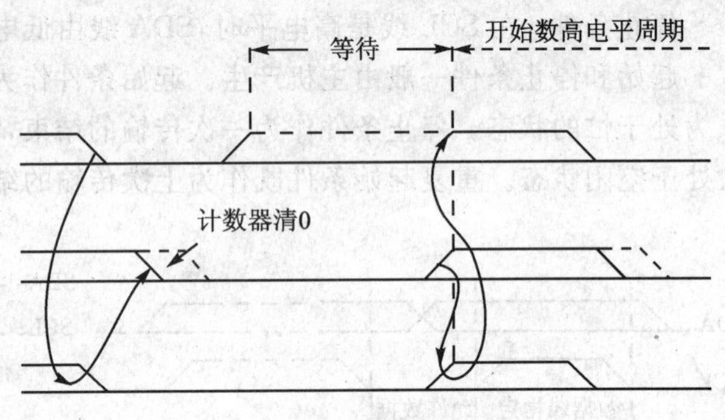

图8.21 时钟同步

当所有相关的器件完成了它们的低电平周期计数后，时钟线被释放并变成高电平。之后，器件时钟与SCL线的状态没有差别，而且所有器件会开始它们的高电平周期计数，而首先完成高电平周期的器件会再次将SCL线拉低。

总之，由于“线与”的结果，在SCL线上产生的实际时钟的低电平宽度由低电平持续时间最长的器件决定，而高电平宽度由高电平持续时间最短的器件决定。

2) 仲 裁

当总线空闲时，多个主机同时启动传输，可能会有不止一个主机检测到满足起始条件，而同时获得主机权，这样就要进行仲裁。当SCL线是高电平时，仲裁在SDA线发生。当其他主机发送低电平时，由于发送高电平的主机与总线上的电平不同，所以将丢失仲裁。

仲裁可以持续多位，其第一个阶段是比较地址位，如果每个主机都尝试寻址相同的器件，则仲裁会继续比较数据位，或者比较响应位。因为I^2C总线的地址和数据信息由赢得仲裁的主机决定，所以在仲裁过程中不会丢失信息。

3) 用时钟同步机制作为握手

器件可以快速接收数据字节，但可能需要更多时间来保存接收到的字节或准备一个要发送的字节。此时，这个器件可以使SCL线保持低电平，迫使与之交换数据的器件进入等待状态，直到准备好下一字节数据的发送或接收。

5. 传输协议

1) 寻址字节

主机产生起始位后，发送的第一字节为寻址字节，该字节的前面7位(高7位)为从机地址，最低位(LSB)决定了报文的方向，0表示主机写信息到从机，1表示主机读从机中的信息，如图8.22所示。当发送了一个地址后，系统中的每个器件都将头7位与其自己的地址比较。如果一样，则器件会应答主机的寻址，至于是从机-接收器还是从机-发送器都由R/$\overline{W}$位决定。

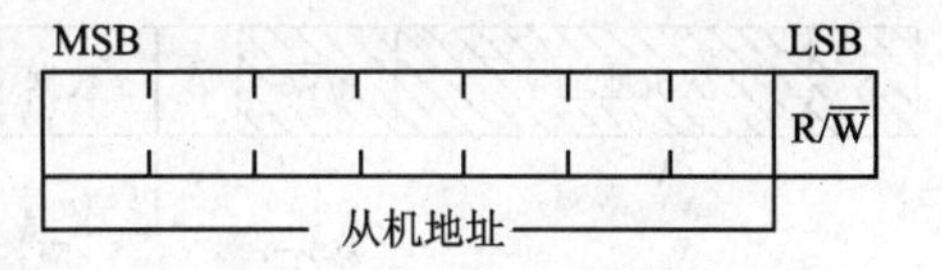

图8.22 起始条件后的第一字节

从机地址由一个固定的和一个可编程的两部分构成。例如，某些器件有4个固定的位（高4位）和3个可编程的地址位（低3位），那么同一总线上总共可以连接8个相同的器件。I^2C总线委员会协调I^2C地址的分配，保留了两组8位地址（0000xxx和1111xxx）。这2组地址的用途可查阅有关资料。

2）传输格式

主机产生起始条件后，发送一个寻址字节，收到应答后跟着就是数据传输，数据传输一般由主机产生的停止位终止。另外，如果主机仍希望在总线上通信，则它可以产生重复起始位(Sr)以寻址另一个从机，而不是首先产生一个停止位。

在数据传输中，可能有不同的读/写格式结合。可能的数据传输格式如下：

(1) 主机-发送器发送数据到从机-接收器。如图8.23所示，寻址字节的R/$\overline{W}$位为0，数据传输的方向不改变。

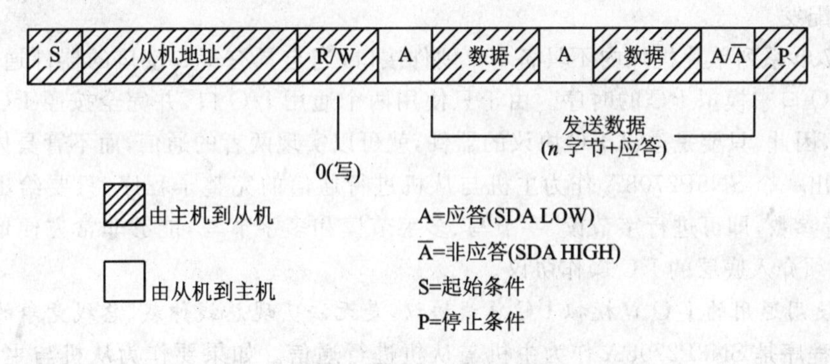

图8.23 主机-发送器发送数据到从机-接收器

(2) 主机-接收器接收从机-发送器中的数据。如图8.24所示，寻址字节的R/$\overline{W}$位为1。在主机-发送器发出寻址字节并在从机-接收器产生响应后，主机-发送器变成主机-接收器，从机-接收器变成了从机-发送器。之后，数据由从机发送，主机接收，每个应答由主机产生，时钟信号CLK仍由主机产生。若主机要终止本次传输，则发送一个非应答信号($\overline{A}$)，接着主机产生停止位。

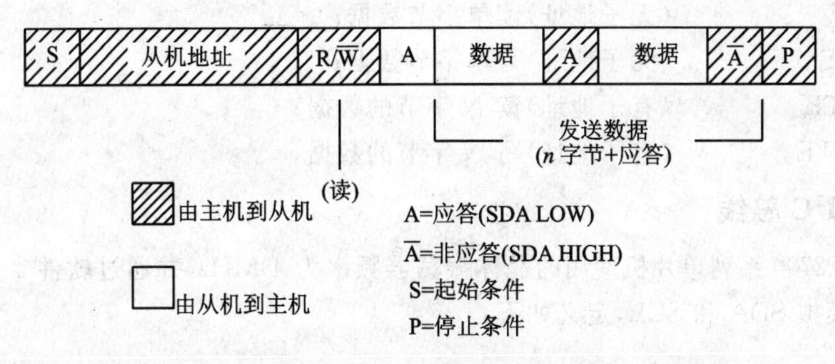

图8.24 寻址字节后，主机-接收器立即读从机-发送器中的数据

(3) 复合格式。如图8.25所示，传输改变方向时，起始位和从机地址都会被重复，但$R/\overline{W}$位取反。如果主机-接收器发送一个重复起始位，则在它之前应该发送一个非应答信号($\overline{A}$)。

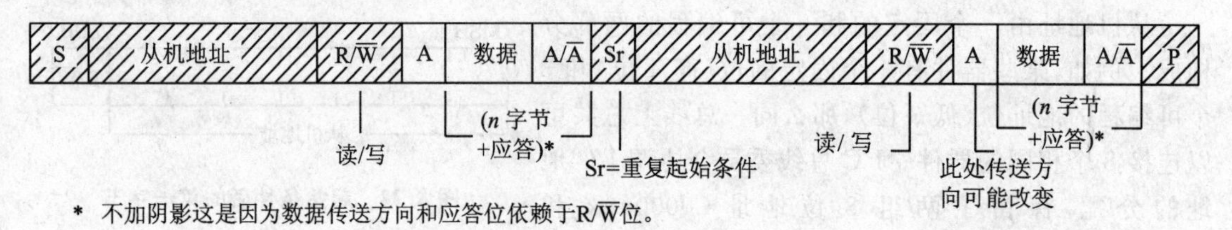

* 不加阴影这是因为数据传送方向和应答位依赖于$R/\overline{W}$位。

图8.25 复合格式

8.3.2 I²C总线软件实现

I²C总线用两根线(SDA和SCL)即可实现完善的双工同步数据传输，能够十分方便地构成多机系统和外围器件扩展系统。I²C器件是把I²C协议植入器件的I/O接口，使用时器件直接挂到I²C总线上，这一特点给用户设计应用系统带来了极大的便利。I²C器件无需片选信号，是否选中是由主器件发出的I²C从地址决定的，而I²C器件的从地址是由I²C总线委员会实行统一配发。

SN8P2700系列单片机片内不具备I²C硬件接口，当与具有I²C接口的器件通信时，必须使用通用I/O口来模拟I²C的时序。由于只使用两个通用I/O口，并完全按照I²C协议进行数据的传输，因此，只要是遵循I²C协议的器件，就可以实现两者的通信，而不管具体的器件型号。下面给出一个SN8P2708A作为主机与从机进行通信的完整子程序，只要给出器件从地址、子地址等参数，即可进行字节读、字节写、多字节读和多字节写，能够非常方便地使用各种I²C器件，无须介入底层的I²C操作协议。

注意：*使用通用的I/O口模拟I²C总线协议，是无法实现总线仲裁、总线竞争的。*

下面的程序是SN8P2708A作为主机与从机进行通信。如果要作为从机与主机通信，则需要修改程序来符合I²C协议的要求。

1. 子程序说明

本程序适用于单主机的I²C总线上，硬件接口是SDA和SCL，使用SN8P2708A系列单片机的通用I/O口来模拟SDA/SCL总线。设计有/无子地址的子程序是根据I²C器件的特点，目的在于将地址与数据彻底分开。其子程序名称如下：

IRDBYTE　　(无子地址)读单字节数据；
IWRBYTE　　(无子地址)写单字节数据；
IRDNBYTE　　(有子地址)读N字节的数据；
IWRNBYTE　　(有子地址)写N字节的数据。

2. 软件I²C总线

假设SN8P2700系列单片机使用的晶体振荡器频率为4 MHz，并通过软件4分频，用P5.1和P5.2分别模拟SDA和SCL，定义如下：

```
SDA         EQU      P5.1
SCL         EQU      P5.0                  ;模拟 I²C I/O 引脚
PmSDA       EQU      P5M.1
PmSCL       EQU      P5M.0                 ;I²C 输入/输出方向
PurSDASCL   EQU      P5UR                  ;模拟 I²C I/O 口电平控制
```

另外,如果读者使用本软件时,还需要在主程序中定义如下变量:

```
SLA         DS       1                     ;器件的从地址
SUBA        DS       1                     ;器件子地址低位
SUBAH       DS       1                     ;器件子地址高位(如果是 8 位子地址,则不要定义此变量)
NUMBYTE     DS       1                     ;读/写的字节数变量
MTD         DS       8                     ;发送数据缓冲区
MRD         DS       8                     ;接收数据缓冲区
```

以及常量:

```
I2CAddr   =   #xx                          ;I²C 器件确定从地址(与具体 I²C 器件有关)
```

1) 初始化单片机模拟 I²C 引脚

根据 I²C 总线规范,在空闲状态时,SCL 和 SDA 引脚均为高电平状态,因此,当用单片机的 I/O 口来模拟 I²C 时序时,必须在 SDA 和 SCL 引脚上接合适的上拉电阻,一般情况下上拉电阻的阻值取 10 kΩ。根据 SN8P2700 系列单片机的特点,模拟 I²C 总线时序可以使用单片机内部的上拉电阻。

程序如下:

```
/*******************************************************
程序功能:初始化模拟 I²C 总线引脚
输入参数:无
输出参数:无
说    明:初始化单片机模拟 I²C 引脚
*******************************************************/
init_i2c:
        mov         a,#03h
        mov         PurSDASCL,a            ;模拟 I/O 口电平上拉
        bset        PmSDA
        bset        PmSCL                  ;模拟 I/O 初始化输出
        bset        SDA
        bset        SCL                    ;模拟 I/O 高电平
        ret
```

2) 产生起始信号和停止信号

如果使用的晶振频率不是 4 MHz,则要相应地增删各子程序段中的 nop 指令的条数,以满足时序的要求。

(1) 发送起始信号(参考图 8.18)

```
/*******************************************************
程序功能:发送 I²C 总线的起始条件信号
```

```
输入参数：无
输出参数：无
说    明：模拟 I²C起始信号
*****************************************************/
start_i2c:
        bset        sda
        bset        scl                         ;钳住总线
        nop
        nop
        bclr        sda                         ;启动 I²C 总线时序
        nop
        nop
        bclr        scl                         ;释放总线,准备发/收数据
        ret
```

(2) 发送停止信号(参考图 8.18)

```
/*****************************************************
程序功能：发送 I²C 总线的停止条件信号
输入参数：无
输出参数：无
说    明：模拟 I²C 总线停止信号
*****************************************************/
stop_i2c:
        bclr        sda
        bset        scl                         ;钳住总线
        nop
        nop
        bset        sda                         ;结束 I²C 总线时序
        ret
```

3) 发送应答信号和非应答信号子程序

I^2C 总线上的第九个时钟对应于应答位,相应数据线上 0 为应答信号(ACK),1 为非应答信号($\overline{ACK}$)。发送应答位和非应答信号的子程序分别如下:

(1) 发送应答信号 ACK(参考图 8.19)

```
/*****************************************************
程序功能：主机发送应答信号
输入参数：无
输出参数：无
说    明：主机发送应答信号 ACK
*****************************************************/
ack_i2c:
        bclr        sda                         ;SDA = 0,应答信号
        Bset        scl                         ;钳住总线,稳定数据
        nop
        nop
```

```
        bclr        scl                          ;释放总线
        ret
```

(2) 发送非应答信号$\overline{ACK}$

```
/*****************************************************
程序功能：主机发送非应答信号
输入参数：无
输出参数：无
说    明：主机发送非应答信号ACK
*****************************************************/
nack_i2c:
        bset        sda                          ;SDA = 1,非应答信号
        Bset        scl                          ;钳住总线.稳定数据
        nop
        nop
        bclr        scl                          ;释放总线
        ret
```

4) 应答信号检查子程序

在 I^2C 总线数据传送中，接收器收到发送器传送来的1字节后，必须向 SDA 线上返送一个应答信号 ACK，表明此字节已经接收到。本子程序是 SN8P2700 系列单片机产生第九个时钟脉冲时，在脉冲的高电平期间读应答信号 ACK，若有应答(SDA=0)，则 ackI2C.0 为1；否则为0。

```
/*****************************************************
程序功能：检查应答信号子程序
输出参数：ackI2C.0
说    明：返回值 ackI2C.0 = 1 时，表示有应答；I2Cack.0 = 0 时，表示没有应答
*****************************************************/
cack_i2c:
        bclr        PmSDA                        ;使 SDA 线输入
        bset        scl                          ;钳住总线，等待应答
        bclr        ackI2C.0
        nop
        b2b         sda,fc                       ;读入应答信号(宏指令)
        bts1        fc                           ;从设备返回低电平，表示有
        bset        ackI2C.0                     ;应答信号.应答标志置1
cack_i2c90:
        bclr        scl                          ;释放总线
        bset        PmSDA                        ;使 SDA 线输出
ret
```

5) 字节数据读/写子程序

该子程序的功能是单片机(主机)向 I^2C 器件(从机)写/读1字节(参考图8.20)。

(1) 向 I^2C 器件写1字节

```
/*******************************************************
程序功能：向 I² 器件写入 1 字节数据
输入参数：ACC(要写入的数据)
输出参数：无
说    明：在这里定义了一个变量 wk02_i2c
          用此子程序后要检测一次应答信号 cack_i2c
*******************************************************/
wrbyte:
        b0mov   r,#08h                  ;写 1 字节 8 位
        mov     wk02_i2c,a
wrbyte10:
        rlcm    wk02_i2c                ;取将要写的数据位
        bts1    fc                      ;若数据位为 1,则发送 1
        jmp     wrbyte20                ;若数据位为 0,则发送 0
        bset    sda                     ;发送 1
        bset    scl                     ;钳住总线,数据稳定
        nop
        nop
        bclr    scl                     ;释放总线
        jmp     wrbyte90
wrbyte20:
        bclr    sda                     ;发送 0
        bset    scl                     ;钳住总线,数据稳定
        nop
        nop
        bclr    scl                     ;释放总线
wrbyte90:
        decms   r                       ;1 字节 8 位发送完成否
        jmp     wrbyte10                ;继续发送
        ret
```

(2) 从 I²C 器件中读取 1 字节

```
/*******************************************************
程序功能：从 I²C 器件中读取 1 字节数据
输入参数：无
输出参数：ACC(读取的数据)
说    明：在这里定义了一个变量 wk00_i2c
          用此子程序后要发送一个应答/非应答信号
*******************************************************/
rdbyte:
        b0mov   r,#08h                  ;读 1 字节 8 位
        bclr    PmSDA                   ;使 SDA 线输入
        nop                             ;设置为输入口之后
        nop                             ;至少延时 3 个 nop
        nop
```

```
rdbyte10:
        bset    scl                             ;时钟线为高,接收数据位
        ;nop
        ;nop
        b2b     sda,fc                          ;从 I2C 上获的一数据位
        rlcm    wk00_i2c
        bclr    scl                             ;将 SCL 拉低
        mov     a,wk00_i2c                      ;最后读出的数据将放在 ACC 中
        decms   r                               ;调整读取次数
        jmp     rdbyte10                        ;未够 8 位,继续读
        bset    PmSDA                           ;使 SDA 线输出
        ret
```

6) 无子地址器件读/写子程序

由于一些 I^2C 器件没有子地址,因此这里提供了一组对此类器件的读/写操作子程序。从该操作可以看出对 I^2C 器件操作的整个时序过程。

(1) 无子地址读

该子程序也可以用于有子地址器件的随机地址读操作,但应注意的是,读出的数据是上一次操作时所指向地址的下一个地址单元。

```
/**************************************************************
程 序 功 能:无子地址器件读字节数据
调用子程序:start_i2c/wrbyte/cack_i2c/stop_i2c
输 入 参 数:SLA(器件从地址)
输 出 参 数:ACC(读出数据)
说       明:也可用于有子地址器件的立即地址读
**************************************************************/
irdbyte:
        call        start_i2c               ;启动 I2C 总线
        incs        sla                     ;读,SLA 最低位要为 1
        nop
        call        wrbyte                  ;发送器件从地址及读命令信息
        call        cack_i2c                ;是否有设备应答
        bts1        ackI2C.0
        jmp         irdbyte90               ;无应答就退出
        call        rdbyte                  ;进行读字节操作
        call        nack_i2c                ;读完成,发送非应信号
irdbyte90:
        call        stop_i2c                ;结束总线
        ret
```

(2) 无子地址写

```
/**************************************************************
程 序 功 能:无子地址器件写字节数据
调用子程序:start_i2c/wrbyte/cack_i2c/stop_i2c
```

```
输 入 参 数：SLA(器件从地址)
        ACC(写入数据)
输 出 参 数：无
说       明：在这里定义了一个变量 wk01_i2c
*******************************************************/
iwrbyte:
        xch     a,wk01_i2c                  ;保存将要发送的数据
iwrbyte10:
        call    start_i2c                   ;启动总线
        mov     a,sla
        call    wrbyte                      ;发送器件从地址
        call    cack_i2c                    ;检测是否有设备应答
        bts1    ackI2C.0                    ;若无应答,则退出
        jmp     iwrbyte90
        xch     a,wk01_i2c                  ;取将要发送的数据
        call    wrbyte                      ;发送数据
        call    cack_i2c                    ;接收应答信号
        call    stop_i2c                    ;停止总线
        ret
iwrbyte90:
        xch     a,wk01_i2c
        call    stop_i2c                    ;停止总线
        ret
```

7) 有子地址的 *N* 字节数据发送子程序

这段程序的入口条件如下：

(1) I²C 器件的从地址先存入 SLA 中，器件的子地址存入 SUBAH(高位)和 SUBA(低位)中。

(2) 发送数据的字节个数在 NUMBYTE 中。

(3) 待发送的数据存于片内 RAM 以 MTD 为起始地址的 *N* 个连续单元中。

```
/*******************************************************
程 序 功 能：向器件指定子地址写入 N 字节数据
调用子程序：start_i2c/wrbyte/cack_i2c/stop_i2c
输 入 参 数：SLA(器件从地址)
        SUBHA、SUBA(器件子地址)
        NUMBYTE(写数据字节数)
        写 入 数 据(MTD 开始地址单元)
输 出 参 数：无
说       明：I²C 有子地址的 N 字节数据发送子程序
*******************************************************/
IWRNBYTE:
        call    start_i2c           ;启动总线
        mov     a,sla
        call    wrbyte              ;发送器件从地址
```

```
        call        cack_i2c            ;检查是否有设备应答
        bts1        ackI2C.0
        jmp         iwrnbyte90          ;若无应答,则退出
        ifdef       subah
        mov         a,subah;如果是 16 位地址、则先发送子地址的高 8 位(如 CAT24WC32/64/128/256)
        call        wrbyte
        call        cack_i2c
        endif
        mov         a,suba              ;发送子地址的低 8 位
        call        wrbyte
        call        cack_i2c
        mov_        y,#mtd$m            ;发送数据的地址
        mov_        z,#mtd$l
iwrnbyte10:
        mov         a,@yz               ;取发送数据
        call        wrbyte              ;开始写入数据
        call        cack_i2c            ;检查是否有设备应答
        bts1        ackI2C.0
        jmp         iwrnbyte            ;若没有应答,则重新开始整个写过程
        incms z                         ;调整取数据的地址
        decms       numbyte
        jmp         iwrnbyte10          ;数据没有写完继续写
iwrnbyte90:
        call        stop_i2c            ;停止 I²C 总线
        ret
```

8) 有子地址 *N* 字节接收子程序

这段程序的入口条件如下:

(1) I²C 器件的从地址先存入 SLA 中,器件的子地址存入 SUBAH(高位)和 SUBA(低位)中。

(2) 读取数据的字节个数在 NUMBYTE 中。

这段程序的出口为读取的数据存于片内 RAM 以 MRD 为起始地址的 *N* 个连续单元中。

```
/*****************************************************************
程 序 功 能:向器件指定子地址读取 N 字节数据
调用子程序:start_i2c/wrbyte/cack_i2c/stop_i2c
输 入 参 数:SLA(器件从地址)
           SUBHA、SUBA(器件子地址)
           NUMBYTE(接收字节数)
输 出 参 数:读出数据(以 MRD 开始的地址单元中)
说       明:I²C 有子地址的 N 字节读、存子程序
*****************************************************************/
IRDNBYTE:
        call        start_i2c               ;启动总线
        mov         a,sla
```

```
        call    wrbyte          ;发送器件从地址
        call    cack_i2c        ;检测应答信号
        bts1    ackI2C.0
        jmp     irdnbyte90      ;若无应答,则退出
        ifdef   subah           ;如果是16位子地址,则先发送子地址的高8位
        mov     a,subah
        call    wrbyte
        call    cack_i2c
        endif
        mov     a,suba          ;发送子地址的低8位
        call    wrbyte
        call    cack_i2c        ;接收应答信息
        call    start_i2c       ;重新启动总线
        incs    sla
        call    wrbyte          ;发送器件从地址及读命令信息
        call    cack_i2c
        bts1    ackI2C.0        ;判断是否有应答ACK信号
        jmp     irdnbyte        ;若没有应答信号,则重新开始读
        mov_    y,#mrd$m        ;接收数据地址
        mov_    z,#mrd$l
irdnbyte10:
        call    rdbyte          ;从I2C总线上获取数据
        mov     @yz,a           ;存放获得的数据
        decms   NUMBYTE         ;调整读数据个数
        jmp     irdnbyte20
        call    nack_i2c        ;获取数据完成,主机发送非应答信号
irdnbyte90:
        call    stop_i2c        ;结束总线
        ret
irdnbyte20:
        call    ack_i2c         ;没读完数据,发送应答信号
        incmsz                  ;调整数据存放地址
        nop
        jmp     irdnbyte10      ;继续读数据
```

使用以上程序时应注意一点,就是所使用的时钟源频率。当CPU频率过高时,可能会出现通信出错的现象。尤其是SONIX单片机的CPU工作频率范围很宽,更容易出现上述现象。因为当频率过高时,软件模拟的时序不能满足I^2C时序上的要求,需要增加nop指令的数量。以上程序使用4 MHz的外部晶振,并经4分频后获得CPU频率。当通信出错时,可以修改START、MACK、CACK等子程序,增加相应程序中nop指令数量,达到正常通信的目的。

8.4 SN8P2708A单片机与I²C串行芯片的接口

8.4.1 I²C串行EEPROM

1. 概　述

美国CATALYST公司生产的CAT24WCXX是一个1～256 Kb的支持I²C总线数据传输协议的串行CMOS EEPROM,可电擦除,可编程自定时写周期(包括自动擦除时间不超过10 ms,典型时间为5 ms)。串行EEPROM一般具有两种写入方式:一种是字节写入方式;另一种页写入方式。允许在一个写周期内同时对1字节到1页的若干字节的编程写入,1页的大小取决于芯片内页寄存器的大小。其中,CAT24WC01具有8字节数据的页写能力,CAT24WC02/04/08/16具有16字节数据的页写能力,CAT24WC32/64具有32字节数据的页写能力,CAT24WC128/256具有64字节数据的页写能力。CALAYST公司先进的CMOS技术降低了器件的功耗,可在电源电压低至1.8 V的条件下工作,待机电流和额定电流分别为0 mA和3 mA。该系列器件提供商业级、工业级、汽车级芯片。CALAYST公司特有的噪声保护施密特触发输入技术以及ESD最小达到2 000 V,可保证CAT24WCXX系列EEPROM在极强的干扰下数据不丢失。因此,CAT24WCXX系列EEPROM在电子产品,尤其在消费产品中得到了广泛的应用。CAT24WCXX系列串行EEPROM的特性如表8.10所列。

表8.10　CAT24WCXX系列串行EEPROM特性一览表

特性/型号	容量/Kb	页写/字节	扩展数量	最大写周期/ms	ESD最小值/V	编程/擦除周期/万次	保存数据/年	工作电压/V
CAT24WC01	1	8	8	10	2 000	100	100	1.8～6.0
CAT24WC02	2	16	8	10	2 000	100	100	1.8～6.0
CAT24WC04	4	16	4	10	2 000	100	100	1.8～6.0
CAT24WC08	8	16	2	10	2 000	100	100	1.8～6.0
CAT24WC16	16	16	1	10	2 000	100	100	1.8～6.0
CAT24WC32	32	32	8	10	2 000	100	100	1.8～6.0
CAT24WC64	64	32	8	10	2 000	100	100	1.8～6.0
CAT24WC128	128	64	1	10	2 000	100	100	1.8～6.0
CAT24WC256	256	64	4	10	2 000	100	100	1.8～6.0

2. 引脚描述

CAT24WCXX系列EEPROM提供标准的8引脚DIP封装和8引脚表面安装的SOIC封装。

CAT24WC01/02/04/08/16/32/64、CAT24WC128、CAT24WC256引脚排列图分别为如图8.26(a)、(b)、(c)所示,引脚功能描述如表8.11所列。

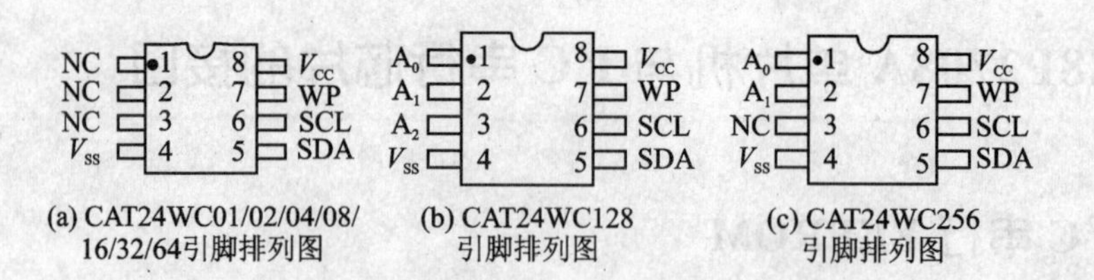

(a) CAT24WC01/02/04/08/16/32/64引脚排列图 (b) CAT24WC128引脚排列图 (c) CAT24WC256引脚排列图

图 8.26 CAT24WCXX 系列串行 EEPROM 引脚排列图

表 8.11 引脚功能描述

引脚名称	A0、A1、A2	SDA	SCL	WP	V_{CC}	V_{SS}
功 能	器件地址选择	串行数据/地址	串行时钟	写保护	1.8～6.0 V	地

- SCL：串行时钟。该引脚为输入引脚，用于产生器件所有数据发送或接收的时钟。
- SDA：串行数据/地址。该引脚为双向传输端，用于传送地址和所有数据的发送或接收。它是一个漏极开路端，因此要求接一个上拉电阻到 V_{CC} 端(典型值为：100 kHz 时为 10 kΩ，400 kHz 时为 1 kΩ)。对于一般的数据传输，仅在 SCL 为低电平期间 SDA 才允许变化。SDA 在 SCL 为高电平期间变化，留给指示 START(开始)和 STOP(停止)条件。
- A0、A1、A2：器件地址输入端。这些输入端用于多个器件级联时设置器件地址。当这些脚悬空时，默认值为 0(CAT24WC01 除外)。
- WP：写保护。如果该引脚连接到 V_{CC}，则所有的内容都被写保护(只能读)；如果该引脚连接到 V_{SS} 或悬空，则允许器件进行正常的读/写操作。

3. 串行 EEPROM 芯片的寻址

1) 从器件地址位

主器件通过发送一个起始信号启动发送过程，然后发送它所要寻址的从器件地址。8 位从器件地址的高 4 位 D7～D4 固定为 1010(见表 8.12)；接下来的 3 位 D3～D1(A2、A1、A0)为器件的片选地址位或存储器页地址选择位，用来定义哪个器件以及器件的哪部分被主器件访问。最多可以连接 8 个 CAT24WC01/02、4 个 CAT24WC04、2 个 CAT24WC08、8 个 CAT24WC32/64、4 个 CAT24WC256 器件到同一总线上。这些位必须与硬连线输入脚 A2、A1、A0 相对应。1 个 CAT24WC16/128 可单独被系统寻址。从器件 8 位地址的最低位 D0 作为读/写控制位，1 表示对从器件进行读操作；0 表示对从器件进行写操作。在主器件发送起始信号和从器件地址字节后，CAT24WCXX 监视总线，并当其地址与发送的从地址相符时响应一个应答信号(通过 SDA 线)。CAT24WCXX 再根据读/写控制位($R/\overline{W}$)的状态进行读或写操作。表 8.12 中 A0、A1 和 A2 对应器件的引脚 1、2 和 3，a8、a9 和 a10 对应存储阵列页地址选择位。

表 8.12 从器件地址

型 号	控制码	片 选	读/写	总线访问的器件
CAT24WC01	1 0 1 0	A2 A1 A0	1/0	最多 8 个
CAT24WC02	1 0 1 0	A2 A1 A0	1/0	最多 8 个
CAT24WC04	1 0 1 0	A2 A1 a8	1/0	最多 4 个

续表 8.12

型 号	控制码	片 选	读/写	总线访问的器件
CAT24WC08	1 0 1 0	A2 a9 a8	1/0	最多2个
CAT24WC16	1 0 1 0	a10 a9 a8	1/0	只有1个
CAT24WC32	1 0 1 0	A2 A1 A0	1/0	最多8个
CAT24WC64	1 0 1 0	A2 A1 A0	1/0	最多8个
CAT24WC128	1 0 1 0	X X X	1/0	只有1个
CAT24WC256	1 0 1 0	0 A1 A0	1/0	最多4个

2）应答信号

I^2C 总线数据传送时，每次成功地传送一字节数据后，接收器都必须产生一个应答信号。应答的器件在第九个时钟周期时将 SDA 线拉低，表示其已收到一个 8 位数据。CAT24WCXX 在接收到起始信号和从器件地址之后响应一个应答信号，如果器件已选择了写操作，则在每接收一个 8 位字节之后响应一个应答信号，如图 8.27 所示。

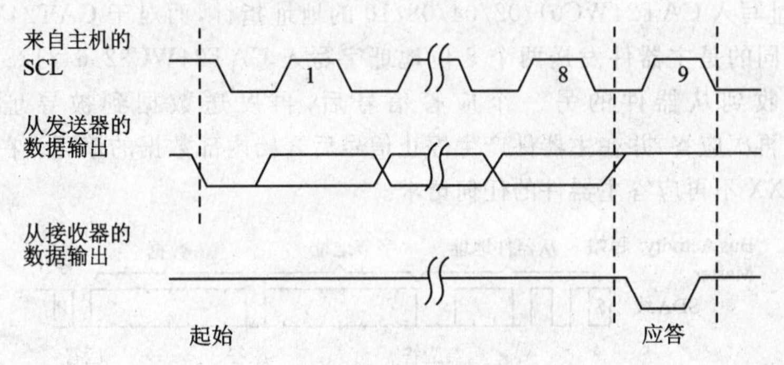

图 8.27 应答时序图

当 CAT24WCXX 工作于读模式时，在发送一个 8 位数据后释放 SDA 线并监视一个应答信号，一旦接收到应答信号，CAT24WCXX 继续发送数据。如果主器件没有发送应答信号，则器件停止传送数据并等待一个停止信号。主器件必须发一个停止信号给 CAT24WCXX，使其进入备用电源模式，并使器件处于已知的状态。

3）数据地址分配

CAT24WCXX 系列串行 EEPROM 数据地址分配一览表如表 8.13 所列。CAT24WC01/02/04/08/16 的 A8～A15 位无效，只有 A0～A7 是有效位。这对于 CAT24WC01/02 来说正好合适，但对于 CAT24WC04/08/16 来说，则需要 a8、a9、a10 页面地址选择位（见表 8.12）进行相应的配合。

表 8.13 CAT24WCXX 系列串行 EEPROM 数据地址分配一览表

型 号	A15	A14	A13	A12	A11	A10	A9	A8	A7	A6	A5	A4	A3	A2	A1	A0
CAT24WC01	×	×	×	×	×	×	×	×	1/0	1/0	1/0	1/0	1/0	1/0	1/0	1/0
CAT24WC02	×	×	×	×	×	×	×	×	1/0	1/0	1/0	1/0	1/0	1/0	1/0	1/0
CAT24WC04	×	×	×	×	×	×	×	×	1/0	1/0	1/0	1/0	1/0	1/0	1/0	1/0

续表 8.13

型 号	A15	A14	A13	A12	A11	A10	A9	A8	A7	A6	A5	A4	A3	A2	A1	A0
CAT24WC08	×	×	×	×	×	×	×	×	1/0	1/0	1/0	1/0	1/0	1/0	1/0	1/0
CAT24WC16	×	×	×	×	×	×	×	×	1/0	1/0	1/0	1/0	1/0	1/0	1/0	1/0
CAT24WC32	×	×	×	1/0	1/0	1/0	1/0	1/0	1/0	1/0	1/0	1/0	1/0	1/0	1/0	1/0
CAT24WC64	×	×	×	1/0	1/0	1/0	1/0	1/0	1/0	1/0	1/0	1/0	1/0	1/0	1/0	1/0
CAT24WC128	×	×	1/0	1/0	1/0	1/0	1/0	1/0	1/0	1/0	1/0	1/0	1/0	1/0	1/0	1/0
CAT24WC256	×	1/0	1/0	1/0	1/0	1/0	1/0	1/0	1/0	1/0	1/0	1/0	1/0	1/0	1/0	1/0

注:“×”为无效位。

4. 写操作方式

1) 字节写

图 8.28 和图 8.29 所示为 CAT24WCXX 字节写时序图。在字节写模式下,主器件发送起始命令和从器件地址信息(R/$\overline{W}$位置 0)给从器件,当主器件收到从器件的应答信号后,发送 1 个 8 位字节地址写入 CAT24WC01/02/04/08/16 的地址指针,而对于 CAT24WC32/64/128/256 来说,所不同的是主器件发送两个 8 位地址字写入 CAT24WC32/64/128/256 的地址指针。主器件在收到从器件的另一个应答信号后,再发送数据到被寻址的存储单元。CAT24WCXX 再次应答,并在主器件产生停止信号后开始内部数据的擦写。在内部擦写过程中,CAT24WCXX 不再应答主器件的任何请求。

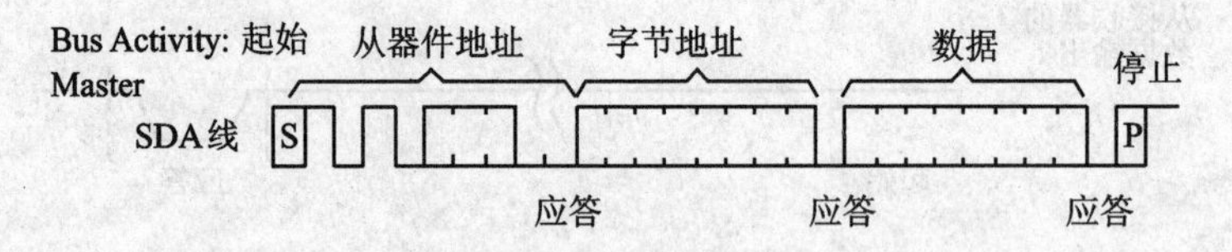

图 8.28 CAT24WC01/02/04/08/16 字节写时序图

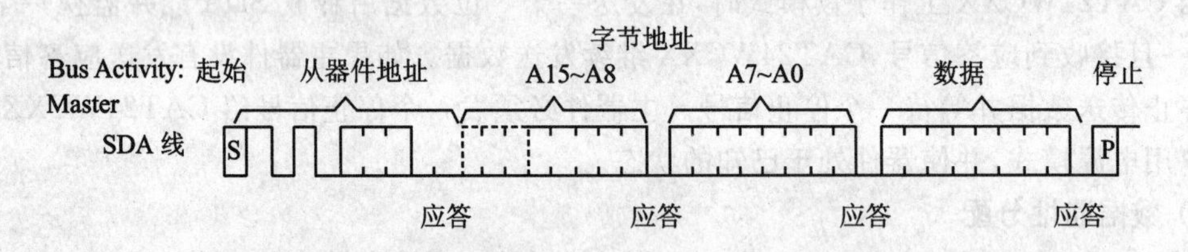

图 8.29 CAT24WC32/64/128/256 字节写时序图

字节写举例(适用于 CAT24WC01/02/04/08/16):

```
mov_      sla,#cat24wcxx
mov_      suba,#10h          ;指定地址是 10h
mov_      numbyte,#01h       ;指定页写入字节数为 1
mov_      mtd,#0fh           ;将数据写入 MTD 缓冲区
call      iwrnbyte           ;将数据写入 CAT24WCXX 指定地址
```

2) 页 写

图 8.30 和图 8.31 所示为 CAT24WCXX 页写时序图。在页写模式下,CAT24WC01/02/04/08/16/32/64/128/256 可一次写入 8/16/16/16/16/32/32/64/64 字节数据。页写操作的

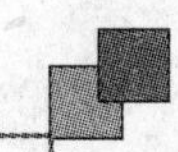

启动与字节写一样，不同的是传送了一字节数据后并不产生停止信号。主器件被允许发送 P（CAT24WC01：$P=7$；CAT24WC02/04/08/16：$P=15$；CAT24WC32/64：$P=31$；CAT24WC128/256：$P=63$）个额外的字节。每发送一字节数据后，CAT24WCXX 产生一个应答位，且内部低 3/3/4/4/4/5/5/5/6 位地址加 1，高位保持不变。如果在发送停止信号之前主器件发送超过 $P+1$ 字节，则地址计数器将自动翻转，先前写入的数据被覆盖。

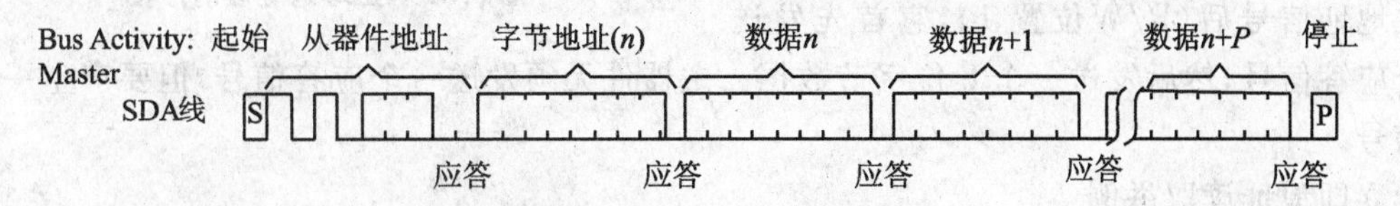

图 8.30　CAT24WC01/02/04/08/16 页写时序图

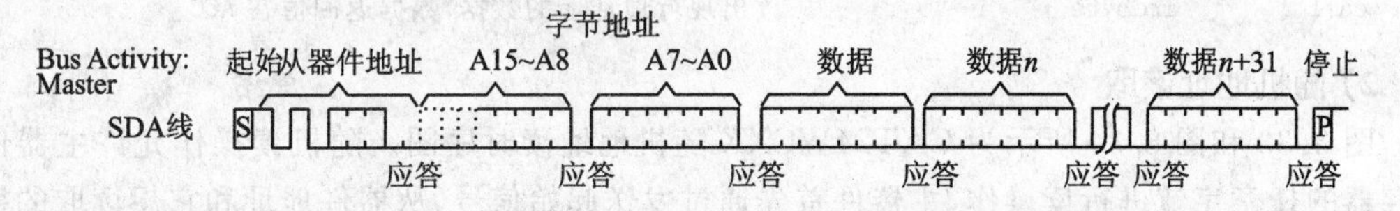

图 8.31　CAT24WC32/64/128/256 页写时序图

当接收到 $P+1$ 字节数据和主器件发送的停止信号后，CAT24WCXX 启动内部写周期将数据写到数据区。所有接收的数据在一个写周期内写入 CAT24WCXX。

页写时应该注意器件的页“翻转”现象，如 CAT24WC01 的页写字节数为 8，从 0 页首址 00h 处开始写入数据，当页写入数据超过 8 个时，页会“翻转”；若从 03h 处开始写入数据，当页写入数据超过 5 个时，页会“翻转”。其他情况依此类推。

3）应答查询

可以利用内部写周期时禁止数据输入这一特性，一旦主器件发送停止位指示主器件操作结束时，CAT24WCXX 就启动内部写周期，应答查询立即启动，包括发送一个起始信号和进行写操作的从器件地址。如果 CAT24WCXX 正在进行内部写操作，则不会发送应答信号；如果 CAT24WCXX 已经完成了内部自写周期，则将发送一个应答信号，主器件可以继续进行下一次读/写操作。

4）写保护

写保护操作特性可使用户避免由于不当操作而造成对存储区域内部数据的改写，当 WP 引脚接高电平时，整个寄存器区全部被保护起来而变为只可读。CAT24WCXX 可以接收从器件地址和字节地址，但装置在接收到第一个数据字节后不发送应答信号，从而避免了寄存器区域被编程改写。

5. 读操作方式

对 CAT24WCXX 读操作的初始化方式与写操作时一样，仅把 $R/\overline{W}$ 位置 1。有 3 种不同的读操作方式：读当前地址内容、读随机地址内容、读顺序地址内容。

1）立即地址读取

图 8.32 所示为 CAT24WCXX 立即地址读时序图。CAT24WCXX 地址计数器的内容为最后操作字节的地址加 1。也就是说，如果上次读/写的操作地址为 n，则立即读的地址从地址 $n+1$ 开始。如果 $n=E$（CAT24WC01：$E=127$；CAT24WC02：$E=255$；CAT24WC04：$E=$

511；CAT24WC08：E=1023；CAT24WC16：E=2047；CAT24WC32：E=4095；CAT24WC64：E=8191；CAT24WC128：E=16383；CAT24WC256：E=32767)，则计数器将翻转到0且继续输出数据。CAT24WCXX接收到从器件地址信号后(R/$\overline{W}$位置1)，它首先发送一个应答信号，然后发送一个8位字节数据。主器件无须发送一个应答信号，但要产生一个停止信号。

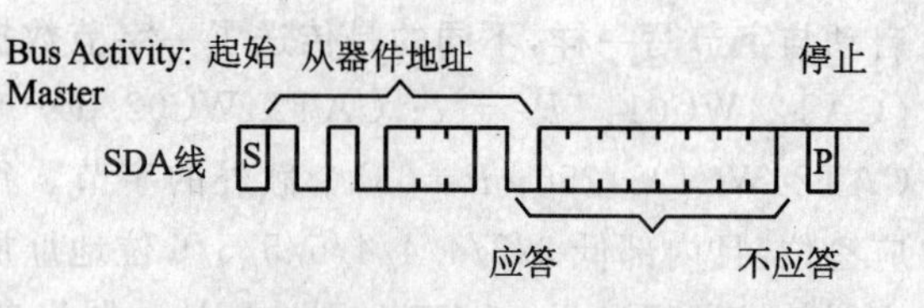

图8.32　立即地址读时序图

立即地址读取举例：

```
mov_        sla,#cat24wcxx
call        irdbyte                      ;读出现行地址上的数据,数据返回值在ACC
```

2）随机地址读取

图8.33和图8.34所示为CAT24WCXX随机地址读时序图。随机读操作允许主器件对寄存器的任意字节进行读操作，主器件首先通过发送起始信号、从器件地址和它想读取的字节数据的地址执行一个伪写操作。在CAT24WCXX应答之后，主器件重新发送起始信号和从器件地址，此时R/$\overline{W}$位置1，CAT24WCXX响应并发送应答信号，然后输出所要求的一个8位字节数据，主器件不发送应答信号，但要产生一个停止信号。

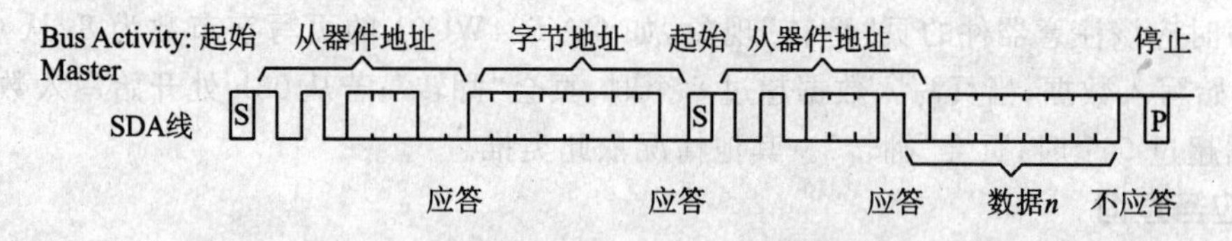

图8.33　CAT24WC01/02/04/08/16随机地址读时序图

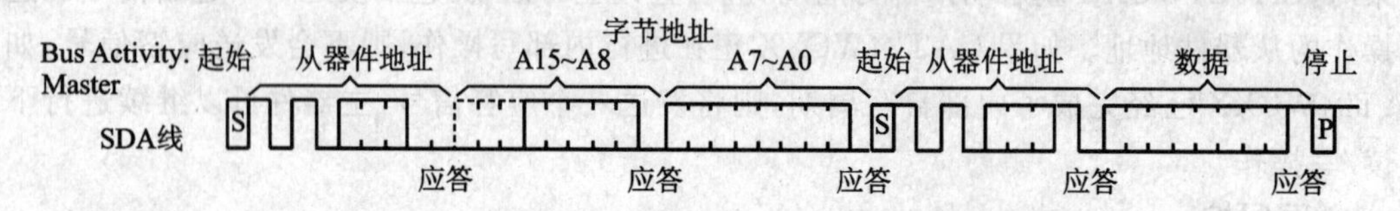

图8.34　CAT24WC32/64/128/256随机地址读时序图

随机地址读取举例：

```
mov_        sla,#cat24wcxx
mov_        suba,#2fh                    ;指定地址是2fh
mov_        numbyte,#01h                 ;指定读取字节数1
call        irdnbyte                     ;指定地址读1字节数据,返回数据存于MRD缓冲区
```

3）顺序地址读取

图8.35为CAT24WCXX顺序地址读时序图。顺序读操作可通过立即读或选择性读操作启动。当CAT24WCXX发送完一个8位字节数据后，主器件将产生一个应答信号来响应，告知CAT24WCXX主器件要求更多的数据。对应每个主机产生的应答信号，CAT24WCXX将发送一个8位数据字节。当主器件不发送应答信号而发送停止位时，结束此操作。

从 CAT24WCXX 输出的数据按顺序从 n 到 $n+1$ 输出。读操作时，地址计数器在 CAT24WCXX 整个地址内增加，这样整个寄存器区域可在一个读操作内全部读出。当读取的字节超过 E（CAT24WC01：$E=127$；CAT24WC02：$E=255$；CAT24WC04：$E=511$；CAT24WC08：$E=1023$；CAT24WC16：$E=2047$；CAT24WC32：$E=4095$；CAT24WC64：$E=8191$；CAT24WC128：$E=16383$；CAT24WC256：$E=32767$）时，计数器将翻转到 0，并继续输出数据字节。

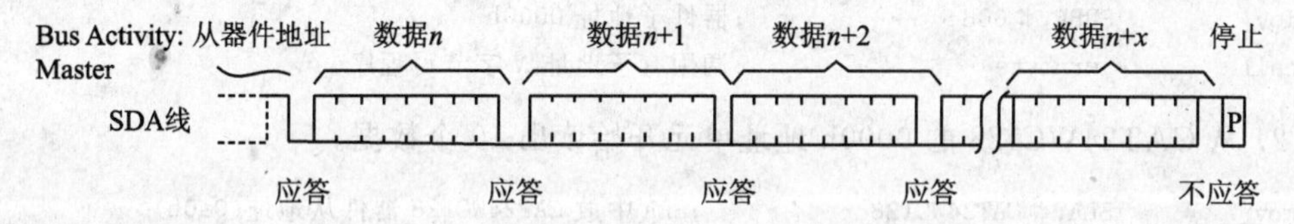

图 8.35　CAT24WCXX 顺序地址读时序

顺序读举例：顺序地址读出是连续读出多字节，当字地址的低位部分增量到溢出时，会出现地址的“翻转”现象。

```
mov_    sla,#cat24wcxx
mov_    suba,#10h                     ;指定地址是 10h
mov_    numbyte,#05h                  ;读取字节数为 5
call    irdnbyte                      ;进行连续读,返回数据依次存于 MRD 缓冲区中
```

8.4.2　CAT24WC128 与 SN8P2708A 单片机的接口

图 8.36 是 CAT24WC128 与 SN8P2708A 的接口硬件电路图，由于 CAT24WC128 的 SDA、SCL 分别通过 P5.1 和 P5.0 与单片机相连，因此使用了 I/O 口来模拟 I^2C 总线。

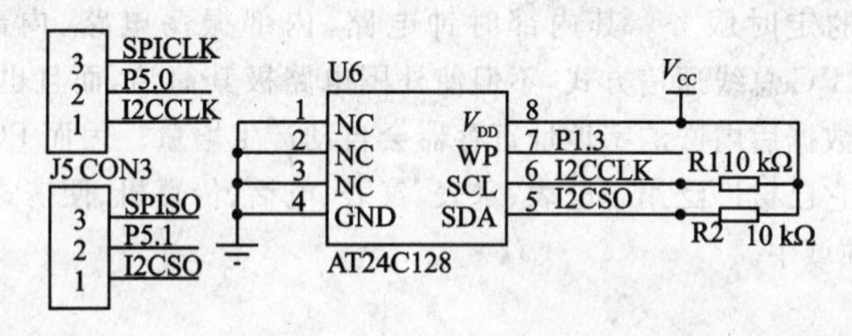

图 8.36　SN8P2708A 单片机与 CAT24WC128 的接口电路

由 8.4.1 小节介绍可知，A7A6A5A4＝1010，CAT24WC128 器件的地址为 A2A1A0 取 000，这样器件 CAT24WC128 的读地址为 0a1h，写地址为 0a0h。

下面是对 CAT24WC128 的读/写程序模块：

(1) 从 CAT24WC128 的 0000h 地址单元开始连续写入 1～10 十个数据。

```
mov_    mtd,#1
mov_    mtd+1,#2
mov_    mtd+2,#3
mov_    mtd+3,#4
mov_    mtd+4,#5
mov_    mtd+5,#6
```

```
mov_    mtd+6,#7
mov_    mtd+7,#8
mov_    mtd+8,#9
mov_    mtd+9,#10
mov_    numbyte,#10          ;写数据个数
mov_    SLA,#CAT24WC128      ;SLA中放CAT24WC128器件从地址(0a0h)
mov_    SUBAH,#00H
mov_    SUBA,#00H            ;器件子地址0000h
call    iwrnbyte             ;调用有子地址N字节写程序
```

(2) 从CAT24WC128的0000h地址单元开始读出10个数据。

```
mov_    SLA,#CAT24WC128      ;SLA中放CAT24WC128器件从地址(0a0h)
mov_    SUBAH,#00H
mov_    SUBA,#00H            ;器件子地址0000h
mov_    numbyte,#10          ;读数据个数
call    irndbyte             ;调用有子地址N字节读程序
```

以上程序运行结果：将从CAT24WC128器件子地址0000h开始的10字节读入到MRD的最开始的连续10个单元中。

8.4.3 PCF8563实时时钟

1. 概 述

PCF8563是Philips公司推出的一款工业级内含I²C总线接口功能的、具有极低功耗的多功能时钟/日历芯片。PCF8563的多种报警功能、定时器功能、时钟输出功能以及中断输出功能能完成各种复杂的定时服务。其内部时钟电路、内部振荡电路、内部低电压检测电路(1.0 V)以及两线制I²C总线通信方式，不但使外围电路极其简洁，而且也增加了芯片的可靠性；同时，每次读/写数据后内嵌的字地址寄存器会自动产生增量。因而PCF8563是一款性价比极高的时钟芯片，它已被广泛用于电表、水表、气表、电话、传真机、便携式仪器以及电池供电的仪器仪表等产品领域中。

其特性如下：

- 1.0～5.5 V宽电压范围，复位电压标准值V_{low}=0.9 V；
- 超低功耗典型值为0.25 μA(V_{DD}=3.0 V，T_{amb}=25 ℃)；
- 可编程时钟输出频率为32.768 kHz、1024 Hz、32 Hz、1 Hz；
- 4种报警功能和定时器功能；
- 内含复位电路振荡器电容和掉电检测电路；
- 开漏中断输出；
- 400 kHz I²C总线(V_{DD}=1.8～5.5 V)，其从地址：读为0a3h，写为0a2h。

PCF8563的引脚排列如图8.37所示，引脚功能描述如表8.14所列。

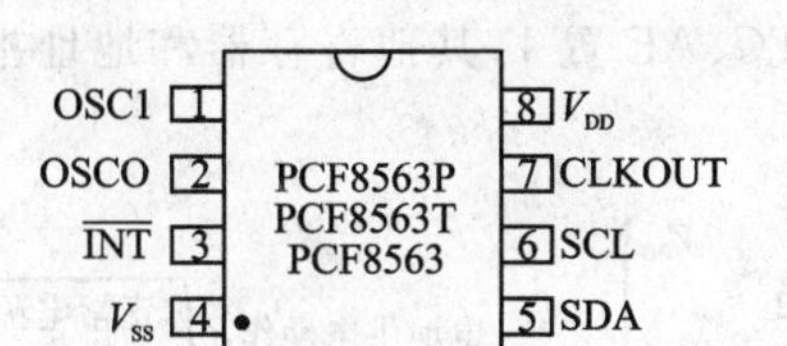

图 8.37 PCF8563 引脚排列图

表 8.14 PCF8563 引脚描述

符 号	引脚号	描 述
OSCI	1	振荡器输入
OSCO	2	振荡器输出
$\overline{\text{INT}}$	3	中断输出(开漏；低电平有效)
V_{SS}	4	地
SDA	5	串行数据 I/O
SCL	6	串行时钟输入
CLKOUT	7	时钟输出(开漏)
V_{DD}	8	正电源

2. PCF8563 的基本原理

PCF8563 有 16 个位寄存器：1 个可自动增量的地址寄存器、1 个内置 32.768 kHz 的振荡器(带有 1 个内部集成的电容)、1 个分频器(用于给实时时钟 RTC 提供源时钟)、1 个可编程时钟输出、1 个定时器、1 个报警器、1 个掉电检测器和 1 个 400 kHz I^2C 总线接口。

所有 16 个寄存器都设计成可寻址的 8 位并行寄存器,但不是所有位都有用。前两个寄存器(内存地址 00h,01h)用于控制寄存器和状态寄存器,内存地址 02h～08h 用于时钟计数器(秒～年计数器),地址 09h～0ch 用于报警寄存器(定义报警条件),地址 0dh 控制 CLKOUT 引脚的输出频率,地址 0eh 和 0fh 分别用于定时器控制寄存器和定时器寄存器。秒、分钟、小时、日、月、年、分钟报警、小时报警、日报警寄存器,编码格式为 BCD,星期和星期报警寄存器不以 BCD 格式编码。

当一个 RTC 寄存器被读时,所有计数器的内容被锁存,因此在传送条件下,可以禁止对时钟/日历芯片的错读。

1) 报警功能模式

当一个或多个报警寄存器 MSB 报警使能位(AE＝Alarm Enable)清 0 时,相应的报警条件有效,这样一个报警将在每分钟至每星期范围内产生一次。设置报警标志位 AF(控制/状态寄存器 2 的 Bit3)用于产生中断,AF 只可用软件清除。

2) 定时器

8 位的倒计数器(地址为 0fh)由定时器控制寄存器(地址 0eh,参见表 8.36)控制,定时器控制寄存器用于设定定时器的频率(4 096 Hz、64 Hz、1 Hz 或 1/60 Hz),以及设定定时器有效或无效。定时器从软件设置的 8 位二进制数倒计数,每次倒计数结束,定时器设置标志位 TF(参见表 8.18),TF 只可用软件清除。TF 用于产生一个中断($\overline{\text{INT}}$),每个倒计数周期产生一个脉冲作为中断信号。TI/TP(参见表 8.18)控制中断产生的条件,当读定时器时,返回当前倒计数的数值。

3) CLKOUT 输出

引脚 CLKOUT 输出可编程的方波。CLKOUT 频率寄存器(地址 0dh,参见表 8.34)决定方波的频率,可输出 32.768 kHz(默认值)、1024 Hz、32 Hz、1 Hz 的方波。CLKOUT 为开漏输出引脚,上电时,输出有效;无效时,输出为高阻抗。

4) 复 位

PCF8563包含一个片内复位电路，当振荡器停止工作时，复位电路开始工作。在复位状态下，I^2C总线初始化，寄存器TF、VL、TD1、TD0、TESTC、AE置1，其他寄存器和地址指针清0。

5) 掉电检测器和时钟监控

如图8.38所示，对于PCF8563内嵌掉电检测器，当V_{DD}低于V_{LOW}时，位VL(Voltage Low，秒寄存器的Bit7)置1，用于指明可能产生不准确的时钟/日历信息。VL标志位只可以用软件清除。当V_{DD}慢速降低(例如以电池供电)达到V_{LOW}时，标志位VL被设置，这时可能会产生中断。

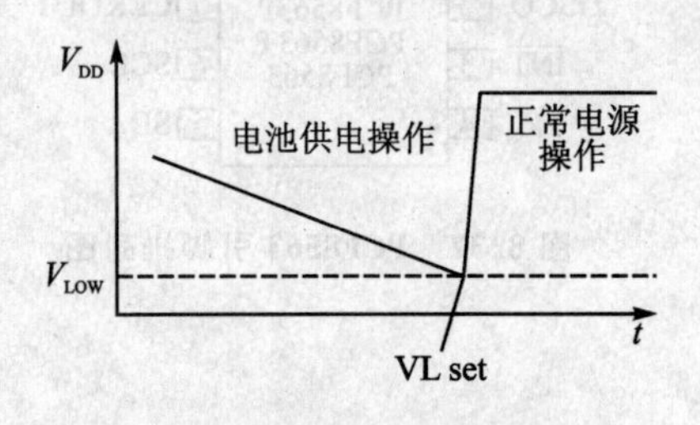

图8.38 掉电检测

6) PCF8563内部寄存器

PCF8563共有16个寄存器，其中00h～01h存放控制方式寄存器，09h～0ch存放报警功能寄存器，0dh存放时钟输出寄存器，0eh和0fh存放定时器功能寄存器，02h～08h存放秒～年时间寄存器。各寄存器的位描述如表8.15和表8.16所列。

表8.15 二进制格式寄存器概况

地 址	寄存器名称	Bit7	Bit6	Bit5	Bit4	Bit3	Bit2	Bit1	Bit0
00h	控制/状态寄存器1	TEST1	0	STOP	0	TESTC	0	0	0
01h	控制/状态寄存器2	0	0	0	TI/TP	AF	TF	AIE	TIE
0dh	CLKOUT输出寄存器	FE	—	—	—	—	—	FD1	FD0
0eh	定时器控制寄存器	TE	—	—	—	—	—	TD1	TD0
0fh	定时器倒计数数值寄存器	定时器倒计数数值(二进制)							

表8.16 BCD格式寄存器概况

地 址	寄存器名称	Bit7	Bit6	Bit5	Bit4	Bit3	Bit2	Bit1	Bit0
02h	秒	VL	00～59 BCD码格式数						
03h	分钟	—	00～59 BCD码格式数						
04h	小时	—	—	00～59 BCD码格式数					
05h	日	—	—	01～31 BCD码格式数					
06h	星期	—	—	—	—	—	0～6		
07h	月/世纪	C	—	—	01～12 BCD码格式数				
08h	年	00～99 BCD码格式数							
09h	分钟报警	AE	00～59 BCD码格式数						
0ah	小时报警	AE	—	00～23 BCD码格式数					
0bh	日报警	AE	—	00～31 BCD码格式数					
0ch	星期报警	AE	—	—	—	—	0～6		

(1) 控制方式寄存器

控制/状态寄存器1的位定义如表8.17所列。控制/状态寄存器2的位定义如表8.18所列。

表8.17 控制/状态寄存器1位描述(地址00h)

Bit	符 号	描 述
7	TEST1	TEST1=0,普通模式;TEST1=1,EXE-CLK测试模式
5	STOP	STOP=0,芯片时钟运行;STOP=1,所有芯片分频器异步置逻辑0,芯片时钟停止运行(CLKOUT在32.768 kHz时可用)
3	TESTC	TESTC=0,电源复位功能失效(普通模式时置逻辑0);TESTC=1,电源复位功能有效
6、4、2~0	0	默认值置逻辑0

表8.18 控制/状态寄存器2位描述(地址01h)

Bit	符 号	描 述
7~5	0	默认值置逻辑0
4	TI/TP	TI/TP=0:当TF有效时,INT有效(取决于TIE的状态);TI/TP=1:INT脉冲有效,参见表8.19(取决于TIE的状态)。注意,若AF和AIE都有效,则INT一直有效
3	AF	当报警发生时,AF置1;在定时器倒计数结束时,TF置1。它们在被软件重写前一直保持原有值。若定时器和报警中断都请求时,中断源由AF和TF决定。若要清除一个标志位而防止另一标志位被重写,应运用逻辑指令and。标志位AF和TF值描述参见表8.20
2	TF	
1	AIE	标志位AIE和TIE决定一个中断的请求有效或无效,当AF或TF中一个为1时,中断是AIE和TIE都置1时的逻辑"或"
2	TIE	AIE=0,报警中断无效;AIE=1,报警中断有效 TIE=0,定时器中断无效;TIE=1,定时器中断有效

表8.19中,n为倒计数定时器的数值,当$n=0$时,定时器停止工作。

对报警和定时标志位的描述如表8.20所列。

表8.19 $\overline{\text{INT}}$操作(位TI/TP=1)

源时钟/HZ	$\overline{\text{INT}}$周期	
	$n=1$	$n>1$
4096	1/8192	1/4096
64	1/128	1/64
1	1/64	1/64
1/60	1/64	1/64

表8.20 AF和TF值描述

R/$\overline{W}$	Bit:AF		Bit:TF	
	值	描 述	值	描 述
读	0	报警标志无效	0	定时器标志无效
	1	报警标志有效	1	定时器标志有效
写	0	报警标志被清除	0	定时器标志被清除
	1	报警标志保持不变	1	定时器标志保持不变

(2) 秒、分钟和小时寄存器

秒、分钟和小时寄存器各位的定义如表8.21~8.23所列。

表 8.21 秒/VL寄存器位描述(地址 02h)

Bit	符 号	描 述
7	VL	VL＝0：保证准确的时钟/日历数据；VL＝1：不保证准确的时钟/日历数据
6～0	＜秒＞	代表BCD格式的当前秒数值，值为00～99。例如：＜秒＞＝1011001，代表59 s

表 8.22 分钟寄存器描述(地址 03h)

Bit	符 号	描 述
7	—	无效
6～0	＜分钟＞	代表BCD格式的当前分钟数值，值为00～59

表 8.23 小时寄存器位描述(地址 04h)

Bit	符 号	描 述
7～6	—	无效
5～0	＜小时＞	代表BCD格式的当前小时数值，值为00～23

(3) 日、星期、月/世纪和年寄存器

日、星期、月/世纪和年寄存器各位的定义如表8.24～8.29所列。

表 8.24 日寄存器位描述(地址 05h)

Bit	符 号	描 述
7～6	—	无效
5～0	＜日＞	代表BCD格式的当前日期数值，值为01～31。当年计数器的值是闰年时，PCF8563自动给二月增加一个值，使其成为29天

表 8.25 星期寄存器位描述(地址 06h)

Bit	符 号	描 述
7～3	—	无效
2～0	＜星期＞	代表当前星期数值0～6(参见表8.26)。这些位也可由用户重新分配

表 8.26 星期分配表

日(Day)	Bit2	Bit1	Bit0
星期日	0	0	0
星期一	0	0	1
星期二	0	1	0
星期三	0	1	1
星期四	1	0	0
星期五	1	0	1
星期六	1	1	0

表 8.27 月/世纪寄存器位描述(地址 07h)

Bit	符 号	描 述
7	C	世纪位C＝0，指定世纪数为20XX；C＝1，指定世纪数为19XX。“XX”为年寄存器中的值(参见表8.29)。当年寄存器中的值由99变为00时，世纪位会改变
6、5	—	无用
4～0	＜月＞	代表BCD格式的当前月份，值为01～12；参见表8.28

表 8.28 月分配表

月 份	Bit4	Bit3	Bit2	Bit1	Bit0	月 份	Bit4	Bit3	Bit2	Bit1	Bit0
一月	0	0	0	0	1	七月	0	0	1	1	1
二月	0	0	0	1	0	八月	0	1	0	0	0
三月	0	0	0	1	1	九月	0	1	0	0	1
四月	0	0	1	0	0	十月	1	0	0	0	0
五月	0	0	1	0	1	十一月	1	0	0	0	1
六月	0	0	1	1	0	十二月	1	0	0	1	0

表 8.29 年寄存器位描述(地址 08h)

Bit	符 号	描 述
7～0	＜年＞	代表 BCD 格式的当前年数值,值为 00～99

(4) 报警寄存器

向一个或多个报警寄存器写入合法的分钟、小时、日或星期数值,并且它们相应的 AE 位为 0,当这些数值与当前的分钟、小时、日或星期数值相等时,标志位 AF 被设置,AF 保存设置值直到被软件清除为止。AF 被清除后,只有在时间增量与报警条件再次相匹配时才可再被设置。报警寄存器在其相应位 AE 置为 1 时,将被忽略。报警寄存器各位的定义如表 8.30～8.33所列。

表 8.30 分钟报警寄存器位描述(地址 09h)

Bit	符 号	描 述
7	AE	AE=0,分钟报警有效;AE=1,分钟报警无效
6～0	＜分钟报警＞	代表 BCD 格式的分钟报警数值,值为 00～59

表 8.31 小时报警寄存器位描述(地址 0ah)

Bit	符 号	描 述
7	AE	AE=0,小时报警有效;AE=1,小时报警无效
6～0	＜小时报警＞	代表 BCD 格式的小时报警数值,值为 00～23

表 8.32 日报警寄存器位描述(地址 0bh)

Bit	符 号	描 述
7	AE	AE=0,日报警有效;AE=1,日报警无效
6～0	＜日报警＞	代表 BCD 格式的日报警数值,值为 00～31

表 8.33 星期警寄存器位描述(地址 0ch)

Bit	符 号	描 述
7	AE	AE=0,星期报警有效;AE=1,星期报警无效
6~0	<星期报警>	代表 BCD 格式的星期报警数值,值为 0~6

(5) CLKOUT 频率寄存器

CLKOUT 频率寄存器的位定义如表 8.34 和表 8.35 所列。

表 8.34 CLKOUT 频率寄存器位描述(地址 0dh)

Bit	符 号	描 述
7	FE	FE=0,CLKOUT 输出被禁止并设成高阻抗;FE=1,CLKOUT 输出有效
6~2	—	无效
1	FD1	用于控制 CLKOUT 引脚的输出频率选择位(f_{CLKOUT} 为 CLKOUT 引脚上输出的方波频率)(参见表 8.35)
0	FD0	

表 8.35 CLKOUT 频率选择位

FD1	FD0	f_{CLKOUT}	FD1	FD0	f_{CLKOUT}
0	0	32.768 kHz	1	0	32 kHz
0	1	1 024 kHz	1	1	1 Hz

(6) 倒计数定时器寄存器

定时器控制寄存器是一个 8 位字节的倒计数定时器,它由定时器控制器中 TE 位决定有效或无效。定时器的时钟也可以由定时器控制器选择,而其他定时器功能,如中断产生,则由控制/状态寄存器控制。为了能精确读回倒计数的数值,I^2C 总线时钟 SCL 的频率应至少为所选定时器时钟频率的 2 倍。定时器控制寄存器的位定义如表 8.36 所列。定时器时钟频率选择如表 8.37 所列。

表 8.36 定时器控制寄存器位描述(地址 0eh)

Bit	符 号	描 述
7	TE	TE=0,定时器无效;TE=1,定时器有效
6~2	—	无用
1	TD1	定时器时钟频率选择位。该位决定倒计数定时器的时钟频率(见表 8.37),不用时,TD1 和 TD0 应设为 11(1/60 Hz),以降低电源损耗
0	TD0	

表 8.37 定时器时钟频率选择

TD1	TD0	定时器时钟频率/Hz	TD1	TD0	定时器时钟频率/Hz
0	0	4 096	1	0	1
0	1	64	1	1	1/60

定时器倒数数值寄存器的位定义如表8.38所列。

表8.38 定时器倒数数值寄存器位描述(地址0fh)

Bit	符 号	描 述
7～0	<定时器倒计数数值>	倒计数数值为 n， 倒计数周期 $=n/$ 时钟频率

3. PCF8563与SONIX单片机的软件接口

按 I^2C 总线协议规约，PCF8563有唯一的器件地址0a2h。图8.39所示为PCF8563应用电路原理图。下面首先给出基本的接口软件，然后举例说明各种功能应用。

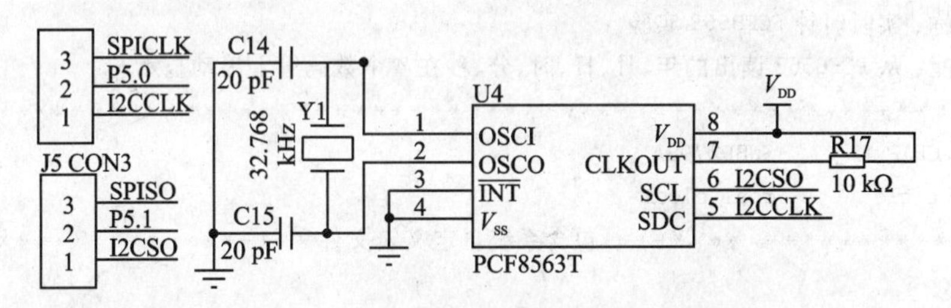

图8.39 PCF8563应用电路原理图

这里对PCF8563的操作都是在前面介绍的 I^2C 软件包的基础上进行的。

1) 时钟的读取和写入

(1) 读时钟：下面的程序将秒～年共7字节的时间信息读出，并放入MRD为首址的接收缓冲区中。

注意： 时间读出后须进行整理(屏蔽无效位)方能得出正确的信息。

```
PCF8563Rd:
        mov_    sla,pcf8563          ;PCF8563从地址0xa2
        mov_    suba,#02h            ;PCF8563子机地址
        mov_    numbyte,#07h         ;从PCF8563中读出7字节的时钟数据
        call    irdnbyte             ;从PCF8563中读出7字节的数据
        ret
```

(2) 初始化时钟：下面的程序将2006年8月6日星期一下午2点(14点)29分00秒的时间写入PCF8563中。

```
PCF8563Init:
        mov_    mtd,#00h;
        mov_    mtd+1,#12h           ;初始化控制寄存器
        mov_    mtd+2,#00h
        mov_    mtd+3,#29h
        mov_    mtd+4,#16h           ;16:29:00
        mov_    mtd+5,#6h
        mov_    mtd+6,#01h           ;星期一
        mov_    mtd+7,#08h
        mov_    mtd+8,#06h           ;2006·8·6
```

```
        mov_    sla,pcf8563             ;PCF8563 从地址
        mov_    suba,#00h               ;PCF8563 子机地址
        mov_    numbyte,#9
        call    iwrnbyte                ;将以上 9 字节写入 PCF8563
        ret
```

2）应用举例

下面以一个实例来说明时钟芯片 PCF8563 在 SONIX 单片机中的应用。程序实现的功能是将从时钟芯片中读出的年、月、日、时、分、秒在 4 个数码管上滚动显示。为节约篇幅，这里没有给出数码管动态扫描及 I^2C 驱动软件包程序，这部分内容请读者参考本书相关章节。

```
;******************************************************************
;程序名称：实时时钟 PCF8563 实验
;程序功能：从 PCF8563 读出的年、月、日、时、分、秒在 4 个数码管上滚动显示
;******************************************************************
        CHIP        SN8P2708A
        title       real_clock
;*************************包含系统自定义宏文件*************************
.NOLIST
        includestd  macro1.h
        includestd  macro2.h
        includestd  macro3.h
;***************************常量定义***************************
.CONST
;***************************变量定义***************************
.DATA
    mtd         DS      9               ;发送数据缓冲器
    mrd         DS      7               ;接收数据缓冲器
    sla         DS      1               ;器件的从地址
    suba        DS      1               ;器件的子地址
    numbyte     DS      1               ;读/写的字节数变量
    ledbuf      DS      4
    ledcnt      DS      1               ;扫描数码管位置个数单元
    Rledcnt     DS      1               ;更新数码管显示记录单元
    accbuf      DS      1
    FBtmint     DS      1               ;1 s 计时处理单元
    FBtmFlag    DS      1               ;1 s 到标志
.CODE
;*************************程序上电/复位入口地址*************************
        ORG         0000h
        jmp         reset
;****************************中断入口地址****************************
        ORG         0008h
        jmp         isr
;****************************程序代码开始地址****************************
```

```
        ORG         0010h
reset:
        call        init_i2c                  ;初始化模拟 I²C 总线引脚
        call        PCF8563Init               ;PCF8563 初始化设置
        clr         ledcnt                    ;扫描数码管位置个数单元清 0
        clr         Rledcnt                   ;更新数码管显示记录单元清 0
        clr         FBtmint                   ;1 s 计时处理单元清 0
        clr         FBtmFlag                  ;清除 1 s 到标志
        mov         a,#26
        mov         ledbuf[0],a
        mov         ledbuf[1],a
        mov         ledbuf[2],a
        mov         ledbuf[3],a               ;初始化关显示
        clr         intrq                     ;清中断请求
        mov_        t0c,#00h                  ;计数初值(50 ms)
        mov_        t0m,#10h                  ;fCPU/128
        bset        inten.4                   ;使能 T0 中断
        bset        stkp.7                    ;开总中断
        bset        t0m.7                     ;启动定时器 T0
main:
        call        mnled                     ;数码管动态扫描
        call        mnapp                     ;更新显示处理
        jmp         main
/*****************************************************************
函数名称:mnapp
函数功能:1 s 时间到,更新显示处理
*****************************************************************/
mnapp:
        bts1        FBtmFlag.0
        jmp         mnapp90                   ;1 s 没有到,直接退出
        clr         FBtmFlag                  ;清除 1 s 标志位
        call        PCF8563Rd                 ;从 PCF8563 中读出 7 字节数据
;更新显示缓冲区
        mov_        ledbuf[0],ledbuf[1]
        mov_        ledbuf[1],ledbuf[2]
        mov_        ledbuf[2],ledbuf[3]
        mov         a,Rledcnt                 ;取更新数码管显示记录单元
        @jmp_a      20
        jmp         mnapp01
        jmp         mnapp02
        jmp         mnapp03
        jmp         mnapp04                   ;年、月
        jmp         mnapp05                   ;“-”
        jmp         mnapp06
        jmp         mnapp07
```

```
        jmp         mnapp08
        jmp         mnapp09                     ;月、日
        jmp         mnapp05                     ;"-"
        jmp         mnapp10
        jmp         mnapp11
        jmp         mnapp12
        jmp         mnapp13
        jmp         mnapp14
        jmp         mnapp15                     ;时、分、秒
        jmp         mnapp16
        jmp         mnapp16
        jmp         mnapp16
        jmp         mnapp16
mnapp01:
        mov_        ledbuf[3],#02h
        jmp         mnapp20
mnapp02:
        mov_        ledbuf[3],#00h
        jmp         mnapp20
mnapp03:
        swap        mrd[6]
        and         a,#0fh
        mov         ledbuf[3],a                 ;取年数据的高位存入显示缓冲区
        jmp         mnapp20
mnapp04:
        mov         a,mrd[6]
        and         a,#0fh
        mov         ledbuf[3],a                 ;取年数据的低位存入显示缓冲区
        jmp         mnapp20
mnapp05:
        mov_        ledbuf[3],#20               ;"-"
        jmp         mnapp20
mnapp06:
        swap        mrd[5]
        and         a,#01h
        mov         ledbuf[3],a                 ;取月数据的高位存入显示缓冲区
        jmp         mnapp20
mnapp07:
        mov         a,mrd[5]
        and         a,#0fh
        mov         ledbuf[3],a                 ;取月数据的低位存入显示缓冲区
        jmp         mnapp20
mnapp08:
        swap        mrd[3]
        and         a,#03h
```

```
        mov     ledbuf[3],a                 ;取日数据的高位存入显示缓冲区
        jmp     mnapp20
mnapp09:
        mov     a,mrd[3]
        and     a,#0fh
        mov     ledbuf[3],a                 ;取日数据的低位存入显示缓冲区
        jmp     mnapp20
mnapp10:
        swap    mrd[2]
        and     a,#03h
        mov     ledbuf[3],a                 ;取小时数据的高位存入显示缓冲区
        jmp     mnapp20
mnapp11:
        mov     a,mrd[2]
        and     a,#0fh
        mov     ledbuf[3],a                 ;取小时数据的低位存入显示缓冲区
        jmp     mnapp20
mnapp12:
        swap    mrd[1]
        and     a,#07h
        mov     ledbuf[3],a                 ;取分钟数据的高位存入显示缓冲区
        jmp     mnapp20
mnapp13:
        mov     a,mrd[1]
        and     a,#0fh
        mov     ledbuf[3],a                 ;取分钟数据的低位存入显示缓冲区
        jmp     mnapp20
mnapp14:
        swap    mrd[0]
        and     a,#07h
        mov     ledbuf[3],a                 ;取秒数据的高位存入显示缓冲区
        jmp     mnapp20
mnapp15:
        mov     a,mrd[0]
        and     a,#0fh
        mov     ledbuf[3],a                 ;取秒数据的低位入显示缓冲区
        jmp     mnapp20
mnapp16:
        mov_    ledbuf[3],#26
        jmp     mnapp20
mnapp20:
        incms   Rledcnt                     ;更新数码管显示记录单元加1
        mov     a,Rledcnt
        cmprs   a,#20
        jmp     mnapp90
```

```
        clr      Rledcnt                   ;循环一周则更新数码管显示记录单元清 0
mnapp90:
        ret
/*************************************************************************
函数名称：isr
函数功能：定时器 T0 中断服务程序
*************************************************************************/
isr:
        xch      a,accbuf                  ;保护累加器 ACC 中的数据
        b0bts1   inten.4                   ;是否开 T0 中断
        jmp      isr90
        b0bts1   intrq.4                   ;是否是 T0 中断请求
        jmp      isr90
        mov      a,#00h
        mov      t0C,a                     ;重装计数初值(50 ms)
        incms    FBtmint
        mov      a,FBtmint
        cmprs    a,#20
        jmp      isr90                     ;1 s 没有到,直接退出
        clr      FBtmint                   ;下次 1 s 计时准备
        mov      a,#01h
        mov      FBtmFlag,a                ;置 1 s 到标志位
isr90:
        clr      intrq                     ;执行完毕后清除所有中断请求
        xch      a,accbuf                  ;还原累加器 ACC 中的数据
        reti
        ENDP                               ;结束编译
```

8.5　异步串行通信

前面讲述的 SPI 和 I^2C 总线是同步串行通信，通信的双方在同一个时钟同步下实现数据的发送和接收。本节将讨论异步串行通信。

8.5.1　RS－232C 串行接口总线

EIARS－232C 串行接口是微机系统中常用的外部标准总线接口，它的规范标准收录在美国电子工业协会工程部的建议标准 232 号修改版 C 中，故称之为 EIARS－232C。它以串行方式传送信息，用于数据通信设备与数据终端设备之间的串行接口总线。例如 CRT、打印机与微机之间的连接，常常通过 RS－232C 标准接口来实现。

RS－232C 串行接口总线适应于设备之间的通信距离不大于 15 m，传输速率不大于 20 Kb/s。RS－232C 对数据传送方式进行了规定，包括数据格式定义和数据位定义等。通信双方必须遵守统一的通信协议。

1. 数据传送格式与协议

异步串行协议规定的字符数据的传送格式如下：

1）起始位

通信线上没有数据被传送时处于逻辑 1(－12 V)状态。当发送设备发送一个字符数据时，首先发出一个逻辑 0(＋12 V)信号，这个逻辑 0 就是起始位。起始位通过通信线传向接收设备，接收设备检测到这个逻辑 0 后，就开始准备接收数据位信号。起始位所起的作用就是设备同步，通信双方必须在传送数据位前协调同步。

2）数据位

当接收设备收到起始位后，紧接着就会收到数据位。数据位的个数可以是 5、6、7 或 8。IBM－PC 中经常采用 7 位或 8 位数据传送，MCS－51 单片机串行口采用 8 位或 9 位数据传送。这些数据被接收到移位寄存器中，构成传送数据字符。在字符数据传送过程中，数据位从最低有效位开始发送，依次顺序在接收设备中被转换为并行数据。

3）奇偶校验位

数据位发送完之后，可以发送奇偶校验位。奇偶校验用于有限的差错检测，通信双方须约定一致的奇偶校验方式。如果选择偶校验，那么组成数据位和奇偶位的逻辑 1 的个数必须是偶数；如果选择奇校验，那么逻辑 1 的个数必须是奇数。

4）停止位

在奇偶位或数据位(当无奇偶校验时)之后发送的是停止位。停止位是一个字符数据的结束标志，可以是 1 位、1.5 位或 2 位的逻辑 1 的电平。接收设备收到停止位之后，通信线路上便又恢复逻辑 1 状态，直至下一个字符数据的起始位到来。

5）波特率设置

通信线上传送的所有位信号都保持一致的信号持续时间，每一位的信号持续时间都由数据传输速度确定，而传输速率是以每秒多少个二进制位来衡量的，这个速率叫波特率。如果数据以每秒 1200 个二进制位在通信线上传送，那么传输速率为 1200 波特，通常记为 1200 b/s。常用的波特率为 19200、9600、4800、2400、1200、600、300、150 b/s 等。

6）握手信号约定

详见 8.5.3 小节的内容。

2. RS－232C 电气特性

RS－232C 采用负逻辑，即逻辑 1：－5～－15 V；逻辑 0：＋5～＋15 V。

由于 TTL 电平的 1 和 0 分别为 2.4 V 和 0.4 V，因此要用 RS－232C 总线进行串行通信时须外接电路实现电平转换，在发送端用驱动器将 TTL 电平转换成 RS－232C 电平，在接收端用接收器将 RS－232C 电平再转换成 TTL 电平。这可用 MAXIM 公司的 RS－232C 收发器 MAX232 来完成。MAXIM 公司生产的这种收发器由于其内部有泵电源变换器，可将＋5 V电源变换成 RS－232 所需的±10 V 电压，因而只要用单一的＋5 V 电源就可以实现电压的转换，符合 RS－232C 的技术规范，使用很方便。MAX232 引脚分布如图 8.40 所示，典型应用电路如图 8.41 所示。其外围电路极其简单，只须外接 4 个 0.1 μF 的电容即可。

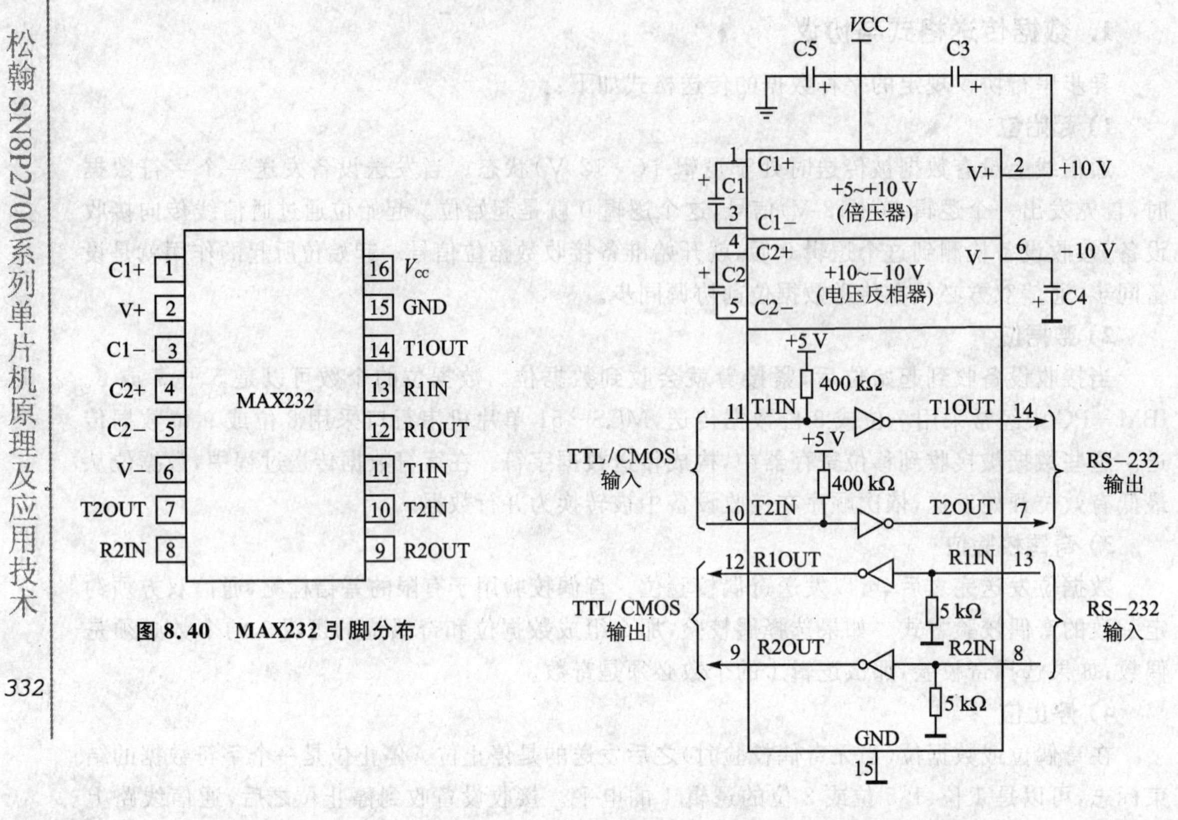

图 8.40　MAX232 引脚分布

图 8.41　MAX232 典型电路

3. 总线规定

RS－232C 总线规定的各个信号，大多采用 DB－25 型 25 针连接器，也有采用 DB－9 针连接器来连接的。连接器的每个引脚都按规定连接 RS－232C 所用的信号线，将数据终端设备与数据通信设备连接起来。RS－232C 中所用的信号线如表 8.39 所列。

表 8.39　RS－232C 常用信号线

DB－25 引脚号	DB－9 引脚号	信　号	来　源
8	1	接收线信号检测（也称载波检测 DCD）	来自 DEC（数据通用设备）的握手信号
3	2	接收数据（RD）	来自 DEC 的数据
2	3	发送数据（TD）	来自 DTE（数据终端设备）的数据
20	4	数据终端准备好（$\overline{DTR}$）	来自 DTE 的握手信号
7	5	信号地	信号的基准点
6	6	数据装置准备好（$\overline{DSR}$）	来自 DCE 的握手信号
4	7	请求发送（$\overline{RTS}$）	来自 DTE 的握手信号
5	8	清除发送（$\overline{CTS}$）	来自 DCE 的握手信号
—	9	振铃指示	来自 DCE 的握手信号

在最简单的全双工通信系统中，仅用发送数据、接收数据和信号地3根线即可。对一般的单片机来说，利用RXD、TXD以及一根地线，就可以构成符合RS－232C总线接口标准的全双工串行通信。

8.5.2 SONIX单片机的RS－232接口设计

1. 硬件电路

SONIX单片机片内没有符合RS－232C规范的串行接口。使用SONIX单片机要实现RS－232C规范的串行通信有两种方法：一种是由符合通信格式的UART（通用异步接收/发送器）芯片实现；另一种可以通过通用的I/O口用软件模拟来实现。硬件实现成本高，在对成本要求较高的场合通常不被采用，这里主要讨论软件实现方法。图8.42所示为软件实现的电路图，使用了P0.1和P0.2模拟串行通信协议，用MAX232实现TTL电平与RS－232电平的转换，并通过DB－9与外部设备接口。

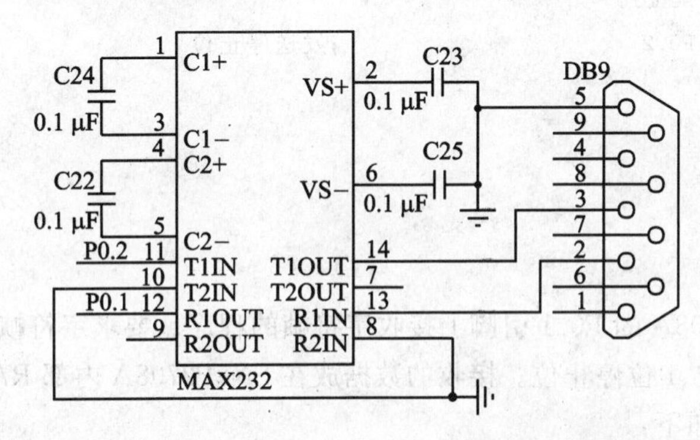

图8.42 SN8P2708A实现RS－232通信接口电路

2. 软件设计

下面以串行异步通信的数据发送和接收为例来说明串行通信的编程方法。设SN8P2708A内部RAM的30h单元有一个数据，请编出能在SN8P2708A的P0.2引脚上串行输出字符帧的程序。要求字符帧的长度为10位，包括1位启动位、8位数据位、1位停止位。

下面分别以发送和接收的例子来说明异步串行通信的编程方法。

1) 数据发送

设SN8P2708A内部RAM的30h单元有一个数据，请编出能在SN8P2708A的P0.2引脚上串行输出字符帧的程序。要求字符帧的长度为10位，包括1位启动位、8位数据位、1位停止位。

相应的参考程序如下：

```
        ORG     0100h
send:
        bset    P0.2                ;高电平
        bset    P0M.2               ;P0.2输出口,高电平
        mov     a,30h
        mov     txdata,a            ;取发送数据于TXDATA中
```

```
        mov     txnum,#08h              ;发送数据位为 8
        bclr    P0.2                    ;发送启动位
        call    delay
send10:
        rrcm    txdata                  ;低位先发送
        bts0    fc
        jmp     send20
        bclr    P0.2
        jmp     send30
send20:
        bset    P0.2
send30:
        call    delay                   ;调用延时程序
        decms   txnum                   ;8 位数据位是否发完
        jmp     send10
        bset    P0.2                    ;发送停止位
        ret
delay:
        ⋮
        ret
```

2）数据接收

编写能在 SN8P2708A 的 P0.1 引脚上接收字符帧的程序。要求字符帧的长度为 10 位，包括 1 位启动位、8 位数据位、1 位停止位。接收的数据放在 SN8P2708A 内部 RAM 的 40h 单元中。

相应的参考程序如下：

```
        ORG     0100h
recv:
        bset    P0.1                    ;高电平
        bclr    P0M.1                   ;P0.1 输入口
        mov     rxnum,#08h              ;接收数据位为 8
        bts0    P0.1                    ;等待启动位
        jmp     $ -1
        call    delay
recv10:
        bclr    fc
        rrcm    rxdata                  ;接收数据右移 1 位
        bts1    P0.1                    ;检测接收数据引脚
        jmp     recv20
        or      rxdata,#80h
recv20:
        call    delay
        decms   rxnum                   ;8 位数据位接收完
        jmp     recv10
        bts0    P0.1                    ;接收停止位
        jmp     recv80
```

```
recv70:                                     ;停止位为0,接收数据错误
        jmp       recv90
recv80:                                     ;停止位为1,接收数据成功
        mov       40H,rxdata                ;将接收数据放在40h单元中
        jmp       recv90
recv90:                                     ;退出
        ret
delay:
        ⋮
        ret
```

上述延时程序的延时时间由串行发送的传输速率决定,近似等于传输速率的倒数。例如:当波特率为1200 b/s时,即要求833 μs就要发送1位的数据。为实现异步串行数据的正常发送与接收,此时以上延时程序延时时间为833 μs。

3. UART软件包

从上例可以看出,用软件实现比较简单,不需要外加硬件电路,但当波特率、字符帧格式变化时,常需要修改程序,给设计者带来很多麻烦。为了使异步串行通信程序具有通用性,我们专门设计了以下基于SN8P2708A的UART软件包。该软件包的特点如下:

- 用户能够根据自已的系统实际情况选择定时器TC0或TC1来产生波特率;
- 有3种常用的通信速度供用户选择(1200 b/s、2400 b/s、4800 b/s);
- 用户可以选择使用查询方式或中断方式来检测接收数据的启动位;
- 用户可以根据系统要求选择发送/接收的数据位个数。

注意:当使用中断方式检测接收数据的启动位时,本软件包固定占用外部中断1。

下面来说明SN8P2700系列单片机的UART软件包编程方法。

设SN8P2708A单片机使用的晶体振荡器频率为4 MHz,并通过软件4分频,P0.1和P0.2分别为数据接收和发送引脚。其定义如下:

```
;模拟RS-232引脚定义
pm_rx       EQU       FP01M             ;RS-232接收口
p_rx        EQU       FP01
pm_tx       EQU       FP02M             ;RS-232发送口
p_tx        EQU       FP02
pcom_ur     EQU       P0UR              ;模拟引脚电平上拉
```

读者使用本软件包时还需要在主程序中定义如下常量及变量:

```
;-------------------------------------------------------------------
;波特率发生定时器选择
;baudtimer = 0        选择定时器TC0
;baudtimer = 1        选择定时器TC1
baudtimer            EQU    0           ;默认定时器TC0
;-------------------------------------------------------------------
;用户波特率选择(支持1200/2400/4800 b/s三种波特率)
;baudrate = 1         波特率选择1200 b/s
```

```
;baudrate = 2           波特率选择 2400 b/s
;baudrate = 3           波特率选择 4 800 b/s
baudrate                EQU    2            ;默认波特率为 2 400 b/s
;----------------------------------------------------------------
;查询/中断方式检测启动位
;uart_Re = 0            查询方式接收启动位
;uart_Re = 1            中断方式接收启动位
uart_Re                 EQU    0            ;默认查询方式
;----------------------------------------------------------------
;发送/接收数据位个数定义(5/6/7/8 位)
databit                 EQU    8            ;默认 8 个数据位
;----------------------------------------------------------------
;软件包中变量定义
.DATA
uartflag        DS      1                   ;RS-232 各标志位寄存器
uartbitc        DS      1                   ;发送/接收数据位计数
txdata          DS      1                   ;发送数据寄存器
sbuf            DS      1                   ;发送/接收数据缓冲区
.CODT
;----------------------------------------------------------------
;软件包中各控制位定义.
uart_start1     EQU     uartflag.0          ;起始位标志(发数据)
uart_pro1       EQU     uartflag.1          ;数据位标志(发数据)
uart_start2     EQU     uartflag.2          ;起始位标志(收数据)
uart_pro2       EQU     uartflag.3          ;数据位标志(收数据)
ti              EQU     uartflag.4          ;UART 成功发送数据
ri              EQU     uartflag.5          ;EART 接收数据成功
;----------------------------------------------------------------
;波特率常量(fCPU = 1 MHz,tc0rate(tc1rate) = 4)
baud96          EQU     0e5h                ;9600 波特率定时常量
baud48          EQU     0cbh                ;4800 波特率定时常量
baud24          EQU     97h                 ;2400 波特率定时常量
baud12          EQU     2fh                 ;1200 波特率定时常量
;----------------------------------------------------------------
```

1) UART 初始化

根据异步串行通信规范，空闲状态时 RXD、TXD 引脚均为高电平，根据 SONIX 单片机的特点，可以使用单片机内部的 10 kΩ 上拉电阻。但是为了使系统具有更好的抗干扰能力，最好在模拟 TXD、RXD 的引脚上外接上拉电阻。其程序功能包括初始化模拟 RS-232 引脚、波特率设置及中断初始化。

```
/*************************************************************
程序功能：UART 初始化
输入参数：无
输出参数：无
执行时间：(fCPU = 1 MHz)
```

```
    中断方式下(uart_start = 1)：12 μs
    查询方式下(uart_start = 0)：20 μs
程序说明：初始化模拟 RS-232 引脚,初始化波特率,开总中断
****************************************************************/
init_uart:
        bset    p_rx                                ;高电平
        bclr    pm_rx                               ;数据输入引脚输入
        bset    p_tx                                ;高电平
        bset    pm_tx                               ;数据输出引脚输出
        mov     a,#00000110b
        mov     pcom_ur,a                           ;空闲时,输出/输入引脚均为高电平
        clr     uartflag                            ;各标志寄存器清 0
        clr     uartbitc
        bset    ti                                  ;没有数据要发送标志
        if   uart_Re == 0                           ;查询方式(接收数据)
            if   baudtimer == 0                     ;波特率发生定时器选择
                if   baudrate == 1                  ;波特率：1200 b/s
                    mov   a,#baud24                 ;以 2 倍波特率的速率检测启动位
                end  if
                if   baudrate == 2                  ;波特率：2400 b/s
                    mov   a,#baud48                 ;以 2 倍波特率的速率检测启动位
                end  if
                if   baudrate == 3                  ;波特率:4800 b/s
                    mov   a,#baud96                 ;以 2 倍波特率的速率检测启动位
                end  if
                mov        tc0c,a                   ;定时初值
                mov        tc0r,a                   ;自动重载初值
                mov        a,#64h
                mov        tc0m,a                   ;4 分频,自动下载
                bset       inten.5                  ;使能 TC0 中断
                bset       tc0m.7                   ;启动定时器 TC0
            else                                    ;定时器 TC1 用来产生波特率
                if   baudrate == 1                  ;波特率:1200 b/s
                    mov   a,#baud24                 ;以 2 倍波特率的速率检测启动位
                end  if
                if   baudrate == 2                  ;波特率:2400 b/s
                    mov   a,#baud48                 ;以 2 倍波特率的速率检测启动位
                end  if
                if   baudrate == 3                  ;波特率:4800 b/s
                    mov   a,#baud96                 ;以 2 倍波特率的速率检测启动位
                end  if
                mov        tc1c,a                   ;定时初值
                mov        tc1r,a                   ;自动重载初值
                mov        a,#64h
                mov        tc1m,a                   ;4 分频,自动下载
```

```
                bset        inten.6                             ;使能 tc1 中断.
                bset        tc1m.7                              ;启动定时器 TC1
            end     if
        else
            bclr        intrq.1                                 ;清外部中断 1
            bset        inten.1                                 ;初始化外部接收中断 1
        end     if
        bset        stkp.7                                      ;开总中断
        ret
```

2) 启动一次数据发送

为了方便实现单片机之间的数据交换,也为了方便已习惯用 MCS-51 单片机用户的编程方式,我们设计了以下子程序。程序中将要发送的数据送入发送数据寄存器 TXDATA 中,并置数据发送标志 ti,用来启动一次串行数据的发送过程。

```
/*************************************************************
程序功能:启动数据发送
输入参数:A(待发送的数据)
输出参数:无
执行时间:(fCPU = 1 MHz)
        中断方式下(uart_start = 1):14 μs
        查询方式下(uart_start = 0):9 μs
*************************************************************/
set_sbuf:
        mov         txdata,a                            ;装载发送数据
        bclr        ti                                  ;置有数据要发送标志
        if      baudrate == 1                           ;以下为波特率选择
                mov     a,#baud12
        end     if
        if      baudrate == 2
                mov     a,#baud24
        end     if
        if      baudrate == 3
                mov     a,#baud48
        end     if
        if      uart_Re == 0                            ;检测启动位方式
                if      baudtimer == 0                  ;以下为波特率发生定时器选择
                        mov     tc0c,a
                        mov     tc0r,a
                else
                        mov     tc1c,a
                        mov     tc1r,a
                endif
        else
```

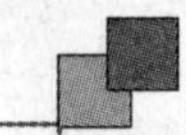


```
    bclr      nten.1
    if      baudtimer == 0
            mov      tc0c,a
            mov      tc0r,a
            mov      a,#64h
            mov      tc0m,a                                ;4 分频,自动下载
            bset     inten.5                               ;使能 TC0 中断
            bset     tc0m.7                                ;启动定时器 TC0
    else
            mov      tc1c,a                                ;定时初值
            mov      tc1r,a                                ;自动重载初值
            mov      a,#64h
            mov      tc1m,a                                ;4 分频,自动下载
            bset     inten.6                               ;使能 TC1 中断
            bset     tc1m.7                                ;启动定时器 TC1
    end  if
    end  if
    ret
```

3) 发送数据子程序

该子程序主要完成对数据的发送,包括启动位、数据位和停止位。当数据发送成功时,置数据发送成功标志 ti,以方便主程序处理。

程序中发送数据的数据位之间的时间间隔采用定时中断的方式来实现,这样做可提高 CPU 的执行效率。因此该子程序应在波特率发生定时器(TC0 或 TC1)的中断服务程序中被调用。

例如,在 1200 b/s 的波特率下,即要求 833 μs 就要发送 1 位数据,在 TC0 或 TC1 的 833 μs中断服务程序中,就要将发送数据的某一位发送出去。

```
/**********************************************************
程序功能:发送指定数据位长度的数据
输入参数:txdata(发送的数据)
输出参数:ti(已成功发送数据标志)
执行时间:(fCPU = 1 MHz)
        7 μs(没有数据发送)
        12 μs(起始位)、19~23 μs(数据位)、16 μs+(停止位+中断);
使用宏:b2b(系统自定义宏,在系统文件 mact01.h 中)
**********************************************************/
uart_tx:
            bts0      ti                                   ;有数据要发送否
            jmp       uart_tx90
            bts0      uart_start1
            jmp       uart_tx10
            bclr      p_tx                                 ;发送起始位
            bset      uart_start1                          ;置已发起始位标志
            jmp       uart_tx90
```

```
uart_tx10:
        bts0     uart_pro1
        jmp      uart_tx20
        rrcm     txdata                          ;RS-232 低位先发送
        b2b      fc,p_tx                         ;发送数据位
        incms    uartbitc                        ;发送数据位个数加 1
        mov      a,uartbitc
        cmprs    a,#databit                      ;规定的数据位个数发完否
        jmp      uart_tx90
        bset     uart_pro1                       ;置数据已发送标志
        clr      uartbitc                        ;清发送数据位计数
        jmp      uart_tx90
uart_tx20:
        bset     p_tx                            ;发送停止位
        bclr     uart_start1                     ;清除已发起始位标志
        bclr     uart_pro1                       ;清除已发数据标志
        bset     ti                              ;置已成功发送 1 字节标志
        if    uart_Re     == 1
            bset      inten.1
            if    baudtimer == 0                 ;如果中断方式检测启动位,则
                bclr       tc0m.7                ;发送字节之后关闭相应的定时器
            else
                bclr       tc1m.7
            end   if
        else
            if    baudtimer == 0                 ;波特率发生定时器选择
                if    baudrate == 1              ;波特率: 1200 b/s
                    mov    a,#baud24             ;检测启动位波特率 2 倍
                end   if
                if    baudrate == 2              ;波特率: 2400 b/s
                    mov    a,#baud48             ;检测启动位波特率 2 倍
                end   if
                if     baudrate == 3             ;波特率: 4800 b/s
                    mov    a,#baud96             ;检测启动位波特率 2 倍
                end   if
                mov    tc0c,a                    ;定时初值
                mov    tc0r,a                    ;自动重载初值
            else                                 ;定时器 TC1 用来产生波特率
                If    baudrate == 1              ;波特率:1200 b/s
                    mov    a,#baud24             ;检测启动位波特率 2 倍
                end   if
                if    baudrate == 2              ;波特率:2400 b/s
                    mov    a,#baud48             ;检测启动位波特率 2 倍
                end   if
                if    baudrate == 3              ;波特率:4800 b/s
```

```
                    mov         a,#baud96           ;检测启动位波特率2倍
                    end   if
                    mov         tc1c,a              ;定时初值
                    mov         tc1r,a              ;自动重载初值
               end   if
          end   if
uart_tx90:
          ret
```

4) 接收数据子程序

该子程序主要完成对数据的接收,包括接收启动位、数据位和停止位。当数据接收成功时,置成功标志 ri,以方便主程序处理。

用软件模拟异步串行通信时,难点就在于如何正确地接收数据。因为在发送数据时发送方处于主控地位,所以它只需要按照通信双方的波特率要求发送一个个 bit 位。而接收方能否正确地接收到发送方传输来的数据,取决于接收方能否在正确的时间获得正确的信号。因此关键在于发送方的第一个 bit 位(启动位)能否被接收方第一时间检测到。只有启动位被正确地监测到,发送方和接收方才能实现数据同步。

在本软件包中,提供查询和中断两种方式对启动位进行检测,用户可以根据实际情况选择。

当用查询方式检测启动位时,这里采用的方法是以波特率的2倍速率来对接收数据进行检测,当第一次检测到接收引脚的低电平之后,切换成正常的波特率对接收引脚数据进行采样,数据接收完后,重新以2倍波特率的速率检测启动位。

注意:当以2倍波特率的速率检测启动位时,采样时刻不是数据位的中点,所以在强干扰的情况下接收的数据可能出错。因此用户在自己编程时可考虑将检测波特率提高到3或5倍,当检测波特率提高3倍时,应该是在第二次检测到低电平时才确定发送方启动了一次数据传输,然后将波特率切换回正常状态。

当用中断方式检测启动位时,CPU 的执行效率及可靠性将进一步提高。为了保证数据采样点在数据位的中点,在启动位下降沿触发中断后,打开定时器中断,并以波特率的2倍速率采样接收数据引脚,当接收到低电平时,表示后面确实有数据要传输(不是干扰),然后才以正常波特率采样数据。

无论采用哪种方式检测启动位,该子程序均是在波特率发生定时器(TC0 或 TC1)的中断服务程序中被调用。

```
/***********************************************************************
程序功能:接收指定数据位长度的数据
输入参数:无
输出参数:ri(已成功接收数据标志)
         subf(接收的数据)
         调用子程序:rxdata_pro(databit!=8)
***********************************************************************/
uart_rx:
          bts0        ri                    ;有数据要接收吗
          jmp         uart_rx90
```

```
        bts0        uart_start2
        jmp         uart_rx10
        bts0        p_rx
        jmp         uart_rx90
        bset        uart_start2                 ;正确检测到启动位
        if    baudrate == 1                     ;以下为波特率选择
              mov     a,#baud12
        end   if
        if    baudrate == 2
              mov     a,#baud24
        end   if
        if    baudrate == 3
              mov     a,#baud48
        end   if
        if    baudtimer == 0                    ;以下为波特率发生定时器选择
              mov     tc0c,a
              mov     tc0r,a
        else
              mov     tc1c,a
              mov     tc1r,a
        end   if
        jmp         uart_rx90
uart_rx10:
        bts0        uart_pro2
        jmp         uart_rx20
        b2b         p_rx,fc                     ;接收数据位
        rrcm        sbuf
        incms       uartbitc                    ;接收数据位加1
        nop
        mov         a,uartbitc
        cmprs       a,#databit                  ;是否接收指定数据位个数
        jmp         uart_rx90
        clr         uartbitc                    ;接收数据位个数清0
        bset        uart_pro2                   ;置数据已经接收标志
        jmp         uart_rx90
uart_rx20:
        bts1        p_rx                        ;接收停止位
        jmp         uart_rx80                   ;转停止位错误处理
        bclr        uart_start2                 ;清除已接收起始位标志
        bclr        uart_pro2                   ;清除已接收数据标志
        bset        ri                          ;置接收数据成功标志
        if    databit! = 8
              call    rxdata_pro
    endif
        if    uart_Re == 1                      ;中断方式接收启动位
```

```
            bset   inten.1                        ;开外部中断 1
            if     baudtimer == 0
                   bclr    tc0m.7                 ;关闭相应的定时器
            else
                   bclr    tc1m.7
            end    if
        else
            if     baudrate == 1                             ;以下为波特率选择
                   mov     a,#baud24
            end    if
            if     baudrate == 2
                   mov     a,#baud48
            end    if
            if     baudrate == 3
                   mov    a,#baud96
            end    if
            if     baudtimer == 0                            ;以下为波特率发生定时器选择
                   mov     tc0c,a
                   mov     tc0r,a
            else
                   mov     tc1c,a
                   mov     tc1r,a
            end    if
            end    if
uart_rx90:
            ret
```

5）接收处理子程序

当通信双方发送/接收的数据不是 8 位时，需要对接收的数据进行处理。相关的处理子程序如下：

```
/**************************************************************
程序功能：处理成指定接收数据位个数的数据
输入参数：无
输出参数：无
执行时间：(fCPU = 1 MHz)
        8 μs(databit = 8)、14 μs<t<30 μs(databit! = 8)
**************************************************************/
rxdata_pro:
        mov     a,#00h
        if      databit == 5                    ;接收 5 位的数据
                mov         a,#3h               ;移位 3 次
        endif
        if      databit == 6                    ;接收 6 位的数据
                mov         a,#02h              ;移位 2 次
        endif
```

```
        if      databit == 7                    ;接收 7 位的数据
                mov         a,#01h              ;移位 1 次
        endif
rxdata_pro10:
        bts0        fz
        jmp         rxdata_pro90
        bclr        fc
        rrcm        sbuf
        sub         a,#01h
        jmp         rxdata_pro10
rxdata_pro90:
        ret
```

6) 中断方式检测启动位子程序

当用中断方式检测启动位时，提高了 CPU 的效率和接收数据的可靠性，但占用了一个外部中断资源，在用户的系统设计中应根据实际情况选择一个最佳方案。本程序的功能是开定时器中断，打开定时器，设置数据接收起始位波特率。

软件包中相关子程序如下：

```
/*****************************************************************
程序功能：检测数据接收启动位，启动接收数据
输入参数：无
输出参数：无
调用函数：无
执行时间：8 μs(fCPU = 1 MHz)
程序说明：在外部中断服务程序中调用(中断方式检测启动位)
*****************************************************************/
uart_exint:
        if      uart_Re == 1
                bclr    inten.1                 ;关闭外部中断
                if      baudrate == 1           ;以下为波特率选择
                        mov     a,#baud24       ;2 倍于通信波特率
                end     if
                if      baudrate == 2
                        mov     a,#baud48       ;2 倍于通信波特率
                end     if
                if      baudrate == 3
                        mov     a,#baud96       ;2 倍于通信波特率
                end     if
                if      baudtimer == 0          ;以下为波特率发生定时器选择
                        mov     tc0c,a
                        mov     tc0r,a
                        mov     a,#64h
                        mov     tc0m,a          ;4 分频，自动下载
                        bset    inten.5         ;使能 TC0 中断
                        bset    tc0m.7          ;启动定时器 TC0
```

```
        else
                mov     tc1c,a
                mov     tc1r,a
                mov     a,#64h
                mov     tc1m,a          ;4 分频,自动下载
                bset    inten.6         ;使能 TC1 中断
                bset    tc1m.7          ;启动定时器 TC1
            end     if
    endif
    ret
```

8.5.3 双机异步通信

要想确保两机间的通信成功,仅由硬件连接还不够,还需要有软件和软件"协议"。下面是双机异步通信数据传送的实验程序。本程序规定双机异步通信的软件"协议"如下:

(1) 通信双方均采用 1200 b/s 的速率传送数据(系统时钟频率为 4 MHz);

(2) 信息格式为 8 位数据位、1 位停止位、无奇偶校验位;

(3) 甲机发送数据,乙机接收数据,通信采用查询方式;

(4) 双机开始通信时,甲机先发送一个呼叫信号 BB,询问乙机是否可以接收数据;

(5) 乙机收到呼叫信号发回 00 作为应答,表示同意接收数据;

(6) 甲机收到乙机的应答信号后,把存放在片内 RAM 30h 开始的 16 个单元的数据块发送到乙机;

(7) 校验采用累加和方式。

图 8.43 是双机通信的电路图。按照以上通信协议,用户需要完成的串口通信软件包的相关配置如下:

```
Baudtimer    EQU    0    ;选择定时器 TC0 产生波特率(也可选择定时器 TC1 产生波特率)
baudrate     EQU    1    ;选择波特率 1200 b/s
databit      EQU    8    ;选择 8 个数据位
uart_Re      EQU    0    ;选择串口通信查询方式
```

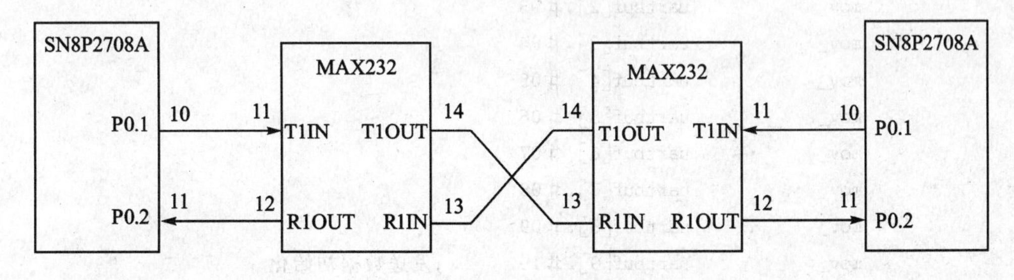

图 8.43　双机通信的电路图

1. 甲机程序

甲机通信程序的清单如下:

```
;**************************************************************************
;程序名称：Uart_demo
;程序功能：SONIX单片机的I/O口模拟RS-232C标准串口通信
;**************************************************************************
            CHIP          SN8P2708A
            TITLE         Uart_demo
;*************************包含系统自定义宏文件*****************************
.NOLIST
            includestd    macro1.h
            includestd    macro2.h
            includestd    macro3.h
.LIST
;*************************变量定义*****************************************
.DATA
            uartbuf       DS    16        ;发送数据缓冲区
            uartpntr      DS    1         ;发送数据个数
            uartsum       DS    1         ;累加和单元
.CODE
;*************************程序上电/复位入口地址*****************************
            ORG           0000h
            jmp           reset
;*************************中断入口地址*************************************
            ORG           0008h
            jmp           isr
;*************************程序代码开始地址*********************************
            ORG           0010h
reset:
            include       init.asm
            call          init_uart               ;初始化UART
            mov_          uartbuf[0],#01
            mov_          uartbuf[1],#02
            mov_          uartbuf[2],#03
            mov_          uartbuf[3],#04
            mov_          uartbuf[4],#05
            mov_          uartbuf[5],#06
            mov_          uartbuf[6],#07
            mov_          uartbuf[7],#08
            mov_          uartbuf[8],#09
            mov_          uartbuf[9],#10          ;发送数据初始化
            mov_          uartbuf[10],#11
            mov_          uartbuf[11],#12
            mov_          uartbuf[12],#13
            mov_          uartbuf[13],#14
            mov_          uartbuf[14],#15
            mov_          uartbuf[15],#16
```

```
main:
        call            uart_data
        jmp             main
        include         isr.asm                 ;包含中断服务处理文件
        include         Uart_drive.asm          ;包含串口处理软件包
        ENDP
```

按照通信协议，甲机主程序调用的子程序代码如下：

```
/************************************************************
程序名称：uart_data
程序功能：采用查询方式的串口通信
************************************************************/
;测试[发送数据串(问/发)]
uart_data:
        mov_        uartpntr,#16            ;发送数据个数
        clr         uartsum                 ;累加和单元清0
;执行条件
        mov         a,#0bbh
        call        set_sbuf                ;呼叫乙机
        bts1        ti
        jmp         $-1                     ;发数据
        bts1        ri                      ;等待应答
        jmp         $-1
        bclr        ri                      ;清除接收数据标志
        mov         a,sbuf
        bts1        fz
        jmp         uart_data               ;错误重发
        b0mov       y,#uartbuf$m
        b0mov       z,#uartbuf$l
uart_data10:
        mov         a,@yz
        add         uartsum,a
        call        set_sbuf
        bts1        ti
        jmp         $-1                     ;发数据
        incms       z
        djnz        uartpntr,uart_data10
        mov         a,uartsum
        call        set_sbuf                ;发累加和
        bts1        ti
        jmp         $-1
        bts1        ri
        jmp         $-1                     ;接收乙机回送的累加和
        bclr        ri
        mov         a,sbuf
```

```
        xor         a,uartsum
        bts1        fz
        jmp         uart_data                        ;错误重发
        ret
```

2. 乙机程序

乙机通信程序将接收到的数据存放在 UARTBUF 开始的连续 16 个单元中，清单如下：

```
;*************************************************************************
;程序名称：Uart_demo
;程序功能：SONIX 单片机的 I/O 口模拟 RS－232C 标准串口通信
;*************************************************************************
        CHIP        SN8P2708A
        TITLE       Uart_demo
;****************************包含系统自定义宏文件**************************
.NOLIST
        includestd      macro1.h
        includestd      macro2.h
        includestd      macro3.h
.LIST
;********************************变量定义**********************************
.DATA
        uartbuf         DS          16          ;接收串口数据缓冲区
        uartpntr        DS          1           ;接收数据个数
        uartsum         DS          1           ;累加和单元
.CODE
;****************************程序上电/复位入口地址**************************
        ORG             0000h
        jmp             reset
;******************************中断入口地址********************************
        ORG             0008h
        jmp             isr
;****************************程序代码开始地址******************************
        ORG             0010h
reset:
        include         init.asm
        call            init_uart                   ;初始化 UART
        clr             uartbuf[0]
        clr             uartbuf[1]
        clr             uartbuf[2]
        clr             uartbuf[3]
        clr             uartbuf[4]
        clr             uartbuf[5]
        clr             uartbuf[6]
        clr             uartbuf[7]
        clr             uartbuf[8]
        clr             uartbuf[9]
        clr             uartbuf[10]                 ;接收数据区初始化
        clr             uartbuf[11]
        clr             uartbuf[12]
```

```
        clr         uartbuf[13]
        clr         uartbuf[14]
        clr         uartbuf[15]
main:
        call        uart_data                 ;查询接收数据
        jmp         main
        include     isr.asm
        include     Uart_drive.asm
        ENDP
```

按照通信协议，乙机主程序调用的子程序代码如下：

```
/*************************************************************
程序名称：uart_data
程序功能：采用查询方式的串口通信(乙机)
*************************************************************/
uart_data:
        mov_        uartpntr,#16              ;接收 16 个数据
        clr         uartsum                   ;累加和单元清 0
        bts1        ri
        jmp         $ - 1
        bclr        ri                        ;接收甲机呼叫
        mov         a,sbuf
        xor         a,#0bbh                   ;判断是否是呼叫命令
        bts1        fz
        jmp         uart_data
        mov         a,#00h
        call        set_sbuf                  ;乙机回送呼叫应答 00
        bts1        ti                        ;等待发送完成
        jmp         $ - 1
        b0mov       y,#uartbuf$m
        b0mov       z,#uartbuf$l
uart_data10:
        bts1        ri                        ;接收具体的数据
        jmp         $ - 1
        bclr        ri
        mov         a,sbuf
        mov         @yz,a
        add         uartsum,a
        incms       z
        djnz        uartpntr,uart_data10
        mov         a,uartsum
        call        set_sbuf                  ;乙机回送累加和
        bts1        ti                        ;等待发送完成
        jmp         $ - 1
        ret
```

第 9 章

应用系统开发

单片机应用系统开发就是将某种型号的单片机应用到控制系统、仪器仪表、各种电子消费品等设备中去。系统开发包括硬件设计与制作，软件的编写、调试以及程序的固化。这些都需要相应的开发工具和烧写器。下面就系统的开发步骤、系统软硬件设计及遵循的一般原则、程序的结构和设计方法等进行讨论。

9.1 系统开发的步骤

单片机系统设计和应用系统开发一般遵循以下步骤：

(1) 要将单片机用于某种控制，首先要对控制对象进行分析，明确要解决的问题和要求，提出性能指标，规定所需的输入/输出参量。

(2) 将问题分解为几部分，对单片机的硬件系统进行设计。它包括机型的选择、外部功能扩展器件的配置以及所需的外部设备，从而构成硬件的总体方案。

(3) 经过反复论证后，进行硬件电路和印刷板的设计、制作。这里要注意的是在论证过程中的权衡：完成同样的任务，有时硬件结构复杂一些的，软件编程可以简单一些；有时某些硬件任务可以由软件来完成等。这些要权衡成本、开发周期、使用方便、运行性速度等各方面的利弊来决定。

(4) 进行软件的编制。首先将软件的总体方案分解成若干部分——模块。然后根据模块任务画出程序流程图，再根据流程图用汇编语言逐条写出汇编语言程序——源程序。最后再把源程序汇编成单片机能执行的机器语言程序——目标程序。从源程序到目标程序可以由开发系统编译器(或汇编器)自动生成。

(5) 对程序模块进行调试。因为程序的编写难免出错，这些错误一种可能是程序的思路本身就有错，因而执行不通；另一种可能是编写过程中的错误，所以编写的程序都要进行调试。对各程序模块进行调试叫做“分调”，在分调的基础上再进行总调。总调就是将各模块连接起来进行总的调试。总调要借助开发装置，将设计好的单片机系统连成实际环境，进行在线开发和调试。

(6) 将调试成功的程序固化到程序存储器 EPROM 中，则整个系统设计完成，即可投入使用。

图 9.1 是应用系统设计的步骤和流程。从图中可以看出，在一个应用系统设计和开发过程中，要经历电路设计、电路制作、样机硬件测试、目标程序仿真、系统动态性能测试、目标程序固化等过程，而且每一个过程可能要经过多次地反复和修改，最后才能完成系统的设计与开发。

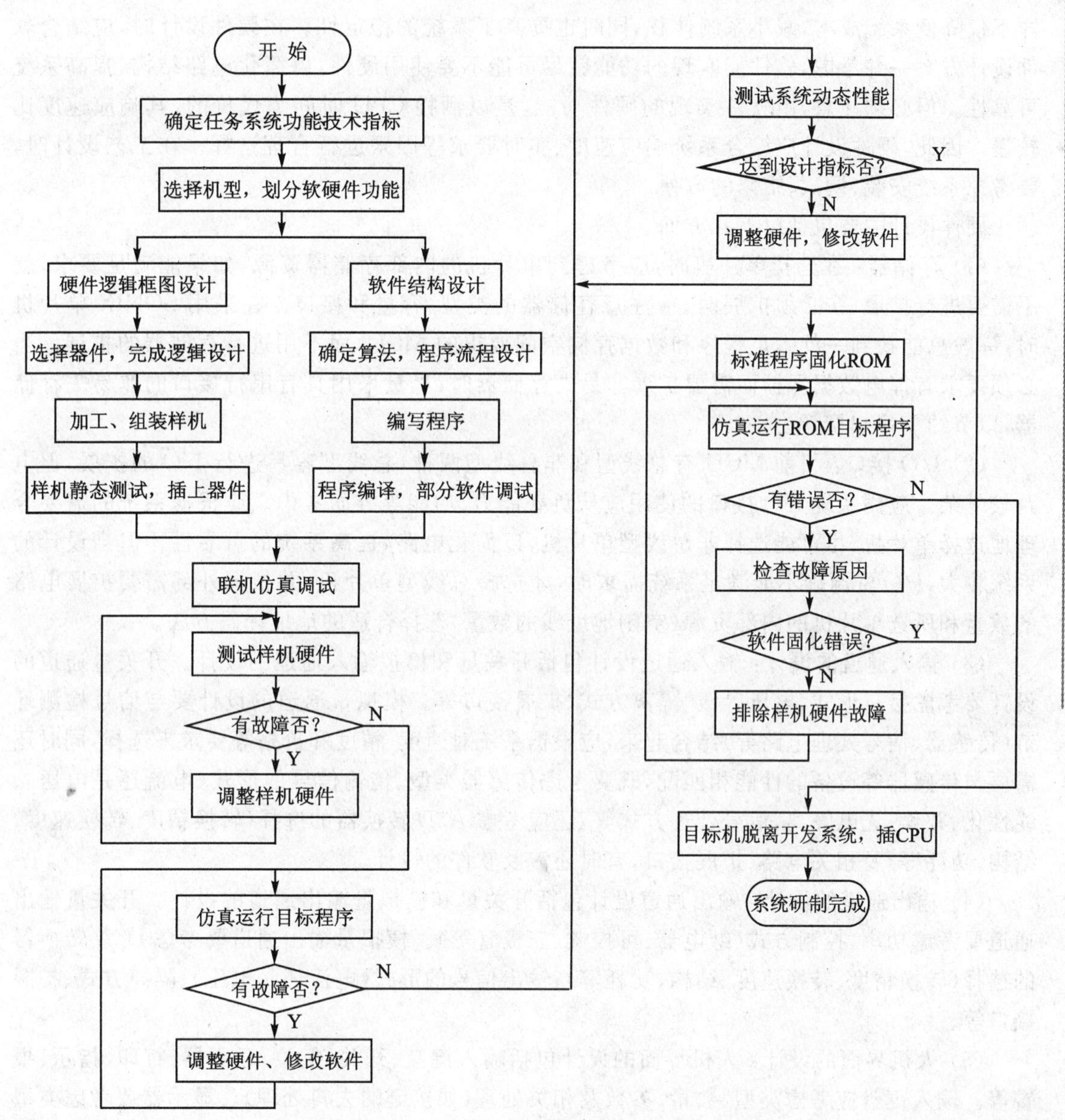

图 9.1 应用系统设计的流程

9.2 系统设计与调试

9.2.1 硬件设计

在进行系统设计时，应根据系统的功能和性能指标的要求，进行合理的方案设计和论证。在满足系统要求的前提下，应综合考虑系统的成本、体积、开发周期。外围电路设计要留有适当余地，以便进行功能扩展和二次开发。在单片机选型时，应结合系统的需求和各种单片机片内资源，选择一款合理的芯片，尽可能利用单片机片内资源，以减少外围接口和扩展电路。这样不仅降低系统成本，减小系统体积，同时也提高了系统的稳定性。在硬件设计时，应结合软件设计方案一并考虑，软件能实现的功能就尽可能不要使用硬件，以简化电路结构，提高系统可靠性。但必须注意，由软件实现的硬件功能，是以牺牲CPU时间为代价的，其响应速度比较慢。因此，硬件设计应综合系统响应速度、实时要求等因素进行合理选择。在工艺设计时，要考虑系统安装、调试、维修的方便。

硬件设计主要包括以下几方面。

(1) 存储器：在选择单片机时，应考虑到单片机的内部存储器资源，如果能满足要求，就不需要进行扩展，在必须扩展时，应注意存储器的类型、容量和接口。在采用SONIX单片机时，一般总能找到一款满足程序和数据存储空间要求的MCU，而不用进行存储器的扩展。当必须要求有掉电数据保护而需要扩展非易失存储器时，尽量采用具有串行接口的非易失存储器，以节约I/O口资源。

(2) I/O接口：目前MCU有总线型和非总线型两种，总线型容易进行I/O的扩展，但电路较复杂。应用系统I/O接口的使用应从负载能力、功能等方面考虑。应根据系统的需要合理地选择单片机，尽可能选择非总线型单片机，以简化电路，提高系统的可靠性。但当设计的系统较大，I/O资源确不能满足系统需求时，才选择总线型单片机，并根据外部需要扩展电路的数量和所选单片机的内部资源(空闲地址线的数量)选择合适的地址译码方法。

(3) 输入通道的设计：输入通道设计包括开关量和模拟输入通道的设计。开关量通道的设计要考虑接口形式、电压等级、隔离方式、扩展接口等。模拟量通道的设计要与信号检测环节(传感器、信号处理电路等)结合起来，应根据系统对速度、精度和价格等要求来选择，同时还需要与传感器等设备的性能相匹配，既要考虑传感器类型、传输信号的形式(电流还是电压)、线性化、补偿、光电隔离、信号处理方式等，还应考虑A/D转换器的选择(转换精度、转换速度、结构、功耗等)及相关电路、扩展接口，有时还涉及软件的设计。

(4) 输出通道的设计：输出通道设计包括开关量和模拟量输出通道的设计。开关量输出通道要考虑功率、控制方式(继电器、可控硅、三极管等)。模拟量输出通道要考虑D/A转换器的选择(转换精度、转换速度、结构、功耗等)、输出信号的形式(电流还是电压)、隔离方式、扩展接口等。

(5) 人机界面的设计：人机界面的设计包括输入键盘、开关、复位、显示器、打印、指示、报警等。输入键盘应考虑类型、数量、参数及相关处理(如按键的去抖处理)。显示器要考虑类型(LED、LCD)、显示信息的种类等。此外还要考虑各种人机界面的扩展接口。

(6) 通信电路的设计：单片机应用系统往往作为现场设备常与上位机或其他设备进行数据的交换，需要其有数据通信的能力，通常设计为RS-232C、RS-485、红外收发等通信标准。

(7) 印刷电路板的设计与制作：电路原理图和印刷电路板的设计常采用专业设计软件进行设计，如Protel、OrCAD等。设计印刷电路板需要有很多的技巧和经验，设计好印刷电路板图后应送到专业化制作厂家生产，在生产出来的印刷电路板上安装好元件，则完成了硬件设计和制作。

(8) 信号逻辑电平兼容性的考虑：在所设计的电路中，可能兼有TTL和CMOS器件，也可能有非标准的信号电平，为此要设计相应的电平兼容和转换电路。当有RS-232、RS-485接口时，还要实现电平兼容和转换。常用的集成电路有MAX232、MAX485等。

(9) 电源：单片机应用系统一定需要电源，要考虑电源的组数、输出功率、抗干扰。

(10) 抗干扰的措施：采取必要的抗干扰措施是保证单片机系统正常工作的重要环节。它包括芯片、器件选择，去耦滤波，印刷电路板布线，通道隔离等。

9.2.2 软件设计

软件设计包括拟定程序的总体设计方案，画出程序流程图，编制程序以及程序的检查、修改等。

程序的总体设计是指从系统高度考虑程序结构、数据的形式及程序功能的实现方法和手段。程序的总体设计包括拟定总体设计方案，确定算法和绘制程序流程图等。

流程图绘制完成后，整个程序的轮廓和思路已十分清楚，设计者就可以统筹考虑和安排一些带有全局性的问题，例如，程序地址的分配、存储器空间安排、数据结构等。因此，只要编程者既熟悉 MCU 内部结构、功能和指令系统，又能掌握一定的程序设计方法和技巧，那么依照程序流程图来编写出具体的程序就不十分困难了。

软件设计首先要考虑的是程序结构和设计方法。一般来说，程序设计的方法可以有 3 种：模块化程序设计方法、自顶向下的程序设计方法和结构化的程序设计方法。程序设计方法的选择，应针对单片机应用系统设计的特点，综合 3 种设计方法各自的优点，同时考虑到程序的可维护性和可移植性。SONIX 公司推荐使用一种层次化的软件设计方法，这种方法可把整个软件分为 3 层：应用层、界面层和底层驱动层。各层之间的关系如图 9.2 所示。

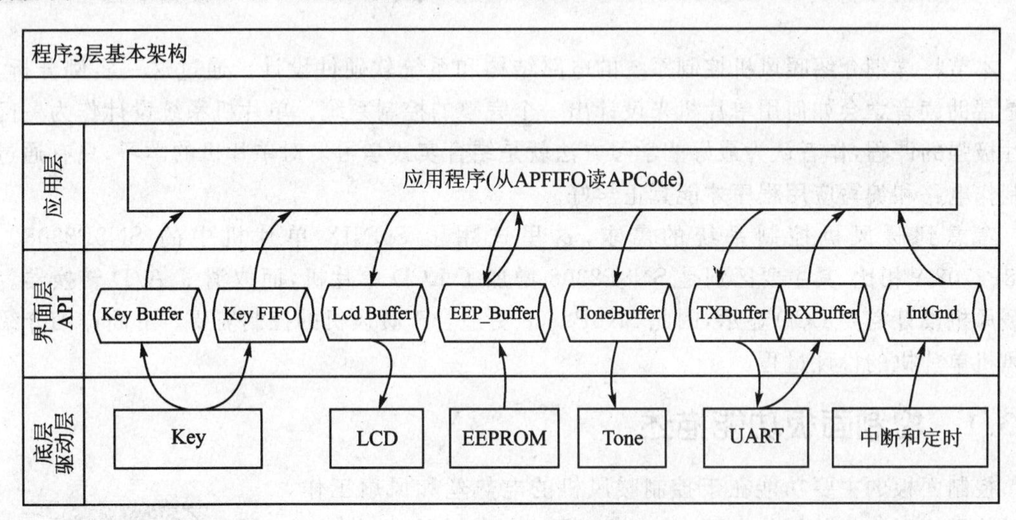

图 9.2　程序 3 层基本构架图

底层驱动层是指包含直接与硬件相关的驱动程序，如 LCD 显示、按键、峰鸣器、UART 接口、中断和定时、存储器操作、继电器和电机控制等。界面层主要提供数据交互，为应用层与底层驱动层之间以及底层驱动层各模块之间提供数据的交互。应用层主要实现具体功能，它要通过界面层控制底层驱动层各模块来完成所需功能，而不能越过界面层直接访问底层驱动层。

按照层次化设计的原则，底层模块要求有相对的独立性和完整性。所谓独立性是指底层的各个模块间不产生直接的数据交互，底层也不直接访问应用层，如果需要，则必须通过界面层进行数据交互。所谓完整性是指驱动层内将与硬件相关的操作全部包装起来，应用层不再考虑与硬件有关的任何操作。

界面层的数据交互是通过数据缓冲区 Buffer 或先进先出寄存器 FIFO 来实现的。它们实际上都是一系列数据存储器单元，可以通过伪指令 DS 定义。应用层对底层驱动层的访问以及子程序模块间的交互，都必须通过界面层进行沟通。在后面的例子中将进一步阐述这种编程思想。

9.2.3 系统调试

系统调试是软硬件结合的调试过程，这一过程是通过仿真器在目标板上进行的。系统调试又可分为分块调试和系统联调两个阶段。分块调试主要是对底层驱动层的调试，通过调试发现软硬件的问题和错误，并排除错误，解决问题。系统联调就是将已调好的模块程序按照要实现的功能组装成一个完整应用程序。可以采取模块逐个加入、逐步完善功能的方法进行调试。

系统调试完成后，还需要进行试运行和老化试验。调试好的程序通过专用的编程器将程序固化到存储器(片内或片外程序存储器)，系统就可以脱离仿真环境在目标板上独立运行了。在试运行期间，设计者应当观察系统能否经受实际环境的考验，并且还要对系统进行检验和试验，以验证程序功能是否满足设计要求，是否达到预期效果。

系统经过一段时间老化和试运行后，就可以正式交付使用和生产了。

9.3 暖风机系统设计

本节将详细介绍暖风机控制系统的电路结构和系统软硬件设计。通过这一实例分析，目的是帮助读者学会如何用单片机来设计出一个完整的控制系统。单片机系统设计作为一门实践性极强的课程，作者认为最好的学习方法就是结合实践学习。对单片机的学习，只有通过实际制作电路和编写应用程序才能真正学好。

考虑到暖风机控制系统的需求，这里选用了 SONIX 单片机中的 SN8P2308。与 SN8P2708A 相比，其主要区别是 SN8P2308 增加了 LCD 单片机，而取消了 A/D 转换器。由于暖风机设计需要 LCD 显示，因此 SN8P2308 更适合于暖风机的控制需要。下面详细介绍该暖风机单片机的设计过程。

9.3.1 控制面板功能描述

控制面板的主要功能在于控制暖风机的电热丝和风扇工作，同时给用户以良好的操作界面，并完成对用户操作的处理，将实时的状态信息反馈给用户。SN8P2308 具有丰富的内部资源，其中包括液晶驱动器，这样就可以使用单个芯片来完成控制面板的所有功能，例如红外解码、液晶显示、RC 测温等，大大地方便了开发工作，并提高了系统的稳定性。

图 9.3 暖风机外观图

图 9.3 是暖风机的外观图，暖风机正上方装有控制和显示面板，面板上配有 6 个按键、LCD 显示屏、红外接收头。暖风机可以使用面板上的按键进行操作，也可以使用遥控器进行操作。系统还配有蜂鸣器，主要用于向用户发出各种提示音，特别在使用遥控操作时，可以确认操作是否生效。

1. 暖风机的功能

暖风机的功能可以描述为以下几点：

(1) 控制电热丝加热功能。暖风机按功率高低内置两组电热丝，由两组电热丝的开关状况可分3档进行加热，以满足热风温度的要求。

(2) 风扇控制。暖风机是通过风扇将电热丝产生的热量送出的，控制板通过控制风扇的转速提供3档热风强度，这3档热风强度由电热丝的工作状态决定，电热丝输出功率大的时候，热风强度也相应增大。另外，在暖风机停止工作后，风扇仍将工作1分钟，以防止电热丝的热量无法散出而对设备造成损坏。

(3) 液晶显示。液晶显示屏上可以实时地显示当前的温度、目标温度、热风强度、定时、加热强度，以及工作模式信息。

(4) 铃音控制。控制板可以控制蜂鸣器发出不同的声音，其中包括按键音、定时时间到提示音等。

(5) 摆风控制。控制板可以通过板上的按键来控制摆风。

(6) 键盘输入控制。当设备打开后，用户可以用键盘对系统进行各项操作。

(7) 红外遥控输入支持。控制板支持对红外遥控的解码。红外遥控上的按键与控制面板上的按键是相对应的。

2. 暖风机的操作

以上介绍了控制板的基本功能，下面详细说明暖风机的操作过程，为后续软件设计提供参考。

(1) 在关机状态下，按下POWER键，液晶屏背光点亮，蜂鸣器长鸣一声，各项参数显示在液晶屏上。如果从上次关机到本次开机系统没有掉电，则系统按上一次的工作模式开始工作；如果系统是上电后第一次开机，则系统按自动模式工作。

(2) 按MODE键可以切换系统的工作状态，系统分普通模式和自动模式，普通模式下，暖风机按用户设置的加热强度和风速工作；自动模式下，系统根据用户设置温度和当前温度自动工作。

(3) 在普通模式下，按UP和DOWN键可以调节热风强度。

(4) 在自动模式下，按UP和DOWN键可以调节目标温度。

(5) 在开机状态下，按SWING键，可以开启或者关闭摆风。

(6) 在开机状态下，按TIME键系统启动定时，定时时间初值为90分钟，并显示在液晶屏上。在时间显示状态下，再次按TIME键则系统定时时间以10分钟为单位递减，直至0时退出定时操作。若在设定定时后按TIME键，可以显示当前剩余的定时时间；在显示消失之前，再次按下TIME键将取消定时。

(7) 在开机状态下按POWER键，蜂鸣器将长鸣一声，显示关闭，背光关闭，电热丝加热也将停止，仅有风扇继续工作1分钟，以保证设备不被电热丝余热损坏。

(8) 除了开、关机的长鸣以外，蜂鸣器在其他按键和接收到遥控按键信号后也会发出短促鸣音，以提示操作生效。

通过本实例的设计，读者可以系统地掌握利用SONIX单片机开发产品的过程与方法。本实例包含了对单片机的I/O口、定时器、中断、液晶驱动接口、工作模式等相关知识的应用，并详细介绍了一般带有键盘及显示控制系统的设计方法。另外，本系统还涉及红外遥控解码的相关内容。在软件设计方面，该系统有多任务实时性要求。本章后续各节将详细介绍系统软硬件设计方法。

9.3.2　系统总体设计

1. 系统结构框架

根据9.3.1小节的功能要求，系统主要由MCU单片机模块、键盘输入、液晶显示、红外接收模块、温度检测模块和输出控制模块6部分组成。图9.4给出了系统结构框图。

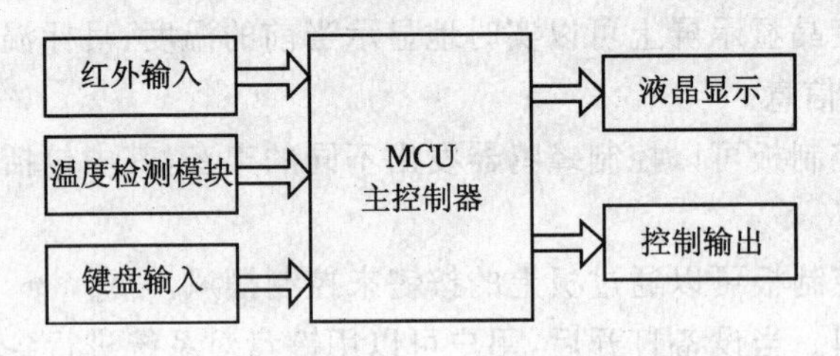

图9.4　暖风机结构框图

2. 系统方案选定

本小节将从各个功能模块入手，根据系统需求选定各模块使用的主要器件，并介绍其实现方法。

1) 主控制器单元

单片机作为整个系统的核心器件，承担控制输入、输出，驱动液晶显示，接收键盘指令，红外解码，温度测量、控制等任务。本系统采用SONIX公司的SN8P2308单片机作为控制核心。图9.5给出了该单片机的引脚图。该单片机为SONIX SN8P2300系列单片机中的一员，具有SONIX SN8P27000系列兼容的指令集。该单片机特点如下：

- 具有4K×16位的OTPROM和128×8位的RAM，可满足代码和数据存储的要求。
- 8层堆栈缓冲。
- 丰富的I/O口资源：
  - P0、P1、P3、P5均为双向I/O口，其中P3口和液晶驱动的段选公用；
  - P0.2为输入引脚，并与RESET公用；
  - P0、P1口上的电平变化可用于唤醒CPU；
  - P0、P1、P3、P5都可以通过寄存器来设置上拉电阻；
  - P0.0可以由PEDGE控制作为外部中断输入口；
  - P0.0和P0.1分别可以作为TC0和T1的计数脉冲输入端；
  - RFC0(P5.0)用于RFC通道0的输入端；
  - RFC1(P5.1)用于RFC通道1的输入端；
  - RFC2(P5.2)用于RFC通道2的输入端；
  - RFCI(P5.3)用于RFC的反馈输入端；
  - RFCOUT(P5.5)用于RFC的输出端。
- 内置3等级的低电压监测功能。

- 强大的精简指令集。
- 内置 4×32 LCD 驱动电路，并支持 C 和 R 两种偏压方式。
- 内置 RFC 功能，可以完成电阻到频率间的转换。
- 3 个内部中断源 T0、TC0、T1 和 1 个外部中断源 INT0。
- 2 个 8 位定时器/计数器，T0 为基本定时器，T1 用于自动重装定时器/计数/PWM 输出/Buzzer 输出。
- 1 个 16 位定时器/计数器，T1 可以用于 16 位定时器/计数器/RFC 测量与输出。
- 双时钟系统：
  - 外部高速时钟采用 RC 振荡器时，最高达 10 MHz；
  - 外部高速时钟采用石英晶体振荡器时，最高达 16 MHz；
  - 外部低速时钟采用 32 kHz 的晶体/RC 振荡器。
- 4 种工作模式：
  - 采用普通模式时，高速时钟和低速时钟同时工作；
  - 采用低速模式时，仅 32 kHz 低速时钟工作；
  - 采用睡眠模式时，高低速时钟均停止工作；
  - 采用绿色模式时，由定时器 T0 周期性地唤醒 CPU。
- 64 引脚的 LQFP 封装。

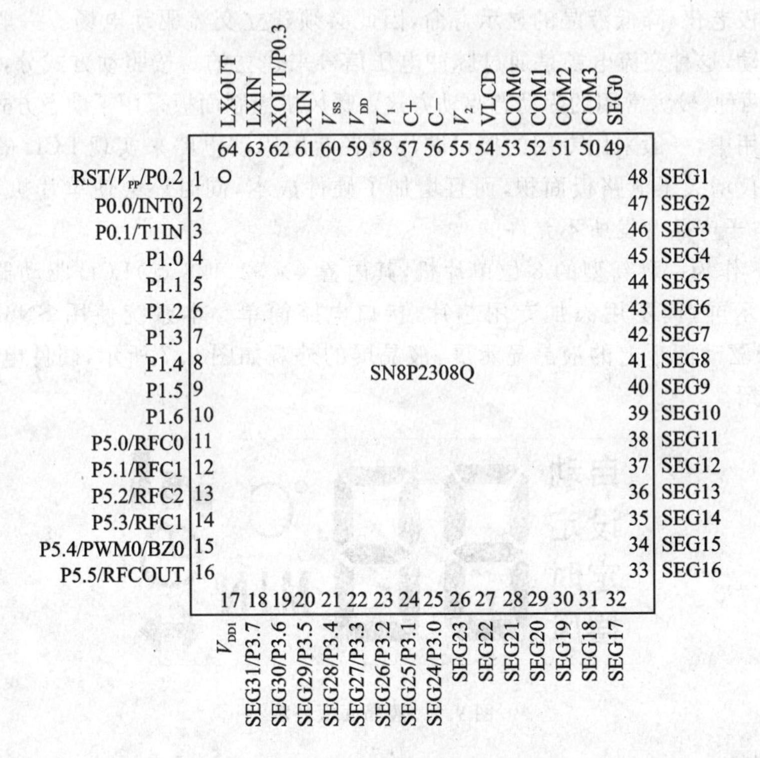

图 9.5　SN8P2308 引脚图

由于 SN8P2308 具有以上特点，因此系统仅需要很少的外围元件就可以组成一个完整的应用系统。这样可以有效降低成本，并提高系统稳定性。

2）液晶显示

LCD具有功耗低、体积小、重量轻等优点而倍受青睐，现在已被广泛应用于数字式仪器仪表、消费电子、工业设备等领域，成为便于人机对话的重要显示工具。但是LCD的驱动方式不同于LED的直接电流驱动方式，LCD本身并不发光，只是调节光的亮度。其根据扭曲向列TN(Twist Nematic)原理制成，通过外加电场作用，使得液晶内部原本呈现90°扭曲的分子状态消失，使偏振光通过玻璃得到黑白的显示。液晶显示的原理图如图 9.6 所示。

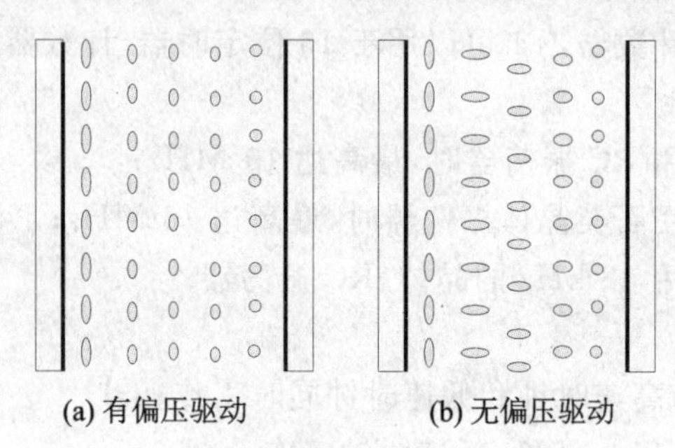

图 9.6　液晶显示原理图

液晶的显示是由于在显示像素上施加了电场，这个电场由显示像素前后两电极上的电位信号合成产生。在显示像素上建立直流电场相对容易，但单相的直流电场会导致液晶材料的化学反应及电极老化，降低液晶的显示寿命，因此必须建立交流驱动电场。一般地，由于采用了数字电路驱动，这种交流电场是通过脉冲电压信号来建立的。按驱动方式分，可分为动态驱动和静态驱动两种，较为常用的为动态驱动方式。暖风机控制面板采用了动态方式驱动液晶屏。

在实际应用中，一般采用专用的接口芯片或者专用驱动电路来实现LCD的动态驱动，但专用驱动器不仅增大了电路板面积，而且增加了硬件成本，同时还会使单片机软件编写复杂化，这是消费电子产品开发所不允许的。

SN8P2308作为一种新型的8位单片机，其内置4×32(128点)LCD驱动器，可直接驱动段位式液晶显示屏，而不用添加专用芯片，接口电路简单。本系统使用SN8P2308内部的LCD驱动器来驱动面板上的液晶显示屏，液晶屏的外观如图 9.7 所示，硬件电路将在 9.3.3 小节中详细介绍。

图 9.7　液晶面板外观

3）温度测量

该暖风机控制板具有温度自动控制功能，这就要求系统必须首先具有温度测量功能。温度测量的方法有很多，最常用的为通过温度传感器将温度转换为相应的电压或电流信号，然后通过A/D转换电路，将模拟信号转换为数字信号送入单片机处理。这种方法一般可以得到较高的测量精度，但由于用到传感器和A/D转换电路，会大大增加硬件成本。另外，使用集成数字温度传感器也可以得到很好的测量效果（如数字温度传感器DS18B20），并且与单片机之间的接口方式也相对简单，但该类传感器的价格一般比较昂贵，不能满足消费电子产品的成本要求。

由于暖风机对温度测量精度的要求并不是很高，所以使用RC（电阻、电容）电路测温的方法不失为一种最佳选择。图9.8中给出了RC测温的硬件原理图。

图中，热敏电阻R_T和电容C组成一个充电回路。设I/O_1为输出接口，I/O_2为输入口，I/O_1输出高电平（V_{OH}）对C充电。在电容器充电的开始阶段，C两端的电压低，I/O_2检测到低电平。随着充电过程的进行，输入到I/O_2的电平升高。当电容器上的电压上升到TTL输入高电平的最低电压（V_{IN}）时，I/O_2检测到高电平。这时充电电压和充电时间的关系为：

$$V_C = V_{OH}(1 - e^{-t/R_TC})$$

式中：V_C为电容C上的充电电压；V_{OH}为I/O_1输出的TTL高电平；R_T为热敏电阻阻值；C为电容值；t为充电时间。只要测量出充电时间t，就可以求出R_T。

上述方法，充电时间可以使用单片机中的定时器来检测，但是测量结果受影响的因素很多，其中电容值C的影响最大。由于环境温度、湿度的变化，电容值C的变化比较明显，将直接影响测量的准确性。为了克服上述困难，可以采用比较法。如图9.9所示，在电路中增加一个标准电阻R_S。R_S的阻值不受环境的影响，使用同样的方法，可以测得T_S。于是可以得到：

$$\frac{R_T}{R_S} = \frac{T_T}{T_S}$$

$$R_T = \frac{T_T}{T_S} \cdot R_S$$

这样就消除了电容变化对测量的影响。

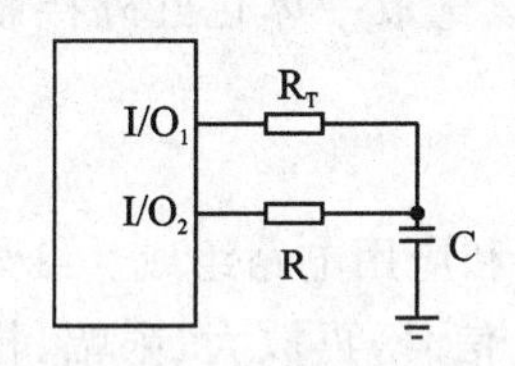

图9.8 RC测温硬件原理图

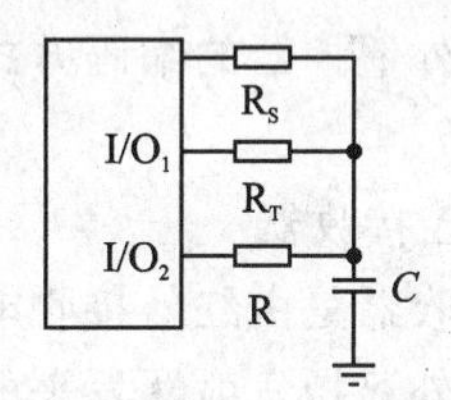

图9.9 改进的RC测温电路

4）红外遥控

红外遥控是目前家用电器中用得较多的遥控方式，在车载影音、导航系统中也被广泛应用。红外遥控的特点是不影响周边环境，不干扰其他电器设备。由于其无法穿透墙壁，因此不同房间的家用电器可使用通用的遥控器而不会产生相互干扰；遥控器编解码容易，可进行多路遥控。因此，红外遥控在家用电器及近距离（小于10 m）遥控中得到了广泛应用。

红外遥控系统主要由红外遥控发射装置、红外接收设备、遥控微处理机等组成。图9.10中给出了红外发射和接收的示意图。从图中可以看出，调制信号从左边驱动红外发射管发射出红外信号，接收到的信号被红外接收器从右边送出。

注意：红外通信与一般的串行通信不同，红外发射也有两种信号，但不是有线传输中的高电平和低电平，而是指不发射红外状态和以调制频率发射红外线状态。常用的红外产品中，红外发射频率一般为30～60 kHz。在接收端，空闲状态时输出高电平，而在检测到载波时输出低电平。

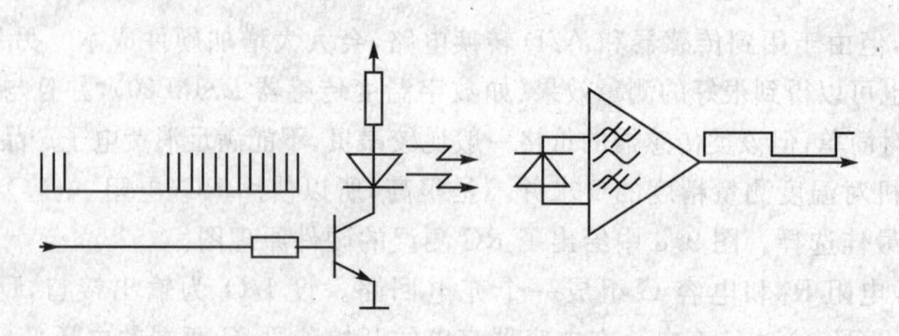

图 9.10 红外发射和接收的示意图

(1) 红外遥控发射装置

红外遥控发射装置,也就是通常说的红外遥控器是由键盘电路、红外编码电路、电源电路和红外发射电路组成。红外发射电路的主要元件为红外发光二极管。它实际上是一只特殊的发光二极管。由于其内部材料不同于普通发光二极管,因而在其两端施加一定电压时,它发出的是红外线而不是可见光。目前大量使用的红外发光二极管发出的红外线波长为 940 mm 左右,外形与普通 Φ5 发光二极管相同。通常,红外遥控为了提高抗干扰性能和降低电源消耗,一般用载波的方式传送二进制编码,常用的载波频率为 38 kHz,这是由发射端所使用的 455 kHz晶振来决定的。在发射端要对晶振进行整数分频,分频系数一般取 12,则载波频率为 455 kHz÷12≈37.9 kHz≈38 kHz。也有一些遥控系统采用 36 kHz、40 kHz、56 kHz 等。因此,通常的红外遥控器是将遥控信号(二进制脉冲码)调制在 38 kHz 的载波上,经缓冲放大后送至红外发光二极管,并转化为红外信号发射出去的。

二进制脉冲码的形式有多种,其中最为常用的是 PWM 码(脉冲宽度调制码)和 PPM 码(脉冲位置调制码,通过脉冲串之间的时间间隔来实现信号调制)。如果要设计红外收发电路,则首先要确定红外遥控器的编码方式和载波频率,才可以选取一体化红外接收电路和制定解码方案。

(2) 红外遥控接收器

红外遥控接收器是由红外接收电路、红外解码、电源和应用电路组成。红外遥控接收器的主要作用是将红外遥控发射器发来的红外信号转换成电信号,再放大、限幅、检波、整形,形成遥控指令脉冲,输出至微处理器进行解码和执行。红外接收的典型框图如图 9.11 所示。

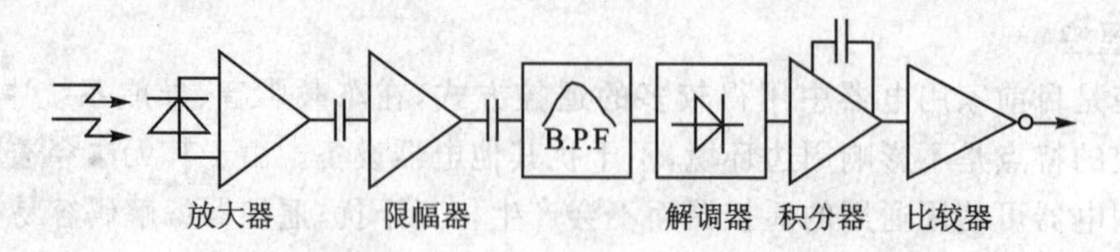

图 9.11 红外接收的典型框图

其中红外接收一般采用一体化红外接收电路,其外形结构如图 9.12 所示,称之为红外接收头。接收头一般有 3 只引脚,分别是电源正(V_{DD})、电源负(GND)和数据输出(VOUT)。它的优点是不需要复杂的调试和外壳屏蔽,使用起来如同一只三极管,非常方便。

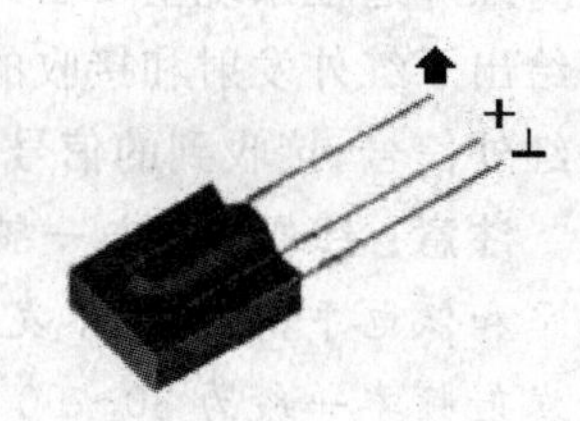

图 9.12 红外接收头

在暖风机控制板设计中,遥控发射端使用专用的红外发射控制电路 SC6121;接收端采用一体化红外接收头。在选用时,要注意红外接收头的载波频率。另外,在遥控编码芯片输出的波形,从接收头输出的编码波形正好与遥控发射端输出的相反。

5) 控制输出

暖风机控制部分主要为对加热电热丝的控制和风扇调速的控制。本暖风机有两组电热丝,一组功率较小,另一组功率为前一组的 2 倍。这样,通过两个继电器来控制两组电热丝的加热与否就有 3 种组合,对应 3 个电热丝加热强度。电扇的调速通常是采用琴键式互锁开关通过控制电感器抽头的接入或断开来实现的。如果用单片机通过继电器的控制来改变电感抽头的接入方式,则可达到与琴键开关相同的作用,以实现风扇调速控制。

9.3.3 暖风机硬件电路设计

在 9.3.2 小节中介绍了系统各个模块的设计方案,本小节将详细说明各个模块电路的原理及设计方法。通过本节的学习,读者可以了解 SONIX 单片机外围硬件电路设计的一般方法,为后续的应用提供参考。

1. 单片机外围电路设计

单片机的外围电路包括复位电路和振荡电路两部分。与 SN8P2708A 一样,SN8P2308 也是采用低电平复位。有关复位电路前面章节已介绍过,这里不再详述。与 SN8P2708A 不同的是,SN8P2308 是一个双时钟系统,具有高速和低速两种时钟。本系统中,高速时钟由外部的 4 MHz 石英晶体振荡器产生,低速时钟由外部的 32768 Hz 石英晶体振荡器产生。

系统的高速和低速时钟都可作为单片机的系统时钟,但本系统中将 4 MHz 频率的 4 分频后作为系统时钟,32768 Hz 的低速时钟用于 LCD 刷新的时钟源。图 9.13 给出了系统的复位及高低速时钟连接电路图。

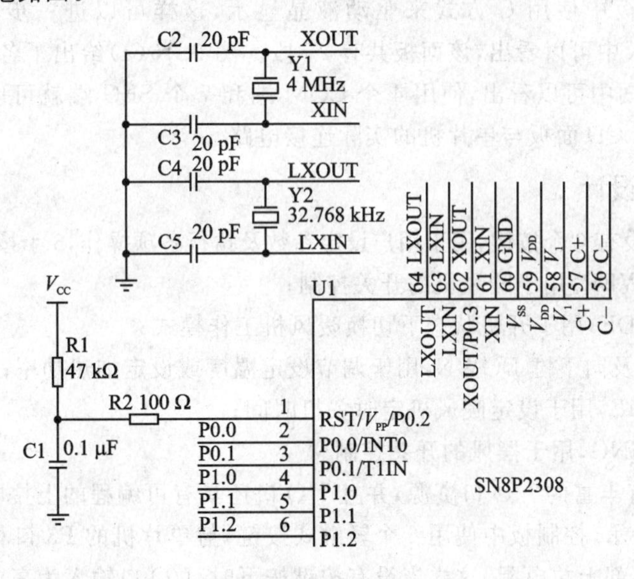

图 9.13 系统的复位及高低速时钟连接电路图

2. 液晶驱动电路设计

SN8P2308 内部的 LCD 驱动器支持 R 和 C 两种驱动电压提供方式(仅 1/3 偏压时)。R

方式使用外部电路来提供LCD电源和偏压；C方式使用内部电荷泵来提供LCD电源和偏压。

1）LCD的R驱动方式

当使用R方式驱动时，芯片的VLCD引脚被接到内部的V_{DD}，偏压V_1、V_2的大小取决于外接偏压电阻；偏压电阻控制了LCD的驱动电流。如果驱动电流太大，则会使LCD显示屏出现拖影。一般偏压电阻的阻值为100 kΩ。图9.14给出了R驱动方式下的外围电路接法（支持1/2偏压和1/3偏压）。

2）LCD的C驱动方式

相对于R驱动方式，C驱动方式的功耗要低得多。其原因在于C驱动方式不需要外围直流偏压电路，从而降低了电流消耗，电荷泵产生的电压由V_1输出，并由片内特殊功能寄存器VLCD的Bit0～Bit2控制。其电路如图9.15所示。

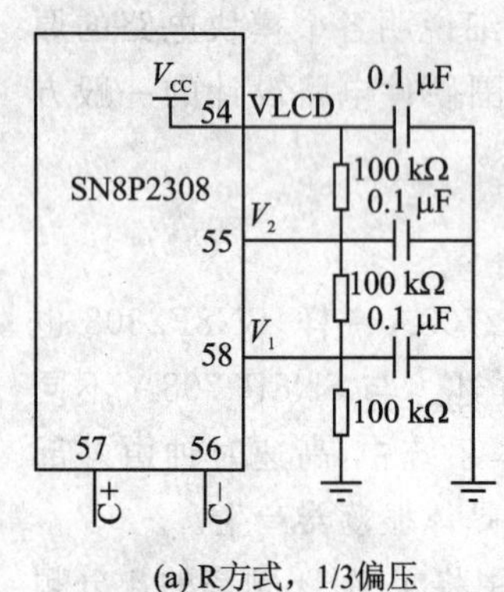

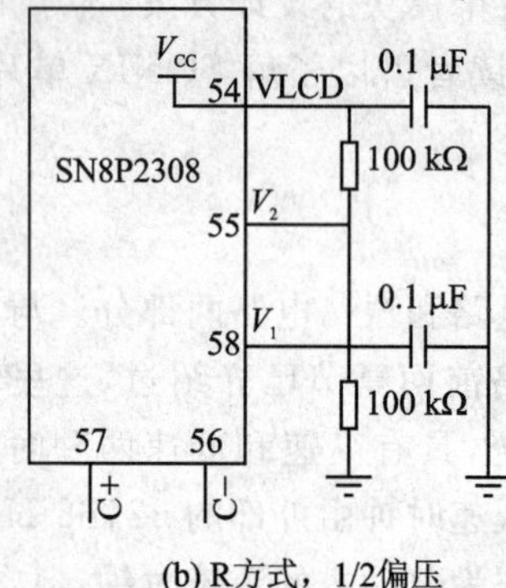

图9.14 R驱动方式电路

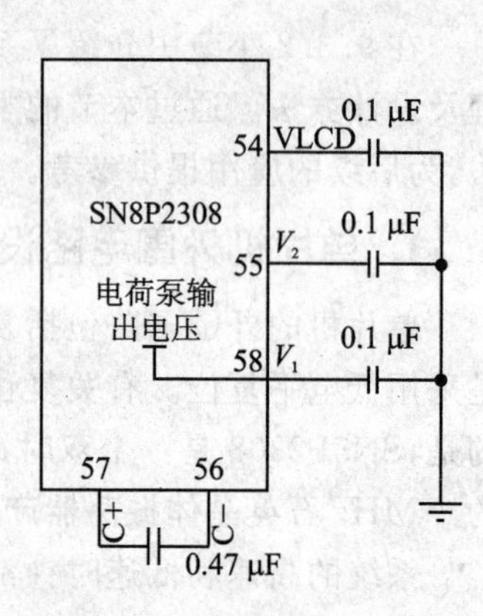

图9.15 C驱动方式电路

暖风机控制面板中使用C方式来驱动液晶显示，这样可以进一步降低硬件成本。从图9.7的暖风机面板中可以看出，该面板共有25段。图9.16(a)给出了各段与公共端及段选端的对应关系。从图中可以看出，使用4个COM端和7个SEG端就可以满足LCD驱动要求。图9.16(b)为LCD面板与单片机的实际连接电路。

3. 键盘电路设计

暖风机面板中设有6个按键，用于用户设定参数及执行各项操作，6个按键及其功能如下：

- 电源键POWER，用于暖风机的开关控制；
- 模式键MODE，用于开机状态下切换暖风机工作模式；
- 向上键UP及向下键DOWN，用于调节设定温度或设定加热功率；
- 定时键TIME，用于设定暖风机定时关机时间；
- 摆风键SWING，用于摆风的开关控制。

SN8P2308具有丰富的I/O口资源，并且I/O口还具有可编程的上拉电阻，键盘接口极为简单。如图9.17所示，控制板中使用6个轻触式按键，与单片机的P3口相连。将P3口设置为输入口，并打开内部上拉电阻，这样当没有按键按下时，I/O口输入为高电平；当有按键按下时，相应的I/O口输入为低电平。

电路中，S1～S6分别对应暖风机的POWER、MODE、UP、DOWN、TIME、SWING键。

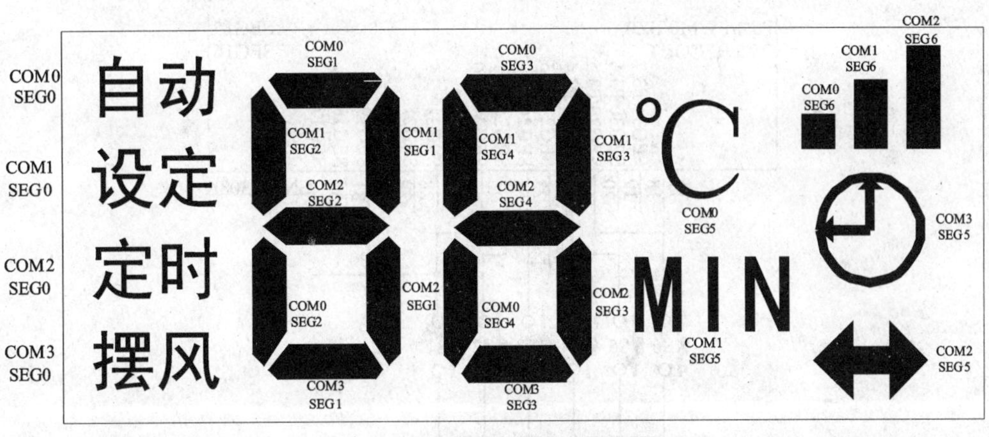

(a) 各段与公共端及段选端的对应关系

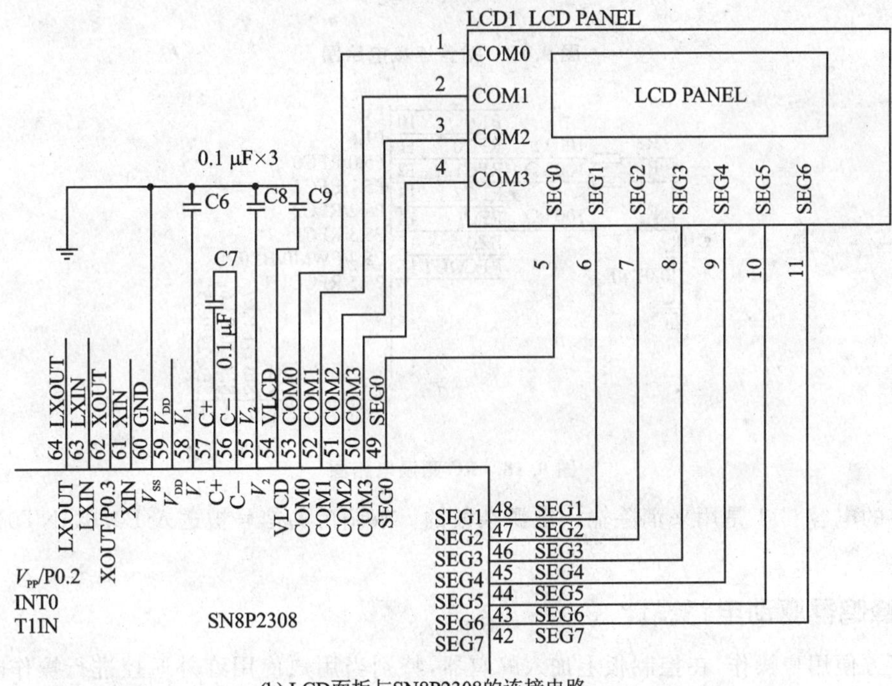

(b) LCD面板与SN8P2308的连接电路

图 9.16 液晶驱动电路

注意：S1 的输入除了被连接到 P3.0 口外，还被连接到了 P0.1 口，这样当系统处于关机状态时，用户可通过按下 POWER 键来唤醒睡眠状态下的单片机。

4. RC 温度测量电路设计

暖风机控制板中使用 SN8P2308 的 P5 口来测量温度，其中精密电阻 R_S为参考电阻，热敏电阻 R_T为温度测量电阻，R3 为限流电阻，C10 为充放电电容。图 9.18 所示为 RC 测温电路图。

5. 红外遥控信号接收电路设计

由于使用集成的一体化红外接收头，因此使得红外接收电路变得相对简单。如图 9.19 所

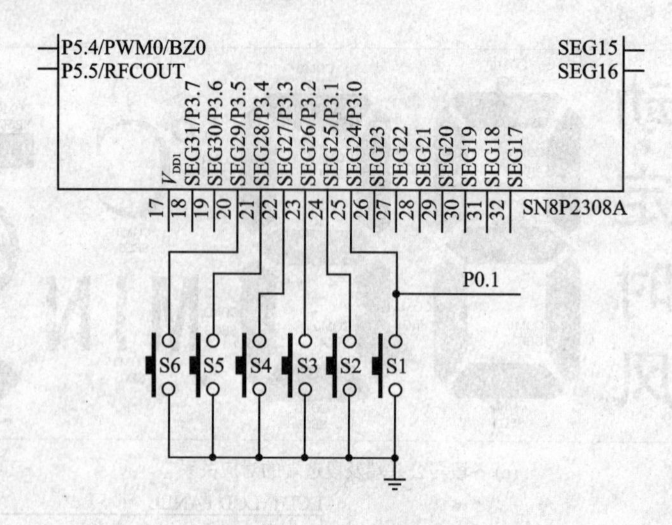

图 9.17　键盘连接电路图

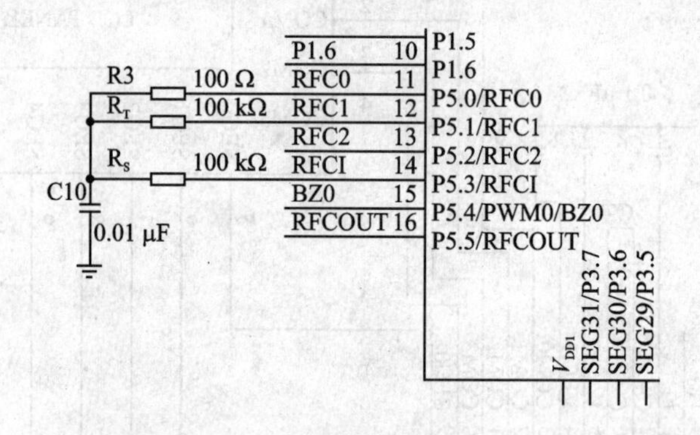

图 9.18　RC 测温电路图

示。图中的电容 C11 是用来消除输入电源杂波的。解调后的信号被送入 P0.0(INT0)口进行解析。

6. 蜂鸣器驱动电路设计

为了方便用户操作，在控制板上加入蜂鸣器，特别当用户使用红外遥控进行操作时，通过蜂鸣器给出提示音来确认操作成功与否，这样更符合用户的操作习惯。图 9.20 中给出了蜂鸣器的驱动电路图。从图中可以看出，电路中 P5.4 通过一个 PNP 管来驱动蜂鸣器。由于 P5.4 具有频率输出功能，因此可以使蜂鸣器发出不同频率的声音。

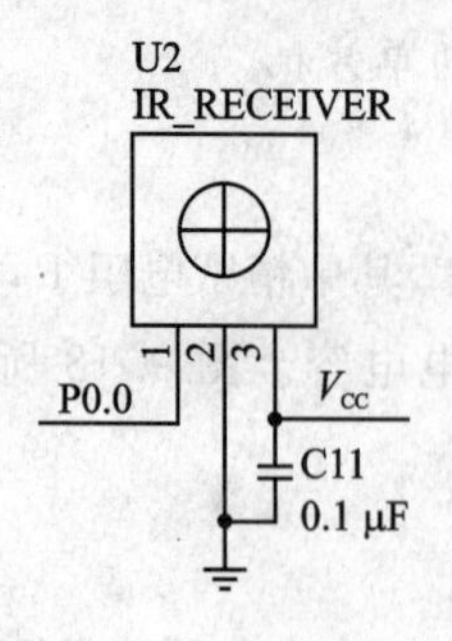

图 9.19　红外接收电路

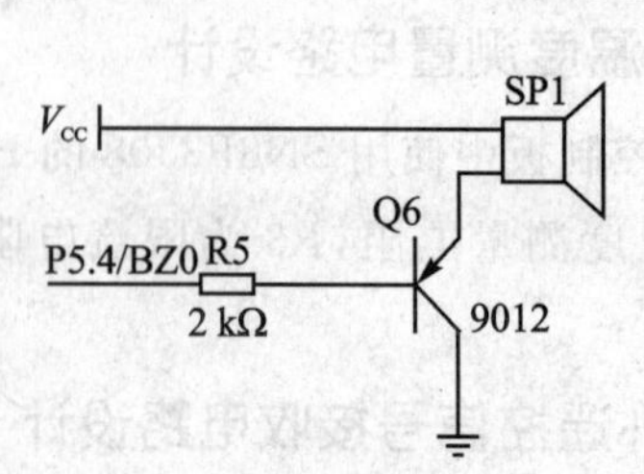

图 9.20　蜂鸣器驱动电路

7. 继电器控制电路设计

暖风机输出功率、风速和摆风通过6个继电器来控制。其中功率输出通过继电器DT1、DT2控制两组电热丝的开关来实现，分为高、中、低3档；风速通过继电器DT3、DT4、DT5来控制风扇的转速，同样分高、中、低3档；摆风由DT6控制。如图9.21所示，6个继电器分别由6个PNP三极管驱动，控制端口为P1.0～P1.5。

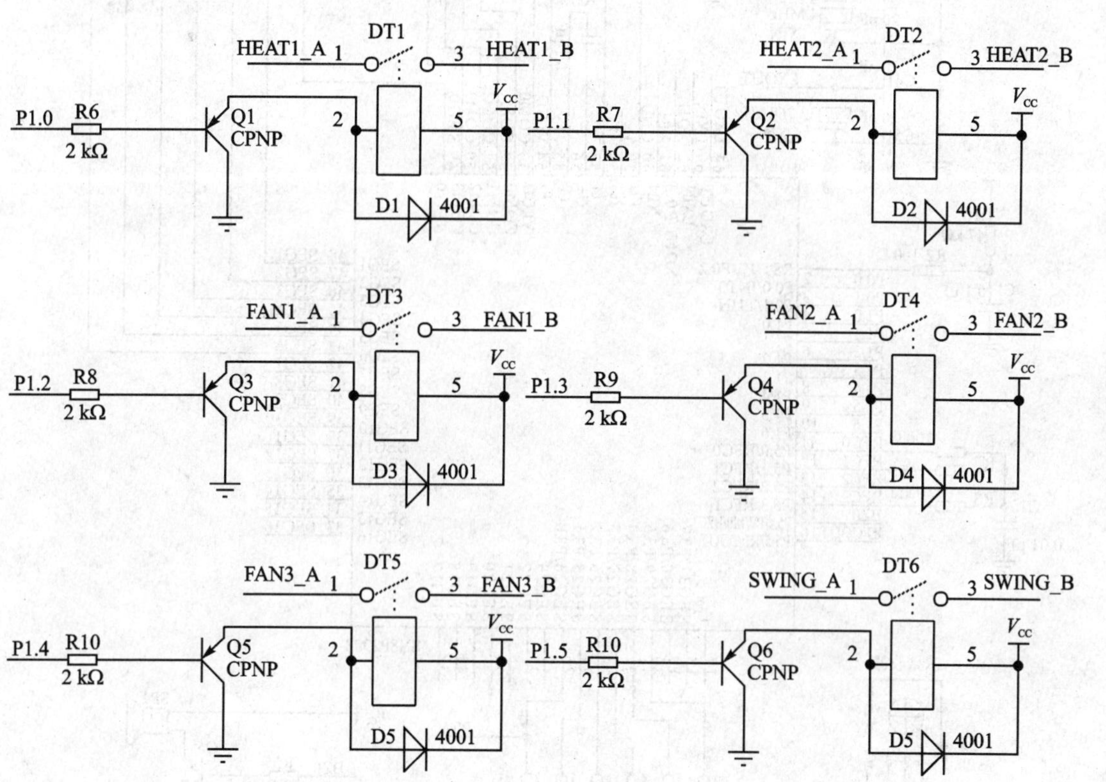

图9.21 暖风机继电器驱动电路

8. 系统总体电路图

以上分别介绍了系统的各个模块电路设计，系统完整电路如图9.22所示。图中未画出继电器驱动电路，该电路可参考图9.21。

9.3.4 暖风机软件设计

暖风机的软件是系统运行的核心，本小节首先介绍软件设计的总体架构，然后详细说明各个底层模块的程序设计方法，包括液晶显示、红外解码、键盘扫描等，最后介绍暖风机应用层的程序设计方法。

1. 系统软件总体架构设计

在暖风机系统软件的设计中，按照层次化的软件设计方法，整个系统软件可划分为3层，即应用层、界面层和底层驱动层。图9.23给出了暖风机系统软件的层次结构图。

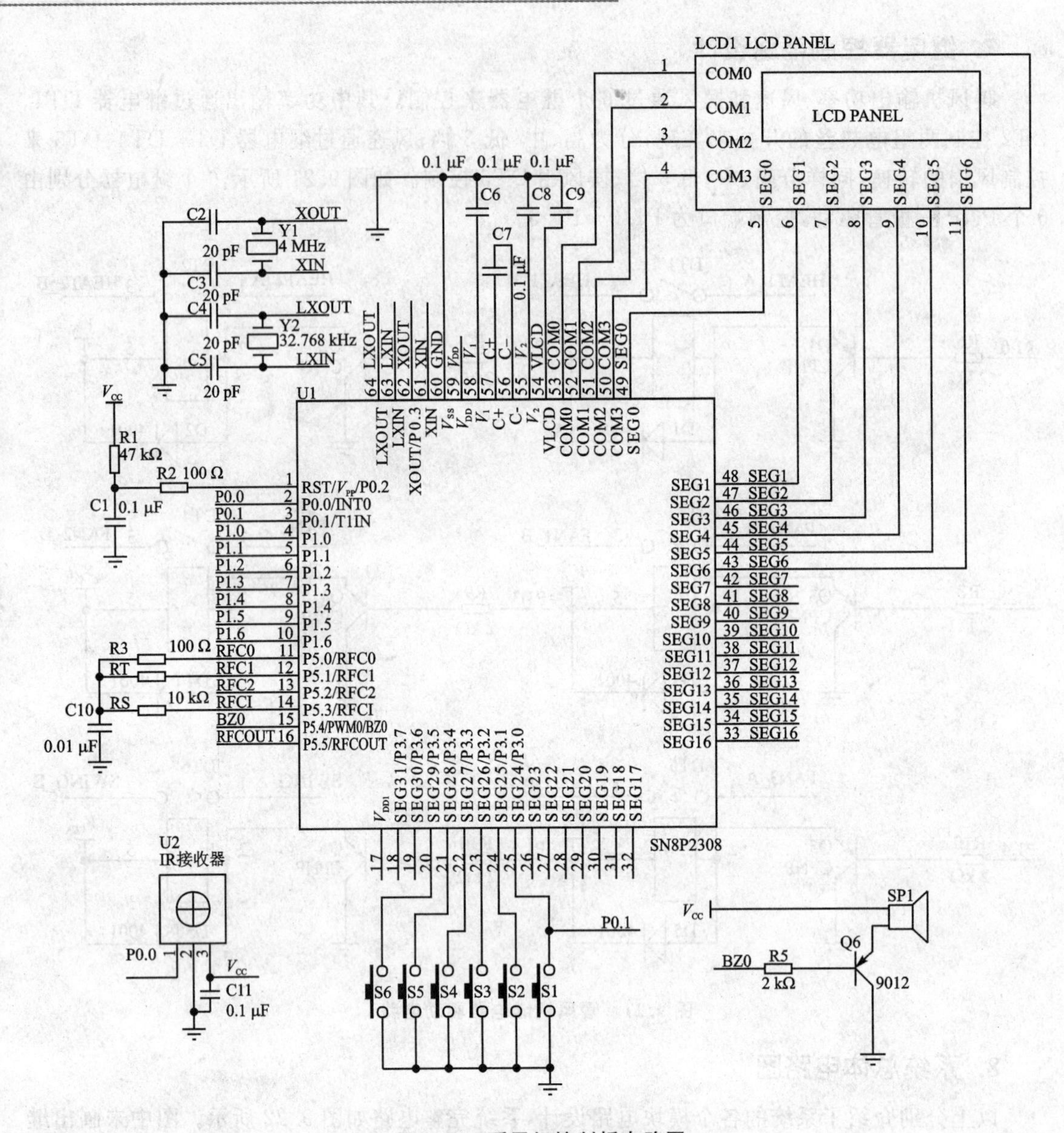

图 9.22　暖风机控制板电路图

下面结合暖风机系统软件的设计对这 3 个层次进行详细说明。

1）底层驱动层

底层驱动层主要包含直接与硬件相关的驱动程序，对于暖风机而言，主要包括 LCD 刷新子程序 mn_lcd、键盘扫描子程序 mn_key、铃音子程序 mn_tone、继电器控制子程序 mn_control、红外解码子程序 mn_infrared 和 RC 测温子程序 mnrc。这些子程序主要是面向硬件的，作为硬件驱动程序，它们处于最底层。这些程序编写的质量直接关系到整个系统的性能，同时对整个系统软件上层各部分设计的便利性也有很大的影响。原则上应该保持底层的各个模块间的独立性，尽量降低它们之间的耦合度，不产生直接的数据交互，也不允许它们之间相互调用，底层也不直接访问应用层，如果需要与应用程序或者其他模块之间通信，都要通过界面层进行数据交互，并接受应用层的调度。驱动程序功能说明如表 9.1 所列。

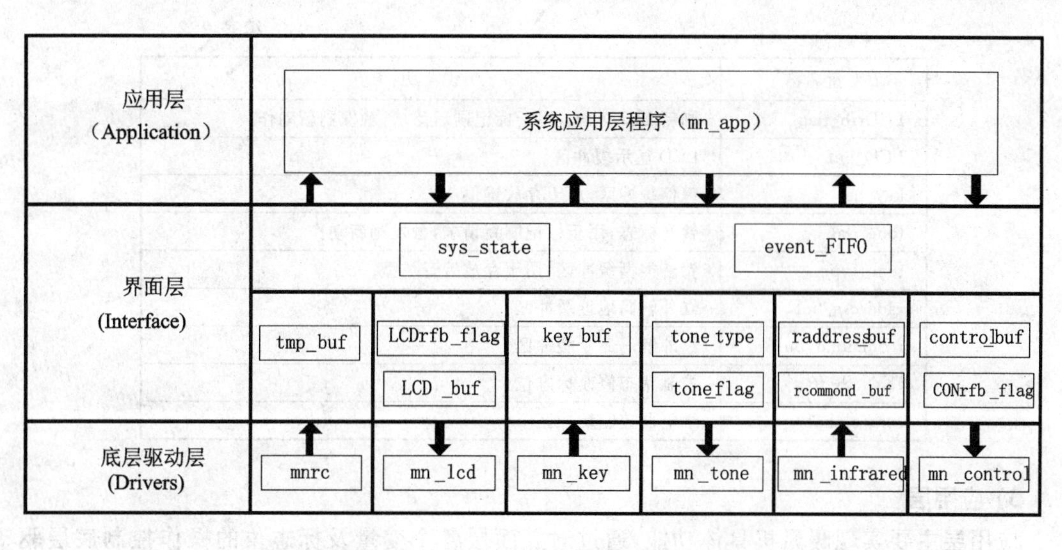

图 9.23 暖风机系统软件的层次结构图

表 9.1 驱动程序功能说明

程序名	描　述	功　能
mnrc	RC 测温子程序	使用 RC 测温电路测量温度，并将温度数据以压缩 BCD 码的形式存入相应的缓冲区中
mn_lcd	LCD 刷新子程序	将显示缓冲区的数据送到 LCD_RAM，完成显示的刷新
mn_key	键盘扫描子程序	用于键盘扫描，包括防抖处理和键值转换，最后键值被存放到键值缓冲区中
mn_tone	铃音子程序	分析铃音事件和铃音类型，控制蜂鸣器发声
mn_infrared	红外解码子程序	处理红外接收头送入的信号，并将处理得到的数据存入相应的缓冲区中
mn_control	继电器控制子程序	分析控制寄存器的内容，并控制继电器动作

2）界面层

界面层主要由各种寄存器、标志位和缓冲区组成，其功能是用于提供数据交互。可以看出，各个底层模块都有自己相应的变量及标志，这些变量是底层与应用层或是底层与其他底层模块对话的接口，也可以将它们理解为程序模块间通信的管道。以 LCD 为例，如果应用层需要更改 LCD 当前的显示内容，那么应用层的 mn_app 中只要将要新的显示数据写入到 LCD_buf 中，并置 LCD 刷新标志位 LCDrfb_flag，则当 LCD 刷新子程序 mn_lcd 检测到 LCDrfb_flag 被置位后，将 LCD_buf 中的内容送到控制内部的 LCD_RAM，就完成了 LCD 的刷新，而这个过程中并未发生应用层对底层的直接调用。

界面层主要变量的说明，如表 9.2 所列。

表 9.2 界面层主要变量的说明

变量名称	说　明
sys_state	系统状态缓冲区，用于存放系统工作的状态
event_FIFO	系统事件缓冲区，用于存放系统的各种事件
tmp_buf	RC 测温温度缓冲区

续表 9.2

变量名称	说 明
LCDrfb_flag	刷新 LCD 标志，用于标记刷新请求，触发刷新动作
LCD_buf	LCD 显示缓冲区
key_buf	键值缓冲区，用于存放键值
tone_flag	铃音标志，用于标记刷新请求，触发刷新动作
tone_type	铃音类型缓冲区，用于存放铃音类型
raddress_buf	红外解码地址缓冲区
rcommond_buf	红外解码命令缓冲区
CONrfb_flag	控制状态修改标志位
control_buf	继电器控制缓冲区

3) 应用层

应用层主要实现暖风机具体功能，通过对界面层各个变量及标志位的操作控制底层驱动层各模块来实现所需功能，而并不越过界面层直接访问底层驱动层。关于应用层的具体编写方法，将在下面的系统应用层软件设计中详细介绍。

注意：在界面层中有两个特别的缓冲区，一个是系统状态寄存器 sys_state，用于存储系统当前工作的状态；另外一个是系统事件缓冲区 event_FIFO，用于存储系统事件。

wrt_FIFO 子程序及 rd_FIFO 子程序这两个子程序分别用于向系统的事件缓冲区写入事件和从事件缓冲区读出事件。其中 wrt_FIFO 子程序允许被底层程序调用，用于通知应用层检测到的事件；而 rd_FIFO 子程序供应用层调用，用于从事件缓冲区读出事件并由应用层处理。由于系统使用事件驱动的软件结构，因此应用层通过分析系统的工作状态和当前事件就可以确定要执行的任务。关于系统状态划分和事件分析，将在下面的应用层程序设计中详细说明。

2. 系统文件组织

系统的设计是以工程的形式来组织的，工程包含有多个文件，有效地组织工程文件对系统软件的设计、调试、维护和移植等起着重要的作用。下面就系统文件的组织方法和编写规范作一简单说明。

1) 系统源文件

系统源文件由一个主文件和多个子文件组成。主文件包含了项目的主循环程序以及其他相关信息。相关信息包括芯片信息、CODE OPTION 信息及声明项目包含的其他子文件模块。子文件是由各个子程序模块组成的，功能相近的子程序要放在一个文件中，文件名可以用“项目名＋模块功能的缩写＋扩展名”表示。下面是本系统定义的文件：

① 主程序文件　　nfj_main. asm；
② 系统寄存器定义模块　　nfj_def. asm；
③ 中断服务程序模块　　nfj_int. asm；
④ 进程处理模块　　nfj_pro. asm；
⑤ 系统处理程序　　nfj_sys. asm；
⑥ RC 测温模块　　nfj_rc. asm；
⑦ 按键处理模块　　nfj_key. asm；

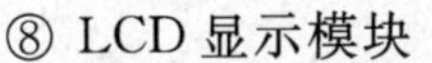

⑧ LCD显示模块　　　　nfj_lcd.asm；

⑨ 时基处理模块　　　　nfj_intgnd.asm。

第②～⑨项为常用的子文件模块。其中：nfj表示项目的名称。

2）子程序

一个文件中可以有多个子程序，为了使程序的结构更加清晰，层次更加分明，子程序的命名要尽量能显示出相互间的调用关系。由main主循环中直接调用的程序，要以"mn_"作为标号的开头。下面是本系统中被主程序调用的子程序名称：

mn_app	系统应用程序；
mn_intgnd	中断与主程序之间的界面子程序；
mn_key	键盘扫描子程序；
mn_lcd	LCD刷新子程序；
mn_tone	铃音处理子程序；
mn_rc	RC测温子程序；
mn_control	继电器控制子程序；
mn_tmpcontorl	温度控制子程序。

3）文件中使用的变量和标号

文件中使用的常量和变量应遵守以下规范：

- 常量和变量的名称要采用有意义的英文单词小写缩写，在定义部分要加注释来说明其含义。
- 常量要定义在.CONST段中；变量要定义在.DATA段中，标识符的长度不超过16个字符。
- 程序中起码会用到3种变量，即全局变量、局部变量、中断局部变量。局部变量利用wk00、wk01…wk0n来表示，中断局部变量用Iwk00、Iwk01表示。

文件中使用的标号要遵守以下规范：

- 标号的名称要采用有意义的英文单词小写缩写。
- 在同一个子程序中，所有的标号应该有规律可寻。一般第一个标号为子程序名，下面所用到的标号用子程序名添加数字表示，从而便于今后程序的添加和修改。数字尽量使用两位数，在子程序的退出位置，数字一般为90。

4）说明和注释

- 程序应包括两部分注释：说明部分和语句注释。
- 源文件说明部分位于每个源文件的最前面，主要描述文件名、作者、生成日期、联络方式、功能描述、版本号、软硬件平台、版权说明、修改记录等简要说明，以英文书写。

例如：

```
/*********************************************************
  Filename:                         ;文件名
    Author:                         ;作者
    Date:                           ;日期
    Email:                          ;邮箱地址
    Description:                    ;功能描述
```

```
Version:                                ;版本号
Hardware&IDE                            ;软硬件平台
Copyright(C),SONIXTECHNOLOGYCo.,Ltd.
History:                                ;修改记录
***********************************************************/
```

- 子程序说明部分位于每个子程序的最前面，主要描述子程序名称、功能、设计原理、所用变量、入口条件、出口信息、调用模块、堆栈层数、影响资源、算法简述、使用说明和修改记录等。

 例如：

```
/**********************************************************
Subroutine:                             ;子程序名称
Description:                            ;子程序功能的描述
Principium:                             ;程序设计原理
Calls:                                  ;被本子程序调用的子程序清单
Variables:                              ;本子程序中所用到的临时变量
Input:                                  ;子程序调用所需要基本参数的说明
Output:                                 ;子程序调用后运算结果的说明
Stack:                                  ;占用的堆栈层数
History:                                ;修改记录
***********************************************************/
```

- 程序在必要的地方必须有注释，注释要准确、易懂、简洁。注释要有意义，如果需要，则还要详细描述相关含义。

3. LCD驱动程序设计

底层驱动模块包括LCD刷新子程序、键盘扫描子程序、铃音子程序、红外解码子程序、RC测温子程序等。一个好的程序架构必须将底层硬件包装起来，应用层对各硬件的操作就是对各硬件对应缓冲区的读/写操作，而不必关心与此硬件相关的其他任何操作。例如，在中断的处理中，应用程序不需要数据中断的堆栈如何保护，不需要知道地址操作，只需要读取中断产生的标志动作即可。通过这些模块程序的设计，读者可以掌握底层驱动模块的设计原则与方法。下面先介绍LCD刷新子程序的设计。

由于SN8P2308有内置的LCD驱动器，因此使软件设计工作变得简单。下面将从初始化、驱动码表的建立和刷新子程序的设计3方面分别说明。

1) 初始化

初始化程序的功能是对LCD驱动的相关寄存器进行配置。SN8P2308与LCD驱动相关的两个寄存器是LCDM和VLCD。LCDM寄存器仅有低4位是有效的，Bit0为LCD驱动使能控制位LCDENB；Bit1为偏压控制位BIAS；Bit2为P3口功能控制位P3SEG；Bit3为时钟源选择控制位RCLK。VLCD寄存器的功能在于控制驱动时钟，以及电荷泵电压输出，Bit0为内部电荷泵使能控制位VLCDCP；Bit1～Bit3为电荷泵输出电压的控制位VLCD0～VLCD2；Bit4～Bit5为电荷泵时钟选择控制位CPCK0～CPCK1。

初始化包括选择时钟源、设置偏压、P3口功能设定、驱动时钟设定和驱动电压设定。下面给出的为R方式驱动的初始化程序，在使用C方式驱动时，还要配置驱动时钟频率和驱动电压。这里设置驱动时钟为32 kHz,驱动电压为1.6 V。

```
init_LCD:
;C方式下的LCD驱动
        mov      a,#00001110b          ;驱动时钟为32 kHz
        b0mov    vlcd,a                ;驱动电压为1.6 V
        b0bset   fvlcdcp               ;c_typemodel
        b0bset   frclk                 ;使用内部RC振荡器
        b0bset   fbias                 ;使用1/3偏压
        b0bset   fp3seg                ;P3用作普通I/O
        b0bset   flcdenb               ;LCD使能
```

2）驱动码表的建立

LCD码表的建立方法与LED数码管码表建立的方法相似,LCD上的每一点都与LCD_RAM中的数据位有映射关系,图9.16(a)给出了各段和公共端及段选端的对应关系,图9.16(b)是LCD面板与单片机的连接关系。由图9.16(b)可以看出,每一个LCD_RAM空间只有低4位是有效的,LCD上显示暖风机状态的段各对应一个公共端和段选端,显示温度和定时数据的高低位可以分别用两个LCD_RAM空间来定义,可得到如下码表:

```
lcd_table:                  ;LCD码表
        DW      003fh       ;0
        DW      0006h       ;1
        DW      005bh       ;2
        DW      004fh       ;3
        DW      0066h       ;4
        DW      006dh       ;5
        DW      007dh       ;6
        DW      0007h       ;7
        DW      007fh       ;8
        DW      006fh       ;9
        DW      0000h       ;全灭
```

3）刷新子程序的设计

根据前面硬件电路接口设计部分中SN8P2308与段位式LCD的电路连接方法,其显示内容为2位数字和11个暖风机状态标志。因为每一个LCD_RAM空间只有低4位是有效的,所以需要建立长度为4字节的显示缓冲区,显示内容被放入显示缓冲区中。刷新程序通过检测刷新标志来决定是否进行刷新操作,如果有刷新标志,则将显示缓冲区的数据转换成显示码,并送入LCD_RAM中;否则直接退出刷新程序。刷新子程序应置于主程序中并定时调用,当显示缓冲区内容改变时,必须置刷新请求标志,以保证显示内容的及时更新。图9.24为刷新子程序的流程图。

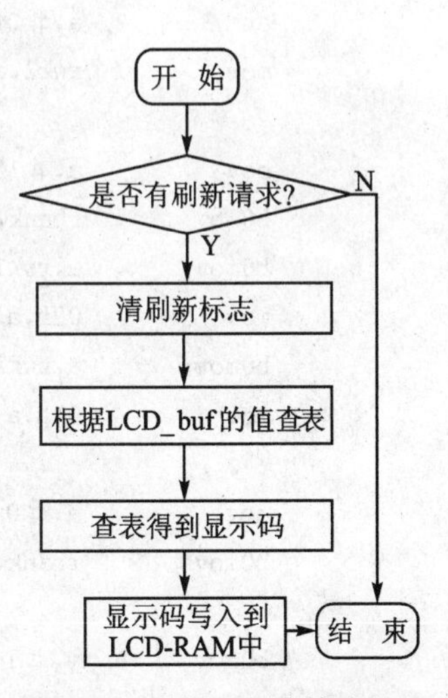

图9.24　刷新子程序的流程图

LCD显示屏上各段的亮/灭与LCD_RAM中的数据有对

应关系，4字节的LCD_buf控制LCD上各段的亮灭。其中LCD_buf+0和LCD_buf+1中的数据经过查表后，其值分别为数字显示的高位和低位的显示码；LCD_buf+2的低4位控制风速信号塔中3段的显示；LCD_buf+3控制8个暖风机状态标志的显示。LCD刷新子程序如下：

```
/*****************************************************************************
功    能：LCD面板显示
使用晶体：4 MHz晶振
说    明：LCD_buf是4字节的LCD显示寄存器，赋不同值，LCD显示相应的内容。LCD_buf + 0 和 LCD_
          buf + 1是温度/定时值显示寄存器，其值变为BCD码后放入LCD_RAM中。LCD_buf + 3是LCD
          显示面板上图形标志的显示寄存器。LCD_buf + 2是暖风机风速大小显示寄存器，以信号塔
          的形式表现出来
*****************************************************************************/
mn_lcd:
        bts1        LCDrfb_flag
        jmp         mn_lcd90
        bclr        LCDrfb_flag
;显示设定温度值
        b0mov       y,#lcd_table$m          ;将LED显示缓冲区TMPBUFL的数据进行处理
        b0mov       z,#lcd_table$l          ;然后送入LCD_RAM中
        mov         a,LCD_buf + 1           ;作为温度/定时值第二位显示
        add         z,a
        movc
        mov         rwk1,a
        mov         rwk2,a
        and         a,#0fh
        mov         rwk1,a

        swapm       rwk2
        mov         a,rwk2
        and         a,#0fh
        mov         rwk2,a

        mov         a,#15
        b0mov       rbank,a
        b0mov       a,rwk1
        mov         03h,a
        b0mov       a,rwk2
        mov         04h,a                   ;显示温度值第二位

        mov         a,#0
        b0mov       rbank,a

        b0mov       y,#lcd_table$m          ;将LED显示缓冲区TMPBUFH的数据进行处理
        b0mov       z,#lcd_table$l          ;然后送入LCD_RAM中
```

```
        mov         a,LCD_buf + 0               ;作为温度/定时值第一位显示
        add         z,a
        movc
        mov         rwk1,a
        mov         rwk2,a
        and         a,#0fh
        mov         rwk1,a

        swapm       rwk2
        mov         a,rwk2
        and         a,#0fh
        mov         rwk2,a
        mov         a,#15
        b0mov       rbank,a
        b0mov       a,rwk1
        mov         01h,a
        b0mov       a,rwk2
        mov         02h,a                       ;显示温度/定时值第一位
;显示 LCD 面板上的标志
        mov         a,#0
        b0mov       rbank,a
        mov_        rwk1,LCD_buf + 3
        mov_        rwk2,LCD_buf + 3
        mov         a,rwk1
        and         a,#0fh
        mov         rwk1,a

        swapm       rwk2
        mov         a,rwk2
        and         a,#0fh
        mov         rwk2,a

        mov         a,#15
        b0mov       rbank,a
        b0mov       a,rwk1
        mov         00h,a
        b0mov       a,rwk2
        mov         05h,a
;显示风速大小信号塔
        mov         a,#0
        b0mov       rbank,a
        mov_        rwk1,LCD_buf + 2
        b0mov       a,rwk1
        and         a,#0fh
        b0mov       rwk1,a
```

```
        mov         a,#15
        b0mov       rbank,a
        b0mov       a,rwk1
        mov         06h,a
mn_lcd90:
        mov         a,#0
        b0mov       rbank,a
        ret
```

4. 键盘扫描子程序设计

有关键盘的编程方法在前面已进行了详细的讨论,此处不再重复。暖风机控制面板中使用的是6个直入式按键。由于系统应用层软件采用事件驱动的方式,所以当不同的按键按下时,将产生不同的事件。键盘扫描子程序直接将按键事件传递到系统事件缓冲区。关于系统软件的事情驱动方式将在下面的系统应用层软件设计中详细叙述。

5. 铃音子程序设计

暖风机控制面板中支持两种铃音:一种是开/关机的铃音;另一种用于开机状态下的按键音提示。按上述要求,系统软件只要控制蜂鸣器的开关时间就可以区分这两种铃音。该功能可以通过使用延时的方式来实现,但这种方式自然会降低系统软件效率。本系统通过系统时基来控制蜂鸣器工作时间。关于系统时基的内容已经在7.2.4小节中介绍过了,这里不在赘述。

蜂鸣器发声可以看作一个铃音事件,该事件是否发生是通过铃音标志位来确定的,铃音子程序将在主程序中不断被调用,当该子程序被调用后,首先检测是否有铃音事件标志,如果有,则分析是何种铃音类型,然后将相应的铃音初值放入铃音时间计数缓冲区中。在时基处理程序中,该计数器被不断进行减1操作,当计数器被减到0时,表明时间到,关闭蜂鸣器。铃音处理程序如下:

```
mntone:
        jb0     ftone_event,mntone90        ;是否有铃音事件

        bclr    ftone_event                 ;清铃音标志
;装入铃音码表地址
        b0mov   Y,#Ring1_table$M            ;读铃音1码表
        b0mov   Z,#Ring1_table$L
;读入时间
        mov     a,Rtone_step
        add     z,a
        bts0    Fc
        incms   y
        movc
        mov     Rtone_time,a                ;存铃音时间
        b0bclr  ptone                       ;开铃音
mntone90:
        ret
;*****************************铃音码表*******************************
```

```
;按键音
Ring_table:
        DW          0x0020                          ;普通按键音
        DW          0x0080                          ;开/关机按键音
```

设系统的时基为 10 ms，当蜂鸣器计时寄存器 Rtone_time 被置初值后，时基处理程序中需要加入对该寄存器进行减 1 的操作，然后在该寄存器被减为 0 时关闭铃音，就可以完成铃音功能。时基部分处理铃音的代码如下：

```
mnintgnd:
          ⋮
          decms       Rtone_time
          jmp         mnintgnd20
          b0bset      ptone                        ;关闭铃音
mnintgnd20:
          ⋮
```

使用这种方式可以有效地提高系统的效率，且上层应用接口简单，当需要增加铃音类型时也相当方便。

6. 红外遥控解码程序设计

在红外遥控电路中，红外编解码的方式有多种，不同的公司有自己的编码协议，并应用于自己的产品中。在这些编解码协议中，使用较为普遍的有 NEC 公司的编解码协议，简称为 NEC 协议。NEC 远程控制协议是由 NEC 公司自主开发的，该协议早期被应用于 NEC 公司的电子产品中，后来也被其他厂商所采用，市场有该协议的专门的编解码芯片。该协议的主要特点如下：

- 地址和命令的长度各为 8 位；
- 为了提高可靠性，地址和命令都被发送两次(先发送原始数据，再发送取反后的数据)；
- 使用脉宽调制；
- 载波频率为 38 kHz；
- 发送每一位的时间为 1.12 ms 或 2.25 ms。

NEC 协议数据位使用脉宽调制的方式，每个脉冲的长度为 560 μs、频率为 38 kHz。传送一位逻辑 1 需要花费 2.25 ms 的时间，而传送一位逻辑 0 仅需要 1.12 ms，如图 9.25 所示。

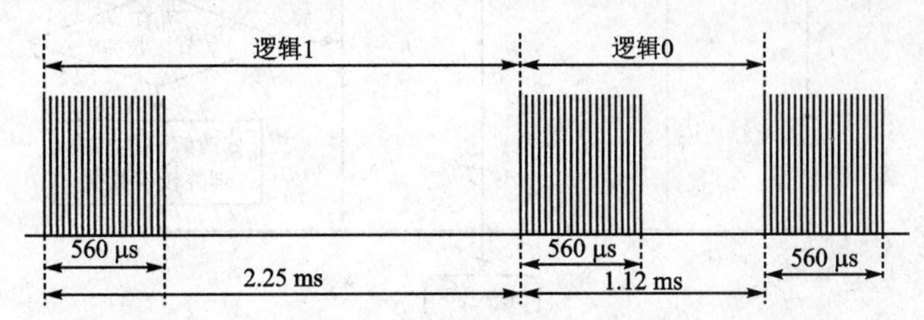

图 9.25　数据位调制方式

图 9.26 为典型的 NEC 协议数据帧格式，每一帧数据开始会有一个长度为 9 ms 的载波脉冲序列发射，目的是调整红外接收器的前端增益。增益调制脉冲序列之后会有 4.5 ms 的空

闲，之后就是地址数据和命令数据。从图中可以看出，低位数据是首先被发送的，图中传送的地址数据为59，命令数据为16。地址数据和命令数据都被传输了两次，第二次传输的数据是原始数据取反后的数据，这样做的目的是用于差错检验。如果对传输的可靠性要求并不高，则可以忽略反转码的值，或者扩展地址和命令的长度为16位。

图9.26 NEC协议数据帧格式

在暖风机单片机的设计中，采用了NEC协议。红外遥控发射器是基于SONIX公司的SN8P2602单片机设计的。关于红外遥控发射器的具体硬件电路及软件设计不再详述，这里重点介绍控制板端的解码软件设计方法。

考虑到整个系统软件的实时性要求，若使用延时方式必然不能满足要求，在暖风机面板的设计中将使用外部中断和定时器配合的方式来实现红外遥控的解码。由图9.19可知，红外接收头的输入端被连接到了具有中断功能的P0.0口，程序中使用中断的方式来触发解码，配合定时器TC0来计算脉冲宽度，从而实现了红外解码。图9.27为红外解码的软件流程图。

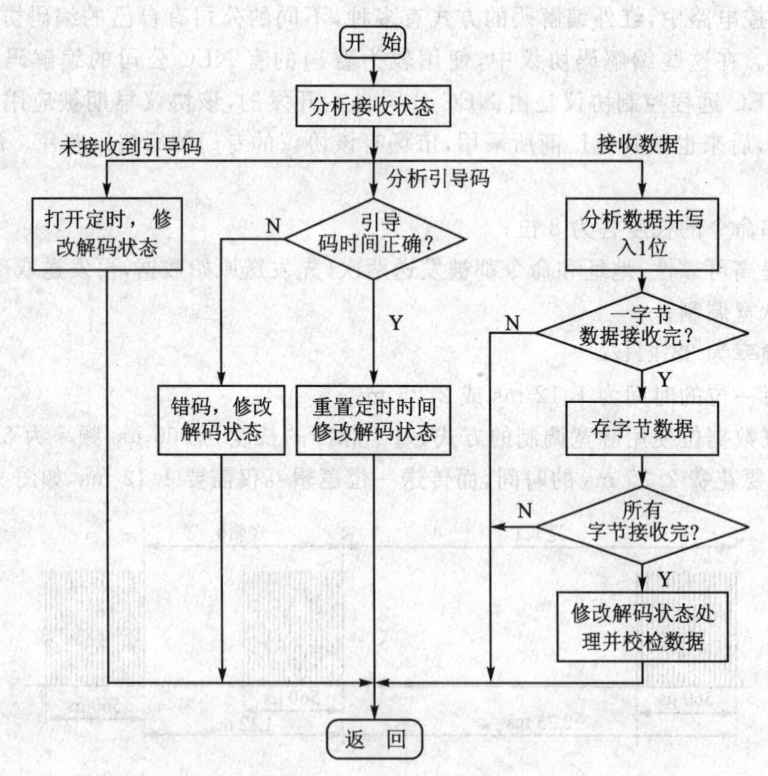

图9.27 红外解码软件流程图

为了提高红外解码的准确性，必须保证红外接收头输入的每一个脉冲信号得到及时处理，所以解码部分程序是被放置到外部中断0(INT0)中，通过脉冲的下降沿触发INT0中断。其具体程序如下：

```
;====================INT0 中断服务程序(红外解码)======================
INT0int_sev:
;关闭 T0,以减少干扰
        b0bclr      FT0IEN                          ;禁止 T0 中断
        b0bclr      FT0ENB                          ;关闭定时器 T0
;-----------------分析解码状态-------------------------
        mov         a,rdecoding_state
        @jmp_a      3
        jmp         IR_decoding10
        jmp         IR_decoding20
        jmp         IR_decoding30

IR_decoding10:
        bset        ftc0enb                         ;打开定时器开始计时
        mov_        rdecoding_state,#1              ;修改解码状态
        jmp         INT0int_sev90
;-----------------检测引导码----------------------------
IR_decoding20:
        bclr        ftc0enb                         ;关闭定时器
        mov_        rwk1,tc0c                       ;暂存定时器值
        clr         tc0c                            ;定时器清 0
        bset        ftc0enb                         ;打开定时器开始计时
;判断引导码时间共 13.6 ms
        mov         a,rwk1
        sub         a,#209
        jnc         IR_decoding21                   ;发生借位,时间太短
        mov         a,rwk1
        sub         a,#216
        jc          IR_decoding21                   ;未发生借位,时间太长
;引导码时间正确
        mov_        rdecoding_state,#2              ;修改解码状态
        jmp         INT0int_sev90
;引导码时间错误
IR_decoding21:
        bclr        ftc0enb                         ;关闭定时器
        mov_        tc0c,#0                         ;定时器清 0
        mov_        rdecoding_state,#0              ;修改解码状态
        jmp         INT0int_sev90
;----------------------分析数据------------------------
IR_decoding30:
        bclr        ftc0enb                         ;关闭定时器
        mov_        rwk1,tc0c                       ;暂存定时器值
        mov_        tc0c,#0                         ;定时器清 0
```

```
        bset        ftc0enb                 ;打开定时器开始计时
;判断是否为0
        mov         a,rwk1
        sub         a,#15
        jnc         IR_decoding31           ;发生借位,时间太短
        mov         a,rwk1
        sub         a,#19
        jc          IR_decoding31           ;未发生借位,时间太长
;判断接收到0
        rrcm        rrec_buf
        jmp         IR_decoding32
;判断是否为1
IR_decoding31:
        mov         a,rwk1
        sub         a,#30
        jnc         IR_decoding33           ;发生借位,时间太短
        mov         a,rwk1
        sub         a,#38
        jc          IR_decoding33           ;未发生借位,时间太长
;判断接收到1
        rrcm        rrec_buf
        mov         a,#80h
        add         rrec_buf,a              ;最高位置1
;调整接收位
IR_decoding32:
        incms       rbit_cnt                ;位计数值加1
        nop
        mov         a,rbit_cnt
        cjne        a,#8,INT0int_sev90      ;判断1字节是否发送完成
;1字节接收完毕,切换数据
        jmp         IR_decoding34
;接收差错处理
IR_decoding33:
        bclr        ftc0enb                 ;关闭定时器
        clr         tc0c                    ;定时器清0
        clr         rdecoding_state         ;修改解码状态
        clr         rbit_cnt
        clr         rdata_cnt
        clr         rIR_commond             ;清除命令缓冲
        clr         rIR_address             ;清除地址缓冲
        jmp         INT0int_sev90
;切换接收的数据
IR_decoding34:
        clr         rbit_cnt                ;清计数
        incms       rdata_cnt               ;调整数据计数
```

```
        nop
        mov         a,rdata_cnt
;分析要发送第几个数据
        @jmp_a      4
        jmp         INT0int_sev90
        jmp         change_data01
        jmp         change_data02
        jmp         change_data03
        jmp         change_data04
;接收到地址
change_data01:
        mov_        rIR_address,rrec_buf            ;存地址码
        clr         rrec_buf
        jmp         INT0int_sev90
;接收到地址反码
change_data02:
        mov         a,rrec_buf
        xor         a,#0ffh                         ;取反
        cjne        a,rIR_address,IR_decoding35     ;检验差错
        clr         rrec_buf
        jmp         INT0int_sev90
;接收命令
change_data03:
        mov_        rIR_commond,rrec_buf            ;存命令码
        clr         rrec_buf
        jmp         INT0int_sev90
;接收命令反码
change_data04:
        mov         a,rrec_buf
        xor         a,#0ffh                         ;取反
        cjne        a,rIR_commond,IR_decoding35     ;检验差错
        clr         rrec_buf
;接收已完成
        bclr        ftc0enb                         ;关定时器 TC0
        clr         tc0c                            ;定时器清 0
        clr         rdata_cnt                       ;清数据计数
        clr         rdecoding_state                 ;修改解码状态

        jmp         INT0int_sev90
;校检出错
IR_decoding35:
        bclr        ftc0enb                         ;关定时器 TC0
        mov_        tc0c,#0                         ;定时器清 0
        mov_        rdata_cnt,#0                    ;清数据计数
        clr         rIR_commond                     ;清除命令缓冲
```

```
        clr         rIR_address                     ;清除地址缓冲
;退出程序
INT0int_sev90:
        b0bset      FT0IEN                          ;打开 T0 中断
        b0bset      FT0ENB                          ;打开定时器 T0
        reti
```

7. RC 测温子程序设计

1) RC 测温步骤

PC 测温的步骤如下(RC 测温电路见图 9.18):

(1) 先将 P5.0、P5.1、P5.3 都设为低电平输出,电容 C10 进行放电为温度测量作准备。

(2) 当确保电容放电结束后,将 P5.3 设置成高电平输出,P5.0、P5.1 设置成输入状态,P5.3 通过精密电阻 R_S 对电容 C10 充电,同时定时器开始计时。

(3) 检测 P5.0 口状态,当检测 P5.0 口输入的状态由 0 跳变到 1 时,立即从定时器中读出充电时间 t_S。

(4) 将 P5.0、P5.1、P5.3 都设置成输出低电平,使电容器 C10 开始放电,为下一步测量作准备。

(5) 将 P5.0、P5.1 设置成输入状态,P5.3 设置成高电平输出,P5.3 通过热敏电阻 R_T 对电容 C10 充电。

(6) 当检到 P5.0 口输入电平的跳变时,立即读入充电时间 T_t。然后,设 3 个 I/O 口为输出低电平,使电容器 C10 放电,为下一步测量作准备。

(7) 根据两次测量得到的充电时间,通过数据处理计算出 R_T 的值。由于这种检测方法精度不可能很高,通常采用查表和插值法求得结果。

2) 电路中参数选择

在 RC 测温过程中,测量精度与系统时钟、充电时间、放电是否完全、标准电阻 R_S 的稳定性等因素有关。为了保证一定的测量精度,充电时间不能太长,也不能太短。太长会影响测量速度,太短会降低测量精度。充电时间范围一般取 $0.357RC \sim 1.61RC$,若选择定时器时间分辨率为 1 μs,最小读数为 100,则 $0.357RC = 100\ \mu s$,即可得到充电时间范围为 100～451 μs。设测量温度范围为 0～40 ℃,已知 R_T 的阻值在 0 ℃下为 27.606 kΩ,在 40 ℃下约为5.8 kΩ,则可以计算出电容 C10 的取值范围约为 0.01～0.05 μF。

3) 电阻阻值和温度的计算

利用公式 $R_T = T_T \cdot R_S / T_S$,计算 R_T 时,程序中涉及双字节的乘法求出 $R_S \cdot T_T$,以及 4 字节的除法再计算出 R_T。

计算温度时,由于阻值和温度之间的非线性关系,因此如果采用曲线拟合,则计算量将会增大,程序运行的速度也会受到限制;而采用查表插值法则非常适合而有效。表格的生成过程如下:从生产厂家给出的阻值-温度特性表中查出热敏电阻阻值,按每 1 ℃间隔填于表9.3 中。

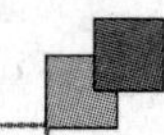

表 9.3 温度和热敏电阻的阻值的对应关系

T/℃	阻值/kΩ	阻值按十六进制表示	T/℃	阻值/kΩ	阻值按十六进制表示
0	27.606	6bd6h	21	11.647	2d7fh
1	26.427	673bh	22	11.210	2bcah
2	25.308	62dch	23	10.786	2a22h
3	24.236	5each	24	10.386	2892h
4	23.218	5ab2h	25	10.000	2710h
5	22.259	56f3h	26	9.631	259fh
6	21.331	5353h	27	9.277	243dh
7	20.450	4fe2h	28	8.937	22e9h
8	19.621	4ca5h	29	8.613	21a5h
9	18.819	4983h	30	8.302	206eh
10	18.018	4662h	31	8.003	1f43h
11	17.322	43aah	32	7.718	1e26h
12	16.641	4101h	33	7.445	1d15h
13	15.968	3e60h	34	7.182	1c0eh
14	15.337	3be9h	35	6.929	1b11h
15	14.750	399eh	36	6.688	1a20h
16	14.165	3755h	37	6.457	1939h
17	13.618	3571h	38	6.233	1859h
18	13.081	3319h	39	6.019	1783h
19	12.581	3125h	40	5.813	16b5h
20	12.110	2f4eh			

为了便于进行插值运算，首先将电阻值转换为十六进制。可以进行变换处理，以1 kΩ为单位，用无符号整数表示电阻值。这样一来，10 kΩ阻值就可以用2710h表示，1 kΩ用3e8h表示，27.606 kΩ用6bd6h表示。因为表格的内容是在0～40 ℃范围内按温度由低到高间隔为1 ℃均匀排列的，所以温度数据可作为索引值使用。将温度数据从表格中删除，就可得到最终的表格。其数据如下：

```
lkuptab:
    DW    6bh6h,673bh,62dch,5each,5ab2h,56f3h,5353h,4fe2h,4ca5h,4983h  ;0～9 ℃
    DW    4662h,43aah,4101h,3e60h,3be9h,399eh,3755h,3571h,3319h,3125h  ;10～19 ℃
    DW    2f4eh,2d7fh,2bcah,2a22h,2892h,2710h,259fh,243dh,22e9h,21a5h  ;20～29 ℃
    DW    206eh,1f43h,1e26h,1d15h,1c0eh,1b11h,1a20h,1939h,1859h,1783h  ;30～39 ℃
    DW    16b5h                                                        ;40 ℃
```

4）线性插值算法

表9.3中只给出了0～40 ℃内间隔为1 ℃的阻值。那么，在这些间隔之间任一点的温度值如何确定呢？在数学处理中，最常用的就是用插值法来处理，以获得该点的温度值。实际

上，插值处理就是在允许的误差范围内用一简单函数表达式近似代替复杂关系，由已知点推算出未知点。应用最多、最简单的就是线性插值法。其插值函数为 $y=Kx+b$。

在计算出热敏电阻的阻值 R_T 以后，通过查表得到表格中最接近 R_T 的相邻两个阻值 R_1、R_2 对应的温度 T_1 和 T_2，且 $T_2-T_1=1$ ℃，如图 9.28 所示。其中，按线性插值算法：

$$\begin{cases} R_1=KT_1+b \\ R_2=KT_2+b \\ R_T=KT+b \end{cases}$$

可以求出：

$$T=\frac{R_1-R_T}{R_1-R_2}+T_1$$

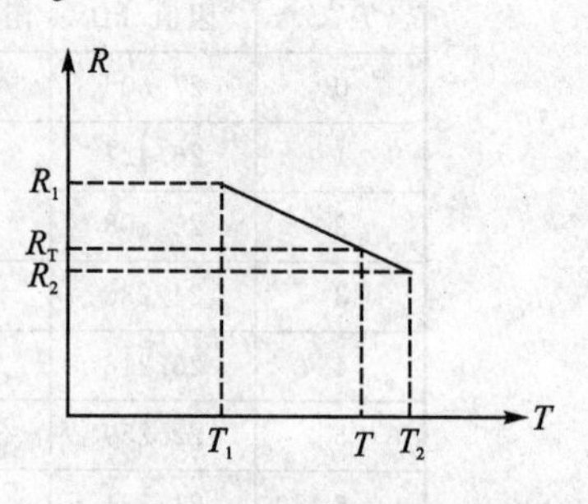

图 9.28　线性插值示意图

5）程序设计

RC 测温使用了 3 个 I/O 口，电容充电时间是在 P5.0 检测到高电平时结束的。其程序设计时应注意以下几点。

（1）3 个 I/O 口在非测量状态时设置为输出低电平，以确保电容器完全放电。

（2）3 个 I/O 口在测量过程中不能接上拉电阻；否则测量结果将完全错误。

（3）充电时间的测量有 3 种方法：第一种方法是利用定时器，在充电时启动定时器，当检测到高电平时，立即冻结定时器并读出定时器寄存器值。第二种方法是利用中断方式，将电平检测引脚接到 P0.0 引脚上，并设 INT0 为上升沿触发方式，在充电时启动定时器，当 INT0 进入中断后，立即冻结定时器。以上这两种方法，不管是冻结定时器还是响应中断，都有一定的时间延误，故这两种方法没有明显的优点。第三种方法是用软件查询，并通过修改表格来弥补软件延误的误差，这是以软代硬的最佳方案。

（4）系统时钟：SONIX 单片机时钟设置方案较多，在对温度测量精度要求不高时，为了降低成本，可采用内部或外部 RC 振荡器；在对精度要求较高时，可采用外部晶振。到底是采用哪一种时钟，要综合系统的各种需求最后确定。

（5）完成温度检测的程序包含以下几部分：端口初始化设置，充电时间的检测，阻值和温度的计算。程序设计时，为了兼顾系统其他任务，可采取每运行一次温度检测程序，只进行一次充电过程（R_S 或 R_T），而把放电过程放在主程序的循环中进行。另外，系统对温度检测的速度要求不高，为了减小干扰影响，可通过多次测量结果求平均值的方法。

下面是温度检测模块的程序清单：

```
;=================================================================
;文件名：mnrc1.asm
;文件功能：利用 SONIX 单片机的 I/O 口测量温度(RC 充放电测温)
;编译环境：M2ASM110
;-----------------------------------------------------------------
.CONST
;测温 I/O 引脚定义
    pm_trd      EQU     FP53M               ;标准电阻引脚方向
    pm_nsr      EQU     FP51M               ;热敏电阻引脚方向
    pm_rc       EQU     FP50M               ;检测引脚方向
    P_trd       EQU     FP53                ;标准电阻充电引脚
```

```
    p_nsr          EQU       FP51                    ;热敏电阻充电引脚
    p_rc           EQU       FP50                    ;检测输入引脚
;lkuptab 中数据个数定义
    lkupnum        EQU       41
;-------------------------------------------------------------------------
.DATA
    rcflag         DS        1
    frcout         EQU       rcflag.0                ;开始放电标志位
    frcend         EQU       rcflag.2                ;充电结束标志位
    trdtmh         DS        1                       ;标准电阻充电时间记录高字节
    trdtml         DS        1                       ;标准电阻充电时间记录低字节
    nsrtmh         DS        1                       ;热敏电阻充电时间记录高字节
    nsrtml         DS        1                       ;热敏电阻充电时间记录低字节
    lowp           DS        1
    highp          DS        1
    middlehp       DS        1
    middlep        DS        1                       ;折半查找法指针变量定义
.CODE
/*************************************************************
程序名称:mnrc
程序说明:有测温请求时,subflag1 = 1
         测温完成时,subflag1 = 0,并将测温数据存放在 Tmpintl 和 Tmpdecl 中
输入参数:测温请求标志 subflag1
输出参数:具体的温度为 Tmpintl(整数部分)、Tmpdecl(小数部分)
程序功能:RC 充放电测温
*************************************************************/
mnrc:
        bts1        subflag1                         ;是否有测温请求
        jmp         mnrc90;
        mov         a,rcmode
        @jmp_a      5
        jmp         mnrc10                           ;放电
        jmp         mnrc20                           ;标准电阻充电
        jmp         mnrc10                           ;放电
        jmp         mnrc30                           ;热敏电阻充电
        jmp         mnrc40                           ;计算温度值
;放电
mnrc10:
        bts0        frcout                           ;正在放电否
        jmp         mnrc60
        bset        frcout                           ;置 RC 开始放电标志
        bclr        p_trd
        bset        pm_trd
        bclr        p_nsr
        bset        pm_nsr
```

```
        bclr        p_rc
        bset        pm_rc                       ;低电平输出(放电)
        mov         a,#5
        mov         rcnt,a                      ;放电时间为5×Tb(Tb为时间基值)
        jmp         mnrc90
;标准电阻充电
mnrc20:
        clr         trdtmh
        clr         trdtml                      ;标准电阻充电计时单元清0
        bset        p_trd
        bset        pm_trd
        bclr        pm_rc
        bclr        pm_nsr                      ;标准电阻充电
mnrc21:
        incms       trdtml
        jmp         $ +2
        incms       trdtmh                      ;充电时间+1
        bts1        p_rc
        jmp         mnrc21                      ;标准电阻充电时间(软件计时)
        jmp         mnrc80
;热敏电阻充电
mnrc30:
        clr         nsrtmh
        clr         nsrtml                      ;热敏电阻充电计时单元清0
        bset        p_nsr
        bset        pm_nsr
        bclr        pm_rc
        bclr        pm_trd                      ;热敏电阻充电
mnrc31:
        incms       nsrtml
        jmp         $ +2
        incms       nsrtmh                      ;充电计时时间+1
        bts1        p_rc
        jmp         mnrc31                      ;热敏电阻充电时间(软件计时)
        jmp         mnrc80
;计算温度值(先算热敏电阻阻值)
mnrc40:
        mov_        y,nsrtmh                    ;双字节乘法入口参数数据准备
        mov_        z,nsrtml                    ;被乘数(标准电阻充电时间)
        mov_        wk00,#27h
        b0mov       x,#10h                      ;标准电阻阻值为10 kΩ
        call        muld                        ;双字节乘法
        mov_        x,trdtmh                    ;4字节除法入口参数数据准备
        mov_        r,trdtml                    ;除数(热敏电阻充电时间)
        call        lkuphalf                    ;折半查找
```

```
        call        LinInsrtPro                     ;准备插值数据
        call        LinInsrt                        ;插值
        mov_        Tmpdecl,l                       ;取测温的小数部分
        mov_        Tmpintl,middlep                 ;取测温的整数部分
        jmp         mnrc80
mnrc60:
        mov         a,rcnt                          ;放电时间到否
        bts1        fz
        jmp         mnrc90
        bclr        frcout                          ;清除RC放电标志
        jmp         mnrc80
mnrc80:
        incms       rcmode                          ;模式加1
        mov         a,rcmode
        sub         a,#5                            ;若模式为5,则清0
        jnc         mnrc90
        clr         rcmode
        bclr        subflag1                        ;清除测温请求标志
mnrc90:
        ret
/*************************************************************
程序功能:放电计时
输入参数:rcnt
输出参数:无
执行时间:fCPU = 1 MHz时,≤11 μs
*************************************************************/
drcnt:
        bts1        frcout                          ;是否在放电过程中
        jmp         drcnt90
        mov         a,rcnt                          ;是否已放电完成
        bts0        fz
        jmp         drcnt90
        decms       rcnt                            ;若没有完成,则计时单元减1
        nop
drcnt90:
        ret
/*************************************************
程序名称:lkuphalf
程序功能:双字节温度查表
输入参数:被比较数h、l(高、低位)
输出参数:被寻找数据在lkuptab表中,最近的组号在middlep中
程序说明:(1)用于非线性条件下的双字节折半查找
        (2)折半查找表的名称固定为lkuptab
        (3)lkuptab中数据至少为3组,最多为255组数据(highp只有1字节)
        (4)需要定义常量lkupnum(指明lkuptab表中数据个数)
```

```
        (5)lkuptab表中数据由大到小顺序排到
        (6)为本子程序定义的4个变量lowp、highp、(middlep)、middlehp可被其他程序复用
使用宏：jz、jnc、jc
*********************************************/
lkuphalf:
        clr         lowp                    ;低位指针记录单元
        mov         a,#lkupnum - 1
        mov         highp,a                 ;高位指针记录单元
lkuphalf10:
        mov         a,highp
        bset        fc
        sub         a,lowp
        cmprs       a,#01h
        jmp         $ + 2
        jmp         lkuphalf90              ;判断查找结束条件
        clr         middlehp
        mov         a,lowp
        add         a,highp
        bts0        fc
        incms       middlehp
        mov         middlep,a               ;中间指针记录单元
        rrcm        middlehp
        rrcm        middlep                 ;减半
        b0mov       y,#lkuptab$m
        b0mov       z,#lkuptab$l
        mov         a,middlep
        add         z,a
        bts0        fc
        incms       y                       ;指定查数据的地址
        movc                                ;取表中数据
        xch         a,r                     ;取出的高低位数据对调
        bset        fc
        sub         a,h
        jz          lkuphalf30
        jc          lkuphalf40
;小于
lkuphalf20:
        mov         a,middlep
        mov         highp,a
        decms       middlep
        jmp         lkuphalf10
        jmp         lkuphalf10
;等于
lkuphalf30:
        xch         a,r                     ;取低位数据
```

```
        bset        fc
        sub         a,l
        jz          lkuphalf90                  ;完成查找
        jnc         lkuphalf20
;大于
lkuphalf40:
        mov         a,middlep
        mov         lowp,a
        incms       middlep
        jmp         lkuphalf10
lkuphalf90:
        ret
```

以下是线性插值处理相关的程序代码：

```
/************************插值临时变量定义************************/
.DATA
        WkR00       DS      1                   ;取插值边沿高位
        WkR01       DS      1                   ;取插值边沿低位
        WkR02       DS      1                   ;取插值边沿高位
        WkR03       DS      1                   ;取插值边沿低位
        WkR04       DS      1                   ;复制取插值边沿高位
        WkR05       DS      1                   ;复制取插值边沿低位
        WkR06       DS      1                   ;复制取插值边沿低位
        WkR07       DS      1                   ;复制取插值边沿高位
.CODE
/**************************************************
程序名称：sub2hex
程序功能：两字节无符号数的减法运算
运算规则：(WkR02WkR03) - (WkR00WkR01) = (WkR02WkR03)
**************************************************/
sub2hex:
        mov         a,#0ffh
        xor         WkR01,a
        xor         WkR00,a
        mov         a,#01h
        add         WkR01,a
        bts0        fc
        add         WkR00,a                     ;求得减数的补码
        mov         a,WkR01
        add         WkR03,a                     ;被减数低字节加上减数的低字节补码
        bts0        fc
        incms       WkR00
        nop
        mov         a,WkR00
```

```
        add         WkR02,a                             ;被减数高字节加上减数的高字节补码
        ret
/*****************************************************
函数名称：LinInsrtPro
函数功能：线性插值数据准备
*****************************************************/
LinInsrtPro:
        b0mov       y,#lkuptab$M
        b0mov       z,#lkuptab$L
        mov         a,middlep
        add         z,a
        bts0        fc
        incms       y
        nop
        movc
        mov         WkR03,a                             ;存第一个电阻低位
        mov         WkR04,a                             ;复制数据
        mov         a,r
        mov         WkR02,a                             ;存第一个电阻高位
        mov         WkR05,a                             ;复制数据
        mov         a,#01h
        add         z,a
        bts0        fc
        add         y,a                                 ;地址调整
        movc
        mov         WkR01,a                             ;存第二个电阻低位
        mov         WkR06,a
        mov         a,r
        mov         WkR00,a                             ;存第二个电阻高位
        mov         WkR07,a
        ret
/*****************************************************
程序名称：LinInsrt
程序功能；线性插值
输入参数：插值边沿数据 WkR02WkR03|WkR00WkR01
         插值边沿数据 WkR02WkR03 的复制数据 WkR05WkR04
         插值数据 h、l
输出参数：l
*****************************************************/
LinInsrt:
        mov_        WkR00,h
        mov_        WkR01,l                             ;取插值数据
        call        sub2hex                             ;求插值数据与边沿数据差
        mov_        y,WkR02
        mov_        z,WkR03                             ;被乘数
```

```
        clr         wk00
        b0mov       x,#10                       ;放大10倍
        call        muld
        mov_        WkR00,WkR07
        mov_        WkR01,WkR06
        mov_        WkR02,WkR05                 ;取插值边沿高位
        mov_        WkR03,WkR04                 ;取插值边沿低位
        call        sub2hex                     ;求插值边沿数据差
        mov_        x,WkR02
        mov_        r,WkR03
        call        divd                        ;求得插值数据温度的小数部分
        ret
```

有关测温运算相关的程序代码这里不一一列举,请读者参考相关资料。

8. 输出控制程序设计

暖风机输出控制程序的功能是通过控制口 P1.0～P1.5 控制继电器输出触点的断开和闭合,并通过继电器输出状态的组合控制暖风机的输出功率、风速和摆风。程序中设一继电器控制寄存器 control_buf 和一刷新标志 CONrfb_flag。control_buf 各位与继电器输出的对应关系如图 9.29 所示。

control_buf 各位	Bit8	Bit7	Bit6	Bit5	Bit4	Bit3	Bit2	Bit1	Bit0
位定义				DT6	DT5	DT4	DT3	DT2	DT1

图 9.29　control_buf 各位定义

在应用层判断并确定各继电器的输出状态,当某一个或几个继电器的输出状态发生变化时,刷新 control_buf 对应的位,并将刷新标志 CONrfb_flag 置位。暖风机的控制程序就是判断有无输出刷新请求,当有刷新请求时,将 control_buf 寄存器对应各位送入 P1.0～P1.5 来控制输出继电器输出状态,从而达到控制暖风机输出功率和风速的目的。图 9.30 是控制程序流程图。

控制程序设计如下:

```
/***************************************************************
名　　称:mn_control
功能说明:继电器控制函数
使用晶体:4 MHz 晶振
使用方法:在应用层中,给 control_buf 赋一定的值,并置 CONrfb_flag 为 1,则可以开闭相关的继电器
****************************************************************/
mn_control:
    bts1        CONrfb_flag
    jmp         mn_control90
    bclr        CONrfb_flag
    mov_        control_port,control_buf
mn_control90:
    ret
```

9. 系统应用层程序设计

系统应用层程序设计借鉴实时操作系统的思想，划分事件和目标，并以有限状态机 FSM (Finite State Machine)的方式，把目标和事件联系起来。有限状态机由状态、事件、转换和活动组成。每个状态有 1 个状态进入动作(Entry Action)和 1 个状态退出动作(Exit Action)，每个转换有 1 个源状态和目标状态，并且与 1 个事件相关联。如果在源状态时该事件发生且触发转换的条件满足，则执行源状态的退出动作、事件处理动作和目标状态的进入动作。

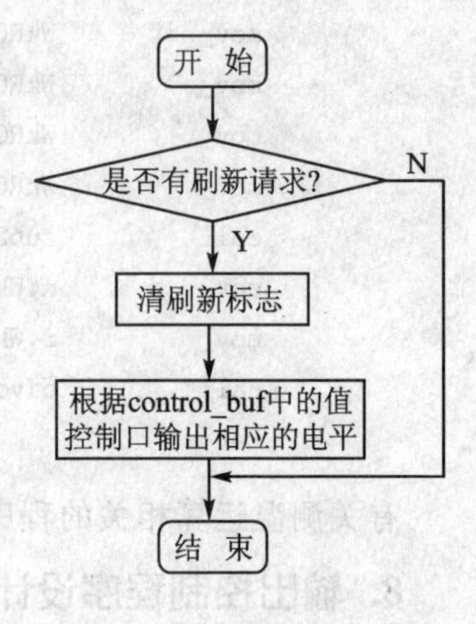

图 9.30 控制程序流程图

用软件实现有限状态机的方法有两种：表格驱动法和过程驱动法。表格驱动法利用一个二维数组，该数组中的每一行与一个输入事件相对应，每一列与一个状态相对应，行和列交叉的每一项则与某一状态下对事件的处理相对应。表格驱动法适用于具有结构规则、操作简单的有限状态机。过程驱动法为每一个状态都定义一个处理过程，处理过程实现在此状态时对事件的响应，包括输出处理及对当前状态值的转换。

下面进一步分析系统状态、系统事件以及事件处理的程序实现方法。

1) 系统状态分析

由于用户界面直接反映了用户当前的操作状态，因此可以按照不同的界面来划分系统的状态。在暖风机控制面板中，液晶屏有 4 种显示状态：在待机时液晶屏不显示任何内容；开机后如果没有操作则液晶屏显示当前的温度；开机并有目标温度设置动作时液晶屏显示目标温度；开机并有定时关机时间设置动作时液晶屏显示设定关机时间。按照这 4 种界面显示状态，可以将对暖风机的操作对应地划分成 4 个状态：待机状态(状态 0)、开机且无温度时间设定操作状态(状态 1)、自动模式下目标温度设置状态(状态 2)、定时关机时间设置状态(状态 3)。表 9.4 列出了暖风机状态编号及说明。

表 9.4 暖风机状态说明

状态名称	编　号	状态说明
状态 0	0	待机状态
状态 1	1	开机且无温度时间设定操作状态
状态 2	2	自动模式下目标温度设置状态
状态 3	3	定时关机时间设置状态

2) 系统事件分析

暖风机控制板程序中共有 9 个事件，包括 6 个键盘事件和 3 个与时间相关的事件。其中编号为 1～6 的事件对应相应的 6 个键操作事件，编号为 7～9 的 3 个时间事件分别为定时设定等待时间到、定时关机时间到、温度设定等待时间到。定时设定等待时间到事件是指当定时按键按下后系统自动进入定时时间设置状态，同时系统开始 2.5 s 的定时，当 2.5 s 内没有新操作时，系统将产生该事件；定时关机时间到事件是指设定定时关机时间后，当关机时间到时，系统将产生该事件；温度设定等待时间到事件与定时设定等待时间到事件类似，是指当按下

UP 或 DOWN 键后系统自动进入温度设置状态，同时系统开始 2.5 s 的定时，当 2.5 s 内没有新操作时，系统将产生该事件。表 9.5 给出了各个事件的编号及说明。

需要说明的是，遥控上的 6 个键与控制板上的 6 个按键相对应，触发的事件也是相应的 6 个事件。

3）系统状态转换分析

用户对暖风机的操作，就是触发了某一事件，系统软件通过对事件的处理来完成相应的功能，并进行必要的状态转换。实际上，对暖风机的操作过程，也就是暖风机的事件处理和状态转换过程，因此在编写程序之前，必须要搞清楚系统状态的转换条件和过程。图 9.31 给出了暖风机状态转换关系。

表 9.5　各个事件的编号及说明

编　号	事件名称
1	POWER 键按下
2	模式键按下
3	“+”键按下
4	“—”键按下
5	定时键按下
6	摆风键按下
7	定时设定等待时间到
8	定时关机时间到
9	温度设定等待时间到

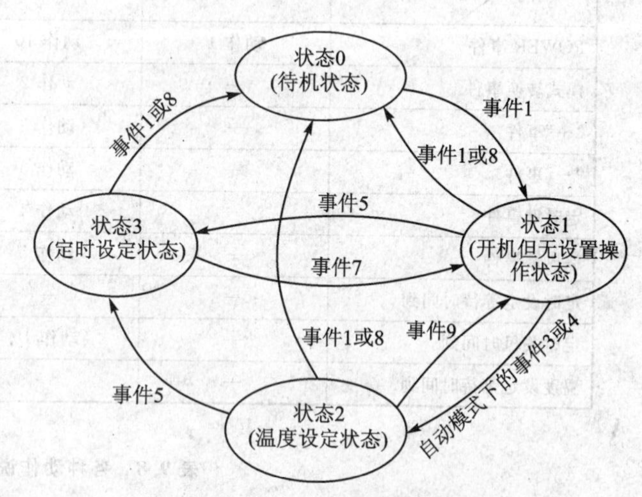

图 9.31　暖风机状态转换图

同样，也可以用表格的形式来表示系统的状态转换关系，如表 9.6 所列。通过表格可以清楚地看到在不同状态下发生不同事件时系统的状态转换情况。例如，在待机状态下，如果用户触发了电源键这个事件，那么系统就从状态 0 转移到状态 1。

表 9.6　系统状态转换表

事件＼状态转换	状态 0	状态 1	状态 2	状态 3
POWER 事件	到状态 1	到状态 0	到状态 0	到状态 0
模式转换事件	—	—	到状态 1	到状态 1
“+”事件	—	到状态 2	—	到状态 2
“—”事件	—	到状态 2	—	到状态 2
定时键事件	—	到状态 3	到状态 3	—
摆风键事件	—	—	到状态 1	到状态 1
定时设定等待时间到	—	—	—	到状态 1
定时关机时间到	—	到状态 0	到状态 0	到状态 0
温度设定等待时间到	—	—	到状态 1	—

4) 事件处理与程序设计

系统应用层程序设计采用表格驱动法。当主循环进入到应用程序后，利用二维数组就可以确定进行事件处理的操作内容，然后跳转到相应的功能程序段。这里把事件处理的操作过程称之为动作。表9.7给出了系统状态与事件对应的索引跳转表。表9.8是应用层各事件处理的具体动作说明。

表9.7 系统状态与事件对应的索引跳转表

时间 \ 状态 / 动作	状态0	状态1	状态2	状态3
POWER事件	动作1	动作10	动作10	动作10
模式转换事件	—	动作2	动作2	动作2
"+"事件	—	动作3	动作6	—
"-"事件	—	动作3	动作6	—
定时键事件	—	动作4	动作5	动作8
摆风键事件	—	动作5	动作5	动作5
定时设定等待时间到	—	—	—	动作9
定时关机时间到	—	动作10	动作10	动作10
温度设定等待时间到	—	—	动作7	—

表9.8 各种动作说明

编 号	事件处理(动作)说明
动作1	进入状态1，显示当前室温和自动标志，蜂鸣器长鸣提示
动作2	状态不变，切换到暖风机工作模式
动作3	在自动模式下，进入状态2；在设定模式下，改变风速和热功率
动作4	定时标志为0，进入状态3；定时标志为1，关闭定时功能
动作5	状态不变，关闭或开启摆风功能
动作6	状态不变，增大或减小目标温度
动作7	进入状态1，显示当前室温
动作8	状态不变，改变定时时间，显示当前设定时间
动作9	进入状态1，显示当前室温
动作10	进入状态0，半闭显示和加热，1分钟后关闭风扇

采用表格驱动法设计程序时，程序结构简单，编程容易。在程序中，每一状态对应一系列程序段，每一状态下对应多个事件处理程序段，如状态0对应一个事件处理程序，状态1对应8个事件处理程序，状态2对应9个事件处理程序段，状态3对应8个事件处理程序。

这里需要强调的是，事件的发生与状态的转换相联系，事件的处理对应着相应程序段的执行，但在某些情况下进行的动作并不产生状态的转换，这些动作我们并不把它当作事件来处理，例如，暖风机自动模式与普通模式的切换。在普通模式下，热风输出功率的调整以及摆风功能的启停，它们都涉及键盘的操作，但并不是事件，不存在状态的转换。

5) 程序清单

以下给出暖风机的应用层程序清单：

```
/*************************************************************
名    称：mnapp
功能说明：应用层模块
使用晶体：4 MHz 晶振
*************************************************************/
mnapp:
        mov         a,sys_state                 ;状态分析
        @jmp_a      4
mnapp00:
        jmp         mnapp10                     ;状态 0(关机)
        jmp         mnapp20                     ;状态 1(开机无操作状态)
        jmp         mnapp30                     ;状态 2(温度设定状态)
        jmp         mnapp40                     ;状态 3(定时设定状态)

mnapp90:
        ret
;***********************状态 0 事件分析***************************
mnapp10:
        clr         r
        call        rd_FIFO                     ;事件分析
        mov         a,r
        @jmp_a      10
        jmp         mnapp90                     ;无键按下
        jmp         mnapp10_0                   ;POWER 键
        jmp         mnapp10_1                   ;模式键
        jmp         mnapp10_2                   ;"+"键
        jmp         mnapp10_3                   ;"-"键
        jmp         mnapp10_4                   ;定时键
        jmp         mnapp10_5                   ;摆风键
        jmp         mnapp10_6                   ;定时设定值确认
        jmp         mnapp10_7                   ;定时时间到
        jmp         mnapp10_8                   ;温度设定值确认
;0--1(状态 0--POWER 事件)
mnapp10_0:
        mov_        sys_state,#1                ;转到状态 1
        call        long_ring                   ;长鸣
        mov_        LCD_buf+0,tmpbuf1           ;开机,显示当前温度
        mov_        LCD_buf+1,tmpbuf2
        mov_        LCD_buf+3,#00010001b        ;显示温度图标和自动模式图标
        jmp         mnapp80                     ;跳到 mnapp80 刷新显示
;0--2(状态 0--模式转换事件)
mnapp10_1:
        jmp         mnapp90                     ;其他键不做处理
```

```
;0 -- 3(状态 0 --“+”事件)
mnapp10_2:
        jmp         mnapp90
;0 -- 4(状态 0 --“-”事件)
mnapp10_3:
        jmp         mnapp90
;0 -- 5(状态 0 -- 定时事件)
mnapp10_4:
        jmp         mnapp90
;0 -- 6(状态 0 -- 摆风事件)
mnapp10_5:
        jmp         mnapp90
;0 -- 7(状态 0 -- 定时设定值确认事件)
mnapp10_6:
        jmp         mnapp90
;0 -- 8(状态 0 -- 定时时间到事件)
mnapp10_7:
        jmp         mnapp90
;0 -- 9(状态 0 -- 温度设定值确认事件)
mnapp10_8:
        jmp         mnapp90
;*************************状态 1 事件分析 ****************************
mnapp20:
        clr         r
        call        rd_FIFO                     ;事件分析
        mov         a,r
        @jmp_a      10
        jmp         mnapp90                     ;无键按下
        jmp         mnapp20_0                   ;POWER 键
        jmp         mnapp20_1                   ;模式键
        jmp         mnapp20_2                   ;“+”键
        jmp         mnapp20_3                   ;“-”键
        jmp         mnapp20_4                   ;定时键
        jmp         mnapp20_5                   ;摆风键
        jmp         mnapp20_6                   ;定时设定值确认事件
        jmp         mnapp20_7                   ;定时时间到事件
        jmp         mnapp20_8                   ;温度设定值确认事件
;1 -- 1(状态 1 -- POWER 事件)
mnapp20_0:
        jmp         mnapp70                     ;关机
;1 -- 2(状态 1 -- 模式转换事件)
mnapp20_1:
        call        short_ring                  ;短鸣
        call        changemodel                 ;模式图标改变
        jmp         mnapp80                     ;显示刷新
```

```
;1 -- 3(状态 1 --“+”事件)
mnapp20_2:
        call        short_ring                  ;短鸣
        bts0        LCD_buf + 3.0               ;判断工作在何种模式下
        jmp         mnapp20_2_1                 ;工作在自动模式下,则转换到状态 2
        call        fengsuinc                   ;工作在设定模式下,则加风速
        jmp         mnapp80                     ;显示刷新
mnapp20_2_1:
        mov_        sys_state,#2                ;转到温度设定状态
        mov_        set_tim,#250                ;2.5 s 确认设定
        mov_        LCD_buf + 0,stmpbuf1        ;定时设定完,显示当前温度
        mov_        LCD_buf + 1,stmpbuf2
        bset        LCD_buf + 3.4
        bclr        LCD_buf + 3.5
        jmp         mnapp80                     ;显示刷新
;1 -- 4(状态 1 --“-”事件)
mnapp20_3:
        call        short_ring                  ;短鸣
        bts0        LCD_buf + 3.0               ;判断工作在何种模式下
        jmp         mnapp20_3_1                 ;工作在自动模式下,则转换到状态 2
        call        fengsudec                   ;工作在设定模式下,则减风速
        jmp         mnapp80                     ;显示刷新
mnapp20_3_1:
        mov_        sys_state,#2                ;转到温度设定状态
        mov_        set_tim,#250                ;2.5 s 确认设定
        mov_        LCD_buf + 0,stmpbuf1        ;定时设定完,显示当前温度
        mov_        LCD_buf + 1,stmpbuf2
        bset        LCD_buf + 3.4
        bclr        LCD_buf + 3.5
        jmp         mnapp80                     ;显示刷新
;1 -- 5(状态 1 -- 定时事件)
mnapp20_4:
        call        short_ring                  ;短鸣
        bts0        LCD_buf + 3.7
        jmp         mnapp20_4_1
        mov_        set_tim,#250                ;2.5 s 确认设定
        mov_        sys_state,#3                ;转到定时设定状态
        mov_        LCD_buf + 0,setime_buf1     ;显示当前定时值
        mov_        LCD_buf + 1,setime_buf2
        bclr        LCD_buf + 3.4
        bset        LCD_buf + 3.7
        bset        LCD_buf + 3.5
        bset        LCD_buf + 3.2
        jmp         mnapp80
mnapp20_4_1:
```

```
        mov_        time_buf1,#0            ;关定时功能
        mov_        time_buf2,#0
        bclr        LCD_buf+3.7
        bclr        LCD_buf+3.2
        jmp         mnapp80
;1--6(状态1--摆风事件)
mnapp20_5:
        call        short_ring              ;短鸣
        call        swing                   ;改变摆风状态
        jmp         mnapp80
;1--7(状态1--定时设定等待时间到事件)
mnapp20_6:
        jmp         mnapp80
;1--8(状态1--定时关机时间到事件)
mnapp20_7:
        jmp         mnapp70
;1--9(状态1--温度设定等待时间到事件)
mnapp20_8:
        jmp         mnapp80
;************************状态2事件分析******************************
mnapp30:
        clr         r
        call        rd_FIFO                 ;事件分析
        mov         a,r
        @jmp_a      10
        jmp         mnapp90                 ;无键按下
        jmp         mnapp30_0               ;PWOER键
        jmp         mnapp30_1               ;模式键
        jmp         mnapp30_2               ;"+"键
        jmp         mnapp30_3               ;"-"键
        jmp         mnapp30_4               ;定时键
        jmp         mnapp30_5               ;摆风键
        jmp         mnapp30_6               ;定时设定值确认
        jmp         mnapp30_7               ;定时时间到
        jmp         mnapp30_8               ;温度设定值确认
;2--1(状态2--POWER事件)
mnapp30_0:
        jmp         mnapp70
;2--2(状态2--模式转换事件)
mnapp30_1:
        call        short_ring              ;短鸣
        call        changemodel             ;模式图标改变
        jmp         mnapp80                 ;显示刷新
;2--3(状态2--"+"事件)
mnapp30_2:
```

```
        call        short_ring                ;短鸣
        call        tmpinc                    ;加设定目标温度
        jmp         mnapp80                   ;显示刷新
;2--4(状态2--"-"事件)
mnapp30_3:
        call        short_ring                ;短鸣
        call        tmpdec                    ;减设定目标温度
        jmp         mnapp80                   ;显示刷新
;2--5(状态2--定时事件)
mnapp30_4:
        mov_        sys_state,#3              ;转到定时设定状态
        mov_        set_tim,#250              ;2.5 s确认设定
        jmp         mnapp80

;2--6(状态2--摆风事件)
mnapp30_5:
        call        short_ring                ;短鸣
        call        swing                     ;改变摆风状态
        jmp         mnapp80

;2--7(状态2--定时设定等待时间到事件)
mnapp30_6:
        jmp         mnapp90
;2--8(状态2--定时关机时间到)
mnapp30_7:
        jmp         mnapp70                   ;关机
;2--9(状态2--温度设定等待时间到事件)
mnapp30_8:
        mov_        sys_state,#1              ;转到正常运行状态
        mov_        LCD_buf+0,tmpbuf1         ;温度设定完毕,显示当前温度
        mov_        LCD_buf+1,tmpbuf2
        jmp         mnapp80
;**********************状态3事件分析******************************
mnapp40:
        clr         r
        call        rd_FIFO                   ;事件分析
        mov         a,r
        @jmp_a      10
        jmp         mnapp90                   ;无键按下
        jmp         mnapp40_0                 ;POWER键
        jmp         mnapp40_1                 ;模式键
        jmp         mnapp40_2                 ;"+"键
        jmp         mnapp40_3                 ;"-"键
        jmp         mnapp40_4                 ;定时键
        jmp         mnapp40_5                 ;摆风键
```

```
        jmp         mnapp40_6                   ;定时设定值确认
        jmp         mnapp40_7                   ;定时时间到
        jmp         mnapp40_8                   ;温度设定值确认
;3 — 1(状态 3 — POWER 事件)
mnapp40_0:
        jmp         mnapp70
;3 — 2(状态 3 — 模式转换事件)
mnapp40_1:
        call        short_ring                  ;短鸣
        call        changemodel                 ;模式图标改变
        jmp         mnapp80                     ;显示刷新
;3 — 3(状态 3 — "+"事件)
mnapp40_2:
        call        short_ring                  ;短鸣
        jmp         mnapp80                     ;显示刷新
;3 — 4(状态 3 — "-"事件)
mnapp40_3:
        call        short_ring                  ;短鸣
        jmp         mnapp80                     ;显示刷新
;3 — 5(状态 3 — 定时事件)
mnapp40_4:
        call        short_ring                  ;短鸣
        call        timing                      ;定时设定
        jmp         mnapp80
;3 — 6(状态 3 — 摆风事件)
mnapp40_5:
        call        short_ring                  ;短鸣
        call        swing                       ;改变摆风状态
        jmp         mnapp80
;3 — 7(状态 3 — 定时设定等待时间到事件)
mnapp40_6:
        mov_        sys_state,#1                ;转到正常运行状态
        mov_        time_buf1,setime_buf1       ;开启定时
        mov_        time_buf2,setime_buf2
        bclr        LCD_buf + 3.5
        jmp         mnapp90
;3 — 8(状态 3 — 定时关机时间到事件)
mnapp40_7:
        jmp         mnapp70                     ;关机
;3 — 9(状态 3 — 温度设定等待时间到事件)
mnapp40_8:
        jmp         mnapp80
mnapp70:
        mov_        sys_state,#0                ;转到关机状态
        call        long_ring                   ;长鸣
```

```
        mov_        LCD_buf + 0,#10              ;清屏
        mov_        LCD_buf + 1,#10
        clr         LCD_buf + 2
        clr         LCD_buf + 3
        mov_        control_buf,LCD_buf + 2      ;控制刷新,关闭风扇和电热丝
        bset        CONrfb_flag
        jmp         mnapp80
mnapp80:
        bset        LCDrfb_flag                  ;显示刷新
        jmp         mnapp90
```

由于篇幅所限,这里仅给出了状态及事件的跳转表格程序。

附录 A　SONIX SN8P2700 系列单片机指令集

SONIX SN8P2700 系列单片机指令集如表 A.1 所列。

表 A.1　SONIX SN8P2700 系列单片机指令集

序　号	指令类别	助记符号		描　述	C	DC	Z	Cycle
1	数据传送指令	MOV	A,M	A←M	—	—	√	1
2		MOV	M,A	M↔A	—	—	—	1
3		B0MOV	A,M	A←M(bank0)	—	—	√	1
4		B0MOV	M,A	M(bank0)←A	—	—	—	1
5		MOV	A,I	A←I	—	—	—	1
6		B0MOV	M,I	M←I,(M= R,X,Y,Z,H,L,RBANK,PFLAG)	—	—	—	1
7		XCH	A,M	A↔M	—	—	—	1
8		B0XCH	A,M	A←M(bank0)	—	—	—	1
9		MOVC		R,A←ROM[Y,Z]	—	—	—	2
10		PUSH		将寄存器 80h～87h 压栈	—	—	—	1
11		POP		将寄存器 80h～87h 出栈	—	—	—	1
12	算术运算指令	ADC	A,M	A←A+M+C,if occur carry,then C=1,else C=0	√	√	√	1
13		ADC	M,A	M←A+M+C,if occur carry,then C=1, else C=0	√	√	√	1
14		ADD	A,M	A←A+M,if occur carry,then C=1,else C=0	√	√	√	1
15		ADD	M,A	M←A+M,if occur carry,then C=1,else C=0	√	√	√	1
16		B0ADD	M,A	M(bank0)←A+M(bank0),if occur carry,then C=1, else C=0	√	√	√	1
17		ADD	A,I	A←A+I, if occur carry,then C=1,else C=0	√	√	√	1
18		SBC	A,M	A←A−M−/C,if occur borrow,then C=0,else C=1	√	√	√	1
19		SBC	M,A	M←A−M−/C,if occur borrow,then C=0,else C=1	√	√	√	1
20		SUB	A,M	A←A−M,if occur borrow,then C=0,else C=1	√	√	√	1
21		SUB	M,A	M←A−M,if occur borrow,then C=0,else C=1	√	√	√	1
22		SUB	A,I	A←A−I,if occur borrow,then C=0,else C=1	√	√	√	1
23		MUL	A,M	R,A←A * M,The LB of product stored in ACC and HB stored in R register. ZF affected by ACC	—	—	√	2

续表 A.1

序号	指令类别	助记符号		描述	C	DC	Z	Cycle
24	逻辑运算指令	AND	A,M	A←A and M	—	—	√	1
25		AND	M,A	M←A and M	—	—	√	1
26		AND	A,I	A←A and I	—	—	√	1
27		OR	A,M	A←A or M	—	—	√	1
28		OR	M,A	M←A or M	—	—	√	1
29		OR	A,I	A←A or I	—	—	√	1
30		XOR	A,M	A←A xor M	—	—	√	1
31		XOR	M,A	M←A xor M	—	—	√	1
32		XOR	A,I	A←A xor I	—	—	√	1
33		CLR	M	M←0	—	—	—	1
34	移位指令	SWAP	M	A(b3～b0,b7～b4)←→M(b7～b4,b3～b0)	—	—	—	1
35		SWAPM	M	M(b3～b0,b7～b4)←→M(b7～b4,b3～b0)	—	—	—	1
36		RRC	M	A←RRC M	√	—	—	1
37		RRCM	M	M←RRC M	√	—	—	1
38		RLC	M	A←RLC M	√	—	—	1
39		RLCM	M	M←RLC M	√	—	—	1
40	位操作指令	BCLR	M.b	M.b←0	—	—	—	1
41		BSET	M.b	M.b←1	—	—	—	1
42		B0BCLR	M.b	M(bank0).b←0	—	—	—	1
43		B0BSET	M.b	M(bank0).b←1	—	—	—	1
44	分支转移指令	CMPRS	A,I	ZF,C←A－I,If A＝I,then skip next instruction	√	—	√	1+S
45		CMPRS	A,M	ZF,C←A－M,If A＝M,then skip next instruction	√	—	√	1+S
46		INCS	M	A←M＋1,If A＝0,then skip next instruction	—	—	—	1+S
47		INCMS	M	M←M＋1,If M＝0,then skip next instruction	—	—	—	1+S
48		DECS	M	A←M－1,If A＝0,then skip next instruction	—	—	—	1+S
49		DECMS	M	M←M－1,If M＝0,then skip next instruction	—	—	—	1+S
50		BTS0	M.b	If M.b＝0,then skip next instruction	—	—	—	1+S
51		BTS1	M.b	If M.b＝1,then skip next instruction	—	—	—	1+S
52		B0BTS0	M.b	If M(bank0).b＝0,then skip next instruction	—	—	—	1+S
53		B0BTS1	M.b	If M(bank0).b＝1,then skip next instruction	—	—	—	1+S
54		JMP	d	PC 15/14←RomPages1/0,PC13～PC0←d	—	—	—	2
55		CALL	d	Stack←PC15～PC0 PC15/14←RomPages1/0,PC13～PC0←d	—	—	—	2
56		RET		PC←Stack	—	—	—	2
57		RETI		PC←Stack,and to enable global interrupt	—	—	—	2
58		NOP		No operation	—	—	—	1

附录 B　常用的伪指令列表

常用的伪指令列表如表 B.1 所列。

表 B.1　常用的伪指令列表

标号	功能		语法	说明
1	程序开始和结束		CHIP SN8XXXX	定义所有芯片型号。该指令必须定义在程序的最前面,并且只能定义一次
2			ENDP	强迫程序结束。该命令后的程序将不会被编译
3	用户标题定义		TITLE	该指令后面是标题说明部分
4	变数		VARIABLE　EQU　VALUE or BIT	固定变数。声明后不能再改变
5			VARIABLE = VALUE or BIT	可变变数。在编译过程中可以改变
6	定义部分		.CODE .DATA .CONST	设定当前位置为程序段(.CODE)、数据段(.DATA)和常数段(.CONST)。程序段的大小取决于 ROM 的大小,数据段的大小取决于 RAM 的大小,而常数段无大小限制。系统默认的程序段(.CODE)的起始地址为 0
7	设置程序、数据和常数段的地址		ORG NEW ADDRESS	用户可以用该指令将程序地址重新定位,一般用来设置中断程序的入口地址。若在程序开始时没有设置具体地址,那么系统将默认地址为 0
8	数据表格的定义	字节的定义	[LABEL]　DB　D1[,D2,…] [LABEL]　DB　"STRING"[,"STRING",…]	用来在程序中定义数据。数据必须位于 0～0xff 之间或者是用符号" "定义的字符串。2 字节组成 1 字,第一个字节是低字节,第二个字节是高字节,若不足 1 字,则高字节须清 0
9		字的定义	[LABEL]　DW　D1[,D2,…] [LABEL]　DW　"STRING"[,"STRING",…]	用来在程序中定义数据。数据必须位于 0～0xffff 之间或者是用符号" "定义的字符串。2 字节组成 1 字,第一个字节是低字节,第二个字节是高字节,若不足 1 字,则高字节须清 0
10		双字的定义	[LABEL]　DD　D1[,D2,…] [LABEL]　DD　"STRING"[,"STRING",…]	用来在程序中定义数据。数据必须位于 0～0xffffffff 之间或者是用符号" "定义的字符串。4 字节组成一双字,常用来存储标号(因为标号的资料常超过 64 KB)

续表 B.1

标号	功能	语法	说明
11	变量的定义	[LABEL]　DS　SIZE	用来在 RAM 中定义数据。SIZE 是指数据在 RAM 中占用空间的大小
12	输出文档	. LIST	利用. LIST 可以把. LIST 命令的源程序包括在列表文件中
13		. SN8	用于烧录的 SONIX 二进制格式文件
14		. NOLIST	利用. NOLIST 可以把. NOLIST 命令以下的源程序不包含在列表文件中，直到下一个. LIST 出现
15	包含文档	INCLUDE FILE	该指令后面需要跟一个程序文件，如果该程序文件不在当前正在编译的程序目录下，则用户就需要为其指定路径。该程序文件的语法与一般的文件无异。通常，扩展名是. H 的文件一般包括常数和宏的定义，扩展名是. asm 的文件则包含了指令
16	宏	NAME　MACRO　[PARA1[,PARE2,…]] ⋮ ENDM	使用宏可以简化程序的撰写，使用子程序可以缩短程序代码的长度。如果善用宏和子程序，就可以使程序达到最佳状态。宏的参数不能超过 255 个，长度不限，可以由 A～Z、a～z、0～9 和“@”、“#”、“_”、“.”、“$”等组成，如果必须使用特殊字符，则要用符号<>将特殊字符分开。此外，宏中还可以嵌套其他宏，且层数不限

附录 C　常用宏指令列表

1. 基本宏指令(见表 C.1)

表 C.1　常用宏指令列表

序号	分类	汇编助记码	扩展格式		功能	标志			周期
						CF	DC	ZF	
1	COMMAND	CLC	B0BCLR	FC	清标志位 C	0	—	—	1
2		STC	B0BSET	FC	置位标志位 C	1	—	—	1
3		RSTWDT	B0BSET	FWDRST	复位看门狗(置位 WDRST)	—	—	—	1
4		NOT A	XOR	A,#0FFh	ACC 按位取反	—	—	—	1
5		NEG A	XOR ADD	A,#0FFh A,#1	ACC 取补	—	—	—	2

续表 C.1

序号	分类	汇编助记码	扩展格式	功能	标志			周期
					CF	DC	ZF	
6	ROTATE/SHIFT	SHL memory	B0BCLR FC RLCM memory	memory * 2	—	—	—	2
7		SHR memory	B0BCLR FC memory RRCM	memory/2	—	—	—	2
8		B2B bit1,bit2	B0BCLR bit2 B0BTS0 bit1 B0BSET bit2	bit2→bit1	—	—	—	3
9		ROL mem	RLCM mem B2B FC,mem.0	不带C的左环移	—	—	—	4
10		ROR mem	RRCM mem B2B FC,mem.7	不带C的右环移	—	—	—	4
11		RCR mem	RRCM mem	mem右环移	—	—	—	1
12		RCL mem	RLCM mem	mem左环移	—	—	—	1
13	BRANCH	JZ address	B0BTS0 FZ JMP address	A=0(Z=1),则跳到address	—	—	—	2
14		JNZ address	B0BTS1 FZ JMP address	A=0(Z≠1),则跳到address	—	—	—	2
15		JC address	B0BTS0 FC JMP address	C=1,则跳转	—	—	—	2
16		JNC address	B0BTS1 FC JMP address	C≠1,则跳转	—	—	—	2
17		JDC address	B0BTS0 FDC JMP address	DC=1,则跳转	—	—	—	2

续表 C.1

序号	分类	汇编助记码	扩展格式	功能	标志			周期
					CF	DC	ZF	
18		JNDC address	B0BTS1 FDC JMP address	DC≠1,则跳转	—	—	—	2
19		JB1 bitaddr	BTS0 bit JMP addr	bit=1,则跳转	—	—	—	2
20		JB0 bit,addr	BTS1 bit JMP addr	bit=0,则跳转	—	—	—	2
21		DJNZ mem,adr	DECMS mem JMP adr	mem减1不等于0,则跳转	—	—	—	2~3
22		IJNZ mem,adr	INCMS mem JMP adr	mem加1不等于0,则跳转	—	—	—	2~3
23		CJNE A,m,adr	CMPRS A,m JMP adr	比较ACC与mem,不相等则跳转	—	—	—	2~3
24		CJE A,m,adr	CMPRS A,m JMP $+2 JMP adr	比较ACC与mem,相等则跳转	—	—	—	3~4
25		CJAE A,m,adr	CMPRS A,m B0BTS0 FC JMP adr	ACC≥m,则跳转	—	—	—	3~4
26		CJAE m,A, adr	CMPRS A,m B0BTS1 FC JMP adr	m≥ACC,则跳转	—	—	—	3~4
27		CJBE A,m,adr	CJAE m,A,adr	ACC≤m,则跳转	—	—	—	3~4
28		CJBE m,A,adr	CJAE A,m,adr	m≤ACC,则跳转	—	—	—	3~4

续表 C.1

序号	分类	汇编助记码	扩展格式	功能	标志			周期
					CF	DC	ZF	
29		CJA　A,m,adr	CMPRS　A,m B0BTS1　FC JMP　$+2 JMP　adr	ACC>m,则跳转	—	—	—	4～5
30		CJA　m,A,adr	CMPRS　A,m B0BTS0　FC JMP　$+2 JMP　adr	m>ACC,则跳转	—	—	—	4～5
31		CJB　A,m,adr	CJA　m,A.adr	ACC<m ,则跳转	—	—	—	4～5
32		CJB　m,A,adr	CJA　A,m,adr	m<ACC,则跳转	—	—	—	4～5

2. 宏指令2(见表C.2)

表 C.2　宏指令2

序号	汇编助记码		扩展格式		功能	标志		
1	MOV_	mem,mem_val	MOV MOV	a, mem_val mem,a	mem←mem_val	—	—	—
2	CJAE_	v1, v2, adr	MOV CMPRS B0BTS0 JMP_	a, v1 a, v2 FC Ret<adr>	v1≥v2,则跳转 adr	—	—	—
3	CJA_	v1, v2, adr	MOV SUB B0BTS1 JMP_	a, v2 a, v1 FC Ret<adr>	v1>v2,则跳转 adr	—	—	—

续表 C.2

序号	汇编助记码	扩展格式	功能	标志		
4	CJBE_　v1, v2, adr	CJAE_　＜v2＞, ＜v1＞, ＜adr＞	v1≤v2,则跳转 adr	—	—	—
5	CJB_　v1, v2, adr	CJA_　＜v2＞, ＜v1＞, ＜adr＞	v1＜v2, 则跳转 adr	—	—	—
6	CJNE_　v1, v2, adr	MOV　a, v1 CMPRS　a, v2 JMP_　Ret＜adr＞	v1≠v2,则跳转 adr	—	—	—
7	CJE_　v1, v2, adr	MOV　a, v1 CMPRS　a, v2 JMP　$+2 JMP_　Ret＜adr＞	Ret＜adr＞v1≠v2 则跳转 adr	—	—	—

注：

第 1 条指令：把一个立即数或存储单元的数送到另一个存储单元 mem 中；

第 2～7 条指令：在存储单元与另一个单元或立即数进行比较。

反电路图

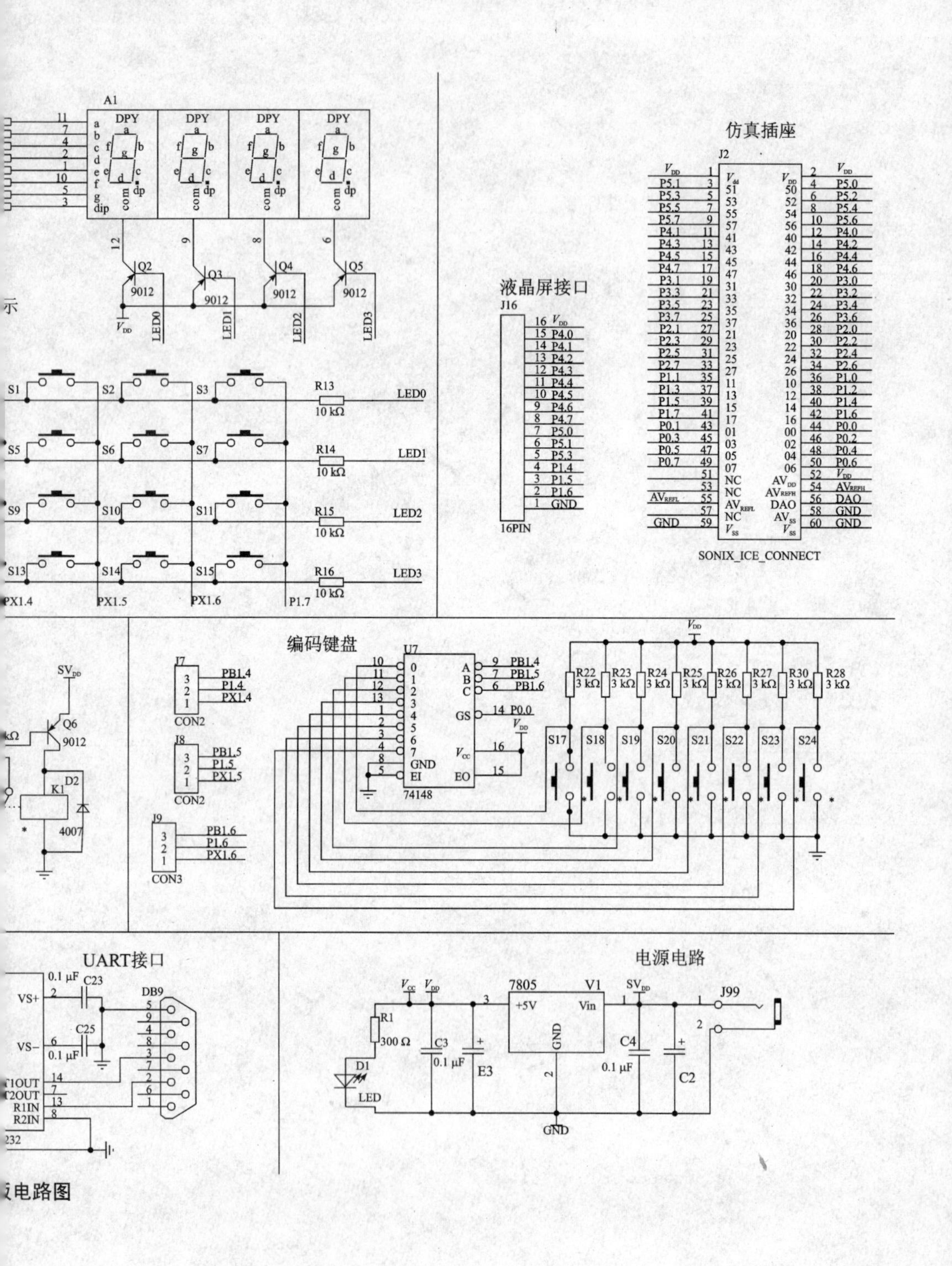

A1
DPY
Q2
Q3
Q4
Q5
9012
LED0
LED1
LED2
LED3
R13
R14
R15
R16
10 kΩ
PX1.4
PX1.5
PX1.6
P1.7
液晶屏接口
J16
16PIN
仿真插座
J2
SONIX_ICE_CONNECT
编码键盘
U7
74148
J7
J8
J9
CON2
CON3
Q6
K1
D2
4007
R22
R23
R24
R25
R26
R27
R30
R28
3 kΩ
UART接口
C23
C25
0.1 μF
DB9
电源电路
7805
V1
R1
300 Ω
D1
LED
C3
E3
C4
C2
J99
GND

反电路图

附录D 目标

目标板电路图如图D.1所示。

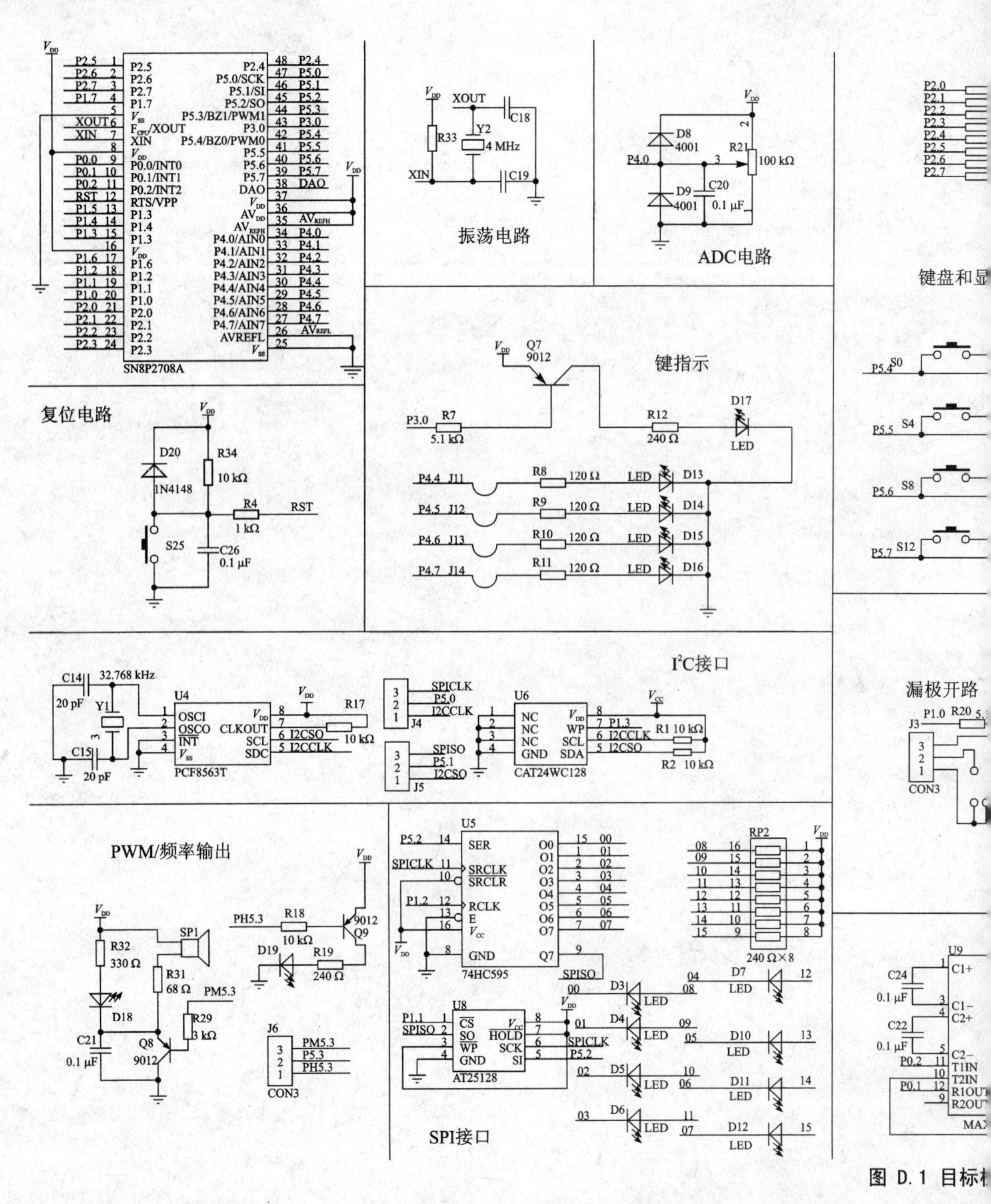

图 D.1 目标

附录 E　目标板元件布局图

目标板元件布局图如图 E. 1 所示。

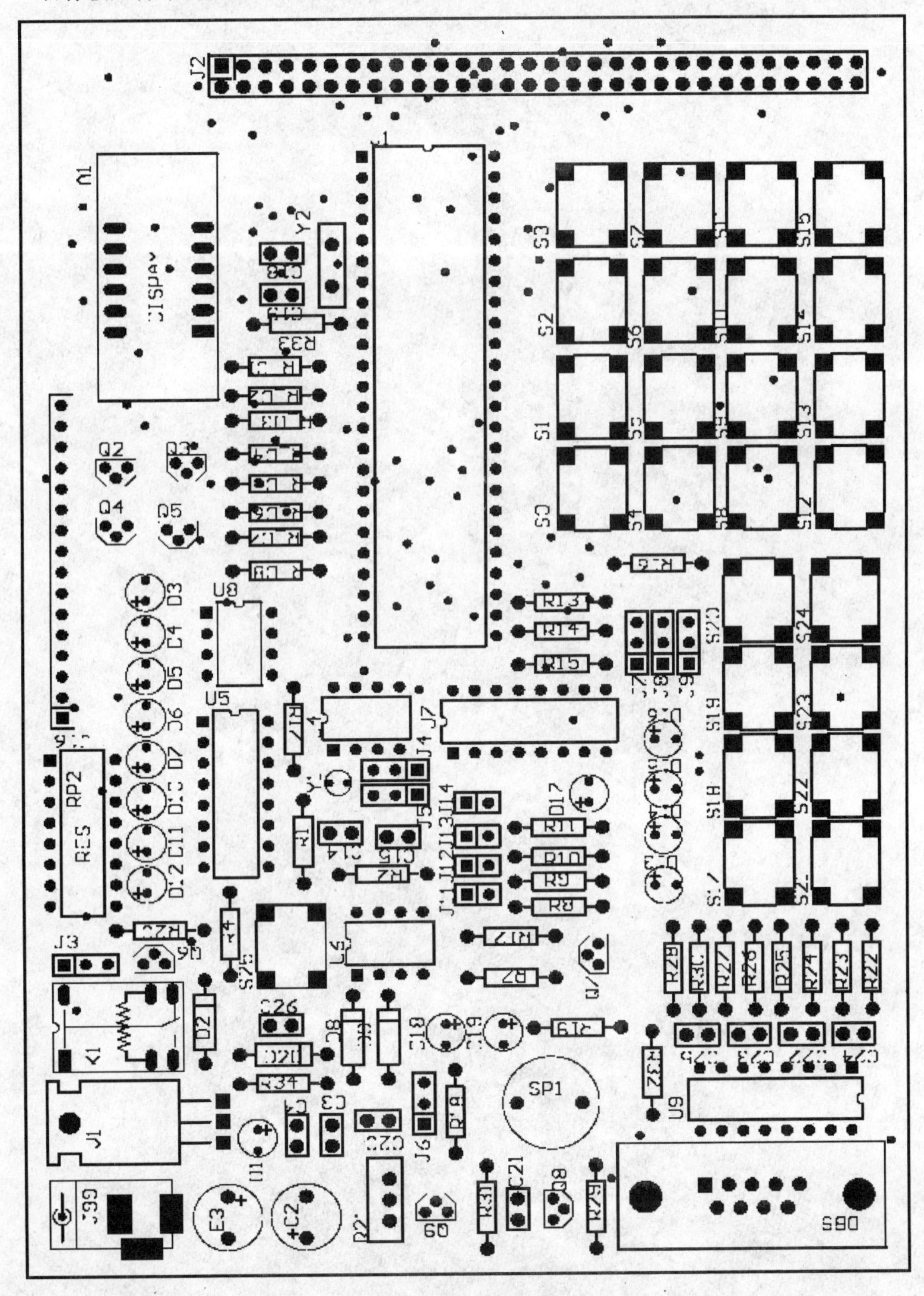

图 E. 1　目标板元件布局图

参考文献

[1] SONIX 公司. SN8P2700A_PreV06_datasheet. pdf.
[2] SONIX 公司. 编译环境说明中文版 V193.
[3] SONIX 公司. 指令说明中文版 V193.
[4] SONIX 公司. 编译软件说明英文版 PreV01.
[5] SONIX 公司. MP_EZ Writer 使用说明中文版 PreV01.
[6] SONIX 公司. SN8Ice2KMenu_PreV01_E.
[7] SONIX 公司. SN8P2308_ PreV06_datasheet. pdf.
[8] TI 公司. SN74HC595 datasheet. pdf.
[9] CATALYST 公司. CAT24WC02_ datasheet. pdf.
[10] ATMEL 公司. AT25128/256_datasheet. pdf.
[11] Philips 公司. PCF8563_ datasheet. pdf.